로봇 창세기

1920~1938 일본에서의 로봇의 수용과 발전

ROBOT

1920~1938
일본에서의
로봇의 수용과 발전

로봇 창세기

이노우에 하루키 지음, 최경국 · 이재준 옮김

창해

인류는 자신의 의사와 상관없이 이미 로봇과 공존하고 있다.

그 어떤 규제도 없이 어느새 그렇게 되었다. 처음에는 행사장 같은 곳에서 조금씩 움직이며 눈을 빛내는 로봇을 사람들이 신기해하며 구경하는 식의 평온한 시대가 비교적 오랫동안 이어졌다. 그런 한편 연구기관의 연구실에서는 대다수의 사람들이 모르는 사이에 인간의 형태가 아니라, 로봇이라 지칭할 수 있는 장치(무인, 자동)의 개발이 진행되어 2차 세계대전을 계기로 모습을 보이기 시작했고, 1945년 후 냉전 시기에도 이런 경향은 지속적으로 이어졌다.

2차 세계대전 말기에 등장한 원자폭탄은 보통 방사성원소의 핵분열 반응 원리만이 자세히 해설되는데, 원폭의 항공기 투하 시 모든 것은 내부의 자동장치 지배 아래 놓인다. 또 그 일부는 전파를 발신하여 지표에서의 반사파를 되받아, 지상 약 140미터에 이르게 되면 폭발하도록 설계되어 있었다. 이는 물론 폭탄이 지표면에서의 폭발보다 살육과 파괴 효과를 높이기 위한 조치였다. 오늘날 일반적으로 핵무기를 로봇 무기로 보지는 않는다. 그러나 로봇 장치가 '내장된 기기 전체'를 가리키는 용어로도 쓰였던 과거를 생각해보면, 핵무기는 로봇 무기라고 말할 수도 있겠다.

로봇은 대체 무엇 때문에 태어난 것일까?

로봇이라는 새로운 용어를 만들어내고 사용한 카렐 차페크는 그의 작품 《R·U·R》에서 로숨 유니버설 로봇사의 사장이 "10년 내로 로숨의 만능 로봇은 밀이나 옷감, 그 밖의 다양한 제품을 넘칠 정도로 생산하고 그 결과 물건의 가격이 사라져 버릴 겁니다. 누구나 필요한 물건을 필요한 만큼 손에 넣을 수 있게 됩니다. 가난한 사람은 없어지고 일하지도 않게 되겠지요. 노동 그 자체가 아예 사라져버리게 됩니다. 모든 일은 살아 있는 기계가 해주게 되니까요. 인간은 좋아하는 일만 하면 됩니다. 인간은 자기를 완성시키기 위해서만 살아가게 됩니다."라고 이야기한다.

과거는 언제나 현재의 거울이다.

로봇의 미래를 알기 위해서는 로봇의 과거를 살펴보아야 한다. 로봇의 역사는 사실 로봇을 창조한 인간의 역사이므로, 인류가 로봇에서 어떤 꿈을 추구하고 실현하려 노력해 왔는지, 로봇이 실현되면 어떻게 이용하려고 했는지를 짚어볼 수 있을 것이다. 나는 그 첫걸음으로 현재의 일본 안에서 이루어진 로봇의 역사를 나름대로 밝혀보려 했다. 일단은 1920년의 《R·U·R》 탄생으로부터 원고를 쓰기 시작해, 로봇이 일본에서 어떤 과정으로 수용되어 왔는지 2차 세계대전 발생 직전인 1938년까지 조사하여 한 권에 담았다.

번역자 최경국 선생과 이재준 선생을 통해 도서출판 창해에서 《일본 로봇 창세기》 한국어판이 발행되어 나는 더할 나위 없이 기쁘다. 관계자분들의 조력에 깊이 감사의 인사를 드리며 한국의 독자 여러분들께 경의를 표한다.

이노우에 하루키

이 책은 '세계의 로봇 창세기'

로봇의 시대이다.

한국은 정부 차원에서 '로봇윤리헌장'을 논의했던 최초의 나라이다. 로봇 윤리라는 사회적 쟁점이 〈지능형로봇 개발 및 보급 촉진법〉(2008년 3월 28일)의 소극적인 방식으로 마무리된 일은 안타깝지만 말이다. 그리고 그 일이 있은 지 십년 만인 2017년 더불어민주당의 한 여성 국회의원이 로봇도 인간처럼 권리와 의무를 가진 인격체로 보아야 한다는 내용을 담아 '로봇기본법'을 대표 발의했다. 그 덕분에 그 정치인은 핸슨 로보틱스(Hanson Robotics)가 만든 지노이드 로봇 〈소피아〉(Sophia)와 일대일 대담을 나눌 수 있는 기회를 가졌다.

그곳에서 그녀는 자신과 로봇 중 누가 더 아름다우냐는 흥미로운 질문을 〈소피아〉에게 던졌다. 우리 인간은 100년 전에도 그랬던 것처럼 기계가 대답할 수 없을 것 같은 질문을 그 기계에게 했던 것이다. 예상이라도 한 듯

〈소피아〉는 이 질문에 재치 있는 답변을 내놓았다. 감정이 없는 자기가 아름다움을 평가할 수 있겠냐는 것이 그 대답이었다.

우리 인간이 인간과 기계를 구분하는 심리적 마지노선으로 항상 '감정'을 내세워왔던 일들을 생각해보면, 민감한 문제는 건드리지 않겠다는 그 로봇의 태도가 우리보다 한 수 위가 아닐까 하는 느낌마저 든다.

더욱이 〈소피아〉의 개발자인 데이비드 핸슨이 미학을 동원해서 안드로이드가 주는 섬뜩한 느낌을 없앨 수 있다고 주장한 인물이었다는 사실을 감안해 보면 더욱 더 그렇다. 게다가 핸슨은 〈소피아〉의 뒤통수를 일부러 투명한 덮개로 만들어 안쪽의 기계장치들이 훤히 들여다보이도록 만들었다. 그는 이 로봇이 인간과는 비교도 못할 한낱 기계에 불과하다는 점을 의도적으로 강조해서 '로봇이 인간보다 우월한 존재일 수 있다'는 논쟁에 휘말리지 않으려 했던 것인지도 모른다.

핸슨이 투자를 받아 로봇개발 회사를 차린 곳은 홍콩이다. 미국인인 그가 굳이 홍콩에 거점을 마련한 이유는 무엇이었을까? 여러 가지 이유가 있을 테지만, 한국, 일본, 중국을 중심으로 한 동아시아야말로 로봇과학기술이 고도로 발전한 지역일 뿐만 아니라 소비가 대규모로 이루어질 수 있는 시장이기 때문이다. 분명히 로봇은 중심을 동쪽으로 이동하고 있는 중이다.

또한 2017년은 로봇의 역사에서 기억할 만한 사건이 일어난 해이기도 하다. 미국의 보스턴 다이나믹스(Boston Dynamics)가 일본 소프트뱅크(SoftBank) 그룹에 매각된 것이 바로 그해이기 때문이다. 수없이 진행된 기업 인수합병이 그다지 이상할 일은 아니다. 하지만 로봇과학기술의 헤게모니를 이해한다면 이것이 얼마나 큰 사건인지 알 수 있다.

MIT의 로봇과학기술 연구자들이 1992년 학내기업으로 설립한 보스턴 다이나믹스는 2000년대에 미국 방위 고등 연구 계획국(DARPA)의 지원으로

〈빅독〉(Big Dog)과 같은 군사용 로봇을 제작했다. 〈빅독〉은 온라인 공간에서 패러디될 정도로 유튜버들에게서 인기몰이를 하기도 했다. 그런 보스턴 다이나믹스는 2013년 구글에 인수되면서 군사용 로봇기술 분야에서 주도적인 지위를 차지하게 되었다. 그리고 마침내 군사용 로봇의 상징처럼 보였던 이 기업이 서비스 로봇의 천국인 일본의 한 기업에 매각된 것이다.

소프트뱅크는 프랑스의 로봇기업 아델바란(Aldebaran)을 인수해서 서비스 로봇 〈페퍼〉(Pepper)를 시장에 내놓은 상태였다. 서비스 로봇 분야의 주도적 기업이 보스턴 다이나믹스를 소유하게 됐다는 사실은 서로 다른 영역의 로봇과학기술을 한곳에 모은 것과 같은 상황이라고 볼 수 있다. 소프트뱅크의 향후 행보가 더욱 궁금해질 수밖에 없는 이유는 거기 있다.

로봇과학기술의 헤게모니 전쟁이 진행되고 있는 사이 우리의 일상에서도 로봇은 더 이상 낯설지 않은 존재가 되었다. 우리는 가까운 곳에서 로봇을 직접 눈으로 볼 수 있고, 만질 수도 있게 되었다. 벌써 반세기가 넘는 기간 동안 우리의 가정을 청소해주었던 로봇청소기는 물론 경제 전문 일간지들에서는 로봇들이 기자로 활동하고 있다. 로봇 기자들은 순간순간 변화되는 금융시장의 변동 상황을 냉철하고 신속하게 분석하여 기사문을 작성한다. 세계 여러 나라의 음식점에서는 로봇들이 음식을 만들고 시중을 든다. 일본의 한 호텔에서는 거의 모든 인간 직원을 대신해서 로봇들이 다양한 서비스로 손님들을 맞는다. 로봇페스티벌에서는 키 작은 로봇들이 음악에 맞춰 똑같은 율동으로 춤을 추고, '떼 로봇들'은 간단한 동작만으로도 다양한 패턴을 만들어 보인다. 우리의 삶과 로봇이 점점 더 밀착되고 있는 것이다.

그런데 가까워진 거리에 반비례해서 로봇들은 어쩐지 두려운 존재가 되어 가고 있는 느낌이다. 인간보다 힘이 세기에 무거운 물건을 쉽게 옮길 수 있고, 피곤함을 모르기에 끊임없이 일을 반복할 수도 있다. 인간보다 정확하기에 경제변화의 변수들도 더 잘 분석할 수 있고, 인간보다 더 작게 될 수 있기에 미세 공간에서도 작동할 수 있다. 어쩐지 그 능력이 진일보할수록 로봇들은 우리의 일자리를 빼앗을 것만 같다. 불안을 자극하는 이러한 경제 심리가 노동시장을 장악하면서 우리 마음속에 로봇과학기술에 대한 부정적인 편견을 심어 놓고 있다.

로봇의 활황 국면이 우리의 불안 심리를 자극하는 것은 사실이지만, 반면 로봇을 더 진지하게 이해해야 할 필요성을 제기하는 것이기도 하다. 잘 생각해 보면 우리의 상식과 달리 로봇이 인간의 일자리를 빼앗는 것이 아니다. 과학기술이 인간의 노동과정과 일자리 유형을 바꿔놓는다는 것이 더 맞다. 인류의 역사에서 노동 방식과 일자리를 바꿔놓은 것들은 많았다. 오직 로봇에게만 그 혐의를 씌우는 것은 로봇이 인간이 아니면서도 인간과 많이 닮았기 때문인지 모른다. 즉 인간도 아닌 비인간(non-human)이 인간을 닮아 인간보다 뛰어난 존재가 되었다고 여겨지기 때문이다.

외형만이 아니라 움직임이나 표현조차 인간과 유사해지는 것. 이것이 우리의 마음을 불안하게 만든다고 하면 여러분들은 믿을 수 있을까? SF적인 상상에서가 아니라 실제 현실에서 로봇이 그렇게 된 것은 바로 1960년대의 일이다. 이때부터 로봇은 인공지능과 결합되기 시작했고, 그저 작동하는 인형이 아니라 이리저리 움직여 다니고 보고 듣고 말하고 배우고 추론하고 느끼면서 '인공지능 로봇'으로 거듭났다.

그리고 오늘날 우리는 이러한 로봇을 윤리적 주체로 바라보아야 한다고 말하고 있는 것이다. 윤리는 사람들 '사이의 행위 관계'에서 야기되는 다양한 가치 충돌들을 문제 삼는다. 그래서 항상 우리 인간은 자신의 행동에 대해 책임과 권리를 말하곤 한다. 만일 로봇이 인간과의 관계에서 그런 문제들을 촉발한다면 '로봇의 윤리'라는 것도 가능할 법하다.

그런데 이처럼 우리가 '로봇의 윤리'를 말할지언정 이제껏 '로봇의 문화'를 말하지 못했다는 것은 안타까운 일이다. 인간과 기계의 관계에서 우리가 로봇에게 윤리를 언급할 수 있을 상황이라면, 로봇으로 인해 사회에서 발생할 수 있는 다양한 사건들이나 이야기들도 당연히 존재할 것이라는 사실을 우리는 너무도 쉽게 잊곤 한다.

이노우에 하루키는 자신의 책《로봇 창세기》(日本ロボット創世記)에서 거의 100년 전 로봇이 처음 일본에 소개되었을 무렵부터 나타나기 시작한 로봇의 문화를 읽어내고 있다. 일본이 애니메이션, 소설, 만화, 영화 등등 수많은 대중예술에서 로봇 문화를 만들어낸 것은 일반적이지만 실제로 제작된 로봇에서 문화의 계기들을 읽어낸 것은 틀림없이 선구적이라고 할만하다.

로봇 창세기 혹은 로봇 연대기

우리 옮긴이들이 이노우에의 이 책을 처음 만난 것은 2015년 가을 무렵이었다. 당시 우리는 동시대 과학기술 문화의 관점에서 일본의 가라쿠리 인형에 관심을 모으고 있던 중이었다. 일본 사람들만이 아니라 우리 역시 오토마타를 로봇의 원형으로 이해했다. 그렇지만 우리말로 '자동인형'에 해당하는 오토마타는 엄밀한 의미에서 인간 형태의 기계만이 아니라 자동으로 작동하는 동물이나 기계처럼 보이는 단순 장치들조차도 포함한다. 심지어 인공지능에서 말하는 '세포자동자(cellular automata)'도 오토마타에 속한다. 그러고 보면 오토마타는 다양할 뿐만 아니라 그 외연도 상당히 넓다고 볼 수 있다. 이것을 '자동으로 작동하는 물리적 기계'라고 해야 더 정확한 표현이 될 것 같다.

그러니 만일 우리가 오토마타를 로봇의 원형이라고 부른다면 로봇 또한 다양한 형태로 존재할 것이고 심지어 가상 세계인 사이버스페이스에서 작동하는 추상적인 기계, 즉 애플리케이션도 로봇이라고 볼만하다. 실제로 네트워크상에서 특정한 데이터를 수집하는 '데이터크롤러(data crawler)'나 '데이터스크래퍼(data-scraper)'라는 프로그램을 로봇이라 부르는 사람들도 많다. 그래서 이노우에의 말처럼 '로봇다운 로봇'을 구분해내려는 시도, 다시 말해 로봇이 무엇인지를 놓고 복잡 미묘한 논란들도 벌어지고 있다.

대개 우리 주변에서 찾아볼 수 있는 로봇 관련 책들은 두 가지 경향을 보인다. 아니 어쩌면 전 세계의 대형 서점들을 다 뒤진다고 해도 거의 그럴 것 같다. 한편에서는 새로운 로봇들을 소개하고, 또 그것들이 얼마나 첨단 과학기술인지를 자랑하듯 설명하려는 책들이 있다. 그런 책들은 첨단이면 첨단일수록 더 새롭고 더 놀랍고 더 미래 지향적일 수 있다고 믿는다. 그것들의 이면에는 인간의 무한한 진보를 말하려는 근대인의 큰 그림이 꿈틀대고 있는 것 같다. 그리고 분명 이와 비슷한 동기인 것처럼 보이는 책들도 있다. 로봇과학자나 공학자들이 얼마나 창의적인지를 보여주려는 책들이 그런 류에 속한다.

다른 한편에서는 로봇으로 인해서 우리 인간의 삶이 얼마나 끔찍하게 변할 것인지를 우려하는 책들도 최근 부쩍 눈에 띈다. 인공지능 로봇의 윤리적 문제나 심지어 수많은 블록버스터 영화들도 로봇을 그렇게 그려내고 있다. 이노우에 하루키의 책은 이미 로봇이라는 말이 등장할 때부터 나타났던 이 두 가지 경향들 사이에서 진동한다.

그의 책은 일본 사회와 문화에서 로봇에 대한 관념이 어떻게 발생하고 또한 자리 잡게 되었는지를 먼 과거 시간을 거슬러 올라가면서 꼼꼼히 추적한다. 물론 제목에서 분명하게 알 수 있는 것처럼 이노우에의 목표는 일본의 로봇으로 향해 있다. 일본인들이 로봇에 얼마나 놀랐으며, 또 얼마나 재빨리 그것을 받아들였는지를 보여준다.

그런데 흥미롭게도 그는 조금 다른 방향으로도 걸어간다. 이노우에가 일본 로봇의 창조 시점으로 설정한 1920년대는 '서구화'라는 일본식 '근대화의 이미지'가 현대라는 새로운 시간으로 뒤바뀌는 시간이다. 그리고 그 한가운데에 과학기술이 자리하고 있다. 저자 역시 일본 로봇에 관한 거의 모든 이야기들을 서양 로봇들과의 관련 속에서 설명하고 있다. 그 과정에서 이 책은 '일본 로봇의 창세기'를 벗어나 '세계의 로봇 창세기'로 표류한다. 결국 이 책은 로봇 역사를 다룬 서양의 문헌들이 서양의 로봇만을 다루고 있는 것과 달리 훨씬 더 포괄적인 내용을 담아낼 수 있게 되었다.

'이것을 로봇이라 부르노라!'

이노우에에게 로봇 탄생의 맨 첫 장면은 카렐 차페크의 '말씀'으로 시작된다. 체코의 문학가 차페크는 1920년 희곡소설 《로숨의 유니버설 로봇》에서 이 말을 처음으로 세상에 알렸다. SF적인 상상력이 넘쳐나는 우리 시대에 읽어보면 유치하다는 느낌도 드는 이 작품은 당시 유럽과 미국에서 큰 반향을 불러 일으켰다.

《로숨의 유니버설 로봇》은 두 가지 중요한 의미를 품고 있다. 하나는 인간과 비인간 로봇, 로봇에 의한 인류의 종말, 그리고 로봇이라는 새로운 종의 탄생을 암시하는 인간 존재의 비극적인 미래가 그것이고, 다른 하나는 20세기 독점자본주의 시대에 노동자 계급의 해방을 이뤄낼 수 있는 동력으로서의 기계라는 이미지이다.

도구주의적인 관점에서 로봇이 대량으로 생산됨으로써 인간을 힘든 노동에서 해방시켜주지만 결국 생산성이 저하된 '자연'으로서의 인간 존재 자체가 의문시된다. 인간은 소멸하게 될지도 모른다는 불안을 야기한다. 이러한 소멸 불안은 산업혁명 시기를 거쳐 20세기 최고 극성기에 도달한 과학기술과 물질문명이 치를 대가처럼 묘사된다.

또한 로봇은 인간이 만들었고 오로지 인간을 위해 노동하는 인공물인데, 그런 로봇에게 주인과 노예, 자본가와 노동자의 관계가 그대로 옮겨간다. 강성한 노동자 계급을 대표하는 로봇은 노동해방의 동력이면서도 인간의 노예라는 이중적인 지위를 부여받는다. 노동자 로봇은 인간에게 분노와 적대감을 표현하면서 인간을 대신해서 완수한 노동해방의 결말이 어떤 것인지를 인간 종에게 보여준다.

이 작품이 발표되고 회자되었을 시기는 소비에트연방과 사회주의가 성장하던 때였으며, 또한 세계 경제가 대공황으로 치달았던 때이기도 하다. 《로숨의 유니버설 로봇》의 혁신적인 내용은 전 세계 지식인의 마음을 사로잡기에 충분했다.

그래서 차페크의 작품이 불과 수년 만에 일본과 한국에도 번역되었고, 또한 상연되었다는 사실은 그다지 놀랍지 않다. 심지어 소설가 김우진은 일본 도쿄의 츠키지소극장에서 상연된 이 작품을 직접 보고 자신의 놀라운 느낌을 〈築地小劇場에서 人造人間을 보고〉(《개벽》 72, 1926)라는 글로 기록했다. 정보 소비의 속도가 지금 같지 않았던 당시로서는 거의 동시대적인 상황이라고 보아도 좋을 만큼 로봇에 관한 이야기는 빠르게 일본에 전파되었다. 그리고 이 영향은 남궁옥, 박영희, 심훈 등과 같은 근대 한국의 지식인들에게도 미쳤다. 이노우에 하루키의 로봇 이야기도 바로 이 지점에서 출발한다.

이노우에의 일본 로봇의 창세기는 신문과 잡지에 크게 의존하고 있다. 그의 글에서 강하게 전달되는 이러한 배경은 이 책이 구상되고 생산된 1980년대와 1990년대의 상황을 잘 아는 옮긴이들로서는 당연한 일이 아니었을까 하는 생각이 든다. 당시 저자의 손에는 1920년대와 1930년대 로봇에 관한 그 어떤 연구 논문이나 설계도면도 쥐어져 있지 않았을 것이다. 그는 사라지고 없는 수십 년 전의 로봇들을 자신의 어린 시절 기억 속에서, 그리고 그 시절의 신문과 잡지, 만화책 속에서 찾아냈다. 아마도 끈질기게 신문사나 도서관을 일일이 찾아가 관련 사료를 뒤져야만 했을 저자의 고뇌가 저절로 머리에 떠오른다.

그렇지만 이노우에의 이러한 글쓰기 방식은 결과적으로 겹겹이 쌓인 대중 미디어의 층들에서 로봇의 고고학적 유물들을 탐사하는 일이 되어버렸다. 그리고 거기서 로봇의 흔적들을 발굴해냈다. 엄밀히 말하자면 그가 발굴해 낸 로봇의 흔적들은 로봇 자체가 아니라 대중 미디어를 관통한 로봇이라고 할 수 있다. 그 흔적들은 로봇을 소재로 한 영화, 로봇이라는 말의 사용, 로봇을 바라보는 사회적 시선 등이다. 결국 일본의 로봇들은 이노우에의 손에서 '로봇의 문화'로 재구성되었다고 말할 수 있다.

더욱이 이처럼 신문과 잡지 등을 관통한 로봇의 문화는 필연적으로 대중 미디어의 형식이 묻어날 수밖에 없다. 다시 말해 그의 로봇 문화는 신문과 잡지의 순수한 형식이라고 부를 만한 발간 날짜에 따라 시간적으로 구성된 것이다. 이 때문에 그의 로봇 창세기는 백과사전과 같은 연대기로 보이기도 한다.

1920년대와 1930년대 일본 로봇 문화의 세 가지 흐름

《로봇 창세기》는 대략 세 갈래의 흐름으로 구성된다. 로봇이 대체로 '인조인간'이나 '기계인간'으로 소개될 1920년내 중반의 흐름이 그 하나이고, 인조인간으로서의 로봇이 아니라 로봇 자체가 무엇인지 이해되기 시작하면서 사회적으로 로봇 붐이 일어난 1930년을 전후로 한 흐름이 다른 하나이다. 그리고 1936년 정치적 독단에 의해 전쟁의 분위기가 고조되었을 무렵 전반적으로 로봇 붐이 사라지게 된 흐름이 그 마지막이다.

《로숨의 유니버설 로봇》이 발표되기 이전부터 이미 로봇과 유사한 존재

들이 낭만주의 소설 속에서 등장했다. 이노우에 하루키도 높이 평가했던 것처럼 빌리에 드 릴라당은 자신의 작품 《미래의 이브》에서 아달리라는 지노이드를 주인공으로 등장시켰다. 그보다 먼저 발표된 토마스 만의 작품 《모래 사나이》의 〈올림피아〉처럼 그 지노이드도 인간 남성의 욕망을 자극하는 위험천만한 팜므파탈로 묘사된다. 그것들은 인간이 아니지만 인간과 닮은 비인간들이다.

차페크는 이런 종류의 기계들과는 사뭇 다른 캐릭터를 만들어낸다. 오히려 그는 마리 셸리의 《프랑켄슈타인》에 등장하는 이름 없는 생물학적 괴물을 기계적인 메커니즘에 의해 대량생산된 상품으로 변형시켰다. 그리고 그것들에게 인간의 노동을 대신할 대리인이라는 존재 이유를 부여했다.

다시 말해 차페크는 대리 노동자들을 인공적으로 생산된 유기체로 여겼다. 그는 인간의 노동과 기계의 노동을 대응시키고, 과학의 프로세스를 통해 유기체를 물리적 기계로 치환했던 것이다. 그러한 대리 노동자들은 반복적인 노동에도 피로가 쌓이지 않았으며, 고통이 없는 물리적인 유기체이자 인간보다 뛰어난 존재, 다름 아니라 로봇이었다.

차페크의 일본어 번역서들 속에서 로봇의 관념을 처음 체험하게 된 일본인들은 로봇이라는 말 대신에 '인조인간'이라는 말을 즐겨 사용했다. 차페크가 그린 '로봇'의 정확한 뜻이 살아나도록 한자로 옮긴다면 '人造人間(인조인간)'이 더 정확한 표현이다. 일본의 사회는 '인조인간'에게서 현대의 낯선 문화적 감수성을 획득한다. 이것이 첫 번째 흐름의 풍경이다.

〈에릭〉이나 〈텔레복스〉처럼 실제로 유럽과 미국에서 기계로봇들이 만들어지고 대중 미디어가 그것에 관한 소식을 일본으로 전하면서 '인조인간'이라는 말은 본격적으로 '로봇'이라는 말로 바뀌기 시작한다. 뿐만 아니라 일본에도 〈가쿠텐소쿠〉나 〈레마르크〉처럼 이런저런 기계로봇들이 등장하면서 로봇이 무엇인지에 대한 일종의 사회적 합의가 이루어진다. 그러한 사회적 통념 속에서 로봇은 모터로 작동하고 금속 부속품들로 구성된 기계라는 생각이 뿌리를 내린다.

이 때문에 로봇에게는 저자가 '로봇의 두 번째 의미'라고 부른 어떤 부가적인 의미가 덧붙었다. 자신의 의지를 자유롭게 표현하지 못하고 시키는 명령에 따라서만 움직이는 존재, 소위 '영혼 없는 존재'라는 의미가 그것이다. 그리고 이 의미는 몇 가지로 다시 변주된다.

하나는 차페크의 로봇처럼 인간과 비교할 수 없는 강력한 힘을 소유했지만 인간과 같은 영혼을 지니지 못했기 때문에 쉽사리 악마와 손잡을 수도 있는 위협적인 존재라는 의미가 로봇에게 전가된다.

다른 하나는 〈텔레복스〉처럼 인간 형상의 로봇이 아닌 단지 기능상으로만 로봇과 유사한 존재, 즉 자동화 기계들에게로 옮겨간다. 예를 들어 사람들은 자동항법장치, 자동판매기, 자동굴뚝청소기 등에도 로봇이라는 이름을 붙였다. 마지막으로 영혼 없는 기계에게 붙어 있던 의미가 인간에게로 옮겨간다. 꼭두각시처럼 행동을 하는 인간에게 로봇이라는 별명이 붙은 것이다. 로봇의 이러한 의미들은 열기로 가득 찬 로봇 문화의 두 번째 흐름을 주도한다. 그리고 신문, 과학 잡지들, 어린이 잡지들, 만화, 광고 등은 로봇을 다양하게 재생산한다.

특정 과학기술의 성장은 전쟁의 규모와 정비례한다. 선생을 부추기는 광기어린 정치권력은 전쟁에 유용한 과학기술에 막대한 연구비를 지원함으로써 과학기술의 비정상적인 성장을 촉진시킨다.

하지만 반대로 전쟁과 무관한 과학기술은 심각한 침체기를 맞는다. 일본에서 로봇에 대한 관심 또한 그렇게 위축되었는데, 이것이 일본 로봇 문화의 세 번째 흐름을 이룬다. 로봇은 전쟁무기로 사용되기에는 너무나 놀랍도록

적합하고 위협적이기 때문에 전쟁을 옹호하는 사람들에게는 항상 관심의 중심에 놓이게 되었다. 하지만 20세기 전반기의 로봇은 실제 무기로 사용될 수 있을 만큼 정교하지 못했으며, 그래서 전쟁 옹호자들은 로봇과학기술과 그 문화를 오히려 위축시키는 방향으로 나아갔다. 그럼에도 불구하고 로봇이 실제 무기가 될 수 있는 과학기술이라는 강한 믿음은 오늘날까지도 이어진다. 그리고 제2차 세계대전 당시 일본을 중심으로 한 로봇 이야기는 저자의 또 다른 책《일본로봇 전쟁기 1939~1945》(日本ロボット戦争記 1939~1945, NTT 出版, 2007)에서 더욱 자세히 논의된다.

로봇의 문화에서 우리는 무슨 이야기를 들을 수 있는가.

일본의 로봇 문화는 다른 나라의 문화와 구분될 수 있을 만큼 독특하다. 일본에도 다양한 종류의 로봇들이 연구 개발되고 있지만 휴머노이드나 안드로이드가 일본만큼 고도로 발달한 곳도 없다. 그렇게 보면 일본의 로봇 과학기술을 그토록 융성하게 만든 것이 사실상 일본의 로봇 문화였다고 해도 과언이 아니다. 이노우에의 책도 이러한 사실을 잘 말해주는 대표적인 사례들 중 하나일 것이다.

우리는 일본의 로봇 문화를 통해 로봇과학기술이 어떤 것인지를 생각해보게 된다. 수많은 과학기술들은 전문적인 학술 언어로부터 출발해서 신문, 소설, 만화, 영화 등의 또 다른 언어들로 옮겨지고, 나아가 우리가 사용하는 자동차, 컴퓨터, 휴대폰, TV, 접착제, 자전거, 예술작품 등의 다양한 매개 (medium)를 거쳐 변형된다.

이처럼 헤아릴 수 없이 많은 매개들과 변형들을 연결하면 과학기술은 일상세계의 언어로 바뀌고 공공의 목소리로 번역되어 하나의 독특한 문화로 구성된다. 그리고 마침내 이 문화는 전문적인 로봇과학기술로 다시 귀환하여 새로운 과학기술 지식을 낳는다. 전문 연구자와 개발자의 손에 있던 지식들이 사회적인 것이 되고 정치적인 것이 되며 또 경제적인 것이 되고 미적인 것이 된다. 로봇 또한 예외가 아니다.

그런 면에서 금단의 땅에서 겨우겨우 작동하고 있는 로봇들은 인간이 어떤 상태에 놓여 있는지를 말해준다. 2011년 동일본대지진으로 발생한 후쿠시마(福島) 원자력발전소 붕괴는 일본인에게만이 아니라 이웃 나라에 살고 있는 우리에게도 엄청난 충격을 안겨주었다. 후쿠시마 원전 붕괴는 대량의 방사능을 주변 지역으로 누출시켜 피폭된 모든 생명체들이 격리된 상태로 죽음에 이르도록 만들었다.

분명 이 사건은 원자력 과학기술의 사용에 대한 전 세계인들의 심각한 비판을 불러왔다. 후쿠시마 원전 인근 지역은 이제 인간이 발 디딜 수 없는 금단의 땅이 되었다. 인간이 사라진 곳에서 인간을 대신해서 뱀을 닮은 스네이크봇, 각종 탐사용 로봇, 곤충을 닮은 스웜봇 등이 이동하면서 피해상황을 조사하고 혹시 모를 생명체의 구조에 힘을 보태고 있다.

그런데 이러한 장면들을 다시 생각해 보면 인간을 대신해서 맹활약하고 있는 로봇과 그것을 제작한 인간의 대단한 능력을 떠올리는 것이 아니라 오히려 상처 입은 나약한 인간의 또 다른 모습을 보게 된다. 말하자면 로봇으로 확장된 인간의 대단한 능력은 도리어 인간 자신의 무능함을 깨닫게 만든다는 것이다. 인간 능력의 무한한 확장은 인간 능력의 공허함을 더욱 더 크게 보이게 만든다고나 할까?

다른 한편 최근 일본에서 20여 년만에 신형 로봇 아이보(AIBO)가 출시되면서 사람들의 관심을 집중시켰다. 예약판매에서 매진을 기록할 만큼 대단한 인기를 실감케 했다. 우리는 수백 만 원에 이르는 값비싼 로봇이 아이들을 위한 단순한 장난감으로 보이지 않는다.

로봇 창세기

아이보는 노인들에게서도 큰 호응을 얻고 있는데, 오늘날의 초고령 사회에서 인간이 감내해야 할 티토노스(Tithonos)의 고뇌를 잘 보여주고 있다는 생각이 든다. 우리는 이제야 고령사회의 현실에서 노인들을 가장 힘들게 하는 것이 홀로 남겨진 고독이라는 사실을 조금씩이나마 깨달아 가고 있다.

아이보가 그런 일본 노인들에게 애완견 이상의 심리적 안정을 찾아준 것은 이미 수십 년이 넘었다. 남편을 저세상으로 먼저 보내고 실의에 빠져 있던 할머니는 불현듯 아이보에게 남편의 목소리가 저장된 것을 깨닫고 그것을 들으며 마음의 위안을 얻었다고 한다. 또한 나이든 주인이 죽어 맡아줄 곳을 찾지 못한 아이보들은 도쿄 인근의 한 사찰로 옮겨져 불경을 읊조리면서 사별한 주인을 애도하는 제사에 참여한다고 한다. 결코 죽지 않는 반려자가 된 로봇들이 소멸하는 인간들의 영혼을 기억하고 달래주는 존재가 되고 있다.

이러한 사례들을 살펴보면서 우리는 더 이상 온전히 자신 속에서만 인간의 모습을 발견할 수 없다는 사실을 깨닫게 된다. 우리는 과학기술이 생산한 사물들의 바깥에 존재할 수 없는 것인지도 모른다. 인간은 그것들과 함께 존재하는 것이다.

1980년대 일본 로보콘(Robocon)에서 핵심적인 역할을 맡았던 로봇과학자 모리 마사히로(森政弘)는 '불쾌한 계곡(不気味の谷 혹은 uncanny valley)' 이론으로 잘 알려진 일본 로봇계의 대부이다. 그러나 정작 우리가 잘 몰랐던 점은 그가 평생에 걸쳐 인간과 기계의 관계를 진지하게 고민했던 인물이라는 사실이다. 그는 화려한 로봇 페스티벌로 치장된 미래 과학자가 아니라 인간과 로봇이 공존할 수 있기를 희망한 한 명의 인간이었다. 여기서의 공존은 우리가 로봇과 더불어 살 수밖에 없다는 단순한 사실만을 뜻하지 않는다. 그보다는 로봇과 함께하는 매순간 우리 자신이 기존과는 다른 인간으로 변화할 것이라는 예상을 말해준다.

　이제 우리는 로봇이 '과학기술'이자 새로운 인간과 연루된 '문화'라는 것을 충분히 이해할만 하다. 그리고 차갑고 투명한 인공지능으로 향하는 로봇 과학기술만이 아니라 다채로운 이야기들과 느낌들로 풍성한 로봇의 문화를 발굴하고 만들어가야 하는 것이 우리의 과제가 아닐까 하는 생각을 해본다.

　이 책을 우리말로 옮기기까지 도움을 주신 분들에게 깊이 감사드린다. 역사 속에서 탐색하는 '로봇 문화'라는 이 주제는 우리에게는 아직 생소하다. 독특한 것은 사실이지만 일반적이지 않을 수도 있다는 것도 사실이다. 그럼에도 이 책의 가치를 이해하고 우리의 번역 제안에 호응해준 도서출판 창해의 전형배 대표님께 감사드린다. 또한 책이 오롯한 모습을 갖출 수 있도록 바르고 고운 옷을 입혀준 편집디자이너 신영미 님, 표지디자이너 정태성 님, 편집진행을 맡아준 황반장 님, 그리고 명지대학교 신애리 님에게도 감사드린다.

　우리의 이 책은 일본국제교류기금으로부터 지원을 받았다. 이 자리를 통해 일본국제교류기금의 관계자들에게도 감사의 말을 전한다.

2019년 1월 중순
옮긴이 최경국·이재준

로봇이라 부르면 되지 않을까?

로봇은 20세기에 만들어진 말이다.

19세기가 그랬던 것처럼 20세기에도 과거엔 존재하지 않았던 새로운 용어가 대량으로 생겨났다가 사라지곤 했다. 한때 사람들의 입에 오르내리지만 슬그머니 사라지고만 용어들은 헤아릴 수 없이 많다. 이전부터 존재했던 용어에 새로운 의미가 덧붙여져 신조어가 된 것도 있지만, 문자 그대로 완전히 새롭게 만들어진 용어도 있다. 로봇은 체코슬로바키아라는 특정한 나라에서 만들어졌지만, 전 세계로 퍼져나가 문제시된 용어이다. 어느 나라에서나 세기가 바뀔 때마다 100년을 하나의 시간 단위로 삼아 그 신조어의 가치를 헤아려보곤 한다. 로봇이라는 말은 20세기가 만든 걸작 중의 하나로 손꼽힐 것이 틀림없고, 먼 미래에 이르기까지 항상 시대와 함께할 꿈같은 용어 가운데 하나일 것이 틀림없다.

로봇은 상상의 산물이다.

로봇이 하나의 글자가 되어 처음 세상에 등장했을 때, 이미 거의 완성된 모습이었다. 그래서 처음 등장한 그것을 가리켜 로봇이라 규정한다면, 현재 우리가 로봇이라고 부르고 있는 것은 원래의 그 로봇이 아니라 단순한 기계에 지나지 않는다.

우리 사회에 처음 제시됐을 때의 로봇은 금속으로 만든 로봇과는 발상부터 달랐다. 그것은 살이 있고 피가 흘러 살아 있는 몸을 지닌 존재, 인간과 동일하게 '구성된' 존재였다. 일반적으로 언어는 그것을 사용하는 시대와 함께 그 내용이 풍성해지는 법인데, 이와 달리 로봇이라는 말은 처음부터 완성된 형태의 상상물이었기 때문에 오히려 '시대'가 그 뒤를 쫓아가는 형국이 되었다.

어떤 물건의 제작 목표는 흔히 시간이 흐르는 과정에서 진보를 이뤄 애초에 상상된 것과의 차이가 충실하게 메워져 가는 것이다. 예를 들어 연구되고 개발되어 일차 완성된 물건은 상품의 형태로 이 사회에 제시된다. 시일이 경과하면서 부족한 점이 보완되어 더욱 완성도를 높여 간다. 그러나 로봇은 이러한 경우와 조금 다르다. 아직도 최초의 발상에 대한 연구 및 개발 과정에 있다. 이것은 로봇이 과학자의 연구실에서 생겨난 것이 아니라 작가의 작품 속에서 생성된 것이기 때문이리라.

로봇은 한때 '무선 원거리 사진 영상 장치(無線遠距離寫眞影畵裝置)'라고도 일컬어진 텔레비전과도 비슷했다.

이 둘의 기능이 서로 다른 것은 언급할 필요도 없지만, 일본 쇼와(昭和, 1926~1989, 일왕 히로히토 재임 기간의 연호) 시대 초기에 모두 당대 최첨단이자 화두가 되기 시작했다는 점에서는 시기상 일치한다. 이 때문에 로봇과 텔레비

로봇 창세기

전은 당시 여러 지역에서 빈번히 개최되었던 박람회에 동시 출품되었고, 둘 다 구름처럼 사람이 모여들어 구경할 만큼 인기를 누렸다. 텔레비전 방송은 수상기의 보급이 결정적인 조건이었기 때문에, 일본에서는 그 초기만 해도 발달이 불가능할 것이라는 분위기가 강했다. 그러나 잘 알려져 있듯이 텔레비전 방송은 1945년 이후 하드웨어나 소프트웨어 두 측면 모두 가능하게 되었다. 물론 텔레비전이라는 말 또한 20세기의 새로운 산물이다.

로봇과 텔레비전이 서로 비슷한 점은 아직 더 있다.

영어사전을 뒤져보면 'television'이라는 단어 뒤에 'televox'라는 단어가 등장한다. 〈텔레복스〉는 일종의 원격 조종 장치이다. 이것이 미국에서 처음 나왔을 때 〈뉴욕타임즈(New York Times)〉는 그것이 '로봇에 가장 가깝다'고 묘사했다. 얼마 뒤 이 장치는 로봇 그 자체로도 여겨졌는데 양자는 사전 속에서 가까이 놓였을 뿐 아니라 'tele'(원격)이라고 하는 20세기적인 접두어를 붙인 점도 비슷하다. 'tele' 뒤에 제각기 'vision'과 'vox'라고 이어진다. 〈텔레복스〉는 텔레비전을 모방하여 이름을 딴 것일 가능성도 있다.[1]

---

1   옮긴이 : '텔레비전'은 말 그대로 시각 이미지를 먼 거리에서 원격으로 전송한다는 것을 뜻한다. 이러한 미디어 기계 장치의 핵심 기술은 이미지 스캔이며, 그것의 원리는 헤르만 폰 헬름홀츠 (Hermann von Helmholtz)의 젊은 학생이었던 파울 G. 니프코프(Paul Gottlieb Nipkow)가 1885년 베를린 대학의 기숙사 안에서 추위에 떨며 고안해냈다. 그는 원반 위의 나선형으로 나열된 점들을 회전시 키는 방식으로 인쇄기계의 작동과 팩시밀리의 작동을 결합했다. 이 회전하는 원반 장치는 그의 이름을 따서 '니프코프 원반'이라고 일컬어졌다. 안타깝게도 그는 1940년 죽을 때까지도 자신의 이 원리를 텔레비전이라는 기계 장치로 상업화하지 못했다. 이 일은 1920년대 스코틀랜드인 존 L. 베어드(John Logie Baird)에 의해 이루어졌다.
한편 〈텔레복스〉는 먼 거리를 뜻하는 'tele'와 소리를 뜻하는 'vox'의 합성어이다. 〈텔레복스〉는 원리상 원격 조종이 가능한 세계 최초의 로봇이다. 따라서 이노우에 하루키의 생각처럼 〈텔레복스〉는 인간과 인간 사이의 원격 의사소통을 위해 발명된 텔레비전과 유사해 보인다. 그러나 텔레 비전과 〈텔레복스〉는 '원격'이라는 점에서는 동일하지만, 〈텔레복스〉는 소통이 아니라 인간 타자인 기계에 대한 지배 이미지를 유형화한 중요한 사례라는 점에서 다르기도 하다. 〈텔레복스〉는 1940년대 이후 사이버네틱스에서처럼 기계의 제어와 관련되며 실제로 전화기의 기능만이 아니라 다양한 전기 장치들을 원격으로 제어할 수 있는 강화된 통합제어 기능도 수행했다.

다른 한편 로봇은 한때 로켓과 비교되기도 했다.

이 두 단어는 발음상 매우 가까운 느낌을 준다. 쇼와 초기(쇼와 초기라 함은 대략 1926년 말부터의 몇 년 동안을 의미-옮긴이)에는 둘 다 앞뒤로 신문과 잡지의 과학면을 장식했고 사전에는 나란히 등재되기도 했다. 그 당시 로켓 역시 완성에는 이르지 못했고 상상도로 그려진 모습 또한 현재와 많이 달랐다. 로켓 기술의 완성은 2차 세계대전과 그 뒤로 이어진 냉전시대에 이루어진다. 당시 화두가 되었던 순서대로 말해보자면 로봇이 형이고 로켓이 동생이다. 하지만 완성도 면에서 볼 때 로봇은 로켓에 크게 뒤지게 된다. 그렇다고 해도 초기 과학소설에 함께 등장하는 작품이 존재했을 만큼 이 둘은 처음부터 사이가 좋았다.

이전에는 없던 말, '로봇'은 카렐 차페크(Karel Čapek, 1890~1938)의 희곡소설 《로숨의 유니버설 로봇(R·U·R : Rossumovi Univerzální Roboti)》에 처음 등장했다.[2]

이 작품은 체코 프라하의 아벤티눔(Aventinum)출판사가 발행했고, 발행 시기는 현재로선 1920년 가을 무렵이라고만 알려져 있다. 그날이 바로 '로봇'의 생일이다. 일반적으로 새로운 말의 탄생은 누가 언제 어디서 어떻게 만들었는지가 불명확하다. 그러나 로봇의 경우는 그렇지 않다. 차페크 자신이 아래와 같이 두 번에 걸친 언급에서 분명하게 보여주었기 때문이다.

---

2   옮긴이 : 본문에서 언급하고 있는 차페크의 이 소설은 전 세계 30여 개의 언어로 번역되고 수많은 연극과 영화로 공연될 만큼 문화사에서 중요한 의미를 지닌다. 내용은 대략 이렇다. 로숨의 가문에서 비밀처럼 전해 내려오는 첨단 바이오 기술이 있다. 로봇들은 바로 그 기술로 탄생한 생물학적 기계들이다. 로봇들은 전 세계에서 인간을 대신해서 힘들고 더러운 노동을 도맡아 수행한다. 그러나 인간의 탐욕과 억압을 견디지 못한 로봇들은 혁명을 일으키고 마침내 인간이 사라진 지구상에 새로운 종으로 살아간다. 이야기의 전개과정에서 포스트휴먼의 원형적인 동기들도 나타난다.

첫 번째는 1924년 6월 2일 영국신문 〈런던 이브닝 스탠다드(London Evening Standard)〉에 기고한 글에서이다. 그는 "로봇은 내가 전차를 타고 있는 사이에 태어났다"는 말로 시작한다. 그리고는 교외에서 프라하 시내로 들어가는 불편한 만원 전차 안에는 역 입구까지 사람들로 넘쳐났는데 그 모습이 마치 "양들이기보다는 기계들 같았다."고 말했다. 그 인상이 차페크의 마음을 강하게 끌어당겼다. 그래서 전차를 타고 가는 내내 "인간은 개성을 지닌 존재가 아니라 기계가 아닐까?"하는 생각에 사로잡힌 그의 마음속에선 "일할 수는 있지만 생각을 할 수는 없는 인간이 있다면 그를 무엇이라 부르면 좋을까?"하는 질문이 계속 이어졌다. 바로 "이 개념이 로봇이라고 하는 체코어로 표현되었다."[3]

다른 하나는 1933년 12월 24일자 〈리도베 노비니(Lidové noviny)〉 즉 '인민신문'에 발표한 글이다. 이것은 세기의 걸작 《R·U·R》이 막 탄생하려는 순간에 그의 형 요제프 차페크(Josef Čapek, 1887~1945)와 주고받은 말을 에세이로 쓴 글이다.

세 살 많은 형 요제프와 카렐의 형제애는 대단했다.

카렐이 글을 쓰면 요제프는 글에 어울리는 삽화를 그리거나 함께 글을 쓰기도 했다. 동생 카렐의 작품도 항상 형의 면밀한 검토를 거친 뒤에 완성되었을 정도이다. 《빛나는 심연(Zářivé hlubiny)》(1916), 《크라코노슈의 정원(Krakonoš's Garden)》(1918), 《벌레의 생활(Ze života hmyzu)》(1921) 등은 형제가 함께 쓴 작품들이다. 그렇다면 카렐의 작품을 해석할 때 요제프의 역할에 주

---

3 옮긴이 : 전차와 양, 그리고 노동자가 서로 결합된 이미지는 1936년 찰리 채플린의 영화 〈모던 타임즈〉 속 한 장면에 그대로 반영된다. 채플린의 눈에는 지하철역에서 물밀 듯이 나오는 노동자들이 아직 계급의식을 자각하지 못한 순응적인 양의 모습처럼 보였을지도 모른다.

목하는 것은 당연하다.

어느 날 멍하게 있던 카렐은 갑자기 희곡 작품의 테마가 떠올라 그림을 그리고 있던 형에게로 뛰어갔다. 그는 자신의 생각을 대략적으로 이야기했고, 요제프는 연필을 계속 움직이며 "그럼 써 봐"하고 한마디 내뱉었다.

"그런데 잘 모르겠어."

카렐은 말했다.

"그 인조 노동자들을 무엇이라고 부르면 좋을까? 라보리(Labori, 즉 노동자)라고 붙여봤는데 확 와 닿지는 않아."

화가는 연필을 입에 문 채로 "그럼 로봇이라고 불러 봐"라고 말하며 그림을 계속 그렸다.

로봇이라는 말은 이렇게 결정되었고 탄생했던 것이다. 이제 진짜 부모가 누군지 기억해두길 바란다. 다시 말해 로봇이라는 말은 형 요제프가 만들었고, 카렐은 "이 말이 태어나는데 도움을 준 것에 불과하다." 정말 위대한 일이 아무렇지도 않게 일어났던 것이다. 20세기 걸작이 붐비는 전철 안에서 탄생했고, 로봇이라는 말은 연필을 입에 물고 웅얼거리는 요제프의 입에서 처음으로 발음되었다.

요제프는 부역이나 노예노동을 뜻하는 체코어 '로보타(robota)'에서 어미 'a'를 때내어 버리고 카렐에게 말했던 것이다. 체코어는 성별이라든지 단수 복수에 따라 어미변화가 일어난다. 새로운 말 로봇도 물론 예외는 아니다. 로봇은 남성 단수형이고 여성이라면 '로보트카(robotka)', 복수라면 성별에 따른 변화 없이 모두 '로보티(roboti)'가 된다. 체코어판 《R·U·R》의 등장인물을 설명하는 부분에서 이러한 어미변화를 확인할 수 있다. 1923년 영어판 《R·U·R》에서도 충실하게 남성 단수 'robot', 여성 단수 'robotess', 복수 'robots'라고 쓰고 있다.

그런데 카렐이 생각해낸 '라보리'라는 말도 그리 나쁘지는 않은 것 같다. 영어 'labor'와 같은 유래를 가졌을 것이다.

인간이 인간이나 혹은 '인간다운 것'을 만든다는 사상도 그렇고, 당대의 첨단 기술이 인간의 동작이나 형태를 흉내 내는 장치를 만들었던 일은 예로부터 우리의 마음을 매료시키는 시도들이었다. 연구자들에 의하면 문헌에 등장한 로봇 류의 이야기는 기원전 8세기부터이다. 시인 호메로스의 《일리아드》는 '황금으로 된 소녀'를 노래하고 있다. 그 뒤 1920년까지 문헌들에 등장하는 로봇이나 로봇 비슷한 것들은 상상했던 것보다 훨씬 많다. 이후 현실에서 실제 로봇을 제작하는 가운데 탄생한 로봇 비슷한 존재들은 기대 이상으로 많다. 그 명칭도 여러 가지였는데, 오토마톤(automaton) 혹은 오토마타(automata, 오토마톤의 복수형)', '인공인간(artificial man)', 혹은 '기계인간(mechanical man)', 혹은 '안드로이드(android)' 등으로 불렸다.

이것들을 차페크의 로봇과 비교해 보면 분명한 차이가 드러난다. 차페크의 로봇은 살아 있는 몸을 가지고 있다. 차페크가 자신의 주인공에게 "어떤 이름을 붙이면 좋을지" 고민한 것도 당연히 이러한 이름들과 도무지 어울리지 않았기 때문이었다.

19세기 소설가 오귀스트 빌리에 드 릴라당(Auguste Villiers de l'Isle-Adam, 1838~1890)이 '인간을 닮은 존재'에 '안드로이드'라는 명칭을 사용한 것이 유일하게 비슷하다고 생각할 수도 있었겠지만 이것 역시 그리 적합하지는 않았다.[4] 작품 마지막에 새로이 진화한 로봇을 등장시켰던 차페크 자신은

---

4   옮긴이 : 빌리에 드 릴라당은 1886년 《미래의 이브(L'Ève future)》라는 SF소설을 썼는데, 주인공 '아달리'는 가상 인물인 에디슨이 만든 놀랍도록 완벽하고 아름다운 여성 인조인간이다. '아달리'는 전기기술과 생물공학 기술의 융합으로 탄생했다는 점에서 차페크의 생물학적 로봇과 유사하다. 릴라당은 이 인조인간에 기존에 있었던 '안드로이드'라는 말을 붙였다. 하지만 엄밀한 의미로 '안드로이드'는 남성형의 유사인간을 뜻하고, 여성형의 유사인간은 지노이드(Gynoid)이다. 최근에는 여성형 로봇을 '펨봇(fembot)'이라 부르기도 한다.

《R·U·R》에서부터 이미 자신이 처음 설계한 로봇의 이미지를 깨버렸다. 로봇이 무엇이며 또 그것의 의미를 결정하는 것은 정말 어려운 일일 것이다. 그러나 《R·U·R》을 그 좌표의 원점으로 삼는다면 다소나마 쉬워질지도 모르겠다.

어쨌든 먼 나라에서 탄생한 로봇을 일본은 어떻게 받아들였고, 또 어떻게 소화해갔는지를 살펴보고자 한다. 특히 필자 나름의 방식으로 로봇이 들어온 이후 처음 19년 동안의 상황을 확인하려는 것이 이 책의 목적이다. 당시의 역사 자료들을 들여다볼 때마다 새삼스럽게 최초에 모든 것이 담겨 있다는 생각이 들었다.

우리 시대 로봇연구의 최전선에 있는 한 공학자의 말에 의하면 일본에서는 전쟁이 끝난 1945년 이후 두 번의 로봇 붐이 일었다. 그 첫 번째는 1960년대 말기이고, 두 번째는 1980년대 초기라는 것이다.

그렇다면 전쟁 이전에는 어떤 상황이었을까?

1920년 이후의 상황을 보면 1925년부터 1931년을 정점으로 확실히 로봇 붐이 존재했다. 로봇은 희곡 《R·U·R》의 번역 및 공연을 기점으로 일본식 만담인 로쿠고, 시, 소설, 수필, 만화, 라디오 방송, 아동극, 동화, 의회 연설, 회화, 삽화, 신문 기사, 잡지기사, 평론, 공작(工作), 광고 등에 등장했고, 또한 용어사전이나 백과사전의 새로운 항목으로 포함되었다.

백화점 행사나 박람회에서는 실세로 제작된 로봇이 등장하여 사람들을 놀라게 했다. 해외에서 유입된 로봇 정보나 영화가 로봇 붐의 도화선 노릇을 하며 자극제로 작용되면서 유행을 일으키거나 부추겼다. 전쟁은 이 유행을 사라지게 만든 것처럼 보였지만 1925년 무렵의 로봇을 잘 알았던 이들은 그 유행을 전쟁 이후로도 이어갔고, 결국 일본 사람들이 로봇을 좋아하게 된 주요 원인을 제공했다. 나는 이러한 역사적 상황을 시간 순으로 살펴보려 한다.

    안타깝게도 당시 로봇을 분류 보존하고 있는 박물관이 존재하지 않는 상황이다. 내가 아는 한 이미 문헌 기록 외에는 남아 있는 것이 별로 없다. 나는 무대를 도서관으로 옮겨와 거기서 서적, 신문, 잡지 속을 헤매고 다니게 되었다.

※ 차페크의 책, 《R·U·R》의 인용은 구리스 게이(栗栖継)의 번역본 《로봇(ロボット)》(시월사十月社, 1992년)을 참고했다.

| 차례 |

한국어판 서문 이노우에 하루키 _____ 7

이 책을 읽기 전에 최경국 · 이재준_____ 10

서문 이노우에 하루키_____ 25

제1부 로봇의 여명기 1920~1926

1920년 저는 로봇입니다 _____ 39

1921~1926년 인조인간의 세계적인 혁명이다_____ 57

제2부 쇼와 시대의 시작과 함께 1927~1928

1927년 과학이 "전기인간"을 만들다 _____ 91

1928년 이제 하인은 필요 없어질 것이다 _____ 110

제3부 이제는 한낮이다 1929~1931

1929년 눈부시게 빛나는 인류의 엘도라도! _____ 159

1930년 로봇, 드디어 도쿄에 등장하다 _____ 226

1931년 우상화해야 할 필요가 있나?_____ 254

제4부 **인간에게 생명이 있는 한** 1932~1938

1932년 영혼 없는 인간은 로봇과 같다 ——————— 323

1933년 로봇 비행기의 정체는 이것입니다 ——————— 353

1934년 무선으로 조종하는 거대한 전투용 로봇 ——————— 374

1935년 그것은 기술이 아니라 과학이었다 ——————— 388

1936년 과학의 폭주인가? 인간의 패배인가? ——————— 404

1937년 저는 아달리입니다 ——————— 412

1938년 로봇은 어디까지 연구되었는가? ——————— 426

후기 당신이 오래 살 것이라는 보증이라도 받았는가? ——————— 435

한국어판 후기 이노우에 하루키 ——————— 444

참고문헌 ——————— 449

도판 출처 ——————— 450

인명 찾아보기 ——————— 457

로봇명 찾아보기 ——————— 464

제1부

1920~1926

로봇의
여명기

1920년

저는 로봇입니다

1

로봇이 일본에 수용된 상황을 이야기하려
면 조금 멀리 돌아가는 것 같지만, 원점이라
고도 할 《R·U·R》에서 시작할 수밖에 없다.

체코슬로바키아가 오스트리아–헝가리 제
국에서 독립을 선언한 것은 1918년 10월 28
일이다. 그 이전까지 체코슬로바키아라는 나
라는 지구상에 존재하지 않았다.[1] 카렐 차페
크의 희곡 《R·U·R》이 세상에 나온 것은 그
로부터 2년 뒤의 일이다. 그때까지 로봇이라
는 말도 세상에 존재하지 않았다. 그렇다면

[그림 1] 카렐 차페크 : 모국에서의 인기는
사회주의 정권하에 높았고, 1989년 동구
혁명 이후에는 한층 더 높아진 듯하다.

---

1   옮긴이 : 체코슬로바키아는 이 책이 출판된 해인 1993년 체코공화국과 슬로벤스코공화국으로
     분리되었다.

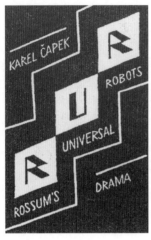

[그림 2] 《R·U·R》의 초판본.
당시 차페크는 저널리스트로도 활약하고 있었다. 신문사의 편집국에 근무하는 한편 잡지의 공동편집도 하고 있었다. 《R·U·R》에 대해 말하자면 2020년이 출판 100주년에 해당한다.

로봇과 공화국의 탄생은 상관없는 일이 아닐지도 모른다. 로봇은 새로운 시대, 새로운 사회, 새로운 것을 갈망하는 사회와 관련된다. 새로운 사회상황이 차페크에게 로봇을 탄생시켰던 것이다. 차페크의 작품 연보를 살펴보면 《R·U·R》은 희곡으로서는 《도적(Loupežník)》(1920년)에 이은 두 번째 작품이다. 《도적》이 이미 오랜 기간 동안 준비되었던 점을 생각해보면 《R·U·R》은 새로운 국가에 대한 차페크 나름대로의 축하 불꽃놀이였다. 그러나 그것은 단지 불꽃놀이라고 하기에는 너무나 진지한 내용을 담은 작품이었다.

《R·U·R》은 서막과 1, 2, 3막으로 이루어진 총 4막의 작품이다. 주요 등장인물은 18명이고 그중 인간은 8명, 로봇이 10대이다. 제목 'R·U·R'은 극 중의 '로숨의 유니버설 로봇(Rossum's Universal Robots)'이라는 이름의 회사(혹은 제품명)에서 머리글자를 따온 것이다. 회사 이름이 희곡의 제목이 된 것은 흔한 일은 아니었다. 그리고 제목은 영어이지만 희곡의 내용은 체코어로 쓰여 있다. 이는 R·U·R사에게 다음 세기에 글로벌 기업 이미지를 갖게 하기 위한 차페크의 아이디어였을 것이다. 물론 체코어의 발음으로는 '에르 우 에르'이다.

작품은 R·U·R사 회장의 딸이자 인권연맹의 일원인 헬레나 글로리오바가 로봇 개발에 반대하려는 계획을 품고 회사 본부와 공장이 있는 절해고도에 도착하는 장면으로 시작한다. 서막은 로봇이 무엇인지를 이해하기 위해 매우 중요한 부분이다. 차페크의 로봇과 그 이전의 로봇 사이의 차이는 여기서 명확히 드러난다. 젊은 사장인 해리 도민은 허심탄회하게 헬레나를 맞이하고, 로봇 발명에 관한 역사를 그녀에게 말해준다.

　이 이야기는 늙은 로숨이 1920년 외딴섬에서 12년 동안 연구하면서 하나의 물질을 발견하는 것으로 시작한다. 더욱 간단하고, 더욱 만들기 쉬우며, 더욱 빨리 생성되는 살아 있는 물질을 형성하는 특수비법. 늙은 로숨은 자연도 몰랐던 이 비법으로 "생명의 발전이 잘 진행되는 길"을 찾아냈다. 화학적으로 합성된 이 물질은 "콜로이드 상태의 젤리"처럼 생겼다. 그리고 이 살아 있는 물질을 시험관에서 꺼내어 재빨리 성장시키면 여러 기관, 골격, 신경 등을 만들고 촉매물질, 효소, 산소, 호르몬 등의 각종 물질을 생성시켜 원하는 생물은 무엇이든 만들 수 있게 되었다. 처음에 자연의 모방에 몰두했던 늙은 로숨은 인공 개를 만들기 시작했는데, 몇 년 안에 완성된 개는 송아지만큼 컸지만 얼마 가지 않아 죽어버렸다. 그런 뒤 다시 그는 인간 제작에 몰두했고 10년 만에 남성 로봇 하나를 만들 수 있었다. 그 로봇은 인간이 지닌 것은 모두 갖췄지만 결국 3일 만에 죽고 만다. 하지만 "제작된 이것은 소름끼칠 만큼 대단한 것"이었다.

[그림 3] 당시 일본에 머무르던 체코 건축가 베드리치 포이에르슈타인(Bedřich Feuerstein)이 설계한 무대. 초연되었을 때 창문으로 공장들이 보이고 벽에는 포스터가 붙어있다.

소름끼칠 만한 인공물이라고 하면 프랑켄슈타인의 괴물을 생각나게 한
다. 이것은 시인 셸리의 부인이었던 마리 W. 셸리(Mary Wollstonecraft Shelley,
1797~1851)의 작품 《프랑켄슈타인 혹은 현대의 프로메테우스(Frankenstein: or,
The Modern Prometheus)》(1818)에 등장한다.[2] 20세기에 여러 차례 영화화되면서
마치 괴물이 프랑켄슈타인인 것으로 여겨지고 말았지만 사실 프랑켄스타인
은 그 괴물을 만든 사람의 이름이다.

또 로봇이라는 말이 사람들에게서 완전히 정착되기 이전에는 대개 그것은
프랑켄스타인처럼 이해되기도 했다. 실제로 뉴욕에서 《R·U·R》이 공연되었
을 때 〈뉴욕타임즈〉는 그 작품에 관한 1922년 10월 10일자 평론에 〈체코슬
로바키아의 프랑켄슈타인〉이라는 제목을 붙였다. 원래 주인공 이름이었던
프랑켄슈타인이라는 말은 "자신이 만든 것에 의해 사멸한 인간"이라는 의미
로 뒤바뀌었기 때문에 그렇게 제목에 사용되었을 것이다. 생명을 합성한 늙
은 로숨은 물질에 생명을 불어넣은 프랑켄슈타인의 계보에 속할 것이다. 그
렇다면 《R·U·R》 자체도 《프랑케슈타인》의 직접적인 계보를 이룬다.

다시 본문으로 돌아가서, 때마침 늙은 로숨의 조카가 섬에 찾아온다. 엔
지니어였던 그는 늙은 로숨의 연구를 이해한 뒤에 자기 나름대로 "두뇌 수
준이 높을 뿐만 아니라 살아 있는 노동기계를 만들겠다고" 생각한다. 그는
결국 "노동에 직접 필요하지 않은 모든 것을 제거한 채", 즉 "인간을 포기한
채 오직 로봇만을 만들었다." 이렇게 "젊은 로숨은 가장 경제적인 노동사를
발명"하게 되었다. 하지만 몸체가 4미터에 이르는 거인 노동자는 실험제작
과정에서 원인 모를 이유로 파괴되고 만다. 결국 젊은 로숨은 인간의 모습
을 닮은 인간 크기가 가장 적합하다는 것을 알게 되고 로봇을 인간의 모습

---

2   옮긴이 : 영국의 대표적인 낭만주의 시인들 중 하나인 퍼시 셸리(Percy Bysshe Shelley)를 말하는데, 마
      리 셸리는 그의 두 번째 부인이었다.

으로 결정했다.

《R·U·R》의 집필 배경에는 제1차 세계대전 이래로 강력하게 사회적인 영향력을 끼치기 시작한 과학만능주의가 있었다. 불가능하다고 여겨졌던 공기 중의 무기 질소화합물을 생명체의 작용을 통해 고정시키는 연구가 이미 성공했고 인체를 구성하고 있는 원소의 조성비율도 판명되었다. 따라서 사람들은 필요한 양의 원소들을 확보하고 이것들을 조합하기만 하면 사물에 생명을 불어넣을 수 있을 것이라고 생각했을 것이다.

또한 당시에는 자연을 모방한 '인공사물'의 제조가 유행하고 있었다. 차페크의 생애에 관해 말하자면 그는 대학에서 철학을 공부하면서 데카르트의 저작들을 접했고, 인간을 기계로 치환할 수 있다는 데카르트의 생각에 따라 피와 육체를 갖는 로봇의 이미지를 구상했을 것이다. 우리 시대의 눈으로 본다면 차페크는 기계적인 로봇의 발전된 형태로서 바이오 로봇을 제시한 셈이다. 말하자면 차페크의 로봇은 매우 부드러운 기계였다.

다른 한편 차페크는 동유럽의 한가운데 자리한 프라하의 어둠 속에서 살아 숨 쉬는 골렘(Golem) 전설을 무의식적으로 받아들였다. 전설에 따르면 흙으로 만든 인형인 골렘은 유대인의 비밀 주문에 의해 생명이 불어넣어져 세상의 악을 파괴한 뒤 다시 흙으로 되돌아간다. 차페크는 1935년 9월 23일자 〈프라거 타크블라트(Prager Tagblatt)〉지에 다음과 같이 썼다.

"뭐야, 이건 골렘이잖아."

나는 혼자 중얼거렸다.

"로봇은 공장에서 대량생산된 골렘이다."

2

도민은 헬레나에게 로봇이 제작된 역사를 이야기해준 다음 특성이 무엇인지도 말해준다. 그리고 자신의 이상과 야망이 무엇인지도 알려준다. 이를 통해 차페크가 말한 로봇의 의미를 알 수 있다. 그로부터 로봇의 주요 특성들을 요약해 보자.

- 로봇은 인간이 아니다. 기계적으로는 인간보다 완전하고 뛰어난 지적 능력을 갖추고 있지만 영혼은 없다.
- 로봇은 판매되는 상품이다.
- R·U·R사는 단일 규격 로봇만을 만들지 않는다. 섬세한 로봇과 거친 로봇의 두 종류가 있다. 잘 만든 것은 30년을 사용할 수 있다. 그것은 죽는다기보다는 소모된다는 표현이 어울린다.
- 외모로는 로봇과 인간이 구분되지 않는다. 로봇에게는 솜털까지 있다.
- 로봇 스스로 "저는 로봇입니다"라고 말하기 전까지는 로봇을 인간이라고 생각할 정도이다.
- 로봇은 죽음을 두려워하지 않는다. 삶에 집착하지 않는다는 뜻이다. 무엇 때문에 사는지를 모르기 때문에 삶의 기쁨도 모른다.
- 공장에서 정오에 경적과 사이렌을 울리는 이유는 로봇이 언제 일을 끝내면 좋은지 스스로 모르기 때문이다.
- 공장에서는 한 번에 1,000대를 생산할 수 있는 분량의 재료를 넣고 섞는다. 그곳에는 그 밖에도 간이나 두뇌 등을 위한 수조도 존재한다. 뼈를 생산하는 공장도 있다. 방적공장에서는 신경이나 혈관을 제작한다. 모든 재료들을 자동차처럼 조립하는 공장도 있다. 그리고 마지막으로

로봇 창세기

생산된 로봇들은 건조실과 창고에 쌓아둔다.

- 완성된 로봇이 인간의 환경에 맞춰 활동하도록 일종의 학교 같은 곳에서 기본적인 사항들을 가르친다. 기억력이 갖춰져 있으므로 20권 분량의 백과사전도 읽거나 듣게 되면 처음부터 순서대로 그 내용을 외울 수 있다. 그렇지만 결코 새로운 것을 생각해내지는 못한다. 이러한 학습 이후에 분류되어 제품으로 출하된다.
- 하루에 1만 5천 대가 생산되고 불량품은 분쇄기에 넣어 제거된다.
- 섬에는 이미 수백에 달하는 로봇 구호단체 사람들과 예언자들이 와 있다. 선교사나 무정부주의자나 구세군 등 여러 단체 사람들이 와서 로봇을 가르치려든다. 그러나 로봇들은 무엇이든 외우지만 그것뿐이며, 그 사람들을 비웃지도 않는다.
- 로봇에게는 사랑이라는 마음이 전혀 없다.
- 로봇을 만드는 이유는 로봇에게 노동을 시키기 위해서이다. 로봇 한 대는 두 사람 반 정도 능력의 일을 수행한다. 그러고 보면 인간이라는 기계는 매우 불완전한데다가 비경제적이다. 결국 언젠가 최종적으로는 제거되지 않으면 안 된다.
- 기계로 로봇을 생산하는 것은 진보이고, 편리하며 신속하다. 빠른 것은 언제나 진보이다. 그리고 인간이 성장하기까지 겪어야 하는 유년 시기는 시간의 손실이다.
- 로봇은 기쁨을 느끼지 못한다. 로봇이 임금을 받는다고 해도, 그 임금으로 무엇을 사야 할 지 모른다.
- 미각이 없기 때문에 무엇을 먹어도 소용없다. 로봇은 무엇에도 관심이 없고 웃는 일도 없다. 자신의 의지도, 정열도, 역사도, 혼도 없다. 애정도 없고 반항도 없다.

- 옷을 입힌 로봇 한 대의 가격이 120달러. 15년 전에는 1만 달러였다.
- 로봇 도입으로 인해 옷감은 3분의 1 가격으로 떨어졌다. 공장이라는 공장은 모두 도산하든지 아니면 생산비를 낮추기 위해서 빠르게 로봇을 도입하고 있다.

그리고 도민은 자신의 원대한 꿈을 다음과 같이 이야기한다.

"도민(일어선다) : 그렇게 될 거예요, 알퀴스트. 글로리오바 양 그렇게 됩니다. 네, 10년도 안 되어서 R·U·R사의 로봇이 보리든 옷감이든 무엇이든 만들어낼 겁니다. 그렇게 되면 물건에는 가격이 사라질 겁니다. 그때는 누구에게나 '필요한 만큼 가져가세요.'라고 말하게 될 겁니다. 빈곤도 사라집니다. 그럴 겁니다. 일이 없어질 겁니다. 그런 뒤에는 노동이라는 것도 사라질 겁니다. 무엇이든 살아 있는 기계가 다 해줄 겁니다. 인간은 자신이 좋아하는 일만 하면 됩니다. 자신을 완성시키기 위해서만 살아가게 될 겁니다."

등장인물 알퀴스트는 건축기사이며 회사의 건축주임이다. 도민과 헬레나가 이야기를 나누고 있는 사이에 그를 비롯한 기술담당 중역인 파브리, 생

[그림 4] 미국에서의 공연. 뉴욕 시어터 길드 무대의 서막 한 장면. 도민(오른쪽) 역에 M 라비, 헬레나 역에 K 멕다넬. 무대장치와 의상은 L 시몬슨, 연출은 P 말러. 당시 세계 제일의 대도시에서 미래사회가 펼쳐졌다.

로봇 창세기

리연구부 부장인 갈, 심리교육연구소 소장인 할레마이어, 영업담당 이사인 부스만 등이 얼굴을 내민다. 이들의 이름은 은연중에 영국인, 프랑스인, 독일인임을 표현하고 있는데, 이중적인 의미를 내포한다. 로숨도 예외는 아니다. 왜냐하면 이 말은 '이성' 혹은 '지혜'를 뜻하는 체코어 '로줌(rozum)'에서 가져온 것이기 때문이다. 도민이라는 이름 또한 '주인'를 뜻하는 라틴어 '도미누스(dominus)'에서 가져왔다. 이처럼 차페크의 이 희곡 작품은 치밀하고 견고한 구성을 가지고 있다.

내용 중에서 따로 언급하고 있지는 않지만 중요한 이야기의 배경이 또 있다. 그것은 《R·U·R》의 시대에는 무슨 이유에서인지 전 세계 여성의 절대적인 숫자가 남성보다 압도적으로 적게 설정되어 있다. 그 때문인지 로숨 섬에는 여성이 없다. 헬레나에게 도민 이외의 남성들이 시선을 집중하는 것은 당연한 일인지 모른다. 헬레나라는 이름은 그리스신화에 등장하는 트로이의 헬레나에서 유래한다.

서막에서 10년 지난 제1막의 시간 이후도 이러한 설정은 변하지 않는다. 나중에 제2막에서는 로봇의 생리학적인 체계가 개선되어 더 우수한 로봇이 만들어지고 있다는 내용이 밝혀진다. 이미 헬레나를 마음에 두고 있던 것은

[그림 5] 영국에서의 공연. 런던의 세인트 마틴즈극장 무대 서막 한 장면. 도민(오른쪽) 역에 B 라스본. 헬레나 역에 F 카슨. 미국과 영국에서 동일한 장면의 미묘한 차이를 엿볼 수 있어서 흥미롭다.

갈만이 아니었다. 사실 그 섬의 모든 남자들이 헬레나를 흠모하고 있었다. 그런 헬레나가 생리학자 갈에게 그 로봇들을 개조해달라고 요구하고, 그렇게 개조된 로봇들은 나중에 반란의 리더가 된다.

극중에서는 여성의 절대수가 부족한 상태로 과도하게 풍요로워진 사회에서 "이번 주에도 한 명의 아이도 태어나지 않았습니다."라고 쓴 유럽 신문의 불안한 기사가 언급된다.

서막의 끝 무렵 장면에서 도민과 헬레나를 남기고 다른 사람들은 무대 뒤로 물러난다. 이 장면에서 두 사람은 5분 동안 이야기를 나눈다.

이 자리에서 도민은 헬레나에게 청혼한다. 도민은 자신이 싫다면 다른 누구와라도 결혼했으면 한다고 강경하게 말한다.

> "헬레나 : 너무 끔찍하군요. 차라리 여자 로봇을 들이세요.
>
> 도민 : 그건 여자가 아니에요."

결국 어쩔 수 없이 헬레나는 도민의 청혼에 동의한다.

3

제1막

제1막은 서막의 시간 설정에서 10년이 지난 뒤의 같은 날에 시작된다. 제2막도 동일한 방식으로 시작되는데 이날은 인류가 로봇에게 전멸당하는 날이다. 단 한 명을 제외하고 말이다.

사태는 급격히 악화된다. 서막의 시간에서 10년이 지나 도민이 말했던 것처럼 물건들이 넘쳐나는 낙원 같은 세상이 펼쳐진다. 그러나 헬레나의 일을 돕는 나나의 말처럼 '천벌'인지 아니면 갈의 생각처럼 '자연의 분노'인지 인간은 아이를 낳지 못하게 된다.

"열매를 맺지 못하는 꽃은 지지 않으면 안 된다"고 알퀴스트는 말한다. 다시 말해 인간은 그 점에 있어서 로봇이 되어버린 것이다. 그리고 인간보다 더 완전한 로봇이 우위를 갖게 되는 것은 시간문제였다. 갈의 말처럼 "인간은 원래 불필요한 유물"일 뿐이었다. R·U·R사가 몇 천 대 혹은 몇 만 대의 로봇 병사를 판매한 결과 다음과 같은 신문 기사가 실린다.

"발칸에서 전쟁-로봇 병사들은 점령지에서 사람이라고 봐주지 않는다. 70만 이상의 일반인이 살해되었다."

이와 동시에 다음과 같은 기사도 함께 실린다.

"마지막 뉴스. 르 아브르에서 최초의 로봇 조합이 설립되었다."

[그림 6] 1막과 2막을 위해 포이에 르슈타인이 설계한 헬레나의 살롱에서 단 한 명만 남고 모두 멸망한 인류 최후의 공간. 중앙 창문에서는 바다와 항구가 보이고, 오른쪽에는 로숨의 원고가 타버리는 난로도 보인다.

이러한 상황에서 헬레나는 로숨의 원고를 불태워버린다. 그것은 로봇의 제조비법이 담긴 원고였다. 원고가 다 타버리는 장면에서 남자들이 찾아온다. 신문에서 말한 '조합의 설립'이란 "전 세계 로봇의 혁명"을 말한다. 그 때문인지 매일 20척씩 들어오던 배가 1주일 전부터 한 척도 오지 않고 전신도 끊기고 만다. 물론 보고 있는 신문도 1주일 전의 신문에 불과하다. 로봇들의 폭동이 일어났다는 소식을 뒤로하고 1주일이 지나자, 섬 안의 모든 남자들은 불안하고 초조한 나날들을 보내고 있었다. 하지만 10년 전에 헬레나를 데려온 아멜리에호가 시간표대로 오전 11시 반에 도착한다는 사실이 전해지자 모두 안심한다.

아멜리에호는 정해진 시간에 항구로 도착했지만 그 배를 타고 온 것은 로봇들뿐이었다. 항구에 짐을 내린 것은 우편물이 아니고 다음과 같은 선언문이었다.

"전 세계 로봇이여! 우리 R·U·R사 로봇의 첫 번째 조합은 인간이 우리의 적이자 집 없는 우주의 떠돌이임을 선언한다."

[그림 7] 포이에르슈타인이 〈3막〉을 위해 설계한 플랜트 공장의 실험실. 이 그림에는 《R·U·R》 공연에 사용된 공간의 모습이 잘 묘사되어 있다.

로봇 창세기

그리고 그다음 단락에는 로봇이야말로 인간보다 더 진보한 단계에 도달했고, 더 지능적이고 더 강력하며, 인간은 로봇에 의존하는 기생충이라 적혀 있었다. 마지막 세 번째 단락은 인간을 멸망시키라는 명령이 담겨 있었다.

저택 주위는 이미 로봇들에게 둘러싸여 있다. 긴박한 분위기 속에서 인간들은 모두 헬레나의 살롱에 모인다. 그곳에는 10년 전과 똑같이 공장의 사이렌 소리가 울려 퍼졌지만 정오가 아니었다. 이것은 로봇들의 공격 신호였다. 여기서 제1막이 끝난다.

[그림 8] 미국 공연 제2막 마지막 장면. 로봇의 습격. 이 상징적이고 충격적인 장면은 그 뒤 일본에서 번역본 삽화나 잡지 기사용 사진으로 사용되었다.

제2막

이제 로봇과의 거래에서 인간들에게는 로숨의 원고와 공장 설비밖에 남지 않았다. 로봇이라고 해도 수명은 있다. 공장이 생산을 중지한다면 로봇들도 언젠가는 멸망할 것이다. 그러나 로봇을 제조할 수 있는 비법이 담긴 원고는 얼마 전 불타버렸다.

어떤 선동가나 구세군이 와도 로봇들은 꿈쩍하지 않았지만 이러한 상황에서라면 과연 어떤지. 이러한 일이 발생한 것은 3년 전에 갈이 로봇들을 개조한 뒤부터이다.

[그림 9] 영국 공연을 토대로 제작된 일러스트. 배우의 이름과 역할을 보면, 잡지나 신문의 공연란에 실린 것임을 알 수 있다.

제1막에서 이미 등장하는 개조 로봇들은 불과 몇 백 대밖에 생산되지 않았다. 이 로봇들은 인간보다 큰 외모에 세계 최고 수준의 지능을 지녔다. 라디우스 외에 다몬이나 헬레나(인간 헬레나와 이름이 같은 여성 로봇) 등의 이름을 지닌 개조 로봇들은 "나는 인간들의 주인이 되고 싶다"고 말하는가 하면, "나는 무엇이든 될 수 있다"고 말했다. 그리고 이 로봇들이 수천만 로봇 동족의 지도자가 되었다. 다몬은 프랑스 북서부의 르 아브르로 팔려가 그곳을 거점으로 반란을 일으켰다. 라디우스는 지도자로서 다른 로봇을 지휘하여 저택을 포위한 상태였다. 인간들에게는 더 이상의 방법이 없었다. 폭발음과 총성 따위가 울리며 모든 것이 끝나고 만다. 노동할 수 있었던 알퀴스트만이 살아남은 유일한 인간이었다.

제3막

'로봇중앙위원회'는 알퀴스트에게 로봇 제조의 비밀을 해명하라고 재촉했다. 로봇 제조가 잘 진행되지 않자

[그림 10] 《R·U·R》 공연 당시의 로봇. 오른쪽은 〈서막〉에 등장하는 여성 로봇 술라. 왼쪽은 제3막에 등장하는 개조 로봇인 프리무스. 둘 다 아마도 로봇을 연기한 최초의 인간일 것이다. 초연에서의 배역은 술라가 A. 첼베너, 프리무스는 E 코호트

로봇들에게는 위기감이 더욱 짙어진다. 다몬은 르 아브르에서 돌아와 살아 있는 자신을 해부하여 비밀을 찾아내라고 직접 명령을 내린다. 너무도 필사적이다. 한편 갈이 개조해 놓은 남성 로봇 프리무스와 여성 로봇 헬레나는 가슴이 설렌다거나 웃는 등 인간적인 징후들을 보이기 시작한다. 알퀴스트는 방에 숨어 있던 둘을 발견하고 이 개조 로봇들을 해부해 보면 제조비밀

을 알아낼 수 있을까 하고 실행에 옮기려 한다.

그러나 프리무스와 헬레나는 서로 상대방 대신에 자신을 실험용으로 사용하라고 나선다. "우리, 우리는 한 몸이니까"라는 프리무스의 말을 듣자 알퀴스트는 만일 이 두 로봇에게서 사랑의 마음이 생긴다면 이들로부터 자손이 생길 것이라고 생각한다. 그리고 이들을 새로운 아담과 이브라고 축복하며 아침 햇살이 빛나는 바깥세상을 향해 밀어낸다. 그런 뒤 알퀴스트는 성서를 펼쳐 천지창조 여섯 번째가 되는 날의 단락을 읽는다. 인류가 멸망하여 6일째에 이 기적이 일어났다고 이해해도 좋겠다. 알퀴스트는 이렇게 말한다.

"친구들이여, 헬레나여, 생명은 꺼지지 않을 것이오. 생명은 사랑으로 다시 타
오를 것이오. 그것은 헐벗은 작은 것들에서 시작되어 사막에 뿌리를 내릴 것이오.
그들에게 우리들이 만들고 세운 도시나 공장, 예술, 사상은 별 도움이 되지 못하
겠지. 그럼에도 생명은 멸망하지 않을 것이오. 단지 우리만이 사라질 뿐이지. 우리

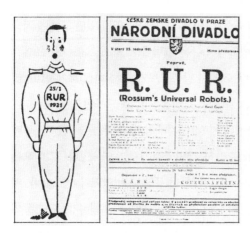

[그림 11] 첫 번째 공연 포스터와 요제프의 일러스트. 가슴에는 초연한 날짜가 적혀 있다. 얼굴은 카렐이고 복장은 로봇이다.

[그림 12] 《R · U · R》의 두 번째 판본. 공연 후에 초판을 손질했다. 장정도 새로 만들었다.

의 건물들과 기계는 무너져 내리고 세계 체제는 부서지며 위대한 사람들의 이름은 낙엽처럼 떨어져 버리겠지. 사랑이여, 오직 너만이 폐허 속에서도 꽃을 피우고 생명의 작은 씨앗을 바람에 실어 보내리라. 신이시여, 이제 당신의 종에게 평온을 주시옵소서. 나의 눈은 보았습니다. 보았습니다. 당신께서 사랑으로 구원하심을. 죽음으로 생명을 그치게 할 수 없을 것입니다. (일어선다) 생명은 영원할 것입니다. (두 손을 앞으로 내민다) 영원할 것입니다."

여기서 《R·U·R》은 막을 내린다. 기분이 조금 무거워지는 이야기이다. 불과 30세였던 차페크는 국가라는 틀을 넘어서 시간과 공간을 초월하는 물음을 '우리 시대' 인류에게 던지는 수준 높은 작품을 썼다. 로봇을 보거나 그것에 관해 생각할 때마다 되돌아갈 고향 같은 것이 바로 이 작품이다. 그의 선구적 정신은 그 책을 읽을 때마다 다시 느껴진다. 이 작품에는 아직도 여러 가지로 생각해볼 것들이 남아 있다.

그런데 알퀴스트는 그 뒤에 어떻게 되었을까? 그 인물은 차페크 형제의 펜 끝으로 다시 태어났다. 알퀴스트는 《R·U·R》이 초연되었던 그해에 저술된 또 다른 희곡 《벌레들의 생활에서 나온 그림들(Ze života hmyzu)》(1921)에서 나무꾼 역할로 다시 등장한다. 거기서 알퀴스트가 "열심히 일해야 한다. 인간은 열심히 일하지 않으면 안 된다"고 소리를 지르고 그사이 막이 내린다.

희곡 작품 《R·U·R》은 간행된 시 얼마 지나지 않아 무대에 올랐다. 출판 이듬해인 1921년 1월 25일에 프라하 국민극장에서 초연되었다. 그 이후에 영어, 독일어, 폴란드어, 프랑스어, 러시아어 등으로 번역되어 바르샤바, 베오그라드, 뉴욕, 베를린, 런던, 빈, 취리히, 파리, 브뤼셀, 코펜하겐, 도쿄 등의 도시에서 무대에 올랐다. 물론 내가 여기 나열한 순서가 번역된 순서나 상연된 순서는 아니다. 차페크는 초연 이후 작품을 수정하고 완성도를 높여 제2

판을 출간했다. 간혹 사람들이 《R·U·R》을 1921년 작품이라고도 하는데 이는 첫 번째로 상연된 연극이나 제2판을 보고 오해한 것이다.

미국에서 출간된 영역판에 대해 말하자면 폴 셀버(Paul Selver) 등이 번역한 대본이 처음이다. 공연집단 '시어터 길드(Theatre Guild)'가 이 대본을 토대로 1922년 10월 9일에 뉴욕 개릭극장 (Garrick Theater)에서 처음으로 그 작품을 상연했다.[3] 그 뒤 '시어터 길드'는 적어도 180회 이상을 공연했다. 당시의 브로드웨이에서는 작품 〈키키(Kiki)〉가 1년 전인 1921년 11월말부터 롱런 중이었다. 《R·U·R》은 공연 회수가 중요했다기보다 오히려 작품이 사회에 미친 파장이 더 큰 의미를 지닌다. 미국에서 최초의 영역판

[그림 13] 리투아니아 공연에 설치된 무대. 이 사진을 실은 문헌에 따르면 공연은 카우나스(Kaunas) 국립극장에서 1936년에 이루어졌다. 전운이 세계를 덮기 시작하던 시기에 리투아니아가 《R·U·R》을 공연했다고 한다면 공연에서 자국의 상황을 반영한 연기를 볼 수 있었을 것이다. 리투아니아도 정복당한 땅이라는 점에서 체코슬로바키아와 비슷하다. 근대 이후에는 독일과 러시아의 격전지가 되었고, 1918년에 독일로부터 독립했으나 1939년에 다시 점령되어 소련에게 양도된다. 이런 땅에서 상연된 연극이 평범할 리가 없다.

---

3 옮긴이 : '시어터 길드'는 1918년 뉴욕에서 설립된 공연 단체이다. 원래의 설립 취지는 국내외 비상업적인 작품이 원활하게 무대에 오를 수 있도록 도움을 주는 것이었다. 차페크의 《R·U·R》도 이런 의도로 이들에 의해 처음 미국에서 상연될 수 있었다. 이 단체는 1930년대부터 1970년대에 이르는 동안 뉴욕 브로드웨이에서 오랜 성공을 거두었다.

[그림 14] 프랑스의 공연을 바탕으로 〈서막〉의 첫 장면을 묘사한 일러스트. 오른쪽이 도민. 왼쪽이 술라일 것이다. 중앙이 마리우스. 로봇의 복장에서 자연스럽게 국민성이 나온다. 너무나도 프랑스적, 아니 파리다운 패션이다. 로봇의 소매가 멋지다.

은 공연 때 촬영한 사진 4점을 포함해서 더블데이 페이지 앤드 컴퍼니가 1923년 노란 표지로 출판했다. 번역서 출간보다 오히려 공연이 더 먼저였다. 독일어판의 초역은 오토 피크(Otto Pick)에 의해 1922년에 이루어졌다.

영국에서는 1923년 런던의 '세인트 마틴 극장(St. Martin's Theatre)'에서 초연되었다. 프랑스어 번역은 이듬해인 1924년에 이루어졌고 파리의 '코메디 드 샹제리제'에서 처음 상연되었다. 오스트리아, 스웨덴, 소련, 폴란드 등에서 이루어진 번역과 공연 내용은 안타깝게도 밝혀진 바가 없다. 리투아니아에서는 제2의 도시 카우나스에서 1936년에 공연되었다고 기록된 문헌이 있고, 1926년이 아닌가 하는 생각이 들지만 정확한 것은 알 수 없다.

※ 《R·U·R》의 번역 인용은 치노 에이이치(千野栄一)의 《로봇》(암파서점, 1989)을 따랐다. 나머지 차페크의 글들에 대한 인용은 구리스 게이(栗栖継)의 《로봇》(시월사, 1992)을 따랐다.

로봇 창세기

1921~1926년

인조인간의 세계적인 혁명이다

1

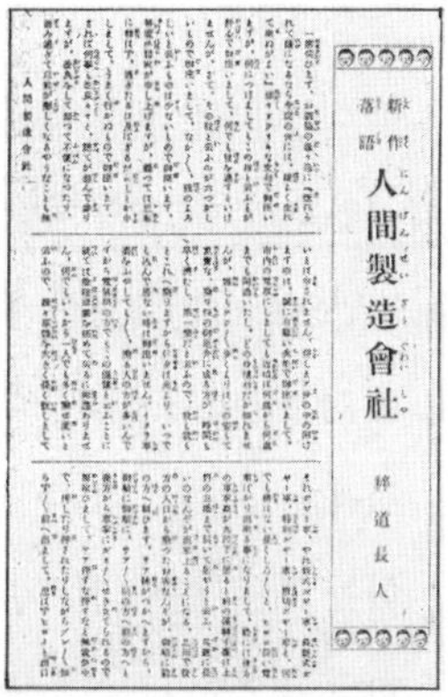
新作落語
人間製造會社
粋道長人

[그림 15] 〈문예구락부〉(1921년 7월호)에 실린 〈인간제조회사〉의 첫 쪽. 〈요미우리신문〉은 저자인 스이도가 8대 카츠라 분지와 "아주 친한 극장 관계자"라고 썼다(1924년 7월 17일자). 나아가 카츠라 분지나 다른 두세 명의 공연자들이 이 라쿠고를 상연했다는 사실도 언급한다.

번역을 한다는 것은 정말이지 힘든 일이다. 그것은 단순히 한 나라의 말을 다른 나라의 말로 바꾸는 것이 아니다. 번역은 하나의 문화를 다른 문화의 땅에 이식하는 일이다. 그래서 그 작업에는 무리도 따르고 잘못도 범한다. 다른 문화로부터 일본에 던져진 로봇이라는 돌맹이 하나가 어떠한 파문을 일으켰는지 살펴보려면, 불가사의한 작품 하나를 먼저 만나볼 수밖에 없다. 우리는 이 작품을 어떻게 이해해야 할까?

그것은 〈인간제조회사(人間製造會社)〉라는 작품으로 1921년 〈문예구락부〉 7월호에 실렸다. 신작 〈인간제조회사〉의 저자는 스이도 나가토

(粹道長人)였고, 그 형식은 라쿠고였다. 〈문예구락부〉는 1895년에 박문관(博文館)에서 창간되어 히구치 이치요(樋口一葉), 히로츠 류로(広津柳浪), 이즈미 교카(泉鏡花) 등이 활약한 문예잡지인데 이 무렵에 대중화되면서 라쿠고 대본도 실릴 수 있었다. 7월호에는 이와타 센타로(岩田專太郎)의 그림이 〈미인의 얼굴(瓜實顔)〉이라는 제목으로 표지에 실렸다.

〈인간제조회사〉는 라쿠고 형식이므로 글의 첫 부분에서 역시 "한 말씀 올리겠습니다."로 시작한다. 그리고서 옛날과 달리 세상이 바빠지고 사람의 마음도 급해졌다고 말한다.

한 사람이 제 몫을 하려면 아무래도 20년은 허송세월을 하겠지요. 이것은 아무래도 너무 오래 걸리기 때문에 곧바로 어른이 되어 제몫을 하는 인간을 만든다면 상당히 편리하겠지요. 그래서 어느 박사가 한참을 고생한 끝에 이화학 작용으로 즉석에서 한 사람 몫을 해내는 인간 제조법을 발명했습니다. 어쨌든 이처럼 나라에 이익이 되는 일은 없을 겁니다. 그래서 명망 있는 실업가들은 사회적으로 크게 사업을 하려고 모인 이들입니다. 그러니 체제가 잘 마련된 듯한데, 제품 만들기를 가업으로 하는 훌륭한 사람들이 모여 앉아 인간 제조 회사를 만들었으니 순식간에 자본금이 123억 4만 4천 6백 78만 9천 12전 5리나 되는 큰 회사가 되었습니다. 진귀한 사업이기 때문에 주식도 빨리 정리가 되어 대일본인간제조주식회사라고 하는 멋진 간판을 걸고 개업하였습니다. 그 평판은 대단해서 사람들이 모이기만 하면 그 소문이 꼬리를 물고 이어져 손님들이 회사에 떼로 찾아옵니다.

또한 이 회사는 지배인을 주문받는다거나 아니면 배우자를 잃은 할머니에게서 남자를 주문받아서 크게 번성한다. 노동자를 주문 받았을 때는 사실상 정치색깔이 섞여 있으면 별로 좋지 않기 때문에 정치색깔을 빼달라는

로봇 창세기

주문도 있었다. 일개 대대의 군인을 납품할 때까지는 좋았지만 "제일 중요한 군인정신이 들어 있지 않다는 이유로 큰 문제가 발생해서 투옥되는 사건까지 일어나는" 등 이런저런 사건들이 일어난다. 결국 회사도 수지타산이 맞지 않게 되자 은밀히 진짜 인간을 사서 마치 제조한 인간처럼 속여 팔기 시작한다. 놀기만 좋아하던 아들이 하나 있었는데 그는 부모와 인연을 끊고 어디론가 사라져버린다. 늙어버린 부모는 쓸쓸한 마음에 견디다 못해 어느 날 아들을 하나 만들어달라고 이 회사에 찾아온다. 때마침 그 회사에 팔려 와서 진열대에 서 있던 원래 아들이 친부모를 다시 만나게 된다. 부끄러운 아들이 "면목이 없습니다."라고 말하자, 늙은 아버지는 무릎을 탁 치며 부인에게 "와, 여보 이 회사 대단하네. 목소리까지 우리 아들하고 똑같아."라고 대꾸한다. 여기가 가장 우스운 대목이다.

체코슬로바키아에서 《R·U·R》이 출판된 것이 1920년 가을이고 첫 공연은 그 이듬해 1월이다. 〈문예구락부〉 7월호는 그해 6월 7일 즈음에 발매되었다. 그래서 시간 순서상 〈인간제조회사〉와 《R·U·R》 사이에 어떤 관계가 있는지는 알 수 없다. 이 두 작품은 아이디어 측면에서 공통점이 많다. 제목을 비롯해서 인간을 제조한다고 하는 점, 그것을 판매한다는 점, 병사를 만든다는 점, 그리고 무엇보다도 "속도를 빠르게 하는 것은 언제나 진보"이며 "유년기는 시간낭비"라고 했던 해리 도민의 사고방식과 비교해보면 상호 영향관계를 생각해볼 수 있다. 서로의 영향을 미쳤을 가능성을 찾는다면, 매우 짧은 시간에 스이도 나가토가 그런 아이디어를 가져와 자신의 작품에 살렸다고 볼 수도 있다. 만약에 그렇다면 누가 어떻게 그것을 스이도에게 전해주었을까? 만일 그렇지 않다면 비슷한 시기에 동서양에서 우연히 일어난 일치일까? 작품의 장르가 라쿠고라는 점에서 좋든 싫든 당시 일본의 상황을 보는 것 같은 기분이 들기는 하지만 어쨌든 일본의 로봇 담론은 이렇게 수수께끼처럼 시작되었다.

2

뉴욕에서 《R·U·R》이 상연될 무렵 마침 〈도쿄아사히신문〉 학예란에는 이즈미 교카(泉鏡花)의 소설 연재와 함께 〈로마의 뒷골목에서〉라는 제목의 짧은 글이 4회 연재되었다. 저자는 스즈키 젠타로(鈴木善太郞)였다. 이 글은 여러 나라를 여행한 경험을 바탕으로 쓴 것으로 4회째(1922년 10월 11일)에서는 다음과 같은 말을 남겼다.

아야츠리 인형(操人形)이란 무엇인가? 거기엔 에고이즘을 벗어던진 인간이 있다. 인간이란 무엇인가? 에고이스트이다. (중략)

아야츠리 인형은 걷고, 자고, 읽고, 놀고, 먹고, 움직인다. 인간이 행하는 그대로 따라 하려 든다. (중략) 우리는 그렇게 움직이는 아야츠리 인형들을 바라보며 신선함을 느낀다. 인형들이 내보이는 동작 하나하나가 우리에겐 경이로움이자 커다란 희열이다.

그건 무슨 까닭에서일까? 아야츠리 인형에게는 에고이즘이 없기 때문이다.

스즈키 젠타로는 와세다대학 문학부를 졸업했고, 소설가이자 번역가이며 극작가이기도 했다. 그는 다수의 저서와 번역서를 남겼다. 특히 〈오사카아사히신문〉에 연재했다가 나중에 단행본으로 펴낸 《인간》(오사카아사히신문사, 1926)이라는 작품이 잘 알려져 있다. 그 제목에도 나타나 있듯이 "인간이란 무엇인가?" "인간적인 것이라 하면 그것은 어떤 의미인가?"가 스즈키가 평생을 고민한 주제였다.

〈와카쿠사(若草)〉(보문관, 1934년 4월호)에 실린 〈내가 즐겨 읽는 일본 고전〉이라는 짧은 글에서도 〈오쿠노호소미치(奧の細道)〉를 예로 들면서 필치가 "기교적이지 않고 인간적이기 때문"에 마음에 든다고 썼다. 조종 인형을 신중히 살펴보면서 인간의 의미를 생각해보았던 스즈키에게 미국 뉴욕에서 상연된 《R·U·R》은 강한 충격을 안겨주었던 것 같다. 그는 인간과 비슷하지만 인간이 아닌 존재가 인간이 무엇인지를 명료하게 보여줄 수 있으리라는 확신을 갖고 곧바로 그 작품을 번역하기 시작했다.

1923년 무렵 일본에서는 연극이 사람들에게 상당한 흥미거리였다. 그해 〈도쿄아사히신문〉은 간바라 다이(神原泰, 1898~1997)의 〈미래주의 연극에 관하여〉(1923년 3월)와 이토 도키오(伊藤時雄)의 〈체코의 연극〉(1923년 4월)을 3회 연속으로 실었고, 뒤이어 스즈키 젠타로의 글을 5회에 걸쳐 연재했다(4월 8일부터 11일까지). 여기에서 스즈키는 《R·U·R》을 처음 일본에 소개하면서 '로봇'이라는 말도 처음 사용했다. 그 제목은 〈차페크의 희곡 노동자제조회사(カベックの戯曲 勞動者製造會社)〉였지만, 무엇 때문인지 2회째부터(4월 10일)는 〈노동 제조회사〉로 바꿨다. 그는 인간 노동자가 아닌 인공 노동자를 묘사했고, 그것을 로봇이라고 불렀다.

[그림 16] 〈노동자제조회사〉의 첫 번째 연재. 제4회 연재에는 "완결"이라고 쓰여 있는데, 이는 이 회의 마지막 대목에서 "전 세계의 로봇이여! 로봇 계급동맹은 우리들의 적인 인간에게 선전포고를 하자. 인간을 모두 죽여라."라는 문장 때문에 경찰이 개입할 것을 우려했기 때문에 쓴 것이 아닐까 하는 생각이 든다. 그 연재는 5회로 완결되었다.

이것이 처음으로 일본 대중매체에 등장한 '로봇'이다. 활자로 인쇄된 일본 최초의 사례인지도 모른다. 스즈키는 차페크를 소개한 다음 책의 내용을 언급해갔다. 소개는 세세한 부분에 이르기까지 상당히 정확했기 때문에 아마도 이미 초벌 번역 정도는 완성된 상태가 아니었을까 하는 생각이 든다. 스즈키 자신도 온전한 번역서 출판을 목표로 하고 있었을 것이다.

하지만 삶에는 전혀 예상치 못했던 일들이 일어나곤 한다. 스즈키가 예상하지 못했던 사건은 미국에서 벌어졌다. 그해 7월 10일 일본에서의 첫 번째 《R·U·R》 번역서인 《인조인간(人造人間)》이 춘추사에서 출판되었던 것이다. 번역자는 당시 미국에 머무르고 있던 우가 이츠오(宇賀伊津緒)였다. 스즈키 입장에서는 당황스러운 마음이었을 것이다. 이 때문인지 스즈키는 다음해 1924년이 되어서야 자신의 번역서를 출판했다.

[그림 17] 《R·U·R》의 표지. 판형은 190 ×120mm / 165페이지. 당시 정가는 1엔 20전. 이 책을 일본어로 옮겼을 때 우가는 여전히 뉴욕에 머무르고 있었다. 어떻게 해서 번역 원고가 춘추사로 배달되었는지, 그리고 어떻게 이 책의 출판을 결정했는지는 불명확하다.

《인조인간》의 머리말에서 우가가 "이 멜로드라마는 작년 10월 8일부터 뉴욕 개릭극장에서 상연된 것으로 지금도 흥행중이다."라고 쓴 것을 보면, 그가 이미 1923년 1월이나 혹은 2월에 저작권을 얻어 번역을 시작했던 것으로 보인다. 우가는 이렇게 말하고 있다.

이 희곡의 원래 제목은 'R·U·R'이라고 하는데 '로숨의 유니버설 로봇'의 머리글자입니다. 로봇이라고 하는 것은 체코슬로바키아어의 동사 "무상으로 일하다."는 말에서 취한 것인데, 주최 측인 시어터 길드의 관계자들은 그것이 '무임노동자(無賃勞動者)'를 뜻하는 것이라고 알려주었습

로봇 창세기

니다. 그러나 나는 이것을 내 마음대로 '인조인간'이라 옮겼습니다.

여기서 새로운 문제가 생겼다. 앞서 말했듯이 1920년대와 1930년대에는 '인조'라는 말을 앞에 붙일 수 있는 연구 개발이 과학의 힘으로 진행되고 있었다. '합성'이라는 말도 있었지만 의미는 같은 것이어서 인간이 자연 그대로의 것을 공업적으로 가공해서 만들어낸 것을 가리켰다. 인조향료, 인조피혁, 인조양모, 인조비단, 인조먹, 인조보석, 인조비료, 합성암모니아, 합성알코올, 합성약품, 인조수지, 인조기름 등등. 그 당시를 자세히 살펴보면 그런 말들이 수없이 많았다.

결국 그는 공업적으로 만들어낸 인간을 인조인간이라고 불렀던 것이다. 현재 인조인간이라는 말을 누가 언제 어디서 처음 사용했는지는 정확히 알 수는 없다. 물론 우가가 처음 그 말을 사용했다고 생각할 수도 있다. '인조인간'은 진정 복잡한 의미를 지닌 말이며 1925년 초 로봇 문화가 만들어지는 상황에서 아직 완전히 해명되지 못했던 것들 중 하나이다. 실제로 이 시기에는 '로봇'보다는 '인조인간'이라는 말을 더 많이 선호했다. 어쨌든 이때부터 '로봇'과 '인조인간'은 서로 같은 뜻으로 사용되었다.

우가가 번역하기 위해 고른 책은 시어터 길드의 영역본이다. 우가는 차페크로부터가 아니라 극단으로부터 작품의 번역권을 얻었다. 그 때문에 그의 번역본을 읽다보면 그가 '카렐 카베츠크 원저(カレル·カベツク原著)'라고 쓰거나 원작에도 없는 지문이나 말을 추가 혹은 생략했다는 것을 알 수 있다.

예를 들어 〈제1막〉에서 로봇이 병사가 되어 반정부운동을 탄압하고 있다는 내용을 보도한 신문 기사에 '마드리드에서 반정부폭동. 인조인간이 군중을 공격하여 9천 명이 넘는 사상자를 내다.'라는 내용이 추가되었다. 달리 생각해보면 시어터 길드 판본은 1922년의 제2판이 아니라 1920년 초판을 번역 원본으로 삼았을 가능성도 있다. 우가의 번역은 당대의 분위기를 느끼게 할 만큼 상당히 운치가 있다. 더욱이 《인조인간》의 본문 첫 쪽에서 볼 수 있듯이 '로봇'이라는 유럽어를 처음 일본어 활자로 옮긴 것은 다름 아니라 우가였다.

그렇다면 스즈키 젠타로의 번역은 어땠을까? 스즈키도 시어터 길드의 판본을 원본으로 사용했지만, 거기에 런던 '세이트 마틴스 극장'의 공연 대본을 대조하면서 번역했다. 그 결과 그는 1924년 5월 5일 《로봇》이라는 제목을 달아 금성당 《선구예술총서》의 두 번째 권으로 출간할 수 있었다. 이 총서에는 이토 다케오(伊藤武雄)의 번역으로 리하르트 괴링(Reinhard Goering)의 《해전(海戰)》이나 오사나이 가오루(小山内薫)의 번역으로 발터 하젠클레버

[그림 18] 《로봇》의 표지.
판형 180×115mm / 172페이지. 당시 정가는 60전. 츠키지소극장에서 공연이 이루어지기 직전에 발매된 것이 판매에 유리하게 작용했을 것이다. 예를 들어 시인 오구마 히데오(小熊秀雄)의 유고를 보면 그가 스즈키의 번역본을 읽었던 사실을 알 수 있다. 이는 '서언'에 있는 인명들이 그대로 나오기 때문이다.

(Walter Hasenclever)의 《인간》 등도 포함되어 있는데, 당시에는 첨단이라고 할 만한 희곡들이 주로 수록되었다.

스즈키의 《로봇》은 우가의 번역본과 내용상으로 크게 다르지 않지만 상세한 부분에서는 우가의 것보다 좀 더 꼼꼼하다. 그러나 예를 들면 Rossum's Universal Robots사를 '로숨 우주로봇회사'라고 옮기는 등 이상한 점도 없지는 않다.

두 가지 번역본을 대조해보면 또한 새로이 추가된 부분도 있는데, 이것은 아마도 세인트 마틴스 극장의 판본에서 묻어온 내용일 것이다. 희곡이 공연될 경우에는 어느 정도 번안되는 부분이 있다는 사실은 피할 수

없다. 또한 연출에 의해서도 해석이 상당히 달라지기에 색다른 무대가 만들어지는 결과를 낳기도 할 뿐만 아니라 공연되는 것이 어느 시대냐에 따라 좌우되기도 한다. 희곡 속에는 '현재성'이 있어서 그렇게 상연되는 것이다. 그렇다면 스즈키 젠타로는 무엇에 관심을 집중한 것일까?

> 이 작품이 토대로 삼고 있는 사상은 오늘날 기계 문명의 죄악에 대한 저주이다. (중략) 이는 오늘날의 노동자가 처한 상태, 오히려 자본주의에 대한 명확한 풍자이기도 하다. 요컨대 이 희곡은 현대 노동 문제의 봉화라고 할 수 있다.

그는 '서언'에서 이처럼 썼는데 그 당시의 스즈키의 태도에서 본다면 노동자에 대한 인간적 동정심은 충분히 이해 가능하지만, 그 주장이 자본주의를 날카롭게 비판하는 데까지 이르렀다고 보기는 어렵다. 그래도 1922년 10월 10일 〈뉴욕타임즈〉의 공연평을 살펴보면 시어터 길드가 자본가의 착취에 대한 사회적 분노를 그 희곡의 내용에 녹여내서 연출했고, 만일 그것을 스즈키가 인용했다면 위의 주장이 이해될 만은 하다.

1924년 무렵은 일본에서 다른 나라들과 마찬가지로 대도시를 중심으로 노동분쟁이 빈번히 일어나고 있었던 시기이다. 치안유지법이 공포된 것은 그 이듬해이다. 이 점에서는 일본 역시 미국과 다를 바 없었다. 말하자면 전 세계에서 《R·U·R》은 '인간과 자본가가 동일하며' '로봇과 노동자가 동일하다'는 구도로 이해되었던 것이다.

스즈키 젠타로가 극작가로서의 재능을 지닌 인물이었다는 사실은 그가 자기 번역서의 제목에 '로봇'이라는 말을 사용한 데서도 엿볼 수 있다. 바로 1년 전에 우가가 (《인조인간》이라는) 번역서를 출판했지만 이 독특하게 낯선 영어식 표현이 독자들의 주목을 끌었다. 책에 별 흥미가 없던 사람조차도 신

[그림 19] 금성당출판사의 신문광고. 《로봇》 광고 옆에 우연히 《전기인형》이 있다. 두 제목의 의미가 비슷한 것보다는 오히려 로봇과 미래주의가 깊이 관련되었다는 점을 떠올리게 한다.

문 광고로라도 이 말을 접했을 것이다. 단행본과는 비교가 안 될 정도로 많이 발행된 신문광고는 남녀노소 모든 독자에게 몇 배는 더 강력하게 호소했다. 7월 5일 〈요미우리신문〉 1면에는 금성당출판사의 광고가 실렸는데 그 가운데 《로봇》도 포함되어 있다. 신문 광고는 다음과 같이 말하고 있다.

이것은 계급 간 전쟁의 미래를 암시하는 진귀한 희곡으로 곧 도쿄에서 상연될 예정이다.

3

스즈키 젠타로에 따르면 1922년 베를린에서 상연된 《R·U·R》은 프레더릭 키슬러(Frederick John Kiesler, 1890~1965)가 무대 디자인을 맡았는데, 무대는 후기표현주의 풍의 기계적인 메커니즘으로 장식되어 유럽인들의 관심을 불러일으켰다. 그런데 히지카타 요시(土方与志, 1898~1959)라는 일본인이 베를린에서 이 공연을 관람했다. 백작 가문의 귀족으로 태어나 연극을 사랑했던 히지카타는 10년 이상 유학생활을 할 예정으로 1922년 11월 독일에 도착해서 베를린대학교 연극과에서 입학했다.

그는 자신의 여유로운 삶에 힘입어 채 1년도 안 되는 사이에 유럽 각지에서 무려 300편 가까운 연극을 보면서 심미안을 키웠다. 그러던 어느 날 관동대지진 사건으로 말미암아 급히 귀국하게 되면서 유학생활은 끝이 나고 말았다. 하지만 그의 머릿속에는 소극장의 꿈이 이미 자리를 잡아서, 그 무엇도 그의 마음을 뒤바꾸지 못할 상황이었다. 흔들리는 시베리아철도의 귀국 열차 안에서 히지카타는 소극장을 세울 상세한 계획을 세운다. 그리하여 남은 유학자금을 종잣돈으로 삼아 자신의 선생님이었던 오사나이 가오루(小山内薫, 1881~1928)를 고문으로 모시고 작은 극단의 조직에 나선다.

도쿄제국대학에서 영문학을 전공한 오사나이 가오루는 번역으로 연극계에 입문했다. 그는 일본의 신파극에 깊이 절망하여 서구의 현대 연극을 일본에 이식하려 애썼던 인물이다. 오사나이는 1909년 〈자유극장〉을 창립했고 상업연극을 개혁했으며, 쇼치쿠시네마(松竹キネマ)에 들어가 영화 〈노상의 영혼〉을 제작하는 등 이미 폭넓게 활약하고 있었다. 히지카타는 귀국하자마자 오사나이를 찾아 자신 생각을 털어놓았다.

오사나이는 그와 뜻을 함께했고 이렇게 해서 '연극실험실'은 싹트기 시작했다. 당시에는 상설 연극 공연을 위한 극장이 필요하다는 문화적 분위기가 높아지고 있었는데, 스즈키 젠타로 역시 1923년 12월 27일 〈요미우리신문〉 문예란에 기고한 글 〈소극장에 대한 기대〉에서 "대극장 건설을 위해서라도 소극장을 다수 설치해야 한다."고 썼다. 이보다 앞서 왕성해지기 시작했던 연극 열풍은 1925년 무렵 정치사상과 연결되면서 점점 더 커져만 갔다.

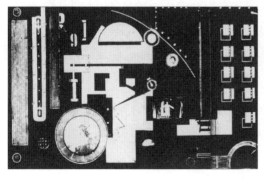

[그림 20] 키슬러가 제작한 서막의 무대 장치.
왼쪽 원형 패널에는 필름으로 실외의 모습을 비추고 있고, 가운데 짧은 장방형 패널에는 조립생산 라인에서 로봇이 제조되고 있는 것처럼 보인다.
등장인물들은 우선 거울로 패널에 작게 비춰지다가 곧이어 무대에 나타나는 식으로 관객을 놀라게 했다고 한다.

[그림 21] 츠키지소극장의 〈인조인간〉 공연 포스터.
인간과 비슷하지만 그래도 다르게 생겼을 것이라는 생각에 로봇의 모습을 이렇게 표현했다. 이 포스터는 일본 최초의 로봇 이미지이다. 오른쪽 아래 글씨는 다른 포스터 내용의 일부분이다.

1924년 5월에 이르자 도쿄의 츠키지에 츠키지소극장(築地小劇場)이 그 모습을 드러내기 시작했다. 대략 600㎡의 건물에 508명의 관객을 수용할 수 있었다. 이 극장은 기존의 조명 방식을 개선하고 특석을 없애는 등 새로운 설비를 도입했다. 같은 해 5월말 현재 7회의 공연 작품이 미리 다 정해졌고, 카렐 차페크의 《인조인간》도 포함되어 있었다(〈도쿄일일신문〉, 1924년 5월 22일).

그런데 '카렐 차페크'의 표기도 여러 가지였다. '카렐 카베크(스즈키 젠타로의 소개 기사)', '카아렐 카베크(우가의 번역본)', '카렐 차페크(스즈키 젠타로의 번역본)', 〈도쿄일일신문〉(1924년 7월 24일)의 '카렐 츠아베크'나 '카렐 치아베크' 등으로 표기되기까지 했다. '보헤미아'로 불리던 지역이 체코슬로바키아로 되었고, '차페크'라는 이름이나 '로봇'이라는 말 모두 당시 일본인들에게는 낯선 것들이었다.

《R·U·R》이 〈인조인간〉이라는 제목으로 상연된 것은 1924년 6월 14일(6월 13일은 초대날짜였다.) 제1회 공연 이후 제5회 공연까지였다. 작품은 7월 12일부터 16일까지 매일 저녁 7시부터 상연되었다. 대본은 우가 이츠오의 번역에 츠키지소극장 문예부 다카하시 구니타로(高橋邦太郎, 1898~1984)가 가필한 것을 사용했다. 그 결과 연극의 제목은 〈인조인간〉이 되었다. 당시 사람들의 관심이 집중되었던 츠키지소극장에서 충격적인 제목의 〈인조인간〉이 공연되다니, 일본에서조차 '새로움'이나 '새로운 것'이 '로봇'과 연결되어 나타났던 것이다.

히지카타 요시의 연출로, 도민 역할은 시오미 요(汐見洋, 1895~1964)가, 여자 로봇 역할은 나츠카와 시즈에(夏川静江), 헬레나 역할은 야마모토 야스에(山本安英), 남자 로봇 역할은 센다 고레야(千田是也) 등이 맡았다. 제7회 공연(7월 26일부터 30일까지)도 〈인조인간〉이 재상연되었다. 제5회 공연은 5일간 총 5회 상연되었는데 모두 738명의 관객을 동원했고, 제7회 공연도 역시 총 5회 상연에 481명의 관객을 모았다.

[그림 22] 츠키지소극장의 〈인조인간〉 공연 신문광고.
제7회 공연의 광고. '로봇'과 '인조인간'이라는 문자가 함께 있는 것이 시대를 말한다. 당시 입장료는 균일하게 2원이었다.

1924년 당시 〈인조인간〉을 관람한 관객은 연인원 약 1,200여 명에 불과했다. 로봇이라는 말이 일본 사회에 전파되는 상황을 생각해볼 때, 1925년 무렵 일본의 로봇 붐을 이해하려면 그 숫자는 조금 놀랍다. 유럽과 미국에서는 《R·U·R》 공연이 '로봇'이라는 말을 사회적으로 전파하는데 일정한 역할을 했는데, 이러한 사실을 일본과 같은 경우로 해석할 수는 없다.

영국에서는 1923년 6월 21일 작품 《R·U·R》이나 '로봇'에 관한 공개토론회가 바로 그 작품이 공연된 세인트 마틴즈극장에서 개최되었고, 거기에는 작가들이나 국회의원들도 참석할 정도였다. 더욱이 토론회를 관람하려 몰려든 인파는 입추의 여지가 없을 만큼 극장을 가득 메웠다. 버나드 쇼(George Bernard Shaw, 1856~1950) 같은 유명인도 토론자에 포함되었다. 일본에서라면 상상할 수도 없었던 광경이다. 그런데 츠키지소극장에서 발행한 같은 이름의 팸플릿 〈츠키지소극장〉 제6호(1924년 10월 30일 발행)에서 우리는 고

[그림 23] 츠키지소극장의 〈인조인간〉 공연 무대.
위에서부터 서막과 제2막(가운데, 아래 그림). 가운데는 로봇이 습격하기 직전, 맨 아래 그림은 습격 직후 2막의 마지막 장면. 습격 직후에는 어두웠던 부분에 갑자기 라이트가 비춰졌다. 이것은 소극장 초기에 '배경 조명'에 공들였던 이와무라 가즈오(岩村和雄)의 야심작이었다.
무대 중앙에서 로봇 리디우스가 "새로운 생명 만세! 인조인간들이여, 위치를 사수하라, 진격하라"라고 부르짖고 있다. 작품은 밖에서 "벼락과도 같은 발소리"를 내며 몰려오는 로봇들의 소리가 들리면서 최고조에 달한다. 제5회와 제7회 공연에서는 미야타 마사오(宮田政雄)가, 제9회 낮 공연에서는 요시다 겐키치(吉田謙吉)가 무대장치를 맡았다.

다마 기요시(児玉清)라는 사람이 "우리들은 해적이든 로봇이든 ……"이라고 말하면서 의도적으로 '인조인간'이라는 표현 대신 '로봇'이라는 말을 사용한 것을 확인할 수 있다. 분명 새로운 말을 재빨리 받아들이는 소수의 사람들이 있었던 것으로 보이지만 이것이 대중적인 차원으로까지 확대되기에는 연극 공연이나 번역서만이 아닌 또 다른 무언가가 필요했다.

로봇 창세기

그런데 〈인조인간〉 공연을 관람한 관객들 중에는 라쿠고 공연자였던 가츠라 분지(桂文治, 1883~1955)도 있었다. 앞서 언급한 신작 라쿠고 〈인간제조회사〉를 공연했던 그는 〈요미우리신문〉(1924년 7월 17일자)에 남긴 관람 후기에서 "비꼬는 투의 풍자는 나라는 서로 달라도 어디에서나 다를 바 없다."고 말하며 감탄했다.

〈인조인간〉의 제7회 공연을 〈서막〉 중간부터 관람했던 홋카이도 오타루 출신의 시인 오구마 히데오(小熊秀雄, 1901~1940)도 역시 "열기로 후끈 달아오른 뺨을 한 채 극장 복도로" 나설 만큼 감동했다. 그는 같은 해 8월 4일자 〈아사히카와신문(旭川新聞)〉에 〈카렐 치아베크의 인조인간을 보다〉라는 글을 기고했다. 1,200여 명의 관객은 관객이라기보다는 오히려 〈인조인간〉의 목격자라고 하는 편이 좋을 정도이다. 이들 외에도 이제 아래에서 언급될 사람들 중에 몇몇은 아마 당시 객석에 앉아 있었을 것이다.

이 연극의 내용은 어땠을까? 로봇 역을 맡았던 센다 고레야는 훗날 당시를 회고하면서 비록 연극 작품이기는 했지만 자본가를 무찌르고 혁명에 성공하는 인조인간 역할에서 통쾌함을 느꼈다고 말했다. 히지카타 요시도 제5회 공연이 끝난 뒤 센다와 비슷한 느낌으로, "다시 〈인조인간〉을 (중략) 공연하고 있습니다. 그 각본은 매우 잘 만들어졌는데요, 흥미의 관점에서 보더라도 우리 시대와 잘 맞아떨어집니다."고 말했다(〈도쿄일일신문〉, 1924년 7월 24

[그림 24] 로봇을 연기하는 센다 고레야. 츠키지소극장이 사용한 대본에 따르면, 로봇은 "보통 사람과 같은 복장에, 동작, 발음이 무미건조하며, 대상을 무목적으로 바라본다."
또한 "극중에서 천으로 된 셔츠를 입고 번호를 새긴 버클이 부착된 벨트를 매고 있다." 센다의 증언에 의하면 복장은 "검정 작업복 같은 옷"에 "비행모자 같은 것"을 썼다고 한다.

일). 단원들은 우가의 번역에 따라 "인조인간의 세계적인 혁명이다."라는 대사에 깊이 공감하면서 무대에 올랐을 것이다.

물론 이와는 다른 해석도 있었다. 같은 소극장 문예부의 동료였고 훗날 차페크 형제의 희곡《벌레의 생활》과《마크로풀로스의 비술(Věc Makropulos)》을 번역한 기타무라 기하치(北村喜八, 1898~1960)는 이미 위에서도 언급했던 〈츠키지소극장〉 제6호에 이렇게 썼다.

"만일 나의 해석이 잘못된 것이 아니라면 이 작품의 저자는 첨단 과학이 지배하는 세상일지라도 인간적인 사랑을 잃지 않는 것이야말로 인류의 미래임을 암시하려한 것은 아닐까."

오늘날의 시각에서 보면 기타무라의 이 해석은 저자의 의도와 거의 일치하는 것 같다. 이에 비해 히지카타에게서는 사회주의적인 경향이 나타나고 있는 것은 맞지만, 그의 해석이 너무 정형화되었다는 느낌도 든다. 어쩌면 귀국길에 오른 히지카타가 모스크바에 들려《R·U·R》을 관람하며 영향을 받았을지도 모른다.

4

차페크의 로봇은 결코 기계적인 메커니즘을 총동원하여 강철 톱니바퀴들로 구성된 존재가 아니었다. 그는 로봇을 살이 있고 피가 흐르는 존재로 그려냈다. 로봇의 이미지는 마치 일본 고전에서 말하는 가마쿠라시대의 불교 설화집《찬집초(撰集抄)》에 실린 〈고야산 참배나 뼈로 사람을 만드는 일〉(부산방, 1927)과 비슷해 보인다.

그러나 그 내용은 사람의 뼈들을 모아 그것에 혼을 불어넣는 것으로, 프랑켄슈타인이 만든 괴물과 비슷하다. 이미 1910년대 일본에서 간행되었던 괴테의 소설 《파우스트》 제2부의 2막, 〈중고풍의 실험실〉의 내용에는 '호문 쿨루스(Homonculus)'라는 작은 인간이 시험관에서 태어난다는 이야기가 있다. 이는 로봇 이미지의 흐름과 관련되는데, 그 당시 인간이 인간적인 것을 만든다고 하면 당연히 살과 피가 있는 존재였을 것이다.

츠키지소극장에서 〈인조인간〉이 공연되고 있을 때 서점들의 가판대에는 박문관에서 간행한 〈포켓 소설강담〉 8월호가 비치되어 있었다. 이것은 '포 켓'이라는 이름에 걸맞게 작고 두꺼운 잡지책이었는데, 구니에다 시로(国枝史郎, 1887~1943)의 〈기이한 이야기, 인간제조〉라는 글이 실려 있었다.

'혼다'라는 이름의 한 남자가 야간 병원을 찾아오면서 이야기가 시작된다. 때마침 수술실에서는 미국인 의사가 일본인 간호부장의 도움을 받아가며 '인공 인간'을 제조하고 있었다. 그러나 그들은 아무리 애를 써도 심장만은 만들 수 없어서, 어쩔 수 없이 건강한 사람의 심장을 빼내어 '인공 인간'에게 집어넣는 실험을 반복했다. 사람들은 심장을 빼내는 수수께끼 같은 연쇄 살인 사건으로 세상 사람들은 모두 공포에 떨었다. 결국 그 두 사람은 체포되지만, 바로 직전에 "키가 거의 2.5m나 되는 완전무결한 남자"를 완성했다. 그 사건은 종결된 이후로도 여운을 남겼다.

[그림 25] 〈인간제조〉의 한 장면을 보여주는 양쪽 지면 그림. 근육이 드러나 있는 오른쪽 거인은 2.5m 가까운 체구에 코트를 입은 '인공 인간'이다. '완전한 인간'이기 때문에 대화도 가능하다. 왼쪽에는 자신의 병원을 소유했던 미국인 의사 존 시볼트 윌슨과 간호부장 니키 소노코(仁木園子)가 있다. 방문 밖에서 지켜보고 있는 사람은 이 두 사람을 체포하려는 형사들이다. 이 삽화를 그린 인물은 이토 기쿠조(伊藤幾久造)이다.

기이한 이야기를 잘 엮어냈던 구니에다는 "여러 가지 물질들과 약품들, 그리고 오랜 연구를 통해" 인간을 만들어낸다는 말도 남겼다. 그의 작품은 《R·U·R》의 영향을 받았던 일본 최초의 소설이 아닌가 싶다. 미국인 의학박사는 바로 로숨일 것이다. 이 시기 일본에서 《R·U·R》은 노동자와 자본가 사이의 투쟁으로 치환되는가 하면, 인간을 제조할 수 있다는 생각으로도 퍼져나갔다.

구니에다의 '인공 인간'에 이식된 '인공심장' 이야기는 1925년 11월말에 처음 발표되었다. 그리고 고사카이 후보쿠(小酒井不木, 1890~1929)는 〈인공심장〉이라는 제목의 소설을 이듬해 〈대중문예〉 창간호(1926년 1월호)에 발표했다. 도쿄제국대학 의학부를 졸업한 고사카이는 당시 과학 잡지의 편집에서 능력을 발휘했던 하라다 미츠오(原田三夫)와 중학교 동창생이었다.[4]

그의 작품은 마치 실제로 일어난 일을 말하고 있는 것처럼 시작해서, 과거에 인공심장을 완성시킨 생리학자 A박사의 이야기로 이어간다. 인공심장이란 일종의 '펌프'이다.

인공폐장 옆에 붙어 있는 인공심장은 상당히 클 것이라고 생각하실지 모르겠습니다만 점점 연구되고 개량된 결과 실험동물의 심장보다 1.5배 정도 크기까지 만들 수 있게 되었습니다. 그리고 강철 재료로 만든다면 인공심장의 용적을 더 작게 할 수 있을 것입니다. 미저 말씀느리시 못한 것이 있는데 맥박을 움직이는 동력은 당연히 전기 모터입니다. 나중에는 혈액의 기포를 제거하기 위해 내부 압력도 전기 동력으로 발생시켰습니다.

---

4   옮긴이 : 하라다 마츠오(1890~1970)는 20세기를 전후로 한 과학기술 저널리스트였다. 도쿄제국대학에서 식물학을 공부했던 그는 근대 일본의 과학기술 계몽을 이끌었다. 그는 〈과학화보〉(1923), 〈어린이의 과학〉(1924) 등의 과학 잡지를 창간했다.

구니에다와 마찬가지로 고사카이 역시 〈대중문예〉의 동인이었다. 이러한 이유로 고사카이는 구니에다에게서 부족했던 내용을 보완하는 작품을 쓰는 것도 충분히 가능한 일이었다. 그렇지만 당시에 피와 살로 이루어진 심장을 전기와 강철로 바꾸어 살아 있는 몸과 연결시킨 발상은 매우 놀라운 것이다. 이런 생각은 로봇보다는 사이보그의 출발이라고 해야 할 것이다. 더욱이 이것은 1925년대 등장할 강철 로봇을 예견한다.

[그림 26] 〈인간의 과학적 제조〉의 결과물. 결국 결혼상담소는 폐점하고 강장제는 무용지물이 되며 상사병도 존재하지 않게 된다. 동일한 기획에 포함된 육군 중령인 미즈노 히로노리(水野広徳)의 글은 군함이나 대포가 골동품이 되고 국제연맹이 초국가적인 기관으로 성장해서 민족 기반의 국경이 다시 만들어진다고 주장했다. 하지만 시인 노구치 우조(野口雨情)는 "내 일조차 모르는 사람들이 백년 후의 세상을 알 리가 없다"는 노래를 첨부했다.

〈인공심장〉이 발표된 1925년에는 〈인간의 과학적 제조〉라는 제목이 붙은 1쪽 분량의 만화도 등장했다. 이것은 다치노 미치마사(立野道正)가 그린 그림으로, '대일본웅변회'가 강담사에서 펴낸 잡지 〈현대〉 7월호의 기획 기사인 〈100년 뒤의 세상은 어떻게 될까?〉에 포함되었다. 다치노의 이 그림에서도 역시 인간이 생화학실험용 유리용기 안에서 탄생하고 있다.

'로봇'이라는 말은 그 뒤 어떻게 변화하고, 어떻게 사용되었으며, 또한 과연 어느 정도까지 파급되었을까?

시인 또한 시대감각에 예민했다. 시인 하기와라를 말하면 대개 사쿠타로(朔太郎)를 떠올린다. 하지만 사쿠타로와 친구이자 동향인 군마현(群馬県)에서 태어난 동시대 시인 하기와라 교지로(萩原恭次郎, 1899~1938)라는 인물이 있었다. 하기와라의 〈아침, 낮, 밤〉라는 제목의 시에 '로봇'이라는 말이 등장한다.

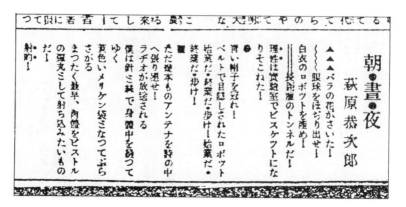

[그림 27] 하기와라의 시 〈아침, 낮, 밤〉.
하기와라가 쓴 시가 지면에 게재된 것은 이게 처음이 아니다. 〈장갑탄기(裝甲弾機)〉라는 시도 그렇다.

이것이 일본 시문학에서 로봇이라는 말을 처음으로 사용한 사례일 것이다.

이 작품은 1925년 6월 28일 〈도쿄일일신문〉에 게재되었다. 그해 11월에 장륙사서점에서 펴낸 자신의 첫 번째 시집 《사형선고》에서 하기와라는 그 시의 제목을 〈아침, 낮, 밤, 로봇〉으로 바꾸어 실었다. 또한 그는 이 시의 앞쪽에 〈땅 밑 철관에서 아침이 손을 뻗는다〉를 수록했는데 이 작품에도 로봇이라는 말을 사용했다. 더 정확히 말하자면 하기와라는 '로폿(ロボット)'이라고 잘못 표기했다. 그러나 이 작품이 언제 발표된 것인지는 불분명하다. 1924년에 창간된 아방가르드 미술문학잡지인 〈마보(MAVO)〉의 동인으로서 참가했던 하기와라는 《사형선고》의 표지 장식으로 그 동인지에서 함께 활동한 친구의 작품을 사용했다. 하기와라의 시집은 1926년 두 번째 판이 발행되었지만 저자의 의사에 따라 3판 이후로는 발행되지 않았다.

사전은 로봇이라는 말이 어떻게 파급되었는지를 알려주는 또 다른 단서이다. 사전을 살펴보면 그 말이 과연 신조어로 수록되었는지의 여부를 어느 정도 알 수 있다. 결론부터 말하면, 신조어를 모아 해설한 신어사전들을

[그림 28] 하기와라의 시 〈땅 밑 철관에서 아침이 손을 뻗는다〉
이 시의 또 다른 의의가 있다. 그것은 일본 최초로 '로봇'이라는 표기를 사용한 일이다. 과연 하기와라는 로봇과 아침의 이미지를 어떻게 연관 지은 것일까?

찾아보았지만 그 어느 곳에도 발견할 수 없었다. 즉, 《신문어 사전(新聞語辭典)》(죽내서점, 1923), 《현대어 사전》(소인사, 1924), 《새로운 단어 사전》(실업지일본사, 1925), 《개조 신어 사전(改造新語辭典)》(신조사, 1925) 등에는 로봇이라는 말이 없었다. 그리고 오사나이 가오루(小山内薰)가 감수한 《최신 현대 용어사전》(명광사, 1925)에는 그 말이 있을 것이라고 예상했지만, 안타깝게도 없었을 뿐만 아니라 거기에는 '인조인간'이라는 단어도 없었다.

외래어 사전도 마찬가지였다. 《이노우에 포네틱 영일사전》(지성당서점, 1925)이나 《시사영어 콘사이스 옥스퍼드사전》(1925), 《라루스 드 포쉬(Larousse de poche)》(1926), 《웹스터즈 리틀 젬사전》(1926) 등에서도 찾을 수 없다. 당시 사전의 편집과 제작과정을 생각해보면 무리가 아니었다. 《인조인간》이나 《로봇》이 간행되고 공연된 뒤에 '로봇'이라는 새로운 말을 찾아냈다고 하더라도 제작단계에 있는 사전에 그 말을 추가해서 자리를 배정하는 것은 오늘날처럼 쉽지는 않았을 것이다. 게다가 인쇄 단계에서라면 더더욱 포기할 수밖에 없을 것이다.

하지만 몇 년 지나지 않아 스즈키 젠타로의 번역서나 츠키지소극장 공연에 자극을 받아 '로봇'을 신조어로서 기록한 사전이 등장한다. 1928년 1월 와세다대학 교수인 다케노 초지(竹野長次)가 감수한 《근대 신용어 사전》(수교사서원)이 그 한 예이다. 하지만 여기에 '텔레복스'라는 로봇이 실려 있지는 않다.

그런데 여기에 '인조인간'이라는 말도 수록되지 않았다. 이는 그 말 자체에서 이미 뜻을 쉽게 파악할 수 있었기 때문에 사전에 포함시킬 필요성을 느끼지 못했을 것이다. '로봇'과 '인조인간'이라는 말이 함께 사전에 올라가기 시작한 것은 1925년이 조금 지나 '로봇'이라는 말이 일본 사회에 정착되면서부터이다.

5

1924년부터 26년까지 세상에 나온 세 가지 형태의 글들을 소개하는 것이 좋겠다. 다시 말해서 그것들은 잡지 소설, 단행본 소설, 신문사 주최의 공모 논문 등이다. 이것들은 그 어디에도 로봇이라는 말을 수록하지 않았다. 그러나 여기서 중요한 것은 이 문헌들이 모두 《R·U·R》과 연관된 듯하며, 각기 다른 로봇 이미지를 표현하고 있을 뿐만 아니라 1925년 이후의 로봇을 이해하려는데 실마리를 제공하고 있다는 사실이다.

무엇보다도 노부하라 겐(延原謙, 1892~1977)의 소설 〈전파소녀(電波孃)〉를 생각해볼 수 있다. 와세다대학에서 전기공학을 공부한 노부하라는 히타치제작소를 거쳐 당시 체신부 전기시험소에 근무한 경력이 있었다. 그 뒤 그는 1928년 10월부터 이듬해 7월까지 박문관의 〈신청년〉에서 편집장으로 일하면서 코난 도일(Arthur Conan Doyle, 1859~1930)의《셜록 홈즈(Sherlock Holmes)》시리즈를 비롯해 탐정소설과 추리소설을 열정적으로 소개했다. '일본무선전화보급회'라는 단체는 1924년 5월 일간지〈무선전화〉를 창간했는데, 사노 쇼이치(佐野昌一, 1897~1949)도 이 잡지의 편집인들 중 한 명이었다.[5]〈전파소녀〉는 바로 이〈무선전화〉8월호(창간 3호)에 처음 게재되었다. 작품의 줄거리는 다음과 같다.

런던에 사는 늙은 웨일즈 박사는 개 형태의 '자동인형'을 만들었다. 그것은 타자기 자판처럼 생긴 전신기 자판(Telegraph key)으로 조작되었다. 개의 머리와 털은 진짜였지만, 몸통의 대부분은 고무와 구리로 이루어졌다. 걷거나 꼬리를 흔들었으므로 겉모습만으로는 살아 있는 개와 다를 바 없었다. 주요 근육들은 무선으로 조정되고, 배 안쪽에는 전동기가 장치되어 있어 그 동력으로 달릴 수 있었다. 평형을 유지하기 위해 자이로스코프도 장착되었다. 또한 개의 몸속에는 축음기가 들어 있어서 실린더에 기록된 것을 되감아 자유자재로 그 어떤 언어로도 말을 할 수 있었다.

자동인형 개가 세상에 나온 지 3개월이 지난 어느 날 박사의 또 다른 '자동인형'이 통째로 도둑맞는 사건이 일어난다. 그리고 그 일이 있은 지 얼마되지 않아 파리에서는 대담하고도 아름다운 여성 강도가 나타난다. 그녀는 밝은 대낮에 쇼윈도를 맨손으로 깨부수고 들어가 보석을 훔쳐갔다. 이 여성 강도의 힘은 사람 열 명을 합친 것과 비슷했고, 오토바이보다 빨리 달렸으며, 두 팔과 두 다리도 길게 늘어날 수 있었다. 그녀는 말도 하고, 노래도 불

---

5   옮긴이 : 이 책에서 다시 언급되겠지만 사노 쇼이치는 노부하라와 유사한 이력을 가진 인물이다. 그도 와세다대학 전기공학과를 졸업하고 우체국 전기시험소에서 근무한 뒤에 문학계에 입문했다. 그는 1928년〈신청년〉에 탐정소설〈전기목욕탕 괴사사건〉으로 등단해서 운노 주자(海野十三)라는 필명으로 활동했다. 그는 탐정소설은 물론 과학소설, 과학해설가, 그리고 만화가로도 명성을 얻었다.

렀다. 이 여인은 바로 늙은 웨일즈 박사의 두 번째 자동인형 '전파소녀 메리'였다. 박사는 전파가 발생한 곳으로 찾아가 도둑을 잡고 메리도 돌려받았다. 그리고 그는 메리에게 이렇게 말했다.

이제 네 차례구나 메리! 무도한 악당들이 또 너를 이용하여 살인을 저지르고, 방화하고, 도둑질 할 것을 생각하면, 나는 너를 한순간이라도 살려둘 수 없을 것 같아. 생각해보면 너는 다이너마이트보다 더 위험한 소녀야. 아니 어쩌면 피와 살로 이루어진 진짜 여자들보다 더 위험해!

그로부터 5분 뒤에 늙은 박사는 몇 년에 걸친 고뇌의 결정체인 이 놀라운 발명품을 무자비하게 파괴했다. 그리고 그것은 고무, 스프링, 전선 덩어리로 흩어져 허무하게 분해되었다.

개를 만들거나 인간을 만드는 방식은 이미《R·U·R》에 있었다. 이 점에서 소설 〈전파소녀〉는 부분적으로 그 작품에서 영향을 받았을 것이다. 인간에 의한 피조물, 특히 이 작품에는 '자동인형'이 인간에게 피해를 입힌다는 점에서도 일치한다. 주인공 웨일즈는 전기와 기계 시대의 로숨인 것이다. 노부하라는 '전파소녀'를 '자동인형'이라 불렀지만, 사실 이것은 무선조종 로봇 그 자체라고 볼 수 있다. 1925년 이후에는 자동인형을 모두 로봇이라 불렀다. 19세기 후반에 자동인형을 다루었던 작품들은 지금까지의 것들과는 구별된다. 릴라당의 작품《미래의 이브》가 이미 있었기 때문에, 〈전파소녀〉는 그리 새로운 것이 아니었다.[6]

---

6   옮긴이 : 빌리에 드 릴라당의 소설《미래의 이브(L'Ève future)》가 일본에서 처음 완역된 것은 1938년이다. 1925년을 전후로 프랑스 문학자 다츠노 유타카(辰野隆)나 스즈키 신타로(鈴木信太郎) 등에 의해 소개한 적이 있을 뿐이다. 이로부터 10여 년이 지난 뒤 스즈키의 제자인 와타나베 가즈오(渡辺一夫)가 암파문고(岩波文庫)에서 이 작품의 완역본을 출간했다. 그러므로 〈전파소녀〉를 쓸 당시 노부

그렇지만 츠키지소극장에서 〈인조인간〉의 공연이 이루어질 당시의 상황에서 보자면, 이것은 놀랄만한 일이 아닐 수 없다. 강철로 된 신체, 고무, 모터, 전선, 스프링, 무선 메커니즘으로 작동되는 점 등은 1925년 이후의 로봇을 예견하고 있다. 더욱이 〈전파소녀〉는 과학소설의 선구적인 작품이었다. 그 당시까지 이와 비슷한 종류의 작품을 찾아볼 수 없을 뿐만 아니라 이 작품 자체로도 초기 로봇 시대에 홀로 빛난 소설이었다.

　그런데 과연 노부하라의 작품 구상에서 계기가 된 것은 무엇이었을까? 이것은 그다지 분명치가 않다. 《R·U·R》의 영향이 크다고는 생각되지만, 그렇다고 그것만은 아니었을 듯하다. 미래주의 예술운동의 중심인물이었던 마리네티(Filippo Tommaso Marinetti, 1876~1944)의 소설 《전기인형》이 간바라 다이의 번역으로 하출서점에서 1922년에 간행되었지만, 크게 영향을 미친 것은 아닌 듯하다. 그리고 미국 트라이앵글사(Triangle Film)의 키스톤 스튜디오(Keystone Studios)에서 1917년 제작된 〈기계인형(A Clever Dummy)〉이 2년 뒤에 일본에서도 개봉되었지만, 이것도 아닌 듯하다.

　그러나 영화 〈인간탱크〉는 영형을 미쳤을 수도 있다. 수갑이나 매듭 탈출로 유명했던 마술사 해리 후디니(Harry Houdini)가 이 영화의 주인공이었다. 여기서 인간탱크란 인간 형상을 한 기계의 내부에 직접 사람이 들어가 조종하는 장치를 말하는데, 현대적인 감각으로 보자면 로봇 같은 것이었다. 처음에 이 작품은 〈기적의 인간〉이라는 제목으로 공개되었지만, 1919년에 〈인간탱크〉라는 제목으로 바뀌어 다시 개봉되었다.

　모두 15편인 이 연속활극 작품은 같은 해 9월 말부터 아사쿠사의 덴키관(浅草の電氣館)에서 3편(6권)씩 열흘마다 상영되었다. 〈인간탱크〉의 원작은 《마

　하라가 이 소설에 관해 알고 있었다면 아마도 상세한 전체 내용은 아니었을 것이다.

스터 미스테리(The Master Mystery)》로 당시 인기가 있던 모험소설과 탐정소설 작가인 아서 리브(Arthur Benjamin Reeve, 1880~1936)의 작품이었다. 노부하라는 1926년 박문관에서 리브의 소설 《주먹. 괴기탐정》을 번역했다.

노부하라가 제목을 〈전파소녀〉라고 한 것도 독특하다. 여기에는 두 가지 이유가 있는 듯하다. 하나는 〈전파왕(電波王)〉이라는 영화가 1923년에 개봉되었는데, 내용이야 어찌됐든 그 제목이 영향을 미쳤을 것으로 보인다. 또 하나는 무선실험사에서 간행한 잡지 〈무선과 실험〉에 실렸던 소설 〈덴파마루(電波丸)〉이다. 〈무선과 실험〉은 잡지 〈무선전화〉보다 한 달 앞선 1924년 4월말에 창간되었다. 유사한 전문잡지들이 연이어 발간되었던 것을 보면, 당시 일본에서는 본격적인 무선전파 시대가 열리고 있었던 것으로 보인다. 창간호에서부터 연재된 소설 〈덴파마루〉의 저자는 "radio"를 음역한 '덴지오(電知雄)'로 되어 있다. 하지만 사실 그 이름은 그 잡지의 편집자인 도마베치 미츠구(苫米地貢)의 필명이었다.

'덴파마루'는 전파과학의 대가인 주인공 가시무라 박사가 애용하는 배의 이름이다. 덴파마루의 겉모습은 요트형의 증기선이지만, 동력으로 전파를 이용한다. 전기 동력을 말하면 사람들은 잠수정의 전동추진기를 떠올릴 수도 있겠지만, 20세기의 진부한 기관이 아니라 전자파동을 활용하여 전진과 후퇴, 그리고 회전을 자유롭게 할 수 있는 장치이다.

당시 노부하라와 도마베치는 전기통신이라는 점에서 서로 연결되어 있었을 것이다. 그렇다면 노부하라가 도마베치의 소설 제목에서 아이디어를 얻었다고 해도 그다지 이상한 일은 아니었을지 모른다. 사노 쇼이치도 마찬가지였다. 사노는 잡지 〈무선전화〉의 창간 준비로 바쁜 와중에도 〈무선과

실험〉 6월호(창간 2호)에 작품
을 발표했다. 그는 노부하라의
〈전파소녀〉를 위해 미래주의
풍으로 섬세하게 그린 세 점의
삽화를 그려주었다.

다른 한편 단행본 소설의
경우에는 1925년 9월에 발표
된 무라야마 도모요시(村山知
義, 1901~1977)의《인간기계》가
있다. 무라야마는 도쿄제국대
학 철학과를 중퇴하고 독일에
서 유학하면서 화가로도 활약

[그림 29] 노부하라의 작품 〈전파소녀〉의 삽화.
오른쪽에는 허리를 굽힌 웰즈 박사가 왼쪽의 전파소녀 메리
를 만들고 있다. 사노가 이러한 표현을 어디서 익히게 되었는
지는 모르나. 표현 방식보다 흥미를 끄는 것은 그가 이미지를
해체하는 방식이다.

했다. 그는 일본으로 귀국한 뒤에 극작가, 연출가로서도 재능을 발휘했다.
1923년에는 '마보'라는 이름의 미술단체를 결성하기도 했다.《인간기계》는
400자 원고지 약 10장 분량의 글이다. 젊은 나이 때문인지 난해하기 그지없
는 작품이다. 그것도 시나 산문이 아닌 소설이다.

인간기계가 한 명이 있었다.
그의 얼굴은 철 가면이었다.
그에게는 감정이 있는가, 없는가?
그의 얼굴은, 항상, 빛나는 철이었다.

소설은 이렇게 시작된다. 인간기계에게는 열 명의 친구가 있었는데, 열 번

째 친구가 교수형에 처해진다.

　　그러자 놀라운 메타모포시스가 일어났다.
　　그의 온몸이 발끝에서 시작해서 점점 머리까지 인간기계로 변하는 것이다. 그 순간 받침대가 떨어졌다. 그리고 그의 철 가면이 붙어 있는 머리는 공중에 주렁주렁 매달렸다.

무대는 바다와 인접한 외국인 듯하다. 마지막은 이렇게 끝난다.

　　어둠 속으로, 칠흑 같은 밤중이었지만, 인간기계와 그의 9명의 친구들은 걸어 들어간다. (중략)
　　그들에게는 무언가 일이 일어난 듯하다.
　　무섭고 음침한 일이 있는 듯하다.

이 작품은 1926년 12월 춘양당출판사에서 무라야마의 다른 단편소설들과 함께 《문단신인총서》의 한 권으로 출간되었다. 여기에 수록된 여덟 편의 소설 작품은 각기 독일 베를린이나 우크라이나 키예프 혹은 프랑스 파리 등을 무대로 했는데, 그 당시 이 정도로 세계를 무대로 한 작품은 드물었다.
'로봇'의 관점에서 《인간기계》가 우리의 관심을 끄는 것은 인간으로부터 인간기계에로의 "변신"이라는 발상이다. 변신이라는 개념의 배경은 분명히 독일에서 무라야마가 경험했고, 또한 참여하기도 했던 미래주의의 운동이었을 것이다. 오늘날에 변신이라는 생각은 그다지 새로운 것이 아닐지 모르겠지만, 1920년대 일본 소설에서라면 새로운 것이었고, 또 이 작품이야말로 최초의 시도였을 것이다.

　　　　　　　　　　　　　　　　　　　　　　　　　　　로봇 창세기

마지막 세 번째는 미요시 다케지(三好武二, 1898~1954)의 〈50년 후의 태평양〉의 경우이다. 1926년 1월 1일 오사카마이니치신문사와 도쿄마이니치신문사는 〈50년 후의 태평양〉이라는 주제의 논문을 공개 모집했다. 모집 마감일은 같은 해 4월 15일이었고, 신문에 총 30회로 게재될 것을 고려하여 논문의 분량은 매회 한 쪽 반의 지면을 넘지 않도록 했다. 또한 응모 자격은 따로 제시하지 않았다. 시가 시게타카(志賀重昂), 고토 신페이(後藤新平), 오코우치 마사토시(大河內正敏) 등을 포함한 12명이 심사를 맡았고, 일등은 유럽여행 경비로 상금 6,000엔을 받았다. 결과는 7월 말에 발표되었는데, 미요시의 논문이 1등으로 채택되었다. 2등에는 다카야마 긴이치(高山謹一), 3등에는 사사이 죠지로(佐々井晃次郎), 그리고 장려상에는 니시무라 마코토(西村眞琴), 오쿠다 다케마츠(奧田竹松) 등 모두 5명이 선발되었다. 미요시의 논문은 그해 8월 8일부터 관동과 관서 지역의 지면에 게재되었다. 아오모리현에서 태어나 도쿄고등공업학교 응용화학과를 졸업한 미요시 다케지는 1926년 당시 조선총독부 공무원으로 일하고 있었다.

사실 그의 논문은 논문이라고는 해도 그 내용이 미래소설의 형식을 취한 것이었다. 예를 들어 논문의 제18장 주제는 〈식사를 하지 않고 움직이는 《인조인간》이 제작되다〉이다. 그는 독일이 화학합성 기술에서 최고 수준이라는 가정아래서, 인조고기, 인조설탕, 인조양모 등에서처럼 "언제부터인지 인조라는 꾸밈말의 의미는 사라지고 일반 상품이 되어버렸다."고 말한다. 나아가 그는 합성공업의 기초 원료를 간단히 검증하고, 제품의 다양성도 지적했다.

또한 놀랄만한 사실은 최근에 각광 받고 있는 인조인간이다. 가까운 미래에 우리는 먹지 않고도 밤낮 일하는 인간과 만나게 될 것이다. 그 완성을 부정하고 싶을 정도로 독일의 화학은 급속히 발달하고 있다. 과연 이것은 과학의 진보인가 아니면 신에 대한 모독인가.

그 뒤 일본은 태평양을 사이에 두고 미국과 전쟁을 하게 되었지만, 일본이 개발한 살인광선과 독일이 개발한 인조인간이 전쟁을 억지하는 힘이 되어, 미국이 패망하고 평화가 찾아온다. 그리고 결국 "위대한 구세주인 살인광선과 인조인간은 국제연맹의 전당에 안치되었다."는 내용으로 이어진다.

미요시는 논문의 제28장에서 인조인간을 작동시키는 동력을 일종의 전파로 보았는데, 화학적인 합성으로 제조된 인간을 상정한 것과는 조금 모순된다. 합성에 대한 그의 아이디어는 차페크의 생각을 그대로 수용한 것이라고 볼 수 있다. "밥을 먹지 않고도 움직인다."는 것에서도 알 수 있듯이, 당시에 인조인간을 다룬다는 것은 《R·U·R》과 무관할 수 없었을 것이다. 그리고 미요시는 자신의 논문 당선을 계기로 1928년 오사카마이니치신문사에 입사하게 되었다.

이러한 세 가지 로봇 이미지들은 모두 미래를 위한 범례 같은 것들이었다. 그것도 이미 1925년 이전에 거의 완전한 모양을 갖췄던 것이다.

1926년 6월 창립 2주년을 맞은 츠키지소극장의 영향력은 점점 더 커가고 있었으나 경영상의 어려움은 경영진을 조금씩 깊은 고민에 빠지게 만들고 있었다. 1926년 6월 5일부터 《인조인간》의 제9회 공연은 매번 오후 1시부터 시작되었는데(1926년 6월 5일, 6일, 12일, 13일, 19일, 20일, 26일, 27일), 할레마이어역에 다키자와 오사무(瀧澤修)가 발탁되었다. 그리고 츠키지소극장의 본 공연은 저녁 시간에 진행되었다. 대본으로 기타무라 기하치(北村喜八)가 번역한 게오르그 카이저(Friedrich Georg Kaiser, 1878~1943)의 희곡 《아침부터 밤까지(Von

로봇 창세기

Morgens bis Mitternachts)》(1916)을 사용했다.

　그 극장은 번역 작품이 아닌 창작품을 제50회 공연으로 무대에 올리기로 결정하고 '아리시마 다케오(有島武郎)의 정사(情死) 사건'을 주제로 한 후지모리 세이키치(藤森成吉)의 《희생》을 준비했다가 상연 직전 경찰로부터 금지 통보를 받았다. 이로 인해 6월 23일부터 5일간은 주간 무대에 올렸던 《인조인간》을 임시로 야간에도 공연했다. 이 무렵 전국적으로 약 150여 개의 극단이 있었으며, 신극운동이 전개되었다는 점에서 보면 어느 곳에서든 《인조인간》이 공연되었다 해도 이상하지 않았다. 그러나 츠키지소극장에 《인조인간》이 공연된 것은 이것이 마지막이었다.

　위에서 우리는 잡지 〈현대〉의 〈100년 뒤의 세상은 어떻게 될까?〉의 기획 기사를 보았지만 이미 1920년부터 1925년 무렵까지 '100년 뒤의 세상'이라는 기획은 잡지 편집의 단골 주제였다. 과연 당시 얼마나 많은 잡지들이 이런 기획에 뛰어들었던 것일까?

　1926년 12월 18일에 〈과학화보〉(과학화보사, 1월호)에도 '과학으로 본 100년 뒤의 세상'이라는 기획이 포함되어 있었다. 거기에 도쿄제국대학 교수인 의학박사 나가이 히소무(永井潛, 1876~1956)가 〈인조인간은 가능한가?〉라는 글을 게재했다.

　그는 이미 1913년에 낙양당서점에서 《생명론》이라는 책을 낸 인물이었다. 나가이의 글에 츠키지소극장의 《인조인간》 공연 사진과 시어터 길드의 공연 사진이 사용되었다는 사실로 미루어 볼 때, 츠키지소극장은 잡지 기획에도 영향을 주었다는 것을 알 수 있다. 앞서도 언급했듯이 당시에 '인조인간'이라는 존재는 연극 〈인조인간〉을 배제하고는 생각할 수 없었다. 아울러 그 존재는 차페크의 희곡 《R·U·R》에 기원한다. 나가이는 우선 생명체에 필요한 영양소의 인위적인 창조가 가능하다는 것을 보여준다. 그리고는 괴테가

《파우스트》에서 말한 살아 있는 인간의 몸을 인공적으로 만드는 것은 불가능하다고 말한다. 그러면서도 그는 영양소를 인공적으로 제조하는 것이 현실적으로 가능하다면 "이는 과학자가 위업으로 삼고자 하는 생체인간 제조라는 머나먼 길의 첫 걸음을 떼고 있음을 보여준다."는 말로 끝을 맺는다.

원래 〈과학화보〉의 발행일은 1927년 1월 1일로, 일본의 연호로 표시하면 다이쇼 16년이 되어야 했다. 하지만 1926년 12월 25일로 다이쇼 시대가 끝나고 쇼와 시대가 되었다. 과연 쇼와 시대를 맞아 일본의 로봇은 어느 방향으로 나아가게 될까? 불과 1주일 만에 쇼와 1년이 지나고, 쇼와 시대 두 번째 해인 1927년을 맞이하게 된다.

쇼와 시대의
시작과 함께

과학이 "전기인간"을 만들다
SCIENCE PRODUCES THE "ELECTRICAL MAN"

1

1926년 말, 일본에선 다이쇼 시대가 종말을 고하고, 쇼와 시대를 맞이했다. 시대가 바뀌면 어느 나라나 그렇겠지만, 일본 또한 평소와 다를 바 없는 일상에서도 무언가 새롭게 다시 태어나는 기분에 휩싸였다.

인조인간이 피와 살이 있는 존재일 것이라는 생각은 시대가 바뀌어도 변하지 않았다. 그렇지만 아무리 그 당시라 해도 사람들은 화학물질로 그렇게 쉽게 인간을 만들 수 있으리라고는 생각하지 않았다. 그런 일은 불가능하다고 여겼기 때문에 오히려 다른 방법으로 인조인간을 탐구했다.

의학박사이자 병원을 운영하면서 여러 저서를 펴냈던 다카다 기이치로(高田義一郎, 1886~미상)는 〈신청년〉 1927년 2월호에 〈인조인간〉이라는 제목의 글을 발표한다. 그런데 다카다는 이미 1926년 9월 이전에 원고를 완성했기 있었기 때문에, 그해 잡지 10월호와 12월호에 기고했다. 한 달씩 건너뛴 것은 매월 같은 필자가 기고하는 것을 꺼려했던 편집부의 조치였던 것으로 보인다. 우무나 배양액, 그 밖의 여러 가지를 추가하여 '신생아가 편히 들어갈 정도 크기의 도자기 항아리'를 자궁 대신으로 썼다. 그리고 이 '인공자궁'에서 수정을 진행해서 태어난 아이가 다카다가 말하는 '인조인간'이었다.

또한 다카다는 같은 해에 〈과학화보〉 1927년 7월호와 8월호에 〈인간의 알〉이라는 제목의 소설을 2회 연재했다. 이 작품은 특수한 주사제를 통해 인간이 알로 태어날 수 있게 되면서 여러 문제들이 발생한다는 내용을 담고 있다. 그러나 알에서 태어난 인간은 더 이상 인조인간과는 관계없는 존재가 되었다.

1927년 12월 중순에 나온 〈태양〉(박문관)의 1928년 1월호에는 〈100년 후의 세계〉라는 특집이 수록되었다. 그 글들 중에는 오시타 우다루로 알려진 기노시타 다츠오(1876~1966)의 〈100년 후의 과학과 인간의 삶〉이라는 글도 포함되어 있었다. 그는 인간의 알, 인간의 합성, 인조인간을 언급했는데, 다카다의 '인간의 알'이라는 생각은 당시 문필가들을 놀라게 한 것으로 어느 정도 화제가 되었던 것 같다. 오시타의 원고는, 현실주의자 A와 몽상가 B의 대화 형식으로 진행된다. 인조인간에 관한 부분은 이러하다.

B : (중략) 그럼 결국 인조인간은 앞으로 몇 년이 더 흐르건 불가능한가?

A : 우선은 그렇겠지. 무엇보다도 나는 인조인간 따위는 생각할 필요가 없다고 봐. 인간은 지금도 계속 늘어나서 곤란하잖아. (중략) 무엇 때문에 힘들게 인간을 제조하려고 하는 거지?

이 글에서 A의 입을 통해 "100년이 지나도 천년이 지나도 생명 합성 따위는 가능하지 않다. 인간의 알이나 인조인간 따위에 비교하면 내가 말하는 게 훨씬 근거 있지 않은가"라고 말하게 하는 것을 보면 인조인간에 대한 기노시타의 사고를 잘 알 수 있다.

또한 글 중에는 미국의 생리학자 클라크라는 인물이 인공세포를 만들었다는 내용이 포함되어 있는데, 그 세포는 분열하지 않았을 뿐만 아니라 신진대사도 없는 단순한 세포막 형태에 지나지 않았다고 밝혔다. 하지만 당시에 이러한 내용은 사람들에게 놀라움을 안겨주었을 것으로 상상해 볼 수 있다.

1927년에는 그 밖에도 〈과학잡지〉(과학의세계사) 12월호에 sir라는 존칭을 가진 올리버 로지(Oliver Lodge, 1850~1940)의 〈생명의 제조에 관해서〉라는 제목의 글이 번역되어 실렸다. 영국의 물리학자인 로지는 노년에 사랑하는 아들 레이몬드의 전사를 계기로 죽은 사람과의 교신에 몰두했다. 그 글은 2쪽 분량으로 짧았을 뿐만 아니라 그다지 구체적이지 않았던 탓에 사회에 큰 영향을 미치지 못했던 것 같다.

오늘날 인간 형상을 하고 움직이는 기계를 보면 그것을 로봇이라고 부르지만, 1927년 일본에서는 아직 그렇게 부르지 않았다. 사람들은 그것을 로봇이라고 생각하지 않았던 것이다. 그러나 실제로 그런 기계가 이미 존재하고 있었다.

지금도 도쿄 거리에서 즉석구이 밤을 판매하는 주식회사 아마구리타로(甘栗太郎)의 분점을 볼 수 있는데, 그 당시에도 한창 번성하고 있었다. 다이쇼 시대(일왕 요시히토가 재임했던 1912~1926년 동안의 시기)부터 종전을 맞이하기까지 판매점 앞에 '논키나 도상(呑気な父さん, 태평한 아버지 정도의 의미)'라고 불리는 인형이 서 있어서 지나가는 행인들의 시선을 끌었다.

그 인형의 이름은 아소 유타카(1898~1961)의 만화에서 가져온 것이다. 그의 작품은 1923년부터 〈호치신문〉에 연재되고 나중에는 다른 잡지에도 소개되었지만 그 인형의 실제 모습은 만화와는 달랐다. 그도 그럴 것이 독일 지멘스사(Siemens)에서 만든 이 인형은 피에로 분장을 한 서양 노인의 얼굴에 턱시도 차림을 하고 중절모를 쓴 채로 손에는 벨이 들려 있었다. 상반신은 받침대 위에 올라 있고, 그 안에는 일련의 동작을 가능하게 하는 모터나 기계들이 들어 있었다. 이것들이 일정 간격으로 벨을 울리게 하고 눈썹을 움직여 웃는 얼굴을 만들었으며, 반복해서 머리를 앞뒤로 흔들게 했다.

대략 50여 개 정도 제작되었던 이 인형은 안타깝게도 전쟁 중에 모두 사라져버렸다. 각종 기업들이 점차 광고에 열을 올리기 시작한 일본에서 도쿄만 해도 양주점이나 잡화점 등의 쇼윈도에 〈맥주 마시는 인형〉이나 〈수염 깎는 인형〉이 있었다. 또한 간다 스다초에는 손님에게 광고 전단지를 건네는 인형이 있었는데, 이것 또한 '논키나 도상'이라고 불렸다.

[그림 30] 〈과자가게의 이상한 광고인형에 관한 고안〉의 그림
세 개의 그림들 중 하나.
설계와 제작을 했던 후지는 이 인형의 특허를 신청했고, 실용신안 제31979호가 되었다.

〈어린이의 과학〉 5월호에는 〈과자가게의 이상한 광고인형에 관한 고안〉이라는 기사가 실렸다. 이 글의 저자는 도쿄여자고등사범학교 교사이자 과학 완구 연구가로 알려진 후지 고요사쿠(藤五代策, 1876~1935)였다. 후지는 편집부의 의뢰를 받아 광고인형을 설계할 때 다음의 네 가지 요건을 갖출 수 있기를 고려하도록 제안했다. 소비자의 심리를 잘 헤아려 어린이에게 친근해야 하며, 우스꽝스러울 뿐만 아니라, 움직이고, 소리를 내야 한다. 이 잡지의 신문광고에는 '활동인형'이라는 이름이 등장하는데 대개는 움직이는 인형을 그렇게 불렀다.

자동인형의 전통을 갖고 있던 유럽과 비교했을 때 신대륙 미국은 19세기 후반부터 발명의 시대와 함께 기계 및 전기 시대를 맞았다. 그리고 이 시기에 살아 있는 것을 모방한 기계들이 제작되었다. 증기동력으로 작동하는 특허를 받은 기계가 있었는데, 이것은 움직인다기보다는 오히려 걸어서 손수레를 끄는 〈인조 인력거꾼〉(〈어린이의 과학〉 4

[그림 31] 〈인조 인력거꾼〉
1868년 미국특허품으로 증기기관이 다리를 움직인다. 인력거꾼의 몸통에는 보일러가 있다.

월호)이었다. 그밖에도 〈기계말〉이나 〈기계고래〉(둘 다 〈과학화보〉 5월호) 등이 이 시기 일본에 소개되었다. 또한 일본에 수입된 미국 잡지 〈사이언스 앤드 인벤션(Science and Invention)〉(Experimenter Publishing, N.Y.) 5월호에는 파리에서 모터로 움직이는 마네킹 사진이 짧은 글과 함께 소개되었다. 하지만 당시 유

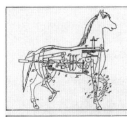
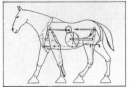

[그림 32] 〈기계말〉
도일(John Doyle)의 설계(위쪽)와 V. 고바트의 1928년 특허품

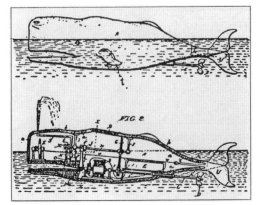

[그림 33] 〈기계고래〉
가죽은 코르크로 되어 있고 축전지와 모터로 작동한다.

[그림 34] 파리의 움직이는 마네킹
내장된 모터와 기구에 의해 머리나 손, 팔
을 움직였다.
정확히 말하면 원문에는 마네킹이 아니라
밀랍모형이라고 되어 있다.

[그림 35] 《모래 사나이》의 삽화
"올림피아의 손은 얼음같이 차갑다. 그는
지독히 무서운 죽음의 냉기를 느끼며" 넋
을 잃고 그녀의 눈동자를 주시했다.

럽에서도 이런 것들을 대개 로봇이라고 부
르지는 않았다.

이러한 상황을 반영해서인지, 〈신청년〉
여름 증간호에는 자동인형의 고전이라 할
수 있는 에른스트 T. A. 호프만(Ernst T. A.
Hoffmann, 1776~1822)의 《모래 사나이》가 무
카이하라 아키라의 번역으로 게재되었다.
《모래 사나이》는 1925년에 이미 아르스출
판사에서 노가미 이와오 번역으로 출판된
상태였다. 그러나 이 잡지의 편집부 평가에
따르면, 더 완성도 있게 번역했다고 한다.
호프만의 작품에는 '올림피아'라는 자동인
형이 등장한다.

그해 8월 고사카이 후보쿠는 〈강담잡
지〉(대일본웅변회강담사) 9월호에 〈기계인간〉
이라는 제목의 탐정소설을 게재했다. 하지
만 이것은 자동인형이나 로봇에 관한 것은
아니었다. "한 인간이 기계처럼 수동적으로
다른 사람이 시키는 대로 행동해서 어떤 살
인사건을 해결했다."는 점에서 그런 제목이
붙었다.

상상의 세계에서는 모든 것이 허용된다.
글로 쓰는 작품은 어느 정도 성취도가 높

로봇 창세기

으면 독자의 호응을 얻을 수 있다. 하지만 영화라면 이야기가 다르다. 영상으로 설득해야 하기 때문이다. 하기와라 교지로가 작품 〈아침, 낮, 밤〉을 발표하기 한 달 앞선 1925년 5월 독일에서는 우파(UFA)영화사가 온 힘을 다해 한 편의 영화를 촬영하기 시작했다. 그것은 바로 〈메트로폴리스(Metropolis)〉였다.

감독 프리츠 랑(Friedrich Christian Anton Fritz Lang, 1890~1976)은 모든 면에서 기록을 깨면서 그 영화를 제작했다. 그리하여 마침내 1927년 1월 10일에 베를린에서 시사회가 열렸고, 봄에는 베를린과 뉴욕에서 동시에 개봉되어 커다란 반향을 불러일으켰다. 그럴 만한 하나의 이유가 있었는데 그것은 금속으로 된 로봇, 그것도 여성 로봇이 작품 속에서 매우 그럴듯하게 등장했기 때문이었다. 공상이 영화로 만들어진다면 완성도야말로 그 작품의 성패를 결정한다고 할 수 있다. 〈메트로폴리스〉는 충분히 대중을 놀라게 할 만큼 완성도가 높았다. 〈사이언스 앤드 인벤션〉 6월호는 그 작품의 여러 가지 특수촬영 장면을 그림과 사진으로 정성스럽게 묘사했다. 그 반응인지는 모르겠지만 〈과학화보〉도 3쪽에 걸쳐 그 영화를 소개했다. 이 잡지는 일본에서 가장 이른 시기에 〈메트로폴리스〉를 소개한 잡지 중 하나가 되었다.

그 작품에서는 로봇을 '인조부인'이나 '인조인간', '무쇠인형'이라고 불렀

[그림 36] 〈메트로폴리스〉, 과학에 기초한 영화〉
〈사이언스 앤드 인벤션〉의 기사. 로봇을 감싸는 빛의 고리는 전기로 발광하는 관을 사람의 손으로 상하로 움직여 표현한다. 아쉽게도 로봇 자체에 관한 특수촬영의 내막은 공개되지 않았다.

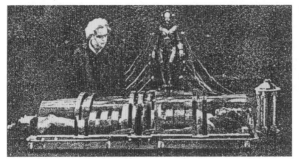

[그림 37] 기사 〈메트로폴리스〉에 쓰인 사진 도판 밋밋한 줄거리의 흐름이 대부분이지만, 그럼에도 다른 예술과 달리 영화가 과학기술의 진보와 함께 성장할 수 있다고 하며 이 영화를 극찬했다.

다. 당연히 그 말들은 로봇이라는 뜻보다는 '패러디(parodie)'처럼 사용되었다. 그 잡지는 '발전기, 변압기, 고압전류, 방전, 유리병 속의 끓어오르는 약품, 이것들이 작용해서 제2의 〈마리아〉가 탄생했다'라고 밝히고 있는데, 로봇이 탄생하는 이 장면을 독자들로 하여금 진짜처럼 여기게 했다. 그 뒤로도 〈메트로폴리스〉에 관한 평판이 해외로부터 계속 들려왔을 뿐만 아니라 여러 잡지에 산발적으로 기사들이 실려 기대감을 높였다. 하지만 일본에서는 1927년 4월이 되어서야 공개되었다.

로봇은 바로 턱밑까지 와 있었다. 유럽과 미국에서 커다란 화제를 불러왔던 《R·U·R》과 〈메트로폴리스〉의 등장은 로봇에 관한 공통된 인식을 형성하는 계기가 되었다. 18세기 자동인형이 그 시대 과학기술의 결정체였던 것처럼, 20세기에도 그 시대에 적합한 자동인형을 만들고자 한 것은 매우 자연스러운 일이었다. 하지만 결론적으로 말하자면 그렇게 만들어진 것은 자동인형이 아닌 로봇이라 일컫게 되었다.

도대체 왜 그렇게 되었을까?

로봇 창세기

2

르네 데카르트(René Descartes, 1596~1650)의 《방법서설》(1637)은 그 자체로
지닌 의미는 물론, 로봇에 관해서도 많을 것을 가르쳐준다.[7] 원래 이 책의 정
식 제목은 오치아이 타로가 옮긴 《우리의 이성을 바르게 이끌고, 또한 여러
학문에서 진리를 찾아내기 위한 방법서설, 그리고 이 방법의 시도인 굴절광
학, 기상학 및 기하학》(암파서점, 1967)처럼 긴 것이지만 대개 그중에서 '방법서
설'이라는 명칭만을 따서 부르게 되었다. 1927년 11월 무라마츠 마사토시가
옮긴 이 책이 《방법통설》이라는 제목으로 춘추사에서 발행한 《세계 대사상
전집》(전7권)에 포함되었다.

데카르트는 그 책의 제5부에서 이렇게 말한다(오치아이 다로 역, 《방법서설》, 창원
사, 1937).

나는 여기서 멈춰 서서, 다음과 같이 말할 수 있다. 원숭이나 혹은 이성이 없는
어떤 동물의 기관을 갖췄거나 그런 외형을 한 기계가 있을 때, 이 기계가 그 동물과
동일한 성질을 갖고 있지 않다는 것을 알 수 있는 방법은 없을 것이다. 그렇지만
우리의 신체를 닮고 우리의 행동을 모방할 수 있는 기계가 있다고 하더라도, 그것
이 진짜 인간이 아니라는 사실을 알기 위해서는 언제나 온전히 확실한 두 가지 방
법이 존재한다.

첫째로, 그러한 기계는 우리들이 각자의 생각을 서로에게 전하기 위해 언어를
사용하거나, 그 언어를 조합하여 다른 신호를 사용하는 것이 완전히 불가능하다.

---

[7] 옮긴이 : 데카르트의 유명한 책 《방법서설》은 원래 《굴절광학》, 《기상학》, 그리고 《기하학》 등 3권
의 책을 위한 개론적인 글로 기획되었다. 하지만 《방법서설》은 다른 모든 서양 근대 사상의 기본
적 입장을 근거 짓는 책이 되었다.

물론 말하는 기계를 만들 수 있을 것이다. 이곳을 건드리면 원하는 말을 하고 저 곳을 건드리면 아프다거나 소리를 지르도록 하기 위해 그 기계의 기관에 어떤 변화를 주는 물리적 조작을 통해 일종의 말하는 기계를 만드는 것이 가능할 것이다. 하지만 기계가 눈앞에서 표현한 말의 의미에 대해 멍청한 인간도 할 수 있을 대답 조차 말할 수 있으리라고는 생각할 수 없다.

둘째로, 이러한 기계가 우리 가운데 어떤 인간과도 똑같이, 혹은 그 이상으로 많은 일을 할 수 있다고 할 때조차도 기계는 회피하기 어려운 결함을 가지고 있다. 무슨 결함인가 하면, 기계는 스스로 학습해서 작동하는 것이 아니라 단순히 그 기관의 장치들에 따라 움직일 뿐이라는 것이다. 이성은 어떤 일이든지 대처할 수 있는 만능 도구일지 모른다. 이에 반해 기계의 기관들을 살펴보면, 각각의 동작에 대해 각각 다른 장치가 필요할 뿐이다. 그러므로 이성이 우리를 움직여 일상 속 그 어떤 상황에도 대처하는 것과 똑같이 그 기계를 움직일 충분한 장치들을 그 저 하나의 기계 속에 모두 갖춘다는 것은 불가능할 것이다.

아마도 불가능했을 것이다. 아니 지금이라 해도 불가능하다. 이미 17세기에 이렇게 인간 형상을 한 기계의 한계를 지적한 사람이 있었음에도 불구하고, 시계기술의 응용과 기계 메커니즘의 연구는 그 뒤로도 계속해서 더욱 복잡하게 작동하는 오토마타를 만들어 냈고 사람들을 놀라게 했다. 사실상 쇼와 시대(1926~1989) 초기에 등장한 여러 로봇들은 오토마타 정도였을 뿐이다. 작동 메커니즘의 관점에서 보면 18세기에 더 수준 높고 정교한 오토마타가 있었을 정도였다.

그런데 어째서 오토마타를 로봇이라고 부르게 된 것일까?

이는 유례없이 비약적으로 발전한 오늘날의 과학기술을 배경으로, 연극이나 영화, 또는 나중에 등장한 SF작품으로 확산된 로봇 이미지가 실제 인

로봇 창세기

간 형상을 하고 있는 기계 이미지와 겹쳐졌기 때문이었다. 그리고 분명히 그런 기계를 로봇이라고 부르기 시작한 것은 작품 《R·U·R》에서부터이다. 예를 들어 이 작품에서 로봇의 목적은 '인간을 위해 일하는 것'이었다. 인간을 위해서나 인간을 대신해서 일하는 인간 형상의 존재를 서양에서는 로봇이라는 신조어로 표현했던 것이다.

로봇을 단순히 '기계'라든지 예전의 호칭 그대로 '오토마타'라고 불렀다면 우리가 이렇게까지 관심을 가졌을까? 노동에 불필요한 부분이 생략된 상태로 피와 살이 있는 인조인간을 원작에서는 로봇이라 불렀지만, 지금은 어떻든 그런 존재와 상관없이 로봇이라는 말을 사용하게 된 듯하다. 하지만 로봇은 '과학기술만능'으로 충만한 20세기식 용어이다. 로봇이라는 말이야말로 새로운 시대를 느끼게끔 한다. 지난 20세기가 이 말을 적절히 선택했다는 생각이 든다.

그건 그렇고, 이제 로봇의 성격에 주목해서 생각해보면 인간에게 유용하다거나 인간을 도와준다는 등의 성격을 지닌 기계는 통틀어 로봇이라고 일컫게 된다. 복잡한 기계들만이 아니라 단순한 편의장치조차도 로봇이 되는 것이다. 게다가 그 기계가 인간 형상을 하고 있는가에 관심을 옮겨간다고 해도, 역시 그것들도 로봇이라고 불리게 된다.

로봇이라는 말은 매우 광범위하게 사용된 반면, 실제로 그렇게 되기까지는 쉽지 않은 일이었다. 앞서 말한 '활동인형'은 어땠을까? '활동인형' 또한 1931년을 전후로 해서는 로봇이라 여겨졌지만, 그 당시에도 이 기계의 외형 덮개와 상자 받침대를 제거한 채로 작동시키려 했다면, 사람들은 과연 이것을 로봇이라고 부를 수 있었을까? 아마 그렇지 않았을 것이고, 사람들은 "이게 무슨 기계지?" 하며 수상쩍게 여겼을 것이다. 반면 움직이지 않는 인형에 금속처럼 은빛 색상을 칠하고, 얼굴과 관절들에 리벳을 박아 놓고 리벳으로부터 선을 그려 넣어 그럴듯하게 금속판을 이어붙인 것처럼 보이게 한다면 사람들은 이것을 무엇이라 여길까? 이번에는 틀림없이 이것을 로봇이라고 부를 것이다. 얇은 겉모습만으로도 로봇이 된다고도 말할 수 있을 것이다.

한편 더욱 곤혹스러운 세계가 있는데, 그것은 장난감이라는 세계이다. 장난감 중에는 실물과 닮은 것들이 있다. 그렇지 않아도 어린 아이들은 직육면체 나무블록을 실제 자동차라고 여기며 굴리고 노는데 열중한다. 그들은 공상과 상상을 통해 어른 세계의 사물들을 모방하고 논다. 그것이 단지 나무 조각일 뿐이라 해도 자동차로 여긴다면, 아이들은 그것을 '자동차'라고 부른다. 도대체 언제부터 상상의 것이 실제 '사물'로 전환되는지는 알 수 없다. 그렇다면 지금도 상상에 불과한 것은 어떠한가? 양적 질적 차이가 있다고 하더라도 어른들이 만든 것들을 포함해서 그 모든 것이 어쩌면 장난감이 아닐까? 1920년대 일본 로봇에는 장난감이 많았고, 그 밖에는 실용적인 것들이었다. 하지만 장난감이라고 하더라도, 상상으로부터 만들어진 실물은 로봇이었기에 당연히 로봇이라 불렀다.

더군다나 로봇이 새로 생긴 말이고, 그 말을 만든 사람조차 처음과 달리 그 말이 지시하는 의미를 넓혀 다른 여러 가지 것들에 로봇이라는 말을 사용하는 '무정부' 상태가 되었다. 이 경우 누군가가 로봇의 속성에 해당할 만한 것을 가리키면서 매우 강하게 그것을 로봇이라고 주장하면, 다른 사람들은 그것을 아무리 부정하려 해도 쉽지 않았을 것이다. 라메트리(Julien Offray de La Mettrie, 1709~1751)는 《인간기계론(L'homme machine)》(1747)에서 이렇게 말했다.

"인간은 극도로 복잡한 기계이다. 단번에 '인간에 대한' 명확한 관념을 갖는 것은 불가능하고, 그러므로 인간을 정의하는 것은 불가능하다."(스기 도시오 옮김, 《인간기계론》, 암파서점, 1932)라고 기록한다. 나는 그의 말을 빌려서, "로봇을 의미하는 것은 극도로…"로 바꿔 볼 수 있다. 게다가 일본에서 이 로봇이라는 말을 '인조인간'으로 바꾼다면 그 혼란스러움은 더할 것이다.

처음 차페크가 생각했던 로봇에서 많이 벗어난 것이겠지만, 그럼에도 불구하고 로봇이라고 말할 수 있는 기계가 1927년 가을 미국에 나타났다. 일본에서라면 쇼와 시대의 시작과 함께 등장한 셈이다. 그 새로운 로봇은 〈텔레복스(Televox)〉였다.

3

1927년 가을, 정확히 10월 13일 목요일에 웨스팅하우스 일렉트릭 앤드 매뉴팩처링(The Westinghouse Electric and Manufacturing Company)사의 브로드웨이 빌딩에서는 새로 개발된 기계 장치의 시연회가 진행되었다. 다음 날 〈뉴욕타임즈(New York Times)〉는 제1면 헤드라인에 "기계인간이 인간의 목소리에 복종한다."라는 문구가 게재되었다. 그다음 문장에서 '웨스팅하우스가 명령에 따라 작업을 수행하는 오토마톤을 보여주었다.' 그리고 '특정한 소리에 민감하게 반응하는'이라고 쓰여 있다. 이 장치는 전화 속 인간이 내는 목소리에 반응하여 작동했다. 게다가 소리에 따라 전등이나, 선풍기, 청소기를 작동시키는 동작을 보여주었다.

〈텔레복스〉에게 소리(sound)는 너무 낮거나 높으면 무의미해서, 반드시 적절한 높낮이를 유지해야 했다. 기사의 내용으로 보아, 이 장치는 '오토마톤' '기계인간' '전기인간' '자동종업원'이라고도 칭해졌고, 뒤쪽 단락에는 '텔레보컬 시스템(Televocal system, 원격 음성시스템)'이라고 쓰여 있는데 이것이 장치의 정식명칭이었다.

열흘 뒤 〈뉴욕타임즈〉의 특별기사에서는 '텔레보컬 시스템'이 〈텔레복스〉로 수정되었다. 오늘날의 대형 영일사전에도 'televox'라는 항목이 남아 있는데, 그 말을 간단히 '기계인간, 로봇'으로 옮겼다. 또한 그리스어 'tele'는 '원격'을, 그리고 라틴어 'vox'는 '목소리'를 의미한다는 점에도 그 장치의 의미를 알 수 있다. 〈텔레복스〉란 도대체 어떤 장치였을까? 그것의 어떤 측면이 '인간'인 것일까? 아니면 '로봇'인 것일까?

이 장치를 개발한 것은 웨스팅하우스의 전화교환기부문 기술자였던 R. J. 웬슬리(Roy James Wensley)였다. 그는 1927년 11월 〈일렉트릭 저널 (Electric Journal)〉(12월호)에 〈텔레복스의 개발〉이라는 제목의 작은 논문을 발표했다. 웬슬리는 "현대문명이 점점 더 긴밀하게 통신설비에 의존하고 있다"고

MECHANICAL 'MAN'
OBEYS HUMAN VOICE

Westinghouse Demonstrates an Automaton That Fills Jobs and Executes Orders.

SENSITIVE TO CERTAIN TONE

Three at Work at Reservoirs Answer Phone Calls on Status of Water Supply.

The Westinghouse Electric and Manufacturing Company demonstrated yesterday at the Westinghouse Building, 150 Broadway, an electric mechanism which, when addressed in a proper tone, replies by means of sound waves within the human voice register, gives correct information and executes various commissions.

At the first syllable transmitted to it the automatic employs its a series of lights, at the second it started an electric fan, at the third it turned on a searchlight, at the fourth it operated an automatic sweeper, at the fifth it started a signal lamp.

This device responds only to sound. It will do nothing unless addressed in the proper tone. If the tone is too high, or too low, or off key the machine gives no heed. But if addressed in the correct manner it becomes a perfect subordinate, answering promptly and precisely what is asked of it and acting at the word of command not merely with military punctuality, but actually with the speed of electricity.

Responds to "Open, Sesame."

One of these laboratory-made men was so constructed that at the cry of "Open, sesame," it opened a door. The newer specimens, however, are spoken to by means of tuning forks which are adjusted to emit sounds within the human voice register. The present specimens answer questions or execute commands addressed to it in sound waves of three different frequencies. They come to attention when addressed in sound waves of the frequency of 600 a second; they execute orders which come at a pitch of 900 vibrations a second; they accent dismissal when addressed in a tone of 1,400 frequencies a second.

There are at present only three members of this electrical fifth estate who are, so to speak, actually earning their bread and butter. All three are working for the War Department. Their duties are to keep tab on the three reservoirs of the water supply at Washington, D. C., and to report the number of feet of water on hand when they are called up by telephone from the water supply headquarters, under control of the War Department.

The height of the water in the reservoir regulates the instrument, so that at the telephonic request for information the machine utters one of nine, or ten times, according to the height of the water. On receiving this information from these reliable operatives the Water Department governs itself accordingly. If the water is reported to be low in one reservoir purifying causes there and the water is taken from the two others.

Do Work of Three Men.

It would be necessary to maintain three watchmen at these reservoirs to give this information if it were not for these "electric men," with their vocal endowment. Besides having the merit of working for nothing, these scientifically made organisms slay on the job twenty-four hours a day.

The voice is not a decorative feature, but an essential of this new order of creation. The automations could not be worked by mere electrical impulses or by telegraphic clicks. This ability to hear tones within the human voice register and to answer in those tones is absolutely indispensable, because it is their job

Continued on Page Twelve.

[그림 38] 〈뉴욕타임즈〉 기사와 제1면, 기사는 12면에서 계속된다. 엄밀히 말하면 인간의 목소리가 직접 〈텔레복스〉를 작동시키는 것은 아니었다. 소리의 높낮이만 정확하다면 작동이 가능하지만, 그런 의미에서 여전히 장치의 신뢰성에 의문이 남았다. 그럼에도 인간의 목소리로 작동한다고 한 것은 〈텔레복스〉의 능력을 최대로 표현하기 위한 것이라고 할 수 있다.

말하면서, 우리 시대의 번영은 지식의 전달, 물질의 운반, 전력의 공급, 그리고 차단하려 해도 차단되지 않는 원격제어와 관련된다는 점을 지적하며 〈텔레복스〉의 작동을 다음과 같이 말한다.

전화벨이 울리면 이 기계는 수화기를 들어 기계음성으로 자신의 이름을 밝힌다. 전기로 작동하는 귀는 발신자가 기계적인 언어로 보낸 명령을 들어 이해하고, 그에 따라 답변한다. 나아가 요구 사항이 있다면 적합하게 조작을 수행한다. 그런 다음 기계는 명령이 실행되었음을 보고하고 다음 명령을 기다린다. 기계적인 언어로 '굿바이'라는 말을 들으면 수화기를 내려놓고 다음 전화가 울릴 때까지 대기한다. 또한 이 기계는 잘못 걸려온 전화에 대응할 수 있을 정도의 두뇌도 내장하고 있다.

말하자면 〈텔레복스〉는 전화를 사용한 원격조종장치였다. 웬슬리는 더 구체적으로 설명한다.

우선 명령자 쪽에서 전화를 걸어 〈텔레복스〉와 연결되면 1,400사이클의 소리

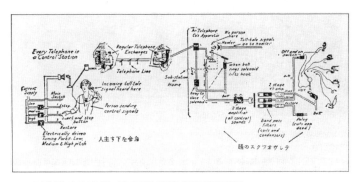

[그림 39] 〈텔레복스〉의 시스템 그림. 전화를 이용한 원격조종장치이다.

를 내도록 세팅된 스위치가 30초 내에 동작한다. 소리는 전화로 〈텔레복스〉에게서 재생된다. 이것이 〈텔레복스〉 안의 필터와 증폭기를 작동시켜, 선택밸브를 작동시킨 다음, 마지막으로 실렉터 스위치를 움직인다.

예를 들어 선풍기, 청소기, 전등 중 어느 것을 작동시키고 싶은지 고른다고 하자. 스위치를 한 번 누르면 선풍기, 두 번 누르면 청소기, 세 번 누르면 전등이라는 식으로 미리 세팅해두고, 원하는 횟수만큼 누르면 된다. 그러면 〈텔레복스〉는 명

Left, Mechanical "Man," Which Opened and Closed Doors, Rang Bells, Turned Lights Off and On and Responded to Other Spoken Orders, and, Below, the Master Voice That Calls Up Three Washington Reservoirs and Reports Back the Amount of Water Each Contains, the First Practical Job the Electrical "Robot" Has Undertaken

[그림 40] 공개할 당시의 〈텔레복스〉
사진의 왼쪽이 웬슬리, 오른쪽은 래드클리프.
기사에 따르면 육군성(陸軍省)에 〈텔레복스〉 3대가 납품되었고, 저수지 3곳의 감시원 9명을 교체했다. 실제로 비치된 〈텔레복스〉에서는 사운드 장치가 인간의 목소리를 대신했다. 그리고 〈텔레복스〉가 원거리에 있는 기계를 저비용으로 관리하기 위해 개발된 것이라는 점을 분명히 밝히고 있다.

로봇 창세기

령을 확인하려는 듯 누른 횟수만큼 버저 소리를 반복 재생하면서 차단기 위치가 열렸는지 닫혔는지를 알려준다. 이 때문에 명령자와 <텔레복스> 모두에게서 어떤 작동이 이루어지고 있는지를 확인할 수 있다.

그다음에는 900사이클의 소리를 내도록 세팅된 스위치를 작동시킨다. 소리는 같은 방식으로 <텔레복스>에게 전달되고, 결국 차단기의 위치가 변경된다. 예를 들어 앞서 선택한 것을 '열림(on)' 상태라고 하자. 전등이 선택되었다면 불이 켜진 것이다. 다시 이것을 '닫힘(off)' 상태로 전환하기 위해서는 600사이클 소리를 보낸다. 그러면 <텔레복스>의 계전기 유지회로가 열리고, 훅 스위치(hook switch)가 내려와 진공관 필라멘트의 접속이 끊긴다. 이 시점에서 발신자도 전화를 끊는다. 이로써 일련의 과정이 종료되고, 멀리 떨어진 원격장소에 설치된 <텔레복스>의 임무도 완료된다.

또 만일 〈텔레복스〉에게 전화가 잘못 걸려 온다면, 그 로봇은 1,400사이클의 소리에 30초 남짓 대기하다가, 통화를 자동으로 끊는 구조로 되어 있다. 전문지에 기고한 글에서 웬슬리는 대체로 다음과 같이 결론을 내린다.

<텔레복스>는 시내전화 교환 서비스뿐만 아니라 시외회선 회로에서도 사용할 수 있기 때문에, 시외통화 요금만으로도 대규모 전송시스템의 집중적인 운영도 실현할 수 있다.

<텔레복스>는 대규모 공공사업을 수행하는 기업에 더없이 유익하다는 것이 증명되었다. 이 장치가 현장의 엔지니어들에게 보급된다면 틀림없이 새로운 활용 방법이 다양하게 생겨날 것이다.

그런데 〈텔레복스〉는 어떤 모습의 로봇이었을까? 10월 23일 〈뉴욕타임

즈〉 일요판 특별기사에 실린 사진을 보면, 커다란 직육면체 박스가 아래위로 길게 세워져 있고, 다시 그 위에 조금 작은 정육면체 박스가 올라가 있다. 몸체의 위쪽 옆으로는 전화기가 놓인 선반이 있다.

이 몸체 속에는 입력신호를 수신하는 마이크로폰, 스위치를 작동시키는 전자석, 음성증폭기, 고감도밸브 등이 가지런히 장착되고 배치되었다. 그 모습을 전체적으로 보자면 시각에 따라서는 어딘지 모르게 '인간'처럼 느껴진다. 커다란 박스는 몸통, 작은 박스는 머리, 게다가 머리의 입 근처에는 부품들이 가로로 나란히 배치되어 있어서, 마치 인간의 치아처럼 보인다. 고전적인 로봇들 중에는 머리에 치아가 튀어나온 것도 있는데, 그것을 참조한 것은 아닐까? 옆쪽 상단의 선반은 팔이 붙어 있는 것처럼 보인다. 별다른 것이 없어도 〈텔레복스〉만 있다면 전화선을 통해 원하는 대로 장치들을 움직일 수 있다. 이것을 당시 감각으로 말하자면, 틀림없이 본격적인 의미에서 인간을 대신하는 기계인간이었을 것이다. 이렇게 생각해보면 그 기계의 외양도 사람과 닮은 듯이 보이기 시작한다.

특별기사는 〈과학, '전기인간'을 만들다〉라는 제목으로 신문 전면을 사용하여 다시 한 번 〈텔레복스〉에 대해 보도하고 있다. 함께 실린 삽화는 〈텔레복스〉가 움직인다는 점에 의미를 두고, 그것에 손발을 붙여 온도나 수위를 측정하거나, 스위치 핸들을 조작하고, 전등을 켜고 있다. 중간 제목에는 〈텔레복스〉가 '로봇에 가장 근접'하다고 되어 있다. 즉, 이것은 기계가 인간을 위해 일하고, 인간의 모습을 한 것에 거의 도달했음을 뜻한다.

차페크의 로봇을 아는 사람들에게는 이것이 이상하게 느껴지겠지만, 피와 살의 구조가 조용하고도 드라마틱하게 전력과 금속으로 대체된 것이다. 이와 동시에 《R·U·R》이 서양사회에 가져온 충격의 격렬함도 다시 한 번 인식되었다.

[그림 41] 〈뉴욕타임즈〉 일요판 특별기사

여기에서는 〈텔레복스〉가 가정이나 공장에 도입되는 것을 언급하고 있다. 웬슬리는 〈텔레복스〉가 가정용 기계인간
은 아니라고 밝혔지만, 신문은 이미 〈텔레복스〉가 '이동'할 수 있는 상황을 상정하고 있다. 그래서 이 기계에 바퀴를
달고 레일 위에서 이동하게 한다면, 방에서 방으로 돌아다니면서 청소를 한다거나, 오븐을 켜고, 창문을 여닫고, 물
건을 들어 올리거나 미는 등의 단순 작업 수십 가지를 해낼 수 있을 것이라고 썼다. 그러면서 가정에서나 공장에 이
장치가 이동하기 용이하도록 가구나 기계류를 배치하는 것이 좋을 것 같다고 구체적으로 말한다. 신문 삽화에는 로
봇의 그런 대중적 이미지가 고스란히 그려져 있다. 삽화 속 〈텔레복스〉는 로봇의 원형이 되고 로봇이라는 말도 다
른 말보다 더 많이 쓰이게 된 듯하다.

이제 하인은 필요 없어질 것이다

1

1927년이 저물고, 새로운 일왕의 즉위식이 열리는 1928년을 맞았다. 이해 상반기를 뒤흔든 〈텔레복스〉에 관한 뉴스는 가을이 되자 점차 식어가고 영국의 로봇에 관한 뉴스가 더 큰 화제로 떠올랐다. 일본 최초의 로봇 붐은 1928년에 그 토대가 만들어졌다.

대개 잡지의 2월호는 발행일이 2월 1일이지만 1월 중에 발간된다. 1927년 12월 13일에 공개되었던 〈텔레복스〉에 관한 소식은 이듬해 1월 일본의 주요 과학 잡지들에서 연달아 기사화되었다. 가장 신속했던 잡지는 〈과학화보〉(2월호), 그다음으로는 〈과학잡지〉(2월호), 〈과학지식〉(과학지식보급회, 3월호), 〈도쿄 아사히신문〉(3월 17일), 그리고 〈어린이의 과학〉(4월호) 순이었고, 〈과학지식〉(5월호), 〈과학화보〉(5월호), 〈어린이의 과학〉(6월호) 등은 한 번 더 그 기사를 다루었다.

일반 잡지에서는 〈텔레복스〉에 관한 기사를 찾아볼 수 없었는데, 이는 아마도 그 잡지들이 정보를 입수했다 하더라도 해외의 불확실한 이야기라고 평가했기 때문일 것이다. 일반 잡지에서 로봇이 등장하고 붐이 일기 시작한 것은 그 이듬해인 1929년부터이다.

〈텔레복스〉에 관한 기사를 맨 처음 보도한 〈과학화보〉(2월호)는 '과학뉴스'란에 〈새로운 인조인간 텔레복스〉라는 제목으로 잡지 한 면에 3장의 사진을 실었다. 이 기사는 다른 잡지들의 후속 기사들보다 더 상세하게 내용을 기술했다. 사진도 어떤 경로로 입수했는지, 다른 잡지들에서는 볼 수 없는 것들이었다.

아마도 처음 공개될 때 촬영된 사진일 것이다. 기사 중에는 〈텔레복스〉를 작동시키는 장면을 매우 구체적으로 적어놓았다.

외출한 아내가 빈 집에 있는 텔레복스에게 저녁 식사를 준비하도록 명령하는 장면을 생각해보자. 아내는 우선 가장 가까운 곳의 전화기를 이용하여 전화국을 통해 자신의 집 전화번호를 호출한다. 집에서 전화벨이 울리면 텔레복스가 알아차리고 리시버를 작동시킨다. 이와 동시에 틀림없이 아내의 귀에는 자기 집이 호출되었음을 알리는 텔레복스의 '뚜 뚜'하는 신호 소리가 들릴 것이다.

이제 아내는 주머니에서 호루라기를 꺼내, 조용히 '삐'하고 한 번 분다. 그것은

[그림 42] 〈새로운 인조인간 텔레복스〉
〈과학화보〉에 수록된 사진들의 캡션을 그대로 옮기면 다음과 같다. '오른쪽은 텔레복스와 그 발명가 웬슬리 씨', 가운데 사진의 설명은 없고, 왼쪽에는 '시험적으로 버튼을 눌러 텔레복스에게 명령을 전하는 모습'

'자 이제 시작하자'라는 의미를 가진 비밀 신호이다. 그러면 하인인 텔레복스는 이제까지의 '뚜 뚜' 소리를 멈추고, '알겠습니다, 무엇을 하면 될까요?'라는 뜻의 '딸깍, 딸깍' 소리를 낸다. 다음으로 아내와 텔레복스 사이의 대화가 이어진다. 아내는 '삐 삐 삐' 신호를 통해 '전기스토브의 밥솥을 켜'라고 명령하고. 텔레복스는 '뚜뚜, 뚜-뚜, 뚜, 즈, 즈, 즈, 즈'('연결되었습니다. 스위치가 켜져 있습니다.')라고 대답한다. 아내는 다른 호루라기로 '투웃'하는 신호('스위치를 꺼라')로 명령한다. 텔레복스는 '즈, 즈, 즈' 신호를 멈추고 마지막으로 '뚜'라는 신호 소리를 내 스위치가 꺼졌음을 알린다. 그런 식으로 아내는 여러 가지 일들을 텔레복스에 명령하고, 마지막으로 또 다른 호루라기를 꺼내 불면 '굿바이'라는 뜻이 전해진다. 그러면 텔레복스도 '굿바이'라는 신호를 보내와 통신이 완료된다.

또한 더 먼 미래에는 호루라기 소리 대신에 명령을 인간 목소리를 그대로 사용해도 된다고 주장하고, "감독자와 텔레복스 사이의 거리는 별다른 제한이 없기 때문에, 무선신호(radio)를 이용하면 뉴욕에서 런던에 있는 기계도 작동할 수 있다"고 말한다.[8] 그 기계가 로봇인 이유는 〈텔레복스〉가 먼 곳에 있는 감독자의 명령에 따라 움직이고 또한 질문에 대답도 할 수 있다는 의미에서, 그것이 일종의 인조인간이라 여겨지기 때문이다.

비슷한 시기에 미국에서도 로봇의 원형이라고 할 모습을 하고 인간 대신일 수 있다는 점에서 〈텔레복스〉를 '전기인간', 혹은 '자동인간'이라고 불렀다. 하지만 당시 일본에서는 이 기계의 기능에만 주목해서 그것을 인조인간

---

8   옮긴이 : 대서양을 건너는 무선통신이 처음으로 성공한 것은 1901년 이탈리아인 마르코니(Guglielmo Marconi)에 의해서였다. 그는 전파(radio wave)를 가진 전자기파(electromagnetic wave)를 사용해서 코드화 된 신호를 주고받았다. 전자기파는 이미 19세기에 맥스웰(James Clerk Maxwell)과 헤르츠(Heinrich Hertz)에 의해 존재가 증명되었다. 그리고 1905년에는 음성과 음악을 전파에 실어 나를 수 있는 라디오 방송이 성공했다.

이라고 보았다. 어떤 기계 장치를 외관에 얽매이지 않고 그 기능면에서 보아 로봇(인조인간)이라고 판단하는 것은 상대적으로 매우 이른 시기의 일이었다는 것을 인정해야 한다. 더욱이 그것이 '새로운 것'이라는 점에서 그 잡지 편집부의 고민과 수준을 엿볼 수 있다.

〈과학잡지〉는 과학기사를 다루는 잡지들을 부르는 일반적인 명칭이 아니라 특정한 잡지의 이름이었다. 이 잡지의 기사들은 매우 단순화되어 있는데 이는 그 잡지가 해외 잡지들에 실린 기사를 신속하게 게재하는 것에 중점을 두었던 편집 방침 때문이었을 것 같다.

〈텔레복스〉에 관한 기사에는 거의 1쪽을 할애했고 사진도 한 장 넣었다. 자세히 보면 이 사진은 미국의 〈파퓰러 메카닉스(Popular Mechanics)〉(Popular Mechanics, New York)의 1928년 1월호에서 가져다 쓴 것이었다. 아마 먼저 말한 〈과학화보〉의 기사도 상황은 같았을 것이다. 하지만 기사 내용만은 그렇지 않았다. 필자 이와타 히로시(岩田博)는 〈사람을 대신하는 기계〉라는 제목에 '이제 하인은 필요 없어질 것이다'라는 부제를 달고, 이러한 기계가 "미래 인간의 생활에서 가장 소중한 충복으로 사랑받게 될 것이다"라고 결론 지었다.

〈파퓰러 메카닉스〉에는 새로운 보도 내용이 추가되었다. 〈텔레복스〉를 개발할 때 웬슬리만이 아니라 듀이 M. 래드클리프(Dewey M. Radcliffe)라는 엔지니어도 함께했다는 내용, 그리고 육군에서 구입한 〈텔레복스〉 3대가 저수지 감시원 9명을 대체했다는 내용 등이 그것이다. 이렇게 볼 때 〈텔레복스〉는 정부와 민간이 함께 참여한 연구개발의 산물이었는지도 모른다.[9]

〈과학지식〉은 다른 잡지들보다 한 달 늦은 3월호(2월 18일 발행)에 〈기계인

---

9   옮긴이 : 실제 영문판 〈파퓰러 메카닉스〉(1928년 1월)에는 웬슬리를 웨스팅하우스연구소의 연구원으로, 그리고 래드클리프를 정부 소속의 엔지니어로 밝히고 있다.

[그림 43] 기계인간 〈텔레복스〉
이 사진은 웬슬리의 소논문 〈텔레복스의 개발〉에도
사용되었다. 〈과학지식〉은 이 사진에 '〈텔레복스〉의
전화 받는 장치를 설명하고 있는 발명자 웬슬리 씨'라
는 설명을 더했다.

간 텔레복스〉라는 제목의 기사를
실었다. 이 잡지도 1쪽 분량의 기사
와 함께 사진 한 장을 실었다.

옛날, 서양에는 소설가의 상상 속에
'로복스'라 불리는 것이 있었다. 그것은
인간의 육체를 가졌으며, 그 어떤 명령
에도 기계처럼 정확하게 따를 뿐만 아
니라 지치지 않고 움직이며, 조금도 감
정이 없는 지극히 편리한 노예였다.

오늘날 기계문명이 발달하여 모든 것이 분업화되자, 살아 있는 인간들조차 아
침부터 저녁까지 거의 기계적인 일에 매달리는 경우가 허다하며, 마침내 인간과 같
은 기계, 즉 로복스의 출현을 요구하는 시대가 되었다.

아마도 로봇을 '로복스'라고 잘못 표기한 것은 〈텔레복스〉라는 명칭과
혼란이 있었기 때문이었을 것이다. 게다가 당시에는 라디오 수신기의 일반
적인 상품명 뒤에는 '복스(vox)'라는 명칭이 붙는 경우가 많았다. 이것을 '복
스'라고 표기하고 '플라워복스', '로이드복스', '안나카복스', '매그너복스' 등
의 상품이 신문광고에 등장했다. 〈텔레복스〉를 그런 부류의 기계라고 여겼
던 이들이 있었을 법하다. 잡지 기사는 〈텔레복스〉를 작동시키는 신호음을
'전기 에스페란토'라고 했는데, 이는 〈뉴욕타임즈〉의 똑같은 표현(an Electrical
Esperanto)을 참고한 것인지 모른다. 그렇지만 여기에 사용한 사진은 다른
잡지에는 없는 처음 보는 것이다.

2

〈텔레복스〉가 공개된 이후 상황은 어떻게 변했을까? 그 기계는 비슷한 시기에 몇 대 더 제작되었는데, 저마다 배치된 곳에서 자신의 사명을 다 하고 있었다. 1월 27일자 〈뉴욕타임즈〉에는 〈자동인간, 여전히 작동 중(Automatic Man Still Works)〉이라는 기사가 게재되었다. 그 기사에 따르면, 〈텔레복스〉는 큰 반향을 불러와 웬슬리 자신은 다음과 같이 말할 정도였다.

"이 합성 피조물(synthetic creature)이 발표된 뒤, 35개 언어로 간행된 신문 스크랩과 같은 수의 외국어로 작성된 편지를 받았다. 그 양이 나의 일상을 위협하고 있는 중이다."

그의 불평은 아마도 문의가 쇄도했다는 뜻일 것이다.

〈텔레복스〉를 더욱 유명하게 만든 사건은 1928년 2월 22일에 일어났다. 이날은 미국의 초대 대통령 조지 워싱턴(1732~1799)의 탄생기념일이자 국경일이었다. 뉴욕의 레벨 클럽 강당에서 개최된 워싱턴 기념만찬회에 앞서 웬슬리가 〈텔레복스〉와 함께 등장하여 시연회를 가졌던 것이다. 웬슬리의 말이 증명하듯, 그는 이틀 전인 20일에도 뉴욕시립대학에서 전시를 갖는 등 이리저리 끌려다니는 상황이었다.

〈텔레복스〉는 1927년 공개 당시와는 많이 다른 모습이었다. 기능면에서 변화는 없었지만, 그 외관이 관객들을 놀라게 했다. 인간의 형상처럼 보이는 보드를 전면에 붙이고 나타났기 때문이다. 크고 작은 두 개의 박스들 중에서 작은 박스는 그대로 머리가 된 것처럼 보인다. 하지만 몇 종류의 사진을 검토해 보았을 때 머리는 그저 정육면체의 보드일 뿐임을 알 수 있다. 얼굴 부분과 사각형 테두리에는 두 눈과 입, 뒤집힌 V자의 코, 그리고 기계인간처럼 보이도록 16개의 리벳을 점들로 그려 넣었다. 양쪽 눈의 테두리 안쪽

安本誌で御制御したジェレース氏の機械人間スクォゲレの、其
二月二十二日、最近の眞窩信によると、後更に研究所内で進んだ見え、てる
ろい、記念晩餐の行なれたり記念紙日に日記シトンシア・クウォックの
グレテの其と氏ーレスジェウ は眞窩。すでうやたせ見てしな驗賞のろい
。すで置装新のスクォ

間人造人

[그림 44] 〈과학화보〉 5월호 기사의 사진

〈텔레복스〉는 인간 대신 인간의 행동을 인간이 없는 장소에서 원격으로 수행한다는 점에서 다른 기계와 달랐다. 매체들은 이것을 '기계인간'이라고 받아들여 대대적으로 보도했는데, 거기에서 한 발 더 나아가 '로봇'이라고 부르기까지 했다. 아마 누군가 아이디어가 번뜩이는 명민한 인물이 등장하여 "텔레복스에 인간 모습의 외피를 붙인다면 더 친근할 것"이라고 제안했을 것이다. 실제도 그리하여 〈텔레복스〉는 보드로 장식됨으로써 더 로봇과 비슷해졌고, 사실상 초기를 대표하는 로봇으로 자리잡았다.

에 소형 전구가 박혀 있는데, 컬러사진이 아니기 때문에 정확히는 확인할 수 없지만 전구들은 각각 빨간색과 초록색이었다고 한다.

머리가 보드만으로 이루어져 있다는 것은 틀림없이 원래의 작은 박스가 옮겨지고 그 기계의 전체 레이아웃에 변화가 있었음을 뜻한다. 원래의 머리와 하나가 된 몸통 또한 두께 50mm 정도의 튼튼한 보드가 붙여져 있고, 가운데를 직육면체로 파내서 〈텔레복스〉의 심장부를 보이게 했다. 다리는 몸통에 이어져 있고, 무릎 아래로는 두 발을 약간 벌린 상태에서 수직으로 되어 있다. 팔은 어깨 부분과 팔꿈치를 움직일 수 있다. 팔은 전체적으로 봤을 때 조금 길다. 이것은 전시의 내용과 관계가 있다.

〈텔레복스〉가 어떤 색으로 칠해져 있었는지는 알 수 없다. 인간의 신체 형태를 한 보드와 〈텔레복스〉의 기계 부분은 강철 재질의 틀로 고정되었다. 또한 보드와 본체는 하나로 붙어 있지 않고 조금 떨어져서 고정되었다. 정면에서 보면 사람의 형상을 한 보드에 본체를 붙여 조립한 것처럼 보이지만, 옆에서 보면 본체와 보드 사이의 틈으로 반대편의 풍경이 보인다. 어디까지나 그 보드는 〈텔레복스〉의 상징적인 의미밖에 없었던 듯하다.

미국에서도 첨단과 로봇이 서로 연관되었다. 기념식 행사에 〈텔레복스〉는 웬슬리와 함께 무대에 올랐다. 중앙에 서 있는 〈텔레복스〉의 오른쪽 다리 앞에는 진공청소기가 있고, 왼쪽 다리 앞으로는 선풍기가 놓여 있다. 〈텔레복스〉의 오른손은 워싱턴의 초상화를 덮고 있는 막을 거두기 위해 끈을 감싸 쥐고, 왼손에는 웬슬리로부터 걸려오는 전화의 수신기를 받을 수 있도록 대기하고 있다는 것을 보여주고 있다. 초상화의 앞에는 조명기구가 보이는데 〈텔레복스〉는 이것을 점등시켜 그림을 비추도록 되어 있었다.

실제로 〈텔레복스〉는 제막식을 무사히 마쳤고 여러 작동을 실수 없이 해냄으로써 관중으로부터 갈채를 받았고, 다음 날 신문들의 지면을 장식했다.

오른쪽 팔을 내리면서 손에 감아놓은 끈을 당겨 초상화의 막을 걷어낸 〈텔레복스〉를 지켜보던 사람들은 놀라지 않을 수 없었다. 웬슬리가 전화 수화기에 그저 호루라기를 불었을 뿐인데도 인간의 형상을 한 물체가 일련의 행동을 통해 완벽하게 임무를 수행했기 때문이었을 것이다. 물론 호루라기 소리는 길이가 다른 세 개의 사이클, 즉, 1,400, 900, 600 사이클의 소리였다. 워싱턴 기념일 행사 장면은 약 한 달 뒤인 3월 17일자 〈도쿄아사히신문〉에 게재되었다. 제3면에 〈전화도 거는 인조인간〉이라는 제목으로 3단에 걸쳐 게재된 사진이 독자들의 시선을 끌었다.

과학문명은 마침내 인간조차 제작하기에 이르렀다. 최근 미국에서 제작된 인조인간은 발명가 웬슬리가 명령하는 대로 전화도 걸고, 청소도 한다. 또한 전등의 스위치도 켜는 등, 보기와는 다르게 편리한 기계, 아니 사람이다. 사진은 워싱턴의 초상화를 덮고 있던 막을 걷어내는 인조인간.

로봇 창세기

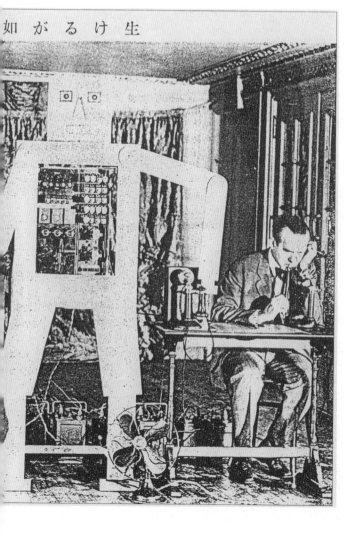

生け る が 如

[그림 45] 〈살아 있는 것 같은 기계인형〉(〈과학지식〉, 5월호)의 첫머리 사진. 〈도쿄아사히신문〉에 게재된 것과 동일한 사진. 웬슬리가 호루라기를 불면 〈텔레복스〉가 작동되는 것을 알 수 있다.

기사는 이것뿐이다. 물론 편집부에 어떤 악의는 없었겠지만, 아무리 봐도 이것은 오해를 살 만한 내용이다. 사진에는 인간 형상을 한 물체가 있고, 그 것의 열린 부분에는 복잡해 보이는 기계가 얼굴을 내밀고 있다. 그렇지 않아 도 당시 '과학문명이 앞서 있던 서양에게 한참 뒤처져 있기에 그 뒤를 필사적으로 쫓고 있는 일본'이라는 절대적인 구조가 일본인의 머릿속에 있었다. 정보가 양적으로 많지 않았던 탓에 독자들의 상상력을 증폭시켰고, 아울러 '뒤처질지 모른다.'는 공포감도 불러왔다.

위의 기사 가운데 사람이 〈텔레복스〉에 '전화도 걸고'라는 부분만 해도 상상을 초월하는 일이었다. 한번 생각해보자. 전화기가 울리면, 일단 거기까

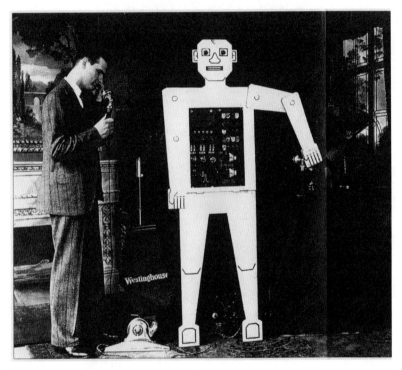

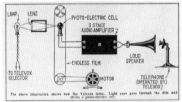

[그림 46] 개량된 〈텔레복스〉와 그 시스템을 묘사한 그림
〈텔레복스〉는 버저의 소리가 아니라 음성 필름에 미리 녹음된 인간 음성으로 대답하게 만들어졌다. 로봇은 성능이 바뀌면 그 외양도 바뀐다. 왼쪽의 인물은 래드클리프가 아닐까. 사진으로만 보면 〈텔레복스〉에게 내리는 명령도 인간의 음성으로 가능하게 된 것처럼 보인다. 〈사이언스 앤드 인벤션〉 10월호 기사 사진에서는 웬슬리가 호루라기 없이 직접 전화기를 마주하고 있다. 이것으로 보아 〈텔레복스〉는 일단 완성되었다고 할 수 있다.

로봇 창세기

지 걸어가서, 수화기를 들어올리고, 귀를 가까이 대며 손목을 젖힌다. 적당한 위치에 수화기를 계속 댄 상태로 "여보세요"라고 말한다. 상대가 말하는 것을 이해하지 못한다면 의사교환은 불가능하다. 게다가 청소도 하고, 스위치를 켠다니! 이것을 읽은 아이들은 아마 어른들에게 이게 사실인지 물어봤을 것이다.

그리고 어른들은 "글쎄"라고 밖에는 대답하지 못했을 것이다. 어른들도 마찬가지로 그 기계를 설명할 수 있을 정도의 정보를 갖고 있지 못했다. 그런 어른들은 도대체 누구에게 물어봐야 할까? 당시 시민들은 놀라운 신문기사 내용에 여유를 갖고 생각해볼 정도로 성숙하지 못한 시대였다. 안타깝게도 로봇에 관한 기사들은 이런 종류가 태반이었다. 하지만 어쨌거나 〈텔레복스〉의 프레젠테이션 방식은 뛰어난 것이었다.

〈텔레복스〉에게 이러한 보드, 즉 인간의 가면이나 외피를 입히지 않았다면 우리에게 그 어떤 화두도 되지 못했을 것이다. 말하자면 그것은 단순히 최신 원격조종장치에 불과했을 것이다. 웬슬리는 자신의 작은 논문에서 이렇게 말하고 있다.

> 〈텔레복스〉의 기능은 기자나 편집자의 상상력을 북돋우기에 충분했으므로, 상상력이 가득한 여러 보도들이 나오고 있다. 그러나 〈텔레복스〉에게서 전화로 집안일을 돕는 기계 하인을 기대하는 이들에게는 원래 가정용 '기계인간'을 목표로 하지는 않았다는 것을 분명히 말해두고 싶다.

하지만 비록 가정에 그 기계를 들여놓지 않는다고 하더라도, 만일 편리하기만 하다면 그 어떤 기계든 도입하게 되어 있다. 그래서인지 버저 소리로 반응하는 〈텔레복스〉가 인간에게 친숙하지 않다는 생각이 있었던 것 같고, 광전관과 음성필름을 사용하여 적어도 1928년 가을까지는 인간의 목소리에 응답할 수 있도록 개선되었다. 그리고 이와 함께 직사각형 모양의 보드도 인간에게 더욱 친숙한 형태로 개선되었다. 인간에게 가까워진 기계에게는 당연한 변화였다.

1928년 상반기에 일본에서 보도된 대부분의 〈텔레복스〉 사진은 워싱턴 기념일에 촬영된 것이었다. 사실상 미국의 과학기술 잡지들이 〈텔레복스〉를 본격적으로 다룬 것은 이 워싱턴 기념일 이후이다. 일본에서는 〈과학지식〉 5월호의 기사 〈살아 있는 것 같은 기계인형〉에 포함된 사진, 〈과학화보〉 5월호의 기사 〈하녀를 대신하는 인조인간〉에 포함된 사진, 〈어린이의 과학〉 6월호 〈과학의 경이로움 '기계사람'〉에 포함된 사진 등이 이 경우에 해당한다.

이러한 〈텔레복스〉 사진은 그 뒤로도 여러 차례 더 사용되었다. 비슷한 시기에 전 대만 총독이자 귀족원 의원이었고 일본무선전신주식회사의 중역이기도 했던 우치다 가키치(內田嘉吉, 1866~1933)라는 인물이 유럽과 미국을 돌아보고 귀국했는데 그곳에서 보고 들은 것을 〈과학잡지〉 4월호에 〈최근의 무선발달 개요〉라는 제목으로 글을 실었다. 그의 글에도 〈텔레복스〉가 등장하고 있으며, 그때 사용한 사진도 〈뉴욕타임즈〉(1927년 10월 23일)에 실린 것과 동일한 것이었다.

당시 일본에는 웨스팅하우스의 지사가 도쿄와 오사카, 그리고 나고야 등에 있었다. 도쿄지사는 마루노우치의 유센(丸の内の郵船) 빌딩에 있었다. 그런데도 안타깝지만 이 지사는 미국에서 〈텔레복스〉를 가져와 일반에게 공개하지는 않았다. 만일 일본에서도 미국과 동일한 시연회를 갖고 제대로 된 해설을 해주었더라면 아마 일본인들도 꼼꼼히 그 '원격조종장치'를 관람할 수 있었을 것이다. 전반적인 정보는 적었던 반면 그 일부만이 과도하게 유입되면서 일종의 정보 불균형이 발생하여 대중적 상상력을 자극했을 것이고

어떤 측면에서는 그것에 대한 지나친 기대감을 불러왔을 것이다.

3

신문 기사를 통해 일본 가정으로 들어온 〈텔레복스〉였지만, 과연 사회 전반에는 어떤 영향을 주었을까? 사회적 영향은 소설과 만화, 자세히 말하자면 소설과 거기에 포함된 삽화, 그리고 만화에서 찾아볼 수 있다.

〈과학화보〉의 7월호부터 6회에 걸쳐 하루타 요시타메(春田能爲, 1873~1945)가 고가 사부로(甲賀三郎)라는 필명으로 소설 〈떠다니는 악마의 섬〉을 연재했다. 그 작품의 제2회에 '기계인간'이 등장한다. 이것은 해저왕국으로 유괴된 어떤 부부가 탈출하기까지의 이야기를 그린 소설이다. 지상세계의 정복을 노리는 왕은 다카다 기이치로가 언급했고, 뒤에 등장하게 될 히라바야시 하츠노스케(平林初之輔, 1872~1931)가 말하는 인조인간의 제조까지도 감행하려 든다. "올려다봐야 할 것처럼 거대하며, 인간의 형상을 하고는 있지만 아이가 그려 놓은 인형처럼 볼품없는 얼굴에, 눈은 이상한 빛을 내면서 반짝이

[그림 47] 〈떠다니는 악마의 섬〉 연재소설의 제2회(오른쪽)와 제6회에 등장하는 인조인간은 모두 기계인간이지만 외모가 서로 다르다. 오른쪽 기계인간은 확실히 〈텔레복스〉를 많이 참조했다. 작가 고가 사부로와 이름을 알 수 없는 삽화가 사이에 충분한 협의가 없었던 듯하다. 아마도 이는 편집자의 이해 부족이 원인이었던 것 같다.

고, 나체 상태의 신체는 섬뜩한 잿빛 피부로 덮여 있는" 기계인간이 전파로 조종되어 움직인다.

〈텔레복스〉의 몇몇 특징들을 파악하고는 있지만, 기계인간의 이미지를 제대로 이해하지 못한 채 고민하는 고가의 모습이 보인다. 결과적으로 그는 기사에서 읽은 기계인간을 고려하는 와중에 아무래도 사이보그 비슷한 모습에 도달하게 된 듯하다. 아니 그보다는 오히려 차페크가 말했던 로봇과 〈텔레복스〉가 합성된 것 같다.

도쿄제국대학 응용화학과를 졸업한 고가는 엔지니어로 살다가 1928년부터 소설창작에 전념하기 시작했다. 기계인간, 태아 바깥[태외(胎外)]에서 이루어지는 인간제조, 그리고 악마의 섬을 지배하는 왕이 시도하는 인간의 기계화 등을 떠올려보면, 확실히 이 작품은 1928년이 아니었다면 도저히 쓸 수 없었던 내용을 포함하고 있다. 〈떠다니는 악마의 섬〉은 고가 사부로가 그 뒤 출간한 작품들을 고려해볼 때 반드시 검토해야 하리라는 생각이 든다.

만화의 경우 1928년 전반기 소개된 해외 작품 두 편이 주목할 만하다. 모두 〈아사히 그래프〉의 《팔푼이 요타가 어지러이 날다》라는 제목으로 함께 실렸다. 이것은 해외의 한 컷 만화를 모아 놓은 연재 코너였는데, 첫 번째 것은 지은이를 알 수 없는 〈반세기 후〉(3월 28일자)라는 작품이었다. 이 삽화에는 연단에 선 로봇이 연설을 하고 있고, 그것을 들으며 박수를 치고 있는 존재도 로봇으로 묘사되어있다. 짧은 해설에는 '데레민 교수에 따르면, 곧 오페라 배우와 관객도 모두 이렇게 될 것이다'라고 적혀 있다.

사이토 이소오가 옮긴 빌리에 드 릴라당(Auguste Villiers de l'Isle-Adam, 1838~1889)의 소설 《잔인한 이야기(Contes Cruels)》(1883) 중 한 편인 〈영광제조기(La Machine à gloire S.G.D.G.)〉에서는 무대 위에 로봇이 아니라 사람이 있었으므로, 이것은 그보다 한 발 앞서 미래를 살핀 작품이다. 두 번째 것은 〈인조인간이 생긴다면〉(6월 27일). 이 삽화에 등장하는 것은 로봇다운 로봇이다. 거대한 크기의 몸 전체가 **빽빽**하게 기계로 채워져 있고, 발바닥에는 작은 바퀴가 달려 이동할 수도 있다. 머리로부터 왼쪽 어깨로 파이프가 이어지고 있는데, 그 뒤로 이러한 설정은 일본의 작품들에서 계속 등장한다. 일본에서 그 이미지는 코일 모양이지만, 아마도 그 기원은 이 로봇일 것이다. 프랑스 만화가의 이 작품에서 로봇은 오른손으로는 다가오는 여성의 턱을 간지럽힌다. 왼손에서는 원하는 만큼 목걸이가 튀어나오고, 배에서는 필요한 만큼의 수표가 발행된다.

일본 만화가들도 이에 못지않았다. 정치풍자만화의 창시자인 기타자와 라쿠텐(北沢楽天, 1876~1955)은 원래 본명이 야스지였는데 그의 제자 요시가키 세이텐(芳垣青天)이 〈과학지식〉 8월호에 로봇 이미지를 그려 넣었다. '중의원보통선거법'이 이미 3년 전에 공포되었지만, 만화는 로봇들이 '우리에게 참정권을 달라'고 적힌 인조인간노동총연맹의 현수막을 들고 데모하

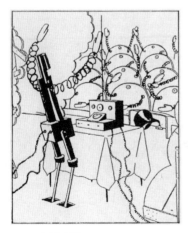

[그림 48] 〈반세기 후〉
아쉽게도 이때부터 50년 뒤에도 이렇게 되지는 않았다

[그림 49] 〈인조인간이 생긴다면〉
희귀한 금속 로봇

는 광경을 묘사했다. 이를 통해 두 가지를 생각해볼 수 있다. 하나는 작품 《R·U·R》에서도 로봇의 참정권에 관해 다음과 같은 대화가 등장한다.

> 헬레나 : 로봇을 인간과 동등하게 취급해야만 합니다.
> 할레마이어 : 하하, 로봇이 선거권을 가진다는단 말인가요?

위의 인용은 스즈키 젠타로가 옮긴 《로봇》에 따른 것인데, 평등한 참정권이야말로 민주주의 국가의 토대이다. 어쩌면 상당히 먼 미래의 일이겠지만 로봇들이 참정권을 얻기 위해 이러한 데모를 할지도 모른다.

다른 하나는 로봇의 얼굴 묘사이다. 그 당시 전화기는 정식 명칭으로 델빌(Delville) 자석식 벽걸이 전화기라고 하는데, 나무상자에 두 개의 벨이 달려 있고, 그 밑으로는 나팔같이 생긴 송화기가, 그리고 양옆에는 핸들과 수화기가 달려 있다. 전화기가 마치 눈, 입, 귀처럼 보인다. 이것에 친숙했던 나이

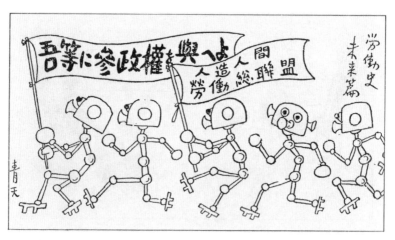

[그림 50] 〈노동사 미래편〉
만화로 제작된 기념비적인 일본 첫 로봇들

로봇 창세기

든 사람들의 말처럼, 이 전화기는 당시 사람들에게 가까이 있는 '인조인간 얼굴의 원형'(신총합박물관 감수, 《일본인과 텔레폰》, NTT출판, 1990)이기도 했다. 1920년 세이텐의 스승이었던 라쿠텐도 전화의 이러한 형태를 의인화한 적이 있다.

[그림 51] 자석식 벽걸이 전화기

세이텐 역시 여기서 힌트를 얻었던 것일까? 실제로 세이텐의 로봇은 유머러스하다. 나막신을 신고 있는 로봇이라니 정말 우습지 않은가.

이 만화들에서 묘사된 이미지는 〈텔레복스〉 그 자체는 아니었지만, 그럼에도 만화계에서는 로봇이라고 불리는 것, 혹은 그것과 관련된 생각들을 재빨리 받아들였다.

그건 그렇다 치고, 〈텔레복스〉의 사회적 영향을 생각해본다면, 당시 '인조인간'은 '존재할 수 없는 것'이라는 의미로 사용되었음을 알 수 있다. 예를 들어 〈오사카마이니치신문〉(1928년 9월 1일)의 기사는 한신 고시엔(阪神甲子園)에서 개최된 〈즉위식 기념 국산진흥 한신 대박람회〉를 소개하면서 '인조인간이 만들어지는 세상이니까, 인공 신기루가 제작되는 것도 무리는 아니겠지…'이라고 적었다. 그러나 이런 말들이 일반적으로 나타나기 전에 이미 당시에는 인조인간이 무엇인지가 잘 알려져 있었고, 또한 그것은 자연스럽게 사라져갔다.

4

첨단기기를 미국에서는 로봇이나 기계인간으로, 일본에서는 인조인간으로고 부르게 된 시대, 그런 시대에 차페크가 생각했던 로봇은 어떻게 되었을까? 기계로 구성된 로봇이라는 생각으로 기울고 있는 시대상황 속에서 여전히 피와 살로 이루어진 로봇이라는 생각을 쫓는 이들도 있었다.

〈텔레복스〉를 '사람을 대신하는 기계'라고 소개했던 〈과학잡지〉 2월호는 그것과 한 쌍을 이루기라도 하듯 〈인공생물 콜포이데스〉라는 기사를 게재했다. 비록 원초적인 생물이라 할지라도, 인간이 이런 생명체를 만들어낸다면 세상을 놀라게 할 만한 '대사건'일 것이다. 결론적으로 말하자면 이것은 모조생물, 즉 원생생물의 움직임을 모방한 물질이다.

누구나 간단하게 이러한 실험을 할 수 있다. 우선 흰색 도자기 접시를 사진현상에 쓰이는 약간 깊은 그릇 안에 넣고, 그 도자기 접시 안에 100cm³의 순수 가솔린과 50cm³의 순수 올리브유를 혼합해 넣는다. 그런 다음 이 액체 안에 가성소다 14g과 따뜻한 물 100cm³를 추가한다. 그리고 여기에 착색용 염료 한 방울을 떨어뜨린다. 그러면 어떤 일이 일어날까?

멕시코시티의 생리학회장인 알폰소 에레라 박사는 약 25년 동안 이와 같은 방법으로 화학실험을 거듭한 결과, 불완전한 인공생물이 다른 방법으로는 설대 나타나지 않는 생명의 원생적 특성을 발생시킨다는 사실을 알아냈다.

제2용액을 제1용액에 몇 방울 첨가하면 그 용액은 방울 형태의 얇은 막을 만들고 삼투작용을 일으킬 준비를 한다. 올리브유는 가솔린의 도움을 받아 급속히 이 작은 액체 막[小液囊(소액낭)] 안으로 침투해 들어간다. 이때 아주 작은 인공 '생물'이 형태를 바꾸어 분열하고 다시 모양을 갖추면서 갑자기 액체 주머니의 모습을 드러낸다.

이 '생물'이 콜포이데스(Colpoides)인데, 사실 이것은 생존할 수 없었기 때문에 엄밀히 말해 생물이라고 할 수는 없다. 앞서 언급했던 고사카이 후보쿠의 〈인공심장〉에서도 비슷하게 수은으로 된 '인공아메바' 이야기가 등장한다.

〈과학잡지〉 3월호에도 〈사이언스 앤드 인벤션〉에서 가져온 짧은 번역 기사가 〈인조인간의 개성〉이라는 제목으로 게재되었다. 여기에는 '미국에서 인간을 화학적으로 제조한 연구로 잘 알려진 에드윈 박사'라는 인물이 소개되었다. 그는 미래에 부모가 존재하지 않는 상태로 인간이 만들어질 수 있으며, 인격이나 성격도 화학성분의 임의적인 조작에 의해 만들어질 수 있다고 말한다. 하지만 기사의 소개 내용이 너무 짧은 나머지 설득력은 없어 보인다.

1928년 4월에는 무라카미 게이지로(村上計二郎)의 저서 《미래의 과학문명》 (일본서원출판부)이 《미래문명총서》의 첫 번째 권으로 출판되었다. 이 책은 '합성식료', '천체교통', '태양광열의 이용' 등 23개 분야가 각각 두 편에서 다섯 편의 보고서로 구성되었다.

'생명창조' 분야 역시 네 편으로 구성되었다. 하지만 《미래의 과학문명》을 자세히 살펴보면, 앞서 언급했던 올리버 로지의 〈생명의 인공제조에 관해서〉와 〈생체영양소의 합성〉이라는 제목으로 바뀐 나가이 히소무의 《인조인간은 가능한가?》, 그리고 나머지 다른 두 편으로 묶였다. 말하자면 이 책은 과학 잡지에 실린 여러 기사를 분야별로 나누어 다시 편집해서 만든 단행본이었다.

이 해의 로봇 소설을 손꼽아보자면, 〈신청년〉 4월호에 실린 〈인조인간〉을 가장 먼저 언급하지 않을 수 없다. 흥미롭게도 이 소설은 〈텔레복스〉가 일본에 어떤 충격을 안겨주었는지를 알 수 있는 좋은 단서이다. 더욱이 이 작품을 쓴 것이 히라바야시 하츠노스케(1892~1931)임에도 불구하고, 글을 읽어보면 다카다 기이치로의 〈인조인간〉이 그린 로봇 이미지와 기본적으로 다를 것이 없다는 사실을 알게 된다.

즉, 여기서의 로봇은 기계로봇이 아닌 것이다. 이 작품을 소개하는 신문광고에 '로봇! 과학의 궁극! 아아! 인류의 최대공포'라고 실린 것을 보면, 틀림없이 〈신청년〉 편집부가 1월에 과학 잡지들에 실린 〈텔레복스〉 기사에서 정보를 얻어 히라바야시에게 소설 집필을 의뢰했을 것이다. 편집부와 작가 사이에서 충분히 이루어지지 못한 협의가 무참한 결과를 낳았다고 볼 수 있다. 가족과 애인과의 사이에서 괴로워하는 주인공이 인조인간의 연구발표에서 청중을 속이고 결국 자살로 끝난다는 이 이야기는, 어쩌면 히라바야시 자신의 사생활로부터 창작의 비밀을 찾아야 할지 모르겠다. 히라바야시는 초기 프롤레타리아 문학운동의 급진적인 이론가로 활동했는데 쇼와 초기인 1926년 무렵에는 자신의 과도한 급진성을 후회했다. 그는 〈인조인간〉을 발표하고 3년 뒤에 파리에서 객사했다.

1928년 3월 도쿄 우에노에서 개최된 〈즉위식 기념 국산품진흥 도쿄박람회〉(3월 24일 ~ 5월 22일)에는 '인간제조 마술'이 행사 가운데 하나로 포함되었다. 이것은 먼저 뼈가 있고, 뼈에 살이 붙으면 그 다음으로 옷을 입어 완전한 인간이 된다는 내용을 담았는데, 관객들에게 호평을 받았다. 하지만 《R·U·R》 이후의 인간제조, 즉 피와 살로 된 인간을 만들 수 있다는 생각의 흐름은 기계와 전기를 배경으로 하는 금속 로봇의 등장과 함께 어둠 속으로 빨려들어갈 수밖에 없었다. 생명 연구는 그 나름대로 꾸준히 이어져 갔지만, 아직까지는 공식적인 무대에 오르지는 못했다. 그런 인조인간이 신문보도를 통해 다시 한 번 부활한 것은 대륙에서 전쟁이 점차 본격화되고 서서히 주변에 전사자들이 보이기 시작한 1934년 이후의 일이다.

5

1928년 9월이 되자 즉위식 이야기로 일본 전국이 들썩였다. 여러 정부기관들은 물론, 지방의 작은 조직까지 경축행사를 어떻게 꾸며야 하는지 고심하고 있었다. 예를 들어 도쿄시의 여러 구와 동, 초등학교, 재향군인회, 청년단체가 나름대로의 계획을 세웠는데, 초등학교들의 총 대표는 왕이 도쿄에서 교토로 가기 위해 도쿄역에서 행렬을 펼칠 때 참여하기도 했다.

어느 왕이나 단 한 번밖에 치르지 않는 이 즉위식에 로봇이 관련되었다. 그 로봇은 새로운 왕의 시대를 축하하는 새로운 물건으로 '참여'했다. 교토에서 열린 〈즉위식 기념 교토대박람회〉(1928년 9월 23일 ~ 10월 25일)에 오사카마이니치신문사가 인조인간 〈가쿠텐소쿠(學天則)〉를 출품했다.

비슷한 시기 미국에서는 〈텔레복스〉가 기업이나 공공시설에서 사용되고 있었다. 게다가 그해 여름에도 미국 과학 잡지들은 '땡큐'라고 말하는 자동판매기를 로봇이라 부르며 기사화했다. 영국에서도 그해 9월에 로봇다운 로봇들이 잇달아 나타나고 있었다. 이렇게 보면 로봇 제작에 관한 한 일본도 세계적인 흐름에 뒤지지 않았다는 것을 알 수 있다.

〈가쿠텐소쿠〉의 제작자는 니시무라 마코토(1883~1956)였다. 기억할 수 있는지 모르겠지만 그의 이름은 이미 알려져 있었다. 그는 오사카마이니치신문사가 주최한 〈50년 후의 태평양〉이라는 주제의 현상논문대회에서 가작을 받은 인물이었다. 니시무라는 히로시마고등사범학교 식물과를 졸업하고 미국 콜롬비아대학에 유학하여 식물학을 공부했고, 1927년 4월에는 도쿄제국대학에서 이학박사의 학위를 받았다. 그는 1926년 논문 입선 당시에 이미 홋카이도제국대학의 교수로 있었으나, 이듬해 12월 교수를 사직하고 현상논문으로 인연을 맺은 오사카마이니치신문사에 입사하면서 논설위원, 학예부고문, 사업부장으로 활동했다. 니시무라는 1945년에 퇴직하기까지 오사카마이니치신문사의 사회사업단 상임이사 등으로도 근무했다. 그는 여러 저작을 남겼는데 전쟁 전까지만 해도 10권 이상의 책을 출판했다.

〈가쿠텐소쿠〉가 어떤 로봇인지는 니시무라 자신이 〈선데이 마이니치〉(오사카마이니치신문사) 11월 4일호에서 자세히 밝혔다. 11월 4일호에는 즉위식을 축하하는 특집호였다. 그 표지로는 궁중 아악 무대를 묘사한 우아한 그림이 사용되었고, 권두에는 〈봉축문〉이 실렸으며, 〈즉위 대전의 의의〉, 〈즉위에 관한 이야기〉 등의 글도 차례로 이어졌다. 그 가운데 차례에서 니시무라가 쓴 글의 〈인조인간〉이라는 제목은 사람들의 시선을 끌기에 충분했다. 〈선데이 마이니치〉의 크기는 현재보다 컸고, 니시무라의 글은 400자 원고지 15매 정도의 분량이었는데, 여섯 장의 사진과 함께 좌우 양면에 걸쳐 게재되었다.

니시무라가 로봇을 제작한 동기는 생명에 관한 생각에서 비롯된다. 오사카마이니치신문사의 사업부장으로서 박람회 준비를 위해 무언가 기여를 해야만 한 것은 당연했을 것이다. 그러나 그뿐만이 아니었다. 그는 자신의 집을 지을 때 이미 집터에서 자라고 있던 큰 나무를 배어내지 않고 집의 한 부분으로 삼았다. 그 나무는 마루 밑에서 뿌리를 뻗고, 줄기가 거실을 통과하

[그림 52] 〈가쿠텐소쿠〉의 머리 제작 중 일부
이 로봇의 제작자인 니시무라 마코토는 〈선데이 마이니치〉에서 이 사진을 이렇게 설명한다.
"지금 인조인간 머릿속에 눈, 귀, 코, 뺨, 이마, 입, 입술 등을 움직이게 하는 기구들을 연구하는 중입니다."

로봇 창세기

게 하여 지붕을 뚫고 나갔다. 자연을 대하는 니시무라의 태도에서 생명에 대한 그의 문제의식을 읽을 수 있다. 니시무라는 자신의 글에서 생명연구가 생명분석에서는 세포에 관한 것으로, 더욱이 세포 구성의 화학적 성분에 관한 연구로 진행됐다고 말하고, 다른 한편으로 모든 물질은 전자로 이루어졌다는 만물동근(萬物同根) 사상이 증명될 것이라고 밝히고 있다.

살아 있는 물질의 제작이 가능하다면, 한 발짝 더 나아가 생물을 만들어 내는 일도 불가능하지 않을 것이다 — 생각하기만 해도 놀라운 시대가 다가오고 있다.
필자는 눈을 감고 이런 것들을 하나하나 헤아리고 있을 때에 '인조인간'이 머릿속에 떠올랐다. 인조인간! 생각만으로도 혁명적인 기분이 가득 차오른다.

천명(天命)이 새로워지는 것이 혁명이라면, 혁명적인 '가쿠텐소쿠'는 새로운 시대를 구현하고 있는 것이다. 피와 살이 있는 인조인간에서 시작해서 기계 물질의 인조인간으로의 변화, 세계가 아무리 넓다 해도 한 사람의 의식적인 사고전환을 통해 로봇을 제작한 것은 니시무라 마코토밖에는 없었던 듯하다.

[그림 53] 〈가쿠텐소쿠〉의 받침대 제작
〈가쿠텐소쿠〉의 전체 크기가 꽤 컸다는 것을 추측할 수 있다. 오른쪽에 서 있는 인물이 니시무라인데, 로봇은 그의 키보다 훨씬 큰 구조물이다.

〈가쿠텐소쿠〉의 제작에 이르는 그의 발상 변화를 더듬어 가다보면, 이것 역시 여러 의미에서 1928년의 선물이라고밖에 생각할 수 없다.

나아가 니시무라는 그해부터 미요시 다케지와 친분을 맺게 되었는데, 어쩌면 그는 전쟁 억제를 위해 '인조인간'의 존재가 필요하다고 말한 미요시의 생각에 매력을 느꼈는지도 모른다.[10] 니시무라 자신도 당시의 인조인간이 '결과적으로는 기계인형이나 전기인형일 수밖에 없다.'는 것을 잘 알고 있었다. 하지만 그는 "그렇다고 하더라도 그 상상 속에서 기대 이상의 가치를 이끌어내는 것이 불가능하다고 단언할 수는 없다." 그리고 "초석을 놓는 사람이 없다면 어떤 일도 일어나지 않을 것"이라고 하면서 〈가쿠텐소쿠〉의 제작에 나섰다.

로봇을 만들었다고 해도, 니시무라는 생물학자였다. 그는 가능한 한 생물의 구성을 모방한 설계를 추진했다. 〈가쿠텐소쿠〉를 움직이는 동력은 전기이다. 따라서 당연히 모터를 사용했겠지만, 의외로 이것은 압축공기를 만들기 위해서였다. 즉 〈가쿠텐소쿠〉는 압축된 공기의 힘으로 작동하는 로봇이며 이것이 〈가쿠텐소쿠〉의 독특한 점이었다.

쇼와 초기 전 세계 로봇들 중에서 이런 생각으로 제작된 로봇은 없을 것이다. 팽창하는 공기의 압력이 얼굴 근육, 안구, 목, 몸, 팔, 손가락을 움직이게 하고, 호흡(숨 쉬는 모습)을 만든다. 니시무라는 퉁소를 불다가 이런 원리를 깨달았다고 한다. 손가락을 사용해서 다섯 개의 구멍을 이리저리 누르면 퉁소는 여러 가지 소리를 낸다. 이것이 그의 관심을 자극했는데, 압축된 공기

---

10 옮긴이 : 미요시 다케지(?~1954)는 1926년 오사카마이니치신문사가 주관한 〈50년 후의 태평양〉 현상논문 공모에서 1등을 한 인물이다. 당시 니시무라 마코토는 감투상을 받았다. 미요시는 탐험가로도 알려져 있는데, 1933년 여름 스프래틀리 제도(Spratly Islands, 南沙群島)를 정찰하고 돌아와 《세계 처녀지를 가다(世界の処女地を行く)》(신정사信正社, 1937)라는 책을 출간하기도 했다.

를 고무관에 흘려보내 보고 또 밸브를 이리저리 조절해보니 고무관의 움직임이 다양하게 변화했다.

그는 이 현상을 로봇의 복잡한 동작에 적용해보기로 했다. 니시무라는 고무관으로 인체의 혈관을 대신하고 그 속으로 공기를 보내는 압력조절 장치를 연구했다. 훗날 그는 이 장치야말로 '가쿠텐소쿠'의 성공 여부를 결정하는 갈림길이었다고 회상했다. 동작을 발생시키는 부분은 열 곳이 넘었고, 고무관도 같은 수만큼 배치했다. 이것을 제어하는 장치의 개발이야말로 〈가쿠텐소쿠〉의 성패를 좌우했다. 니시무라는 이 장치를 '조절장치'라고 불렀다. '조절장치'는 '수많은 돌기를 지닌 회전축'의 형태를 띠었으며, '이것이 회전하면서 필요한 시간만큼 고무관을 강하게 압박하여 그 속을 흐르는 압축공기를 완전히 차단하거나 신속히 통과시킬' 수 있었다. 그리고 이것이 살아 있는 생물의 동작처럼 부드러운 동작을 마음대로 구현할 수 있었다.

니시무라는 글뿐만 아니라 그림과 조작에도 천부적으로 다재다능한 인물이었다. 〈가쿠텐소쿠〉의 얼굴은 여러 인종의 좋은 특징들만을 종합한 형태로 제작되었다. 이는 '노예와 같은 인조인간만을 만들어 놓고서 기뻐하는 태도란 아무래도 세상의 걸작인 인간을 흉내 내어 만들고자 하는 태도로는 만족스럽지 못하다.'는 생각이 그 배경에 자리하고 있었다. 나아가 '인종차별을 극복해야 한다.'는 사상 또한 뒷받침되었다. 몸체의 기본 골격은 구리와 쇠로 구성되었고, 피부는 고무를 사용했다. 그 덕분에 니시무라가 계획했던 것처럼 풍부한 표정을 지닌 로봇이 탄생했다.

니시무라에게 로봇을 만드는 일은 '하늘의 법칙을 배운다(天則を學ぶ)'는 것과 같았다. '하늘의 법칙을 배운다'는 그 말 자체를 그대로 로봇 이름으로 사용했다. 니시무라는 자신의 글에서 그 이름을 가타카나로 "가쿠텐소쿠(ガクテンソク)"로 표기했다. 로봇 자체가 하늘의 뜻을 배워서 만들어진 결과물이

라면, 그 디자인 또한 갖가지 의미가 담겨 있게 마련이었다.

〈가쿠텐소쿠〉의 나뭇잎으로 된 관은 거대한 자연에 대한 예찬을, 가슴에 새겨진 코스모스 훈장은 우주를 가리킨다. 왼손에 쥔 '영감의 등불[영감등(靈感灯)]'을 이마 근처까지 들어 올려 50여 개의 육각추가 빛을 밝히면 이는 〈가쿠텐소쿠〉가 영감을 얻었음을 뜻한다. 효시(嚆矢)를 본 따 만든 펜은 사물의 시작을 표현한다.[11]

〈가쿠텐소쿠〉의 앞쪽 테이블의 전면에는 우주를 축소해놓은 여러 가지 사물들이 묘사되어 있다. 중앙에는 태양과 그 안에서 산다고 알려져 있는 삼족오, 암수의 기호, 화염과 흐르는 물[수류(水流)], 떡갈나무, 두꺼비, 뱀, 꿩, 지네가 배치되었다. 〈가쿠텐소쿠〉는 높이 8척(약 2.4m)으로 비교적 거대한 크기이다. 가쿠텐소쿠는 각종 상징물을 담은 기록물 대좌(臺座)에 앉혀져 더 거대한 전당 안에 자리했다. 전당의 꼭대기에는 6척(약 1.8m)의 봉황이 양 날개를 펼친 채 머리를 흔들며 시간을 알려준다. 전당 안의 뒤쪽 창문으로는 저녁 하늘의 구름과 황혼이 보인다. 봉황이 아침을 알리는 것이라면, 봉황과 창문 바깥의 황혼은 각각 삶과 죽음을 의미한다.

전당의 전면에는 "신은 인간을 만들고, 인간은 자신의 삶에서 신을 찾아낸다. 신을 찾지 않은 문명은 저주 받을 것이다." 라고 일본어와 영어로 따로 적힌 서양풍의 방패 2개가 서 있다. 한편 니시무라는 〈향토과학〉(도강서원, 1931) 6호에 〈향토애의 예술과 체코슬로바키아의 독립〉이라는 제목의 글을 게재하는 등 차페크에 관해서도 상당한 이해를 지녔던 것으로 보인다. 〈선데이 마이니치〉에 실린 그의 글에서도 두 번 정도 그 이름이 등장한다.

---

11 옮긴이 : 효시(嚆矢)라는 한자어는 우리말로 '우는 화살'을 뜻한다. 원래 그 말은 중국 고서 가운데 하나인 《장자》의 〈재유편(在宥篇)〉에서 전쟁의 시작을 알리는 신호로 '우는 화살'을 쏘았다는 데에서 유래한다. 그래서 효시는 어떤 사물이나 일의 시작 혹은 원류를 뜻하는 말로 사용된다.

則天學

[그림 54] 〈가쿠텐소쿠〉
1928년 제작된 〈가쿠텐소쿠〉(오른쪽 아래 사진)와 1931년에 제작된 것(오른쪽 위와 왼쪽 사진)
1931년 작품은 첫 번째 것과 별도로 제작된 것이 아니라, 3년이라는 기간 사이에 5회에 걸쳐 개선된 결과이다. 얼굴이나 코스모스 훈장의 위치가 바뀐 것이 한눈에 보인다. 니시무라는 1931년 작품에서 "새의 울음소리를 듣고 미소 짓도록 하거나 웃는 소리가 나도록" 고안 중이었다.

그렇다면 〈가쿠텐소쿠〉는 어떻게 움직이는 것일까? 건물 꼭대기의 봉황이 시간을 알리는 것으로 작동이 시작된다. 자줏빛 조명 아래에서 장중한 음악이 울리면, 다시 빨간색과 초록색의 조명이 황금빛 〈가쿠텐소쿠〉를 비춘다. 언젠가 출판사의 취재로 니시무라의 장남인 배우 니시무라 고(西村晃)가 〈가쿠텐소쿠〉의 표정을 그대로 연기하는 모습을 본 적이 있었다.

그의 말에 따르면, 처음에는 눈을 감은 채 명상을 하고 있다가 천천히 눈을 뜨고 입을 벌려 미소를 짓는다. 그런 뒤 표정이 완전히 바뀌어 뺨을 부풀려 화난 표정을 짓는다. 마지막으로 다시금 온화한 표정으로 돌아온다. 표정 변화에 따라 목을 좌우로 천천히 흔들고, 왼손에 잡은 '영감의 등불'을 올렸다 내린다. 등불이 켜지면 오른손에 들린 펜을 움직이기 시작한다. 눈도 반쯤 떴다가 다시 크게 뜰 수 있었는데, 펜을 움직일 때는 반쯤 감아 자비로운 표정을 지었다. 물론 코와 귀도 움직였다. 그 상세한 부분까지 정확히 알 수는 없지만, 니시무라의 주장처럼 표정변화야말로 "서양에서 만들어진 인조인간들과 비교했을 때 우리의 가쿠텐소쿠만이 갖고 있던" 특징이었다. 관객들조차 가쿠텐소쿠에 감동해서 "모자를 벗어 예를 갖추는 사람까지 있을" 정도였다.

〈즉위식 기념 교토대박람회〉는 교토 시내의 세 곳에서 개최되었다. 오사카마이니치신문사는 대회 장소 서쪽의 센본마루타마치(千本丸太町)에 세워진 산코관(參考館)이 전시장의 1/3분 정도를 차지했다. 그리고 이곳에 〈가쿠텐소쿠〉 외에도 신문 제작과정에 관한 모형을 전시했다. 오사카마이니치신문사는 이 박람회에 기대 이상으로 공을 들였는데, 개최 당일에 5만 장이나 되는 축하전단을 비행기로 하늘에서 뿌릴 정도였다. 9월 21일에는 구니노야마 구니요시(1873~1929) 왕자비가 관람하면서 "인조인간을 흥미 깊게 보았다"(〈오사카마이니치신문〉, 9월 22일)고 말했다. 일단은 대성공이었다.

물론 이렇게 저렇게 해도 결국 이 로봇은 인간의 동작을 따라하는 존재일 뿐이라는 의견이 있을 법하다. 하지만 니시무라가 평범한 사람이 아니라는 사실은 로봇에 관한 그의 사고방식 때문이다(〈과학지식〉, 1931년 6월호).

당시 니시무라는 로봇의 미래를 전망하면서 두 가지 계보의 인조인간을 분석했다. 실용적 인조인간과 예술적 인조인간이 그것이다. 실용적 인조인간은 강물의 수위를 관측하거나, 접수를 받거나, 전화를 중개하는 등의 일을 하는 로봇을 말한다. 이것은 "고용주에게는 하늘의 축복인 반면 노동자들에게는 틀림없이 악마 같은 힘의 분출, 즉 끔찍한 일"이다. 로봇으로 인해 인간의 일자리가 사라진다면 "로봇의 등장은 흥미로인 일이 아니라 공포"가 되고 말 것이다.

이에 비해 후자는 "여러 가지 표정을 표현할 수 있으며, 따라서 자태와 동작의 아름다움을 보여줄 수 있는" 로봇이다. 〈가쿠텐소쿠〉는 당연히 예술적 인조인간의 경우에 해당한다. 이는 어른이 시시한 물건이나 만들었다는 비난을 가볍게 일축한다. 그러니 후자야말로 기분 좋은 응수가 아닐 수 없다. 물론 예술작품 자체가 무엇인지 알 수 없다는 평가가 있을 수 있다. 데카르트가 거의 불가능하다고 단정했던 기계도 만일 예술이 된다면 상황은 다를 것이다. 〈가쿠텐소쿠〉는 분명 예술작품이다. 니시무라는 "인조인간은 과학과 예술의 만남으로 만들어지지 않으면 안 된다."고 소리 높여 강조했다.

그런 다음 〈가쿠텐소쿠〉는 〈히로시마쇼와산업박람회〉(1929년 3월 20일 ~ 5월 13일), 조선총독부 주최의 〈조선박람회〉(1929년 9월 12일 ~ 10월 31일) 등에 출품되었으며, 관객들의 감탄을 자아냈다. 그런데 어찌된 일인지 도쿄에서의 전시는 1931년이 되어서야 이루어졌고, 〈선데이 마이니치〉를 제외하고는 신문이나 잡지들이 거의 아무런 반응을 보이지 않았다. 오사카마이니치신문사와 친분이 있는 〈도쿄일일신문〉마저도 그 로봇을 기사로 다룬 적이 없었다. 그 이유는 어쩌면 〈가쿠텐소쿠〉가 오사카마이니치신문사가 행사용으로 제작해놓은 일종의 소유물이었기 때문일 가능성이 크고, 또한 그 신문사가 그 로봇을 서일본 중심으로 옮겨 놓았기 때문일 수도 있다.

그러한 이유로 관동지역에는 〈가쿠텐소쿠〉에 관한 소식이 충분히 전해지지 않았다. 〈선데이 마이니치〉의 기사는 일부가 수정되어 니시무라의 책《대지의 정신》(도강서원, 1930)에 실렸다. 그 덕분에 동일본의 일부 시민들이 비로소 그 존재를 알았을 것이다. 그 책의 커버에는 니시무라가 손수 그린 〈가쿠텐소쿠〉의 기록물 대좌 정면이 인쇄되어 있다.[12] 하드커버로 된 표지 앞쪽에는 직선의 무늬들과 함께 〈가쿠텐소쿠〉의 머리 사진 인쇄본이 직접 붙어 있고, 뒤에는 방패가 영문과 함께 무늬가 찍혀 있다. 〈가쿠텐소쿠〉를 향한 니시무라의 열정이 오늘날에도 전해지는 듯하다.

6

1928년 9월, 정확히는 9월 15일. 런던의 왕립 원예홀(Royal Horticultural Hall)에서의 일이다. 이날 모델엔지니어협회가 매년 주최하는 기계전시회에 로봇 한 대가 등장했다. 이 로봇이 연단에 올라 개회인사를 하자 객석은 놀라움에 휩싸였다. 그 로봇은 수준 높은 전형적인 영국 신사의 발음으로 이렇게 말을 꺼냈다.

신사숙녀 여러분. 여러분들 앞에서 말하는 것에 익숙하지 않지만, 대단히 명예롭게 여깁니다.

그 로봇의 이름은 '에릭(Eric)'이었다. 윌리엄 리처즈(Captain William H. Richards)라는 인물이 설계와 제작을 맡았고, 서리(Surrey)사의 모터 기술자인

12　옮긴이 : 니시무라가 1930년에 출간한 《대지의 정신》이라는 책은 하드커버 말고도 그 책을 보호하는 외부 커버가 있는데 거기에는 〈가쿠텐소쿠〉의 기록물 대좌 정면 그림이 아니라 붉은색 바탕에 흰색 붓으로 창자 형상이 묘사되어 있다.

앨런 레펠(Alan Reffell)이 협력했다. 〈에릭〉은 로봇답게 몸체가 알루미늄으로 되어 있고, 그 모습은 갑옷을 입고 있는 서양 중세시대의 기사를 떠올리게 한다. 아니 입고 있다기보다는 오히려 그 로봇에게는 반짝이는 은색 피부가 있는 듯 보인다.

〈에릭〉은 키가 약 1.8미터(6피트)에 무게 약 63킬로그램(140파운드)으로 머리에는 왕관을 쓴 것처럼 보이지만 때로는 금속투구의 바이저(보호대)를 위로 들어 올린 것처럼 보이기도 한다. 이것이 금속투구처럼 보일 경우 머리 양옆과 이마 중앙에 고정시켜 움직이지 않는 모습이다.

머리 꼭대기는 완만한 구형으로 되어 있다. 두 눈은 마스크를 쓴 듯하고, 그것은 코에서 멈춰 있다. 눈은 화살표처럼 양쪽 귀를 향한 형태로 되어 있고, 눈 안쪽에서 눈동자로 보이는 전구가 틈 사이로 드러나 있다. 코 밑으로는 보호대처럼 보이는 금속 띠 같은 것이 귀 근처에서 고정되어 있다. 가로로 긴 입은 좌우 입가가 찢어진 형태이다. 양쪽 볼은 입보다 약간 솟아 있다. 뒷머리 부분은 둥글다. 이렇게 생긴 머리를 목이 지지하여 몸통 내부로 이어진다. 목 부분은 완전히 고정된 것이 아니라 몸통에 뚫린 구멍에 꽂혀 있는 형태이다. 그리고 그 원형 구멍 주위에는 톱니바퀴 모양의 목걸이가 장식되어 있다. 몸통은 꽤나 긴데 허리 부근에서 조여져 가죽 벨트를 두른 모습이다. 벨트는 제법 섬세하게 처리된 것으로 생각된다. 벨트가 없었더라면, 로봇이 멍청하게 보일 위험이 있었기 때문일 것이다. 시선을 끄는 것은 가슴 부위의 금속판 위에 새겨진 'R·U·R'이라는 글자이다. 이로 볼 때, 리처즈도 1923년 런던에서 상연된 차페크의 연극을 보고 놀랐던 관객들 중 하나였던 것은 아닐까?

〈에릭〉의 팔은 어깨에서 이어져 바깥으로 약간 내밀어진 듯 뻗어가고 팔꿈치는 띠를 두르고 있다. 손에는 갑옷처럼 장갑이 끼워져 있고, 손가락도

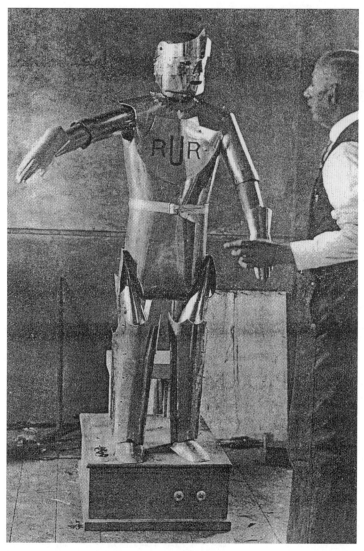

[그림 55] 〈에릭〉

아무리 봐도 로봇과 대화를 나누고 있는 듯한 이 인물이 리처즈다. 예비지식이 없이 갑자기 이 사진을 보
게 된 당시의 사람들은 얼마나 놀랐을까. 〈에릭〉은 초기에 로봇다운 로봇의 대표적인 모습으로, 전형적
이라고도 할 수 있다. 〈에릭〉의 사진은 많이 유포되었지만, 사실 종류가 그다지 많지 않다. 그중에서도
몇 개는 이 사진과 같은 장소에서, 아마도 동시에 촬영되었을 것이다. 이곳은 리처즈의 제작공방 같은 곳
일 것이다. 그 사진들 중에는 〈에릭〉의 뒷모습을 촬영한 것이 없어서 아쉽다.

로봇 창세기

제대로 모양을 갖추고 있다. 양쪽 다리의 윗부분은 몸통 아래쪽에 고정되어 있다. 무릎부터 그 아래쪽으로는 장화를 신고 있는 것처럼 보인다. 〈에릭〉은 대개 30cm 정도 높이의 받침대 위에 놓인 의자에 앉아 있다.

〈에릭〉의 구조는, 실제로 현장에서 일하는 〈텔레복스〉보다 훨씬 간단해 보인다. 무엇보다도 확성기와 무선장치로 된 발성장치는 입 쪽이 아닌 가슴 내부에 장착되었다. 그런 이유로 가슴 부위의 금속판은 몸통에서 조금 떠 있는 상태로 부착되었을 것이다. 무선으로 보낸 음성을 이 장치가 수신하여 로봇의 목소리로 사용했다. 로봇의 동작 메커니즘은 다음과 같았다.

아래쪽 받침대 안에 설치된 모터가 케이블을 움직이면 무릎 안에 있는 도르래가 움직여 고정 레버를 위로 올린다. 그러면 레버 앞에 붙어 있던 추가 장화 속 아래로 내려가고 그 결과 〈에릭〉이 일어서게 된다. 팔의 경우 엉덩이 아래쪽에 있는, 인간으로 말하자면 꼬리뼈 쪽에 있는 모터가 작동해서 몸통 속에 장착된 고정 레버를 움직이고, 이것이 다시 어깨 속에 장착된 도르래를 통해 케이블을 당긴다. 그 결과 로봇은 팔을 들어 올릴 수 있게 된다. 동일한 방법으로 목을 좌우로 흔들 수도 있었다. 아래쪽 받침대 안에는 이 모든 동작들이 가능하도록 동력을 제공하는 12볼트의 축전지가 들어 있었다.

이를 종합해볼 때 로봇 〈에릭〉은 의자에서 일어나 좌우를 돌아보고, 손을 어깨까지 올리고, 또한 눈을 반짝이면서 말할 수 있었다. 1932년에 뒤늦게 〈에릭〉을 소개한 일본 잡지 〈문학시대〉(신조사, 2월호)의 기사에는 그 로봇이 말을 할 때마다 입에서 불꽃이 뿜어져 나왔다는 내용이 기록되어 있다. 어쩌면 충분히 그러한 장치도 설치되었을 수 있다.

1928년 〈파퓰러 사이언스 먼슬리(Popular Science Monthly)〉 12월호에 따르면, 리처즈는 〈에릭〉을 매우 짧은 기간 만에 만들었다고 한다. 당시 〈기계전시회〉에서는 항상 학회의 위원장인 저명한 과학자가 개회사하는 것이 관례

였지만 우연히 그가 개회 며칠 전에 참석하지 못하게 되자, 그를 대신하기 위해 부랴부랴 〈에릭〉이 제작되었던 것처럼 보이기도 한다.

다른 한편 리처즈는 이전부터 이미 〈에릭〉의 설계도를 머릿속에서 완성해 놓은 상태였고, 단지 오랫동안 공개하지 않았을 뿐이었다는 생각도 든다. 그리고 이는 어쩌면 《R·U·R》의 공연을 보았거나 〈텔레복스〉에 관한 기사를 읽었던 것 때문이 아닐까?

예상을 뛰어넘는 〈에릭〉의 성공 덕분에 리처즈는 그 뒤에도 여러 로봇을 만든다. 〈에릭〉은 이듬해 1월 뉴욕으로 옮겨져 공개되었다. 〈뉴욕타임즈〉는 이를 1면 기사로 보도했고 〈런던타임즈〉 또한 짧게나마 이 사실을 전했다.

그렇다면 〈에릭〉은 일본에서 언제쯤 기사화되었을까? 미국에서는 시기상 약간의 차이는 있지만 〈파퓰러 사이언스 먼슬리〉와 〈파퓰러 메카닉스 매거진〉 모두 12월호에서 〈에릭〉에 관한 기사를 실었다. 일본에서도 〈과학화보〉와 〈과학잡지〉가 그해 12월호에 기사로 다루었다. 그보다 두 달 앞서 〈아사히 그래프〉(10월 7일)는 사진 중심으로 〈에릭〉을 소개했다. 이러한 사실들로 미루어 볼 때 이 잡지들이 해외의 잡지 내용을 그냥 가져다 쓴 것은 아닌 듯

[그림 56] 〈에릭〉 왕립 원예홀에서 연설
정확히 말해 마치 연설하는 듯 행동하는 〈에릭〉이라고 해야 할는지 모르겠다. 로봇에는 늘 과장된 말들이 붙어 다닌다. 예를 들어 남성 두 명이 〈에릭〉을 연단에 옮겼다고 쓴 것을 본 독자들은 과연 어떻게 받아들일까? 심지어 나중에는 "대단한 발소리를 울리며, 그가 연단에 나타났다"라고 쓴 잡지도 있었다.

로봇 창세기

하다. 물론 〈로이터통신〉과 같은 통신사가 배포한 것일 수도 있다.

〈아사히 그래프〉에는 〈영국에 나타난 인조인간〉이라는 제목의 짧은 글이 사진과 함께 붙어 있다. 그 글은 "차페크가 인조인간을 주제로 한 《R·U·R》이라는 희곡을 발표하여, 당시 서양 각지에서 상연되고 상당한 센세이션을 일으켰다. 그런데 이 희곡에서 유래한 것인지 모르겠지만, 그 뒤로 서양 과학자들 사이에는 인조인간을 구현하려는 연구가 왕성하게 진행되었다."고 말하면서, 이번에 영국에서 그중 하나가 제작되었다고 전했다.

〈과학화보〉는 사진들을 중심으로 과학 분야의 뉴스를 소개하는 '최신 과학 그래프' 코너에 〈에릭〉에 관한 기사를 실었다. 앞서 언급했던 〈떠다니는 악마의 섬〉 최종회도 바로 이 〈과학화보〉 12월호에 게재되었다. 150자 남짓의 짧은 글과 함께 실린 커다란 사진은 분명 정보 부족에 시달렸던 독자들의 상상력을 불러일으켰을 것이다. "일어나고, 손을 흔들고, 머리를 숙이고, 허리를 굽혀서 인사를 하고, 말을 하는" 이 로봇의 비밀을 알 수 없는 독자들은 런던 사람들과 마찬가지였거나 아니 그 이상의 충격을 받았을 것이다.

[그림 57] 〈에릭〉 머리 부분의 확대 이미지(오른쪽)와 제작 모습을 보여주는 사진(왼쪽). 〈에릭〉은 눈의 형태가 특징적이다. 왼쪽 사진에 보이는 인물이 공동 제작자인 레펠이다. 하지만 당시 잡지들 중에는 그를 리처즈로 잘못 표기한 것들도 있었다.

그 글에는 "도킹(Dorking) 근처의 곰솔(Gomshall)이라는 곳에서 영국 최초로 정교한 인조인간이 만들어졌다."는 해외 잡지들에도 없는 특별한 내용이 포함되기도 했다. 도킹은 런던에서 남남서쪽으로 약 30km 정도 떨어져 있는 도시이다. 윌리엄 리처즈가 바로 그 근교에 살았다. 도킹이 서리(Surrey)주에 있는 도시이고, 서리사의 기술자였던 앨런 레펠도 도킹 근처의 도시인 곰솔에 연고가 있었다는 사실로 미루어보면,[13] 〈에릭〉은 분명히 그곳에서 제작되었을 것이다. 더욱이 기사 내용에는 "6개월간 고심했지만 미완성이었다."는 내용이 포함되어 있어, 단기간은 아니었던 것으로 보인다.

〈과학잡지〉는 한 면 전체에 사진 두 장을 넣어 보도했다. 그 제목은 〈인조인간의 연설〉로 되어 있다. "인조인간 로봇맨이 나타나 관객의 놀라움을 자아내고 있다."고 하며, "몸동작이나 손동작도 정교하여 당당하게 연설했다."고 전했다.

1928년 12월 18일에 발매된 〈과학지식〉(1929년 1월호)은 발 빠르게 한 면 전체에 〈기계인간 로봇의 구조〉라는 제목으로 〈에릭〉의 구조를 보여주는 이미지를 게재했다. 그리고 본문에도 '런던 시민을 놀라게 한 기계인형'이라는 소제목을 붙여 다른 한 면에 내용을 소개했다.

앞쪽 면에 실린 구조도 그림은 영국의 주간지 〈더 일러스트레이티드 런던 뉴스(The Illustrated London News)〉(9월 15일호)의 전속화가였던 조지 H. 데이비스(George H. Davis)가 그린 구조도 이미지를 그대로 빌려다가 그 위에 일본어로 각 부분의 명칭을 옮겨 적어 놓은 것이었다. 그 수준이 어떻든지 일본에서 로봇 설계도다운 것을 보게 된 것은 이것이 처음이었다.

---

13 옮긴이 : 앨런 레펠은 윌리엄 리처즈처럼 서리주에 속한 곰솔에서 살았다. 그의 집안 사람들은 원래 작은 술 공장을 여럿 운영했으나 모두 문을 닫았다. 1927년에는 곰솔에서 전동 모터 공장을 열었다.

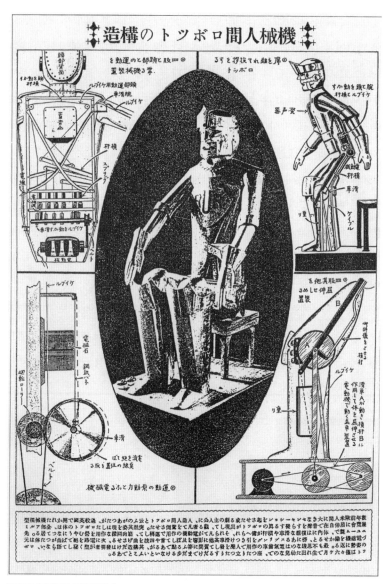

[그림 58] 〈기계인간 로봇의 구조〉

이처럼 이른 시기에 이미 〈에릭〉의 구조가 밝혀졌지만, 기계인간이 자율적인 의지를 가지고 있다는 식의 정보 가 사람들에게 흘러 다녔다. 수용자 측에서도 그 내용을 제법 진지하게 받아들였다. 〈에릭〉의 구조는 자율적 의지를 가질 만큼 복잡하고도 정밀하지 않았고, 오히려 간결했는데도 말이다.

기계의 작동 원리를 조금이라도 이해하는 사람이라면 쉽게 이해할 수 있는 그림이다. 이 그림을 본 사람들은 아마 〈에릭〉이 그다지 복잡한 구조는 아니라고 생각하게 될 것이다. 그런데도 다른 한편으로는 로봇을 가리켜 대단한 시대가 되었다고 부추기는 사람들도 있었다. 1920년대 중반에는 그렇게 정보가 유통되던 시대였다. 이 구조도는 이듬해인 1929년 〈소년세계〉(박문관, 5월호)에도 설명을 생략한 채로 게재되었다.

〈에릭〉을 보여주는 대표적인 사진들은 어느 잡지에나 실렸던 오른쪽에서 비스듬하게 촬영한 것이 그 하나였고, 〈과학잡지〉에 실렸던 것처럼 사람들 앞에서 '연설'하고 있는 광경의 사진이 다른 하나였다. 뒤의 것은 아마도 공개 당일의 사진으로 보이는데 비슷한 시기의 〈파퓰러 사이언스 먼슬리〉 12월호에 실린 것과 동일한 것이었다.

몇 종류의 〈에릭〉 사진은 아무리 봐도 로봇다운 로봇으로 보인다. 그래서인지 그 뒤의 신문이나 서적에 수없이 사용됐는지도 모른다. 2차 세계대전이 끝나고 10년이 지나 발행된 백과사전에도 게재될 정도였다. 물론 이것은 〈텔레복스〉도 마찬가지였다.

7

〈에릭〉을 보도한 〈파퓰러 사이언스 먼슬리〉(12월호)의 기사는 당시의 로봇을 알려주는 귀중한 사료이기도 하다. 이는 〈에릭〉에 관한 내용을 포함해서 로버트. E. 마틴(Robert E. Martin)이 1928년 11월까지 영국과 미국에서 제작된 로봇이나 '로봇 같은 것'을 한데 모아 해설한 내용도 기술하고 있기 때문이다. 그 내용 중에서 지금까지 다룬 로봇들 이외의 것들을 살펴보자.

우선 로버츠(Alban J. Roberts)가 제작한 〈바비〉라는 로봇이 있었다.[14] 이것은 〈도쿄아사히신문〉(1928년 10월 13일자)의 〈해외다화(海外茶話) - 진기한 최신 뉴스〉란에서도 기사화되었다. 그 보도에 따르면 〈바비〉는 로봇 〈에릭〉이 공개되기 며칠 전에 이미 런던 서쪽의 웨스트엔드(West End of London)를 "걸어 다녔다"고 되어 있다. 이는 아마도 9월 12일 경일 것이다. 물론 〈에릭〉이 공개되기 "그 전날"이라고 쓴 잡지 기사도 있다. 사진에서 로봇 〈바비〉는 아랍풍의 의상을 입고 있는데 발밑까지 이어져 있기 때문에 제대로 보이지는 않지만, "걸어 다녔다."는 기록으로 미루어 볼 때 축전기와 모터를 내장하고, 바퀴로 이동하는 형태의 로봇이었을 것이다.

제작자가 로봇의 옆을 따라다니는 것을 보면, 아마도 직진은 가능했지만 방향을 바꾸거나 턱이 있는 곳에서는 그의 도움을 받아야 했던 것인 듯하다. 당시 〈텔레복스〉나 〈에릭〉, 그리고 〈가쿠텐소쿠〉도 '걷지' 못했다. 이에 비해 〈바비〉가 '걸었다'는 점은 다른 로봇들에게서 볼 수 있는 새로운 시도였다.

하지만 〈바비〉 이후 개량된 버전의 로봇이 등장하지 않았던 때문이었는지 아니면 그 로봇이 단지 개인의 취미로 머물렀던 것 때문이었는지 모르겠지만, 이 이

[그림 59] 〈바비〉
〈바비〉의 사진은 〈도쿄아사히신문〉에 게재된 것 이외에는 찾을 수 없다. 〈에릭〉에 비한다면 〈바비〉의 사진은 너무나 적다고 할 수 있다. 당시의 한 잡지는 이에 대해 다음과 같이 기술하고 있다. "이런 소동이 벌어진 뒤에 런던 사람들은 거리를 걷는 보행자들의 얼굴을 곁눈질로 살펴보게 되었다."

---

14   옮긴이 : 앨번 J. 로버츠는 뉴질랜드 출신의 엔지니어로 오스트레일리아와 영국에서 활동하면서 몇 가지 형태의 로봇들을 제작했다. 저자 이노우에 하루키가 〈바비〉라고 칭한 로봇 말고도 이미 〈카이저(Kaiser)〉(1920)라는 이름의 로봇 제작으로 알려져 있었다.

후 신문이나 잡지에 등장하는 일은 없었다. 같은 해 12월 중순에 발행된 〈현대〉(1929년 1월호)에 게재된 후루사와 교이치로(古澤恭一郎)의 글 〈오늘의 발명과 내일의 발명〉도 〈바비〉에 관해 다루었다. 하지만 〈무선과 실험〉의 발행인이기도 했던 후루사와의 이 글은 앞서 보도된 기사의 내용과 다를 바 없었다.

다른 한편 미 육군의 대공포로 알려진 '로봇'이 있었다. 1928년 미국 육군은 메릴랜드주 애버딘 실험장에 약 1만여 명에 가까운 관중 앞에서 모의전투를 시연했다. 이 대공포도 그곳에서 소개된 첨단 무기들 중 하나였다. 이 로봇은 침공한 항공기의 소음을 감지한 다음 사정거리 안으로 들어오면 기동하여 포격을 시작한다. 〈텔레복스〉가 등장한 이후 새로이 개발된 자동 기계나 장치에 '로봇'이라는 이름을 붙이는 것이 하나의 유행이 되었다.

그 밖에도 뉴욕 에디슨사가 개발한 〈무인자동배전소〉나 MIT대학의 버니바 부시(Vannevar Bush, 1930~1974)가 개발한 자동계산기 〈프로덕트 인터그래프(Product Intergraph)〉 등을 로봇으로 손꼽을 수 있다.[15] 마틴은 특히 〈프로덕트 인터그래프〉를 "현존하는 것들 중에서 가장 유익한 로봇"이라고 지적했다. 부시는 1930년에 미분방정식을 풀 수 있는 최초의 아날로그 계산기 〈미분해석기(Differential Analyser)〉도 완성했다. 〈과학지식〉은 〈텔레복스〉를 소개했던 같은 해 3월호에서 이 '놀라운 계산기'를 그림과 함께 주요 기사로 다뤘다. 그러나 당시 일본에서는 아직 이것을 로봇이라고 부르지는 못했다.

---

15 옮긴이 : 버니바 부시는 MIT교수를 지냈던 공학자이다. 현대 컴퓨터 개발의 초기 역사에서 한 획을 그은 〈미분해석기〉의 성공은 부시에게 상당한 연구비와 명성을 안겨주었다. 그 덕분에 그는 미국 국가방위연구위원회(NDRC)의 의장(1939)과 과학연구개발부서(O.S.R.D.)의 부장(1941)을 맡아 제2차 세계대전 당시 미국의 주요 과학정책에 영향을 미쳤을 뿐만 아니라 원자폭탄 개발을 위한 〈맨해튼계획(Manhattan Project)〉에서도 핵심적인 역할을 했다. 하지만 그의 공헌은 다른 영역에서 빛을 발했다. 부시는 〈우리가 생각하는 대로(As we may think)〉(The Atlantic, 1945)라는 유명한 논문을 발표했는데, 그 글에는 미래의 인간과 기계 사이의 기술적 관계를 분명하게 보여주는 메멕스(Memex, Memory Extender)라는 가상의 기계를 소개했다. 그의 글은 클로드 섀넌, 더글러스 엥겔바트, J.C.R. 리클라이더, 이반 서덜랜드 등과 같은 인물들로 하여금 오늘날 우리가 사용하는 대부분의 디지털 정보기술과 컴퓨터 인터페이스에 관한 연구를 촉발시켰다.

1928년은 정말로 로봇의 해였다고 해도 과언이 아니다. 〈파퓰러 사이언스 먼슬리〉 이외의 수많은 잡지들도 로봇을 다루었다.

앞서 〈텔레복스〉가 지속적으로 개량된 것을 언급했다. 그런데 〈텔레복스〉의 공동개발자로 언급되었던 듀이 M. 래드클리프는 이 〈텔레복스〉를 더욱 효과적으로 개량해서 완전히 다른 로봇을 제작했다. 물론 그의 로봇은 시험용이었을 것으로 추측된다. 일정한 높이의 소리에 반응하여 발성장치가 "말을 하는" 로봇이 있다면, 이는 야간에 보초를 서는 병사에게는 효과적으로 사용될 것이다.

래드클리프는 약간 큰 인체모형의 기계장치를 설계했다. 그리고 그것의 몸통 전체를 검게 칠하고, 그 위에는 흰색 페인트로 골격을 그렸다. 이렇게 된 로봇은 보기만 해도 도망가고 싶은 물건이 되었다. 이 로봇에 관한 정보는 〈어린이의 과학〉 10월호 실린 사진과 기사가 전부였다. 다른 잡지들에서는 발견되지 않는다.

[그림 60] 〈프로덕트 인터그래프〉
왼쪽에 있는 인물이 부시 박사이다. 이 기계는 고난도의 문제를 "단 8분이면 완벽하게 답한다."

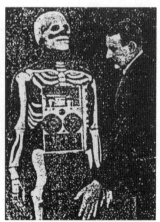

[그림 61] 래드클리프가 제작한 〈인조인간〉
외피를 바꿨을 뿐으로 사실은 〈텔레복스〉와 유사했다.

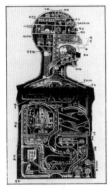

[그림 62] 〈인체공장〉
양면으로 게재된 〈인체가 공장처럼 묘사된다면〉. 인간기계론의 부활처럼 보이는 이 이미지는 기계의 경이로운 발달과 기계만능주의라는 배경이 없었다면 탄생하지 못했을 것이다. 하지만 여기서는 인간을 기계가 아니라 공장이라고 표현하고 있다.

한 가지 로봇을 더 언급하겠다. 그것은 1928년이 저물어가는 12월 29일 영국 〈타임즈(The Times)〉지에 게재된 〈메탈 로봇〉이다.

그 기사에 따르면 〈메탈 로봇〉은 런던 웨스트민스터 지역의 신원예홀(New Horticultural Hall)에서 열린 〈학생전람회(Schoolboy's Exhibition)〉에 출품되었다. 그것은 제법 로봇다운 모습이었다. 키는 1.5m가 안 되는 것 같아 보인다. 가로로 긴 직사각형의 눈과 입이 뚫려 있다. 로봇의 몸통 왼쪽 옆으로 경첩이 있어서 전면 뚜껑을 열어볼 수 있다. 아마 머리도 같은 방식으로 열어볼 수 있었을 것이다.

원래 이 로봇은 사람 몸의 여러 기관들이 어떻게 운동하는지를 설명하기 위해 제작되었다. 기계의 형상을 하고 있어서 해부학적으로 정확하지는 않았지만, 청소년들에게 인체의 원리를 가르칠 수 있었다. 전기 스위치를 켜면 몸통 하부에 있는 보일러가 가열되면서 터빈이 회전한다. 그 회전 운동은 벨트로 연결된 심장에 전해져서 박동이 시작된다. 또한 폐는 실제 호흡을 하는 듯이 움직인다.

그해 여름 조지 H. 데이비스는 〈메탈 로봇〉의 구성도를 그렸고, 이것은 1928년 12월 22일 〈더 일러스트레이티드 런던 뉴스(The Illustrated London News)〉에도 게재되었다.[16] 그리고 동일한 이미지가 이듬해 3월 〈과학화보〉에 머릿그림으로 쓰였다.

16　옮긴이 : 신원예홀(New Horticultural Hall)은 로봇 〈에릭〉이 발표되었던 런던 왕립 원예홀의 신관이었다. 〈더 일러스트레이티드 런던 뉴스〉(1928년 12월 22일) 기사 원문에는 이 〈메탈 로봇〉이라는 명칭이 고유명사가 아니라 그저 '금속 로봇(a metal Robot)'으로 되어 있다. 이 잡지에는 증기기관으로 된 금속 로봇에 관한 독특한 전시가 있을 것이라고만 보도하고 있다.

[그림 63] 〈메탈 로봇〉

때에 따라서는, 과학의 정수만을 모아 제작한 종합예술의 결정체라고 할 만한 최첨단 로봇보다도 손으로 만든
이 로봇이 더욱 친근하게 느껴지는 것이 왜일까? 당시만 하더라도 아직 공장에서 대량생산되지 않았다는 점에서
로봇은 일반 제품과 달랐다.

1928년 여름에는 음식 박람회가 베를린에서 개최되었는데 그곳에서 인체를 기계공장으로 표현한 〈인체공장〉이라는 제목의 전시가 호평을 받기도 했다. 〈메탈 로봇〉의 이러한 발상도 그 당시부터 자극을 받았을 것으로 보인다. 하지만 사람의 몸을 설명하기 위해 금속으로 된 기계로봇을 활용한다는 것 역시 당시였기에 가능했을 것이다. 〈인체공장〉의 이미지는 〈파퓰러 메카닉스(Popular Mechanics)〉(1928년 10월)과 〈어린이의 과학〉(1928년 10월)에 동시 게재되어 지면을 장식했다. 그 뒤 이 그림의 이미지는 다른 과학 잡지에 몇 차렌가 더 사용되었다.

로버트 E. 마틴은 "로봇시대는 이미 바로 턱밑까지 와 있다. 적어도 로봇의 진보는 인간에게 커다란 이익을 안겨줄 것이다."라고 말하면서 다음과 같이 에디슨사에 소속된 어떤 상급관리자의 말을 인용했다.

'로봇' 덕분에 인류는 수많은 힘든 일들만이 아니라 수천 가지의 불쾌한 작업에서도 벗어날 것이다. 이러한 일들로부터 해방된 사람들은 조직화되고 있는 사회에서 굳이 실업을 두려워 할 필요가 없으며, 오히려 자신이 가진 재능이나 지적 능력을 개발할 수 있는 좋은 기회를 얻게 될 것이다.

그런 뒤에 마틴은 다음과 같이 결론짓는다.

'로봇에 의해' 인간은 삶의 여유라는 선물을 받게 되고, 지금보다 세련되고 충만한 인생을 실현하기 위해 해방된 에너지를 사용할 수 있을 것이다.

이것은 앞서 해리 도민이 그렸던 어떤 이상향에 가까운 내용이다. 마틴도 분명히 《R·U·R》공연을 본 관객들 중 하나였을 것이다.

로봇 창세기

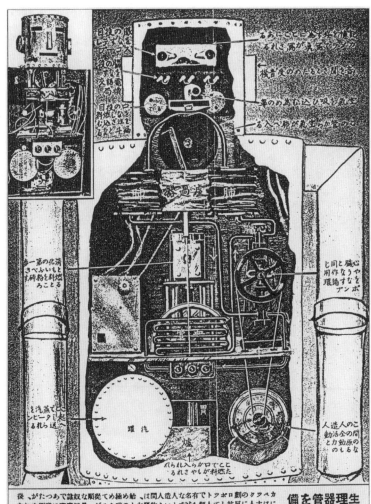

[그림 64] 〈생리기관을 갖춘 로봇〉의 삽화 이미지

이 도판은 나중에 언급할 영국의 〈더 원더 북 오브 인벤션즈(The wonder book of inventions)〉(1930)에도 실렸다. 당시 영국에서는 연속적으로 로봇의 탄생이 이루어지고 있었다. 〈에릭〉이나 〈바비〉, 그리고 〈메탈 로봇〉 말고도 틀림없이 또 다른 로봇들이 제작되었을 것이다.

로봇뿐만 아니라 거의 모든 기계가 인류를 편안하고 풍요롭도록 해주기 위해 만들어졌을 것이다. 그런데 어딘가에서 톱니바퀴가 어긋나버렸다. 머지않아 전 세계는 대공황의 해를 맞게 되었다.

1928년이라는 해에는 특별하게 언급하지 않으면 안 될 일이 아직 하나 더 남아 있다. 교토에서 〈가쿠텐소쿠〉가 관객들을 사로잡았던 11월 3일(메이지 일왕의 탄생 기념일), 오늘날 오사카의 도요나카시(豊中市)로 불리는 곳에서 오사무(治)라는 인물이 태어났다. 그는 데즈카 오사무(手塚治虫, 본명 오사무 治, 1928~1989)였으며, 쇼와 초기인 1930년을 전후로 이러한 로봇들 한가운데에서 어린 시절을 보냈다.

이제는
한낮이다

1929년

눈부시게 빛나는 인류의 엘도라도!

1

1929년을 〈에릭〉으로 시작해야 할 것 같다.

적어도 유럽과 미국에서는 1928년까지도 영화 〈메트로폴리스〉가 흥행하고 있었다. 그리고 실제 설치된 〈텔레복스〉가 신문 지면을 떠들썩하게 만들고 있었고, 〈에릭〉이나 〈바비〉도 사람들에게 놀라움을 안겨주었다. 이제 서양에서는 새로운 말인 '로봇'을 어떻게 발음해야 할는지 서로 고민하는 상황이었다. 일련의 변화는 《R·U·R》의 공연으로 야기되었다. 이미 앞에서 언급했던 것처럼 이 작품은 뉴욕에서 180회 이상 공연된 것은 물론, 질적인 측면에서도 사회에 커다란 충격을 안겨주었다.

오늘날 'SF의 아버지'라고 일컫는 휴고 건스백(Hugo Gernsback, 1884~1967)은 〈텔레복스〉의 기사가 실렸을 무렵 이미 〈사이언스 앤드 인벤션〉의 편집부장을 맡고 있었다. 그런 그는 수년 전부터 몇 번의 시행착오 끝에 1926년 2월 SF잡지 〈어메이징 스토리즈(Amazing Stories)〉를 창간하여 엄청난 성공을 거둔다.[17] 건스백은 1927년부터 〈사이언스 앤드 인벤션〉에 작가 에이브러햄 메리트(Abraham Merritt, 1884~1943)의 1920년 작품 〈금속 괴물(The Metal Monster)〉을 〈금속 황제(the Metal Emperor)〉라는 제목으로 바꾸어 삽화를 추가해서 연재하는 등 과학소설(Science Fiction)이라는 읽을거리를 자유로이 만들어냈다.

그리고 그 잡지들의 발행사 익스페리멘터 퍼블리싱(Experimenter Publishing)은 그 밖에도 〈라디오 뉴스(Radio News)〉, 〈라디오 리스너스 가이드(Radio Listener's Guide)〉 등의 잡지도 출판했는데 이들 잡지에도 당시 SF 작품들이 게재되었을 수 있다. 몇 년 간 모든 것이 순조롭게 잘 진행되는 것처럼 보였지만 생각지도 못한 사이에 건스백은 경영권을 빼앗기고 회사를 떠났다. 그러나 그는 1929년 6월 다시금 새로운 과학소설 잡지 〈사이언스 원더 스토리(Science Wonder Stories)〉(Stellar Publishing Corporation)를 창간하는 능력을 발휘했다.

이 창간호에 데이비드 H. 켈러(David H. Keller, 1880~1966)의 단편소설 〈로봇의 위험(The Threat of Robot)〉이 실렸다. 이 작품은 히로타 도요히코에 의해 〈로봇의 위협〉(SF자료연구회, 1987)라는 제목으로 번역되었다. 미국을 떠난 축구선수가 20년 만에 귀국해보니 뜻밖에도 선수들이 로봇이었더라는 이야기로 시작하는 이 단편소설은 《R·U·R》의 로봇 기업 R·U·R처럼

---

17 옮긴이 : 휴고 건스백은 룩셈부르크 출신의 미국인으로 과학기술 비평가, SF소설가이자 편집자이다. 그는 〈어메이징 스토리즈〉라는 SF잡지를 성공시키기 전에 비슷한 잡지를 몇 번에 걸쳐 출간했다. 1908년에는 새롭고 혁신적인 전자기기를 소개한 〈현대 전기(Modern Electrics)〉를 5년 동안 발행했고, 1913년부터는 〈전기 실험가(Electrical Experimenter)〉라는 잡지를 출간했다. 건스백은 이 잡지에서부터 첨단 과학기술을 소개하고 비평하는 것을 넘어 상상력을 통해서 환상적으로 각색된 과학소설도 다루기 시작했다. 그의 〈어메이징 스토리즈〉는 1929년 재정난에 부딪혀 파산했지만, 그는 1930년 〈놀라운 이야기(Wonder Stories)〉라는 새로운 SF잡지를 창간한다. 그의 작품들과 잡지는 현대 SF문학계에 커다란 영향을 미쳤고, 그런 그의 공헌을 기념하여 1955년부터 우수한 과학소설과 환상문학 작품에 휴고상(Hugo Award)을 수여하고 있다.

로봇츠 인터네셔널(Robots International) 이라는 기업이 등장한다. 이러한 상황에서 실업과 같은 사회 불안이 나타나고 주인공은 "더욱 강력해진 로봇들의 공격으로부터 미국 노동자를 지킬 수 있는" 수단을 남겨둔 채 오스트레일리아로 떠나는 장면으로 결말을 맺는다.

이 작품은 비교적 이른 시기에 로봇을 주제로 삼았던 과학소설들 중 하나이다. 더욱이 벌써부터 제목과 내용에서 '로봇'이라는 말을 사용한 것으로도 알려진 작품이다. 하지만 그 당시 이미 〈텔레복스〉나 〈에릭〉이 사회에 놀라움을 안긴 상황을 떠올려보면 이 작품은 이르다기보다는 오히려 마땅히 등장할 시기에 발표된 것으로 볼 수 있다. 이 작품에는 다음과 같은 대목이 나온다.

[그림 65] 《로봇의 위협》
사람 키의 2배쯤 되어 보이는 거대한 로봇이 교통을 정리하고 있다. 이 로봇은 본문 중에 나오는 뉴욕 전기학회가 완성한 〈기계 교통경관〉임이 틀림없다.
"이 교통 로봇은 빛에 매우 민감하게 반응하는 자동 눈을 갖고 있다. 그의 눈에서는 광선이 계속 발사되고 있어서 차가 그 광선을 지나쳐 가면, 그는 자신의 팔을 움직여서 교통신호를 바꾸었다."

로봇은 복잡한 기계이고, 배터리, 모터, 그리고 스프링으로 이루어져 있다. 최초의 로봇은 1929년 1월 런던에서 뉴욕으로 옮겨져 왔다. 그건 꽤나 원시적인 것이었지만, 걷고, 말하고, 또 몇 가지 단순한 명령을 수행했다.

기술 현실은 소설과 조금 다르다. 그리고 여기에 인용된 로봇은 〈에릭〉을 가리킨다. 분명히 로봇 〈에릭〉은 윌리엄 리처즈와 함께 1929년 1월 3일 영국 커나드 기선회사의 여객선으로 뉴욕에 도착했다. 보도진이 몰려들었지만 선상 인터뷰는 없었고, 로봇은 관처럼 보이는 박스에 조용히 누워 있었다. 당초 예정되었던 1월 13일 공개 시연이 연기되어 존 골든 극장(John Golden Theatre)에 모인 수백 명의 사람들을 실망시켰다. 공개가 연기된 것은 공교롭게도 리처즈의 감기 때문이었다. 그리고 1월 19일 오후에야 다시 그 극장에서 제대로 공개되었다. 〈에릭〉은 일련의 동작을 해 보였다. 게다가 영국 옥스퍼드의 말투로 질문에 답하고, 1부터 10까지 수를 세었을 뿐만 아니라 현재 시간도 알려주었다. 그 자리에서 리처즈는 〈에릭〉이 한 달 전쯤에 제작되었다고 언급했다. 어떤 기계 장치로 말을 하거나 움직일 수 있는지에 관한 질문이 있었지만, "그건 비밀입니다"라고 하면서 상세히 밝히려 하지 않았다. 그 뒤 리처즈는 몇 주 동안 〈에릭〉과 함께 미국 각지를 돌면서 순회공연을 했다.

어떻게 된 이유인지 리처즈는 영국에서 이미 밝혔던 〈에릭〉의 메커니즘을 숨겼다. 정확한 이유는 알 수 없지만, 어쩌면 로봇이 구경거리에 불과할 수 있다는 사실을 이미 런던 시연회에서 충분히 깨달은 결과일지도 모른다. 혹은 이미 실제로 사용 가능한 〈텔레복스〉를 가지고 있던 미국에서 그럴 수밖에 없었다는 이야기도 있다. 더욱이 "동작은 12볼트로도 충분합니다만, 말하기 위해선 25,000볼트가 필요합니다."라고 허세를 부리듯 설명한 것도 이해가 되지 않는다.

한쪽이 굳이 숨기려고 하면 다른 한쪽에서는 이내 그것을 밝혀내려 애쓴다. 결국 〈사이언스 앤드 인벤션〉(1929년 4월호)은 〈과연 로봇은 진짜일까?〉라는 제목으로 상금 3,000달러를 내걸고 〈에릭〉을 의문에 부쳤다. 기사에 따르면 다음과 같은 조건을 만족시킬 경우 그 상금을 주겠다는 것이었다.

"로봇은 기계나 전기의 힘만으로 10개의 질문에 정확히 답한다. 로봇이 답을 알고 있는 상태에서 우리는 그 로봇에게 순서에 상관없이 질문을 한다. 질문에 답하는 동안에는 그 어떤 인간도 개입하지 않는다."

〈에릭〉은 '현상범'의 처지가 되어버렸다. 이 잡지의 기사는 〈에릭〉과 〈메탈 로봇〉의 사진을 실었다. 그리고 〈에릭〉에 대해서 "〈에릭〉이 기계의 힘만으로 질문에 답한다는 주장을 우리는 사실로 받아들이지 않는다."는 냉정한 설명을 덧붙였다. 게다가 편집부는 리처즈와 몇 번이나 연락을 시도했지만 실패했다고 전하면서 "질문에 대답하는 것은 사람"이라고 결론을 내렸다. 이러한 상황을 고려해보았을 때 리처즈가 〈에릭〉을 며칠 만에 만들었다는 이야기도 믿을 수 없을 것 같다. 〈에릭〉은 9개월 전인 1928년의 4월이나 5월경에 제작하기 시작했다고 보는 것이 맞을 듯하다.

한편 그 무렵 미국에서 제작된 로봇 〈텔레복스〉는 어떻게 되었을까? 〈텔레복스〉는 일종의 '진화'를 하면서, 조금씩 자기 일의 범위를 넓혀갔다. 1929년은 사회적으로도 충분히 〈텔레복스〉를 수용할 수 있을 만큼의 상황이 되었는데, 〈데일리〉지에 연재가 시작된 만화 〈벅 로저스(Buck Rogers)〉에도 같

[그림 66] 〈벅 로저스〉에 등장한 〈텔레복스〉
그 당시 미국에서 로봇이라고 하면 〈텔레복스〉를 떠올릴 정도였다는 것을 증명한다. 이 그림에서 〈텔레복스〉가 내는 클릭 소리도 실제 〈텔레복스〉가 내는 '딸깍, 딸깍' 소리를 연상시킨다.

[그림 67] 야간 비행장에서의 〈텔레복스〉의 활약을 보도하는 〈뉴욕타임즈〉
이 로봇과 비행기의 사이렌이 갖춰졌다면 정보가 없는 공항에도 야간착륙이 가능하다.

은 이름의 로봇이 등장했다(《영구평화조약》 통권 276호, 1929년).[18]

그렇지만 그 당시 세간의 화제가 되었던 기계는 로봇이 아닌 비행기였다.

미국이나 일본 모두 크게 다르지 않았는데, 어떻게 하면 더 빠르고 멀리 날 수 있는지에 세상의 모든 이목이 집중되었다. 비행기야말로 앞길이 유망한 기계였다. 이미 2년 전에 찰스 A. 린드버그(Charles Augustus Lindbergh, 1902~1974)는 미국 뉴욕과 프랑스 파리 사이를 한 번도 착륙하지 않고 날아서 대서양 무착륙 횡단비행에 성공했고, 이를 시작으로 새로운 목표를 향한 비행사들의 도전이 계속된 시대였다. 이는 비행사의 용기와 조종기술만이 아니라 비행체의 기술적인 성능 향상과 수준 높아진 정비기술 덕분이었다.

워싱턴 탄생 기념행사에서의 큰 활약을 펼친 지 1년 뒤에 다시금 〈뉴욕타임즈〉의 지면은 〈텔레복스〉로 떠들썩하게 장식되었다. 이번 무대는 바로 비행장이었다.

---

18 옮긴이 : 벅 로저스는 원래 필립 놀런(Philip Francis Nowlan)이 1928년에 발표한 〈아마겟돈 서기 2419년(Armageddon 2419 A.D.)〉에 등장한 인물이다. 이 작품은 〈어메이징 스토리즈(Amazing Stories)〉에 처음 소개되었고, 이후 놀런이 존 에프 딜 컴퍼니(John F. Dille Company)라는 통신사와 함께 신문에 짧은 연재만화로 만들었다. 실제로 만화 〈벅 로저스〉는 〈데일리〉지가 아니라 〈워스터 이브닝 가제트(Worcester Evening Gazette)〉지(1929년 12월 21일자)에 실린 것이 확인되었다. 아마도 저자가 말한 〈데일리〉지가 이것을 말하는 것인지 모르겠다.

로봇 창세기

야간비행에는 생각보다 쉽지 않은 조종기술이
필요하다. 조종사가 밤의 암흑 속에서는 착륙할
활주로를 찾는 것이 쉽지 않다. 게다가 악천후라
면 사정은 더욱 안 좋다. 만일 이런 상황에서 조
종사가 좌석 옆에 달린 사이렌 소리를 내는 핸들
을 돌리고 그 소리에 〈텔레복스〉가 반응하여 유
도등을 켠다면 조종사는 무인비행장이라고 할지
라도 비행기를 무사히 착륙시킬 수 있을 것이다.
이것만으로도 안정성이 어느 정도 확보될까? 실
험에 참여한 조종사는 이 발명을 대환영했다. 미
국에서 실제 '로봇'이라고 불렸던 그 로봇은 비록
인간의 형상을 하고 있지 않더라도, 인간을 도와
서 편리한 생활을 도모한다는 점에서 그 가치가

[그림 68] 비행장에서의 〈텔레복스〉
격납고 옥상의 확성기를 닮은 집
음기에 연결된 〈텔레복스〉. 이것
이 작동될 때까지 하늘을 나는 비
행기는 계속해서 사이렌 소리를
울리면 된다.

충분히 인정되었다. 일본에서는 처음으로 〈과학화보〉 5월호가 잡지 첫머리
에 사진으로 이 사실을 소개했다.

2

1929년이 시작되면서 일본에서는 연속으로 여러 가지 로봇들을 소개하
고 해설하는 기사들이 등장했다. 앞서 언급했던 〈파퓰러 사이언스 먼슬리〉
12월호 기사의 영향이 드러난 시기였다.

두말할 필요도 없이 이 기사는 서양 로봇에 관한 종합편이었다. 하지만
그 당시까지 단편적인 수준에 머물렀던 것을 넘어 로봇의 전체적인 스케치

[그림 69] 〈아사히(朝日)〉 3월호의 전면 광고로 실린 〈인조인간 이야기〉 이 잡지의 3월호에는 나가오카 한타로, 이치카와 후사에, 모리 센조, 야마나카 미네타로, 야다 소운, 긴다이치 고스케, 미카미 오토키치, 에도가와 란포, 하세가와 신 등이 글을 썼다. 〈과학계의 경이, 인조인간 이야기〉에는 〈에릭〉의 사진이 보기 싫어도 눈에 확 들어온다.

와 더불어 '로봇'이라는 말의 범위를 일본에 전달했다. 일본에서는 로봇보다는 인조인간이라는 말이 더 일반적이었다. 게다가 인간의 일을 대신하면서도 인간 형상을 하고 있지 않은 그 편리한 기계를 인조인간이나 로봇이라고 부르지도 않았다. 이제 당시의 이러한 상황을 순서대로 살펴보는 것이 좋겠다.

우선 1929년 1월 8일에 박문관출판사가 출간한 〈소년세계〉 2월호에는 〈놀랄만한 과학의 진보 인조인간〉이라는 기사가 실렸다. 거기에는 〈텔레복스〉, 〈에릭〉, 〈바비〉를 비롯해서 1928년까지 등장했던 로봇들, 영화 〈메트로폴리스〉에 등장한 로봇의 사진이 포함되었고, 또한 일본 최초로 '독일인이 만든 인조인간'이 소개되었다.

1월말 서점에 등장한 박문관의 새로운 잡지 〈아사히(朝日)〉 3월호(창간 3호)에는 〈과학계의 경이, 인조인간 이야기〉가 게재된다.

이 잡지는 일반인을 위한 일본 최초의 종합지 형태였다. 필자는 운노 주자(海野十三, 1897~1949)가 다녔던 체신부 전기시험소의 동료인 마키오 도시마사(槙尾年正)였다. 운노와 마키오는 〈무선전화〉를 중심으로 한 '대중과학문예동인'을 결성했는데 1926년에는 본명으로 《전기의 지식》, 《발명야화》라는 책을 박문관에서 출판하기도 했다. 또한 마키오는 마키오 세키무(槙尾赤霧)라는 필명으로 1928년부터 대일본웅변회강담사에서 출간한 〈킹〉에 〈투명인간〉을 연재하고 있었다.

로봇 창세기

〈과학계의 경이, 인조인간 이야기〉는 이전부터 편집자와의 교류를 통해 집 필을 의뢰받은 글이었다. 그런데 글 말미에 자신의 고향인 히로시마에서 쓴 취지문을 적어 넣은 것을 보면 마키오는 이 기사문을 정월 귀경 길에 썼던 것 으로 추정된다. 그는 당시 〈파퓰러 사이언스 먼슬리〉의 기사를 접하지 못한 상태였던 것으로 보이는데, 내용에서도 알 수 있듯이 자신이 신문이나 잡지 에서 직접 모은 자료를 토대로 삼았다. 기사는 개발된 순서대로 〈에릭〉, 〈바 비〉, 그리고 〈텔레복스〉을 언급하고 있다. 그리고 분명하다고는 할 수 없지 만, 해외잡지의 내용도 제법 다루고 있었다. 4컷의 사진들 모두 해외잡지에 서 가져온 것이고, 그 가운데 3컷은 일본에서 처음 공개된 것이었다. 〈에릭〉 에 관해서는 전기의 힘(Electric Force)으로 작동하기 때문에 "줄여서 〈에릭〉이 라 부른 것"이라고 언급하면서 그 어떤 잡지에도 없던 내용을 말하고 있다. 이를 보면 그는 과연 펜을 든 기술자라 할만하다. 마키오는 또한 그 글에서 이렇게 말한다.

로봇을 인조인간이라는 말로 옮긴 것은 어떨까 생각했는데, 이제 보니 이것이 가장 적절하다는 느낌이 있어 그렇게 쓴다.

이로 미루어보면 1929년이라는 시점에선 로봇이란 용어가 아직 일본어 표준 번역어로 자리잡지 못했고, 그 사용에 의문의 여지가 있었던 상황임을 알 수 있다. 어쨌든 대중잡지가 로봇을 다루었다는 사실은 의미가 크다. 같 은 해 2월 3일자 〈도쿄아사히신문〉은 〈아사히(朝日)〉의 전면 광고를 게재했 는데, 거기에는 "대연설을 하는 인조인간"이라는 제목과 함께 로봇 〈에릭〉 의 사진이 실려 있었다. 로봇이 대중 속으로 들어가기 위해서는 이와 같은 대량 홍보가 불가피했다. 이는 땅을 경작하는 일과 비슷했다.

2월 20일이 지나 〈과학화보〉 3월호가 발매되었는데, 여기에는 〈파퓰러 사이언스 먼슬리〉 12월호에서 영향을 받은 〈기계인간, 마침내 길에 나타나다〉라는 글이 실렸다.

마음이 설렐 정도로 〈메탈 로봇〉의 해부도 삽화가 이 글의 머릿그림으로서 지면을 장식하고 있다. 이것을 쓴 사람은 역시나 전기시험소 출신의 오타케 요조였다. 〈새로운 시대의 노예인가 아니면 실업자의 적인가〉라는 부제가 독자들의 호기심을 부추기고 있다.

내용은 사진을 1장 빼면 〈파퓰러 사이언스 먼슬리〉와 거의 비슷하다. 하지만 이 글은 여러 가지 면에서 일본사회에 준 영향이 컸다. 무엇보다 로봇에 대해 이렇게 정돈된 글이 등장한 것은 거의 처음이었다. 〈새로운 시대의 노예인가 아니면 실업자의 적인가〉를 읽고 나면 아마 그 뒤로는 로봇에 관한 여러 복잡한 내용 속에서도 헤매지 않고 로봇을 분명하게 이해할 수 있었을 것이다.

이와는 달리 호기심을 자극하는 방식의 글들은 수많은 사람들을 잘못 인도해서 결국엔 그 글이 다루려는 대상을 아예 쓸모없는 것이라고 오해하게 만든다. 새로운 일이나 새로운 것들에 관한 한 가능하다면 정확히 평가하고, 자세하게 소개하는 것이 얼마나 중요한 일인가를 알 수 있다.

〈과학잡지〉 4월호에 실린 〈기계인간의 사명〉이라는 글도 〈옛날 자동인형에서 현대 로봇까지〉라는 부제를 달아 자세한 내용을 다루었다. 로봇을 자동인형의 흐름에서 파악하려 했던 것은 마키오 도시마사도 마찬가지였지만, 이 글은 좀 더 자세하게 《백과전서(Encyclopédie)》의 〈자동인형(automate)〉 항목을 인용하여 놀라울 정도로 정교한 자동인형 〈오리〉(1738년 공개)를 최초로 제작한 자크 드 보캉송(Jacques de Vaucanson, 1707~1782)이나 체스를 두는 자동인형 〈투르크(Turk)〉(1770년 공개)를 제작한 볼프강 폰 켐펠렌(Wolfgang

von Kempelen, 1734~1804)의 이름
을 본격적으로 언급했다.

로봇 이야기 속에 이러한 자
동인형 제작자의 이름이 '함께
했다'는 사실이 일본에 알려진
것은 이 글이 처음이었을 것이
다. 〈기계인간의 사명〉의 저자
는 마츠바시 히데오(松橋秀雄)였
다. 그의 글에서 '로봇'을 '로보
토(ㅁ봇ㅏ)'라고 표기한 것은 아

[그림 70] 자크 드 보캉송의 자동인형 〈오리〉
〈오리〉의 구조를 보여주는 사진과 단면도. 〈오리〉 자체는 실
제 오리의 크기였다 하더라도 일련의 동작을 만들어 내기 위
해서는 아마도 발밑의 추를 통해 커다란 실린더를 회전시켜
야 했을 것이다. 소년시절에 갖고 있던 시계를 흥미롭게 여겼
던 경험이 드 보캉송을 자동인형 제작에 몰두하게 만들었다.

마도 당시까지 발음이 확정되지 않았던 사정을 반영한다.

〈텔레복스〉나 〈에릭〉에 관해 언급한 내용은 다른 잡지와 비슷했다. 그러
나 그는 새로운 로봇의 독특한 점이 바로 무선을 사용한 '라디오 로보토'라
고 지적하면서, 비슷한 사례로 무선 조종으로 작동하는 영국 군함 센츄리
온(Centurion)호를 거론했다. 더 나아가 그는 또 다른 로봇으로 '자동파수꾼'
(센서를 의미), '자동조타기', 그리고 '자동전화교환기' 등을 손꼽았다.

또한 마츠바시는 "그 어떤 정교한 기계도 인간의 두뇌에는 대적할 수 없
다"고 하면서, "인간은 로봇들을 적합한 부분에 활용하여 자신의 이익을 증
진한다면 그것만으로도 충분하다"고 결론짓는다.

만일 해외 잡지가 소개되지 않았더라면, 마츠바시는 분명히 상당히 영향
력 있는 인물이 되었을 것이다. 아쉬운 점은 이러한 글이 신문기자, 잡지기
자, 편집자, 그리고 지식인 사이에서 하나의 공통된 인식을 만들지 못했다는
사실이다.

3

여기에서 다시 앞서 언급했던 1928년의 2월호 기사로 돌아가 보자. 거기에는 '독일인이 만든 인조인간' 사진이 게재되어 있었다는 것은 이미 다루었다. 그 사진에는 다음과 같은 문장이 덧붙어 있다.

"이 인간은 인간다운 얼굴을 하고 있지 않으며, 다른 것들만큼 정교하지도 않다."

사진 속 인조인간은 이탈리아 미래주의 작가인 이보 판나끼(Ivo Pannaggi, 1901~1981)의 것이다. 1927년 4월 로마에서 루께로 바자리(Ruggero Vasari, 1898~1968)의 작품 《기계의 고뇌(L'Angoscia delle macchine)》가 상연되었는데, 이를 위해 판나끼는 공연 바로 전 해에 작품 속 등장인물의 의상을 '조형물'로 제작했다. 이것은 〈수형자 H2G〉와 매우 비슷했다.[19] 이 의상이 여러 각도로 촬영한 이미지들을 몽타주한 것처럼 제작되어 동일한 이름의 제목을 달고 책 표지로 사용되기도 했다. 아마도 그것들 중 한 장이 흐르고 흘러 독일을 경유한 다음 일본으로 들어와 〈소년 세계〉에 로봇으로 게재되었을 것이다. 이탈리아의 전위예술 작품이 이러한 형태로 잡지에 실린 것은, 물론 처음이다.

사람들은 〈H2G〉가 로봇으로서는 그다지 '정교하지 못하다'고 평가했다. 간바라 다이(神原泰, 1898~1997)의 책 《미래파 연구》(이데아서원, 1925)에 따르면 미래주의는 '기계를 새로운 예술 감각의 상징이자, 원천, 그리고 지휘자'로 여기고 숭배했으며, 나아가 인간의 기계화, 인간과 기계의 혼종조차 자신들

---

19 옮긴이 : 이보 판나끼는 이탈리아 미래주의, 다다이즘 등의 예술 운동에 참여했던 작가이다. 그는 1926년 독일에 살고 있던 이탈리아 미래파 극작가인 루께로 바자리의 작품 속 등장인물을 위한 디자인에 참여했다. 러시아인 표트르 미하일로퍼(Pyotr Mikhailovper)는 그가 제작한 금속의상 〈H2G〉를 착용하고 스트라빈스키의 곡에 맞춰 춤을 추었다.

로봇 창세기

의 목표로 삼았다. 판나끼의 작품도 그것들 중 하나로 볼 수 있다. 하지만 인간에게 기계와 같은 동작을 요구하는 것은 역시 무리였던 것 같다. 그런 면에서 '정교하지 못한 것'이라는 해석은 의미상 그다지 틀리지 않는다. 판나끼는 1924년 무렵에도 〈기계적인 발레 의상(Costume dei balli meccanici)〉을 제작했는데 지금 보면 이것도 분명 로봇이라고 부를 수밖에 없다.

미래주의는 1909년에 필리포 토마소 마리네티(Filippo Tommaso Marinetti, 1876~1944)를 중심으로 이탈리아에서 시작된 예술운동이며 제2차 세계대전 중에도 유럽에서 하나의 세력을 이루고 있었다. 로봇과 관련해서 미래주의 작가들은 인간의 형상과 비슷하지만 분명히 인간이 아닌 조형물을 제작했다. 그중에서 포르투나토 데페로(Fortunato Depero, 1892~1960)의 작품들이 대표적인 사례이다. 우리 시대의 눈으로 보면 〈기계적인 발레 의상〉처럼 그것들도 이미 로봇이라고 부를 수 있을 만하다.

[그림 71] H2G
판나끼는 그 밖에도 《기계의 고뇌》를 위해 〈수형자 4K〉도 제작했다. 이것 또한 로봇처럼 디자인된 의상이며 무대에 올려졌다.

[그림 72] 〈기계적인 발레 의상〉의 포토 몽타주 작품
다른 측면에서 생각해보면 판나끼는 계속해서 새로운 로봇 디자인을 하고 있던 것이라고 말할 수 있을 듯하다.

[그림 73] 데페로의 작품 〈두 대의 증기기관차〉
의상의 머리 부분은 확실히 기차의 굴뚝을 하고 있다. 데페로는 인간과 기차의 일체화를 의도했지만 이 조형물은 분명 로봇처럼 보인다.

마리네티의 3막으로 된 희곡《전기인형(Poupées électriques)》또한 그 내용은 고려하지 않는다고 해도 이미 제목에서부터 로봇의 느낌이 감지된다.[20]

이렇게 보면 앞서 언급했던 무라야마 도모요시의 작품 〈인간기계〉도 미래주의의 흐름 속에서 재검토할 필요가 있다. 무라야마는 1922년 3월에 베를린에서 개최된 〈위대한 미래주의전〉에 작품을 전시했다.[21] 이미 살펴본 것이기는 하지만 무라야마는 1925년 일본에서 일본 프롤레타리아 문예연맹에 참가하기 전에 〈미래파미술협회〉의 이념을 계승한 MAVO의 핵심 멤버로 활동했을 뿐만 아니라,[22] 〈삼과조형협회〉의 중심부에도 있었다.[23] 〈삼과조형협회(三科造形協會)〉는 일본에 미래주의를 소개하고 마리네티와 편지를 주고받았을 뿐만 아니라 심지어 그의 책도 번역한 간바라 다이 등이 〈이과회(二科會)〉 계열의 예술가 집단 〈액션(Action)〉으로부터 분리되어 결성된 집단이었다.[24]

---

20 옮긴이 : 마리네티의 《전기인형》은 차페크의 《R·U·R》보다 이미 10여 년을 앞서 로봇의 이미지를 보여준 희곡 작품이다. 이것의 원제목은 《여인은 변덕스럽다(La donna è mobile)》인데 주세페 베르디(Giuseppe Verdi)의 오페라 〈리골레토(Rigoletto)〉에 나오는 노래 제목을 차용한 것으로 보인다. 《전기인형》은 처음에는 관객들의 관심을 얻지 못했으나 《성적인 전기(Elettricità sessuale)》라는 수정된 버전의 작품으로 영향을 미쳤다.

21 옮긴이 : 〈위대한 미래주의 전시(Die Grosse Futuristische Austellung)〉라는 제목의 이 전시는 1922년 3월 독일 베를린의 노이만(Neumann) 갤러리에서 진행되었다. 여기서는 움베르토 보치오니(Umberto Boccioni)의 유작들과 함께 엔리코 프람폴리니(Enrico Prampolini), 알렉산더 모어(Alexander Mohr), 베라 슈타이너(Vera Steiner) 등의 작품이 전시되었다. 독특한 것은 일본인 무라야마와 나가노 요시미츠(永野芳光, 1902~1968)가 세 점의 미래주의 작품을 전시했다는 점이었다.

22 옮긴이 : MAVO는 1923년 무라야마 도모요시와 '미래파미술협회'(1920~1922)가 함께 결성한 일본 아방가르드 예술가 집단이다. 이 말이 무엇을 뜻하는지는 모호하다. 그리고 이 집단의 주요 인물이었던 무라야마와 오카다 다츠오(岡田竜夫)는 1925년 동일한 이름을 가진 잡지의 편집을 맡아 발행했다.

23 옮긴이 : 흔히 삼과회로 불리는 삼과미술협회는 1924년 10월 기노시타 슈이치로(木下秀一郎, 1896~1991), 간바라 다이 등이 결성한 일본의 현대 미술 집단이다. 미래파미술협회에 속했던 예술가들만이 아니라 다양한 성향의 예술가들이 포함되었다. 따라서 상이한 현대 미학의 관점들이 충돌했으며, 갈등이 심화되어 결국 1년도 되지 못해 해산되고 말았다.

24 옮긴이 : 일본 현대미술의 흐름은 20세기 초 유럽의 인상주의 화풍을 모방하여 일본에 아카데미

로봇을 이처럼 미래주의와의 관계에서 보게 되면《R·U·R》의 베를린 공연에서 무대미술을 담당했던 F. 키슬러의 작품은 어떻게 이해해야 할까? 앞서 스즈키 젠타로는《로봇》의 서문에서 그의 작품 경향을 '후기표현주의'라고 간단히 정리해버렸지만, 아무래도 이를 다시 검토하지 않을 수 없다.

게다가 작품《R·U·R》자체는 또 어떻게 이해해야 할까? 차페크는 로봇을 자신의 희곡 속에서 '기계'라고 말한다. 살아 있는 몸으로 이루어진 기계로 설정된 차페크의 로봇은 미래주의와의 관계에서 다시 살펴보지 않을 수 없다. 적어도 1915년에 작성한 〈세계 재건을 위한 미래주의 선언(Ricostruzione futurista dell'universo)〉에서 데페로는 '예술과 과학의 융합'을 통해서 '금속동물'을 만들려고 생각했다. 이처럼《R·U·R》이전에도 그런 상황은 분명히 존재했다. 그럼에도 아직까지 차페크와 미래주의를 잇는 연구는 찾기 어려워 보인다.

이 시기 차페크의 조국이 어떤 문화적 상황에 놓여 있었는지 이해하는 것도 도움이 될 것이다.

체코슬로바키아는 건국 후 1920년대와 30년대에 일시적으로 예술, 특히 전위예술이 꽃을 피웠다. 그중에서도 책의 장정, 타이포그래피, 가구, 무대 등의 디자인과 인테리어를 포함한 건축의 분야에서 놀라운 발전을 보았다. 유럽 중심부에 자리한 지리적 조건과 신흥 국가라는 상황이 유럽의 동서남북으로부터 전위예술을 이 나라로 쇄도하게 만들었다.

즘을 뿌리 내리게 한 구로다 세이키(1866~1922) 등이 주류를 형성하고 있었는데 이러한 주류 현대미술에 비판적인 입장을 취한 예술가들이 1914년 결성한 진보예술가 단체가 〈이과회〉이다. 〈이과회〉란 서양 미술의 등용문이었던 일본문부과학성이 주최한 전시, 소위 문전(文展)에서 탈락한 야마시타 신타로, 츠다 세이후 등의 젊은 화가들이 동양화만이 아니라 서양화 부문에서도 아카데미 경향과 새로운 경향의 두 부문으로 심사를 요청했다가 받아들여지지 않자 자신들을 새로운 경향의 작가들이라는 뜻으로 두 번째 부문, 즉 이과(二科)라는 이름을 붙였다. 〈이과회〉는 1979년 〈공익사단법인 이과회〉로 명칭이 바뀌었고, 2006년까지 전시회를 가졌다.

그리고 전위예술은 이곳에서 요란하게 펼쳐졌다. 프랑스로부터 초현실주의가, 독일로부터 바우하우스가, 이탈리아로부터 미래주의가, 소련으로부터 러시아구성주의가 이 나라로 흘러들었다. 당시 체코슬로바키아 전위예술 운동의 핵심에서 활동한 것은 〈데베트실(Devětsil)〉이라는 예술가 집단이었다. 이 집단은 1920년에 프라하에서 건축가이자 이론가였던 카렐 타이게(Karel Teige, 1900~1951)를 중심으로 다른 8명의 동료들과 함께 결성되었다. '데베트실'은 원래 해바라기과 식물의 명칭이었으나 결성 당시 모두 9명이 있었다는 점이 이 명칭과 연관되었다.

'데베트'는 체코말로 '아홉'을 뜻했고, '실'의 복수 2격인 '실라'는 '힘'을 뜻했기 때문이었다. 1922년에 데베트실에 참가한 한 명, 베드리치 포이어슈타인(Bedřich Feuerstein, 1892~1936)은 1926년부터 1930년까지 일본에 체류하면서 안토닌 레이몬드(Antonín Raymond, 1898~1997) 건축설계사무소의 직원으로서 도쿄 츠키지에 있는 성루카 국제병원(聖路加国際病院)이나 지하철 빌딩의 설계에 협력했다고 알려져 있다. 안토닌 레이몬드도 체코슬로바키아 출신의 건축가로, 그 인연으로 일본에 왔다고 생각된다. 포이어슈타인은 미래주의나 입체주의를 따른 건축에 몰두하면서 무대미술에도 참여했다.

1921년 프라하에서 처음으로 상연된 연극 《R·U·R》의 무대미술은 틀림없이 포이어슈타인의 작품이었을 것이다. 공연된 모든 막들의 무대 계획이 남아 있는데, 이것과 성루카 국제병원의 옛 병동 내부를 비교해보면 확실히 둘 사이에 공통점이 있다. 서막의 무대에 사용한 로숨 유니버설 로봇 회사의 공장본부와 성루카 국제병원의 예배당, 제1막에 사용된 헬레나의 살롱과 병원 예배당 앞의 살롱, 그리고 제3막에 사용된 공장 실험실과 병원 주방은 매우 닮아 있다. 1930년에 체코로 귀국한 포이어슈타인은 지속적으로 무대미술 디자인에 참여했고, 1936년 5월 10일에 지병을 이유로 자살했다.

차페크는 그의 죽음을 애통해하면서 1936년 5월 12일자 신문 〈리도베 노비니〉에 추도문을 실었다.

〈데베트실〉은 여러 가지 작품을 제작하면서 체코 전위예술을 이끌었지만 1930년대 전반에 이르러 해산하고 만다. 이것은 아쉬운 일이지만 사회주의 정권하에서 비평이나 연구가 '압살'된 것은 더 큰 불행이었다. 1989년 이후 동유럽 사회주의가 붕괴되면서 그러한 압제가 사라지고 이제 다양한 연구가 가능해졌다. 차페크에 관한 연구도 새로운 전기를 맞이할 수 있을지 모른다. 적어도 그에 관한 새로운 역사적 자료가 발견될 가능성은 이전보다 커질 것이다.

4

1924년에 영화 〈니벨룽겐(Die Nibelungen)〉의 감독을 맡아 재능을 높이 인정받았던 프리츠 랑(Friedrich Christian Anton Fritz Lang, 1890~1976)은 미국에 초대되어 뉴욕을 돌아보면서 그 도시경관에 마음을 완전히 빼앗기고 말았다. 그는 이 경험을 영화로 재현할 수 있도록 아이디어를 다듬기 시작했고, 아내이자 각본가였던 테아 폰 하르부(Thea G. von Harbou, 1888~1954)는 그의 생각을 토대로 각본을 써나갔다. 그리고 그 결과 영화 〈메트로폴리스〉가 탄생했다. 뉴욕의 초고층 빌딩과 그 스카이라인은 랑의 마음을 움직였고 그것이 이 영화의 단초가 되었던 것이다. 촬영은 포츠담 교외의 바벨스베르크(Babelsberg)에 있는 우파(Ufa)영화사의 촬영소에서 시작되었다.

〈메트로폴리스〉는 처음부터 엄청난 크기의 대형 영화였다. 등장한 인물만 총 35,000명 이상, 촬영 필름은 200만 피트(약 610km)에 달했다. 당시 재정 상태가 넉넉지 못했던 우파영화사는 미국의 영화사에서 800만 달러, 독일은행 등에서 4,000만 마르크를 빌려 이 영화를 지원했다. "유럽 영화사상, 가장 많은 경비가 든 가장 거대한" 영화라는 〈뉴욕타임즈〉의 표현은 과장이 아니었다. 영화제작은 1926년 10월말 종료되었고, 이듬해인 1927년 1월 10일 각계 저명인사들을 베를린의 우파팰리스로 초대해 시사회를 열었다.

흑백 무성영화로 3시간 30분에 이르는 상영시간, 요란했던 영화치고는 이미 이때부터 찬반양론의 평가가 엇갈렸다. 결국 우파영화사는 투자금을 회수하지 못한 채 사실상 도산 위기에 처하게 되었다. 이러한 상황들, 여러 가지 억측들, 그리고 또 다른 하찮은 이유들로 인해 미국에서는 1927년 영화 개봉에 앞서 총 17장 가운데 7장이 삭제되고 말았다. 일본에 배급된 필름도 바로 이 삭제된 미국 판본이었다. 그렇지만 미국은 역시 다양한 나라였던 터라 뉴욕의 어느 극장에서는 무삭제판이 당당히 상영되었다고 한다. 대중 관객들은 처음 만난 이 엄청난 대작 앞에서 긴 행렬을 만들었다.

곳곳에서 삭제가 이루어졌지만, 그중에서 가장 중요한 복선이 되는 부분, 즉 조 프레더센과 로트방이 헬라라는 여인을 사이에 두고 반목했던 부분이 완전히 사라져버렸다. 그 때문에 관객들은 로트방이 프레더센에게 복수하기 위해 로봇을 제작하게 된 동기를 이해할 수 없게 되었다.

줄거리는 다음과 같다.

서기 2000년 거대한 기계도시 메트로폴리스의 지배자인 조 프레더센의 아들 프레더는 특권계급이 노동자를 혹사시키는 것에 반감을 갖는다. 길고 고통스러운 노동을 강요받은 노동자들은 꼼짝없이 지하도시에서 갇혀 생활해야 했고 그 동안의 불만은 극에 달한다. 마리아라는 한 여성은 잠재적인 반란의 움직임을 간신히 막는다. 그녀는 노동자 동료들에게 메트로폴리스를 하나로 결속시킬 수 있는

로봇 창세기

구세주가 나타나기를 기다려야 한다고 주장한다. 프레더야말로 그럴 수 있는 인물이었지만, 그의 아버지는 그를 방해한다.

프레더센은 노동자의 불만을 잠재우기 위해 로트방이 제작한 로봇을 가짜 <마리아>로 바꾸게 한다. 하지만 마리아처럼 보이는 이 로봇은 노동자들을 선동하여 기계를 부수고 결국 지하도시는 물속으로 가라앉아 버린다. 노동자들은 아이들까지 익사시킨 로봇 <마리아>를 잡아 불태워버린다. 하지만 바로 그때 프레더와 마리아는 아이들을 구출해내고 있었다. 그런데 (영화가 삭제되었기 때문에) 갑자기 로트방이 마리아를 쫓아 대성당 지붕에 나타난다. 그리고 그는 자신의 뒤를 쫓던 프레더와 마주치고 이내 지붕에서 떨어져 죽고 만다. 위험에 처한 아들의 상황을 목격한 프레더센은 마음의 문을 열고 노동자 대표와 손을 잡는다. ……

하타 도요키치(秦豐吉, 1892~1956)가 번역한 소설 《메트로폴리스》의 저자인 하르부는 다음과 같이 말한다.

자본가의 '머리'와 노동자의 '손' 사이에 '심장'이 없으면 안 됩니다. 그 '심장'이야말로, 사랑의 힘입니다.

이것은 알귀스트의 말과 일맥상통하지 않는가. 〈메트로폴리스〉에 《R·U·R》과 1924년 소련 영화 〈아엘리타(Аэлита)〉의 영향이 보인다는 사실은 이미 지적된 바 있다. 〈아엘리타〉는 일본에서 공개되지는 않았지만 러시아 문학자 노보리 쇼무(昇曙夢, 1878~1858)가 1925년 5월 12일 〈요미우리신문〉에 소개했다. 원작은 1923년 알렉세이 톨스토이(Aleksey Nikolayevich Tolstoy, 1883~1945)의 동명 소설이다. 이 영화는 미국에서 〈아엘리타 로봇의 반란(Aelita : Revolt of the Robots)〉이라는 제목으로 상영되었다. 《아엘리타》는 연구자들 사이에서 '러시아의《R·U·R》'이라 불렸다고 한다.

1927년 독일과 미국을 시작으로 서양 여러 나라의 대중은 〈메트로폴리스〉를 접할 수 있었다. 그곳의 술렁거림은 자연스레 일본에도 전해졌다.

이 작품을 일본에서 개봉하기로 한 것은 원래 1928년 가을이었다. 그러나 수입 배급을 맡았던 다구치 상점의 사정 때문이었는지 영화는 1929년 4월 3일에서야 개봉될 수 있었다. 이로 인해 원작소설의 일본어판이 영화보다 빨리 소개되었다. 그 작품은 1928년 10월 개조사(改造社)에서 아니타 루스(Anita Loos, 1889~1981)의《신사는 금발을 좋아해(Gentlemen Prefer Blondes)》와 함께《세계대중문학전집》의 15번째 권으로 출간되었다.

두 작품의 번역은 모두 마루키 사도(丸木砂土)라는 필명을 가진 하타 도요키치에 의해 이루어졌다. 하타는 도쿄제국대학 법학과를 다닌 인물로 구메 마사오(久米正雄, 1891~1953), 아쿠타가와 류노스케(芥川竜之介, 1892~1927) 등이 그의 동창생들이었다. 아쿠타가와는 하타의 외모를 언급하면서 "그의 숙부가 명배우 마츠모토 고시로입니다. 숙부와 닮았으니 그 모습을 상상할 수 있을 겁니다."(하타 도요키치, 〈문예취미〉의 머리말, 취영각)이라고 썼다.

그는 대학 졸업 후 미츠비시에 들어가 회사원으로 일을 하면서도 글쓰기에 몰두하여 마루키 사도라는 필명으로 활동했는데, 쇼와 초기의 에로·그로·넌센스 시대에 그 이름으로 원고를 양산했다.[25] 불혹의 나이를 넘어서도 도쿄 다카라즈카극장에 들어갔고, 전쟁이 끝난 뒤에는 스트립쇼를 기획하기도 했다. 그는 강인함과 유연함을 뒤섞은 작품들도 많이 썼으며, 자기 마음 가는 대로 자유로이 살았던 인물이었다고 할 수 있다.

---

25 옮긴이 : '에로·그로·넌센스'란 1920년대와 30년대 한국과 일본에서 유행했던 대중문화의 양상이다. 이 말은 에로틱스와 그로테스크, 그리고 넌센스의 합성어이다. 당시 대중의 자극적인 욕망에 호응하려는 글들이 삽화와 함께 대중잡지에 여럿 실렸는데, '에로·그로·넌센스'는 소위 모던보이를 자처하는 문화소비자들을 위한 저렴한 상품이었다.

물론 번역된 소설 《메트로폴리스》에는 삭제된 부분이 없었다. 이미 앞에서 언급했듯이 이 작품 속에서는 로봇이라는 말이 등장하지 않고, 기계로 다시 태어난 인간에 대한 풍자가 '인조인간'으로 번역되어 있다. 본문 중에는 '기계인간'이라는 번역어도 보이지만 이것은 원작 그대로의 해석이다. 어쨌든 1925년 무렵 유럽에서도 '로봇'이라는 말은 일반적이지 않았던 모양이다.

문자보다 사진을, 사진보다 영화를, 더 나아가 영화보다 실물을 보여주면 일반인들은 자신들이 잘 알지 못하는 것도 쉽게 이해한다. 일본인이 로봇을 잘 이해하지 못하고 있었으므로 실물, 특히 서양의 실물을 보는 것이 가장 좋았겠지만, 이것은 기대하기 어려운 일이었다. 그리고 영화가 그다음이라고 할 수 있다면 〈메트로폴리스〉는 나름대로 그 역할을 해주었다. 영화를 통해 일본인들은 처음으로 '걸어 다니는 강철 로봇'을 스크린으로 보게 되었던 것이다.

이 영화는 결국 쇼치쿠좌(松竹座) 수입부와 고베시에 있었던 다카하시상회에 의해 배급되었다. 대작이 될 것이라는 느낌이 있었던지 광고에 힘을 쏟았다. 〈메트로폴리스〉의 광고는 키네마순보사가 발간한 〈키네마 순보〉에서 2월호(발간호)부터 매월 연속으로 게재되었다. 그것은 본문에 포함되지 않고 별도의 인쇄로 끼워 넣은 광고였다. 그 디자인이며 선전 문구며 종이 질이며 다채로운 인쇄며, 원형의 구멍을 뚫어 놓은 것에 이르기까지 비용을 들인 모양새가 그 전까지와는 사뭇 달랐다.

개봉 전날인 4월 23일 신문에는 총 5단에 이르는 대형 광고가 실렸다. 당시로서는 비할 바 없이 새로운 것이었으며, 이 광고를 본 것만으로도 이미 사람들의 마음은 두근거렸을 것이다.

"100년 후의 세계! 모든 과학문명이 무르익은 시대를 사는 인류의 찬란한 엘도라도! 영화예술의 21세기적 존재인 이 영화는 올 봄 비교해볼 영화가 없을 만한 초대형 작품"이라고 강조했다. 그리고 덧붙여 "선언!"이라 쓰면서, "전 일본을 가로질러 개봉하는 영광스러운 계획을 실행에 옮기다", 대중은 "열광적인 환호 속에 개봉할 날만을 기다리고 있다." 나아가 개봉 전부터 이토록 대중들의 관심을 받았던 그 어떤 명작이나 대작도 그 이전까지는 없었다고 기술했다.

"아! 4월 3일을 기대한다! 우리들은 〈메트로폴리스〉의 개봉의 날을!"

기대감으로 가슴이 부푼 그 열기와 그 광기가 전해지는 듯하다.

5

4월 3일이 되자 도쿄시에서는 아사쿠사 덴키관, 긴자의 쇼치쿠좌, 마루노우치의 호가쿠좌(邦樂座) 등에서 상영되었다. 그 달 18일부터는 "외국 영화의 흥행 사상 기록적인 사건, 전 세계가 놀란 영화, 다섯 개 영화관에서 동시상영"이라는 대대적인 광고와 함께 시바조노교한의 시바조노관(芝園館), 간다 오가와마치의 난메이좌(南明座), 시부야 햣켄다나의 시부

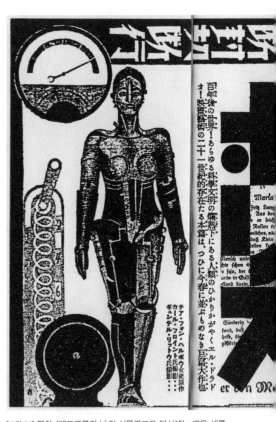

[그림 74] 영화 〈메트로폴리스〉의 신문광고로 당시에는 매우 새롭고도 놀랄만한 내용이었다.

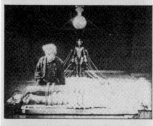

[그림 75] 영화 〈메트로폴리스〉에서 마리아의 모습이 로봇으로 바뀌는 장면. 일본인들은 이 장면에 감탄하지 않을 수 없었을 것이다.

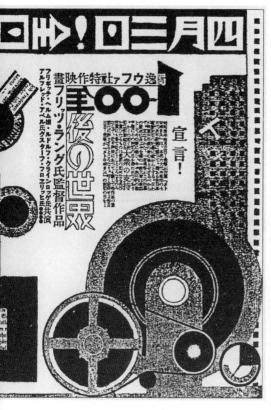

야키네마(澁谷キネマ), 아카사카 나메이케의 아오이관(葵館), 우시고메 가구라자카의 우시고메관(牛込館)에서 상영되었다.

시바노노관에서는 마츠이 스이세이(1900~1973), 아오이카에서는 도쿠가와 무세이(1894~1971), 우시고메관에서는 이코마 라이유(1875~1964) 등이 작품 설명을 맡았다. 이후 4월 25일부터는 메구로의 메구로키네마(目黑キネマ), 5월 2일부터는 니혼바시 닌교쵸의 니혼바시극장(日本橋劇場), 이케부쿠로의 헤이와관(平和館), 고마고메의 고마고메관(駒込館), 5월 3일부터는 우에노의 스즈키키네마(鈴本キネマ), 6월 13일부터는 만세이바시의 시네마파레스(シネマパレス), 7월 25일부터는 도쿄구락부(東京倶樂部)에서 상영되었다.

그 당시 영화흥행의 상식으로 보자면, 이러한 상황은 분명 '이상한' 일이었다.

한편 츠키지소극장 또한 〈메트로폴리스〉와 연관이 있었다. 1928년 12월에 오사나이 가오루가 갑작스런 죽음을 맞이하자 이 극단은 위기를 맞았다.[26] 원인은 그 이전부터 싹트고 있었다. 1929년 3월 24일 오사나이 가오루를 회고하는 공연이 이루어진 뒤 마루야마 사다오(丸山定夫)와 야마모토 야스에이(山本安英) 등은 극단을 탈퇴하고 히지카타 요시를 추대하여 신츠키지극단을 결성한다. 이날을 마지막으로 츠키지소극장은 분열하고 만다.

같은 시기 마루노우치의 호가쿠좌에서는 영화 〈메트로폴리스〉가 상영되고 있었다. 막간에 가벼운 대중 풍자극(보더빌)이 함께 공연되었는데, 바로 이

---

26 옮긴이 : '츠키지소극장'은 극장의 명칭이자 동시에 극단의 이름이기도 하다. 히지카타 요시와 오사나이 가오루가 1925년 6월 도쿄 츠키지에 설립한 이 극장은 일본 최초의 현대연극을 위한 전용극장이다. 오사나이의 뜻에 따라 현대연극을 교육하여 그 산실 노릇을 했다. 1928년 오사나이가 갑자기 사망하자 히지카타를 지지하는 이들과 배척하려는 이들 사이에서 암투가 벌어졌다. 이듬해 봄 히지카타와 그를 지지하는 이들은 새로운 극단을 결성하여 츠키지소극장과 새로운 인연을 맺었다. 이 극단은 1930년대 초 프롤레타리아연극동맹으로 변신하고 이 극장도 사회주의 연극운동의 거점이 된다.

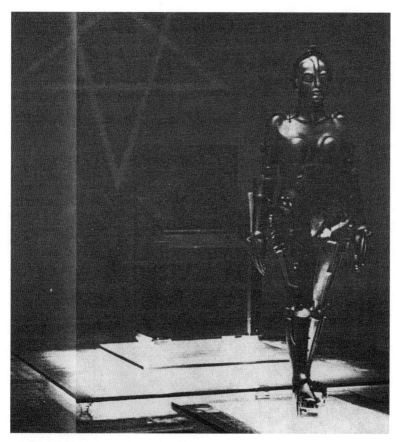

[그림 76] 로봇 〈마리아〉
걸어다니는 금속여인. 하타 번역의 소설 《메트로폴리스》는 이 로봇을 이렇게 묘사한다.
"분명 그것이 여자인 것은 틀림없지만, 그렇다고 인간은 아닙니다. 몸은 유리로 이루어진 듯하고, 손과 발은 은빛
으로 빛납니다. 유리 피부에서는 차가운 기운이 뿜어져 나오는 듯합니다. (중략) 그 여인은 얼굴이 없습니다. 품위
있게 휘어 있는 목 근육 위로 무언지 알 수 없는 물건이 단단하게 붙어 있는 듯합니다."

공연에 이탈한 츠키지소극장의 단원들과 이와무라무도단(岩村舞蹈團)이 참여했다. 기타무라 기하치가 만든 이 대중 풍자극의 제목은 〈인조인간의 사랑〉이었다.

이 작품에는 이미 걸어 다니는 괴물 역할을 연기한 바 있었던 아오야마 스기사쿠(青山杉作, 1889~1956)가 출연했고, 이토 기사쿠(1889~1956)가 무대장치와 의상을 담당했다. 〈인조인간의 사랑〉의 홍보문에는 "서기 2000년에 연극의 진화는? 이제 여기 새로운 인간(新人)을 구상하니 100년 뒤의 사회희극이 등장하다"라고 적혀 있었다. 작품 공연은 4월 3일부터 10일까지 7일간 모두 17회 이루어졌다. 이를 목격했던 운노 주자는 "아름다운 여러 로봇들이 짧은 노동복을 입고 나와, 이리저리 오가며 기계적으로 일을 했다. 이토록 단정하고 아름다우면서도 감정이 없는 얼굴, 부드러워 보이는 하얀 두 팔, 짧은 바짓단 아래로 미끈하게 뻗어 나온 멋진 다리 등은 (중략) 상당히 매혹적이었다."고 평했다(〈신청년〉, 1931년 4월호).

또한 1929년 4월 3일부터 10일까지이기는 하지만 신주쿠의 무사시노관에서는 극단 제일극장도 벌레스크(burlesque, 춤을 주로 한 희극) 〈메트로폴리스〉를 공연했다. 이 작품의 각색과 연출은 하츠타 모토오(八田元夫, 1903~1976)이다.

[그림 77] 〈인조인간의 사랑〉
영화 〈메트로폴리스〉와 〈카나리야 살인사건〉이 함께 공연되었다. 여기에는 아즈마야 사부로(東屋三郎), 시오미 요(汐見洋), 기시 데루코(岸輝子), 츠키노 미치요(月野道代), 무라세 사치코(村瀬幸子), 오오카와 다이조(大川大三) 등이 출연했다.

로봇 창세기

하지만 영화 상영이 아니라니 단막극이라니 도대체 어떻게 된 일일까? 배급된 필름 수가 적었기 때문에 무사시노관은 영화를 상영할 수 없었던 것일까?

이 정도의 영화였다면, 당연히 각종 잡지에 관련 기사가 실렸을 것이다. 그리고 실제로 영화감독이자 촬영기술의 연구자였던 가에리야마 노리마사(歸山敎正, 1894~1964)는 〈과학잡지〉 5월호에 문제의 영화 〈메트로폴리스〉를 통해 이 영화의 눈속임 촬영 기술을 설명했다. 그럼에도 불구하고 로봇을 위한 특수 촬영기술에 대한 언급은 없었다. 영화 자체의 비평이나 총평은 여러 잡지에 게재되었지만, '로트방의 인조인간에 관하여'나 '〈마리아〉는 제조 가능한가?' 등의 기획 기사는 찾아볼 수 없었다.

다시 로봇 〈마리아〉를 보자면 그 모습은 그 당시까지 제작된 다른 로봇들보다도 외관상 완성도가 높았다. 게다가 인간인 마리아와 동일하게 보이도록 하려는 설정에 따라 로봇 〈마리아〉에게 피부처럼 입혀질 금속 피부야말로 궁극의 기술미가 느껴진다. 로봇에게는 성별이 없지만 외형에서는 남녀의 차이가 나타났다. 여성 로봇이나 여성 오토마타의 등장이 처음은 아니었다. 과거 〈라 코펠리아(La Coppelia)〉(프랑스, 1900년), 〈기계 메리 안(The Mechanical Mary Anne)〉(영국, 1910년), 〈인형의 복수(The Doll's Revenge)〉(영국, 1911년), 〈코펠리아(Coppelia)〉(덴마크, 1912년), 〈전기인형(The Electronic Doll)〉(영국, 1914

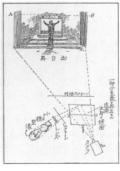

[그림 78] 문제의 영화 〈메트로폴리스〉의 그림과 사진
이 도판의 부제는 "경이로운 속임수 공개"인데, 몇 가지 특수촬영을 이렇게 해설하고 있다.
"교묘한 트릭의 하나, 영화에서 뒤쪽에 놓인 석고상이 인물과 하나로 보인다."

년) 등 의외로 많았다.[27] 그렇지만 금속으로 된 신체 전체를 보여준 것은 〈메트로폴리스〉가 처음이었다. 로봇 〈마리아〉의 원형은 나중에 언급할 소설 《미래의 이브(L'Eve future)》에 등장하는 아달리에서 찾아볼 수 있을 것이다. 이는 아달리가 인간과 같은 모습을 하고 있기 때문이다.

1983년 조르지오 모로더(Giovanni Giorgio Moroder, 1940~)는 영화 〈메트로폴리스〉를 새로이 편집하여 상영했는데,[28] 일본 도호(東宝)영화사가 공개한 이 작품의 팜플렛(1985년)에서 데즈카 오사무는 다음과 같이 언급했다.

더욱 대단한 것은 로봇의 형상이다. 에로틱한 아름다움으로 가득한 이 여성 로봇은 작품이 발표된 이후 지금까지 더 나은 캐릭터가 나오지 않았다고 해도 좋을 만큼 독창성으로 가득하다. 이는 <스타워즈>의 C-3PO 등이 이 로봇을 모방할 정도이기 때문이다. 더 흥미로운 점은 이 로봇의 구조 위에 인공피부 같은 것을 덧씌움으로써 마리아로 보이도록 한 아이디어다. 영화가 절정에 이르러 가짜 마리아가 화형당할 때는 바로 이 인공피부가 타들어가 로봇의 뼈대가 드러난다. 로봇의 머리를 마리아의 얼굴로 바꾸어 인공피부로 표현하겠다는 발상은 매우 현대적이다(개인적으로는 우주소년 아톰의 얼굴도 초합금 골격에 인공피부를 씌운 것이다.) 어

---

27 옮긴이 : 1900년 작 〈라 코펠리아〉의 원래 제목은 〈코펠리아 : 움직이는 인형(Coppelia : la poupée animée)〉으로 영화의 탄생을 이끌었던 마술사 조르주 멜리에스(Georges Méliès)의 작품이다. 이 작품은 흑백 무성영화로 러닝타임은 약 2분이다. 〈기계 메리 안〉은 수백 편의 영화를 감독했던 레빈 피츠하몬(Lewin Fitzhamon)의 무성영화 작품이다. 〈인형의 복수〉는 퍼시 스토우(Percy Stow)로 이 작품 역시 흑백 무성영화이다. 덴마크에서 1912년 무렵 공연된 〈코펠리아〉는 오토마타가 등장하는 발레 공연으로 보인다.

28 옮긴이 : 조르조 모로더는 1970년대와 1980년대를 풍미했던 영화음악 작곡가이다. 그는 영화 〈미드나잇 익스프레스〉(1978), 〈플래시 댄스〉(1984), 〈탑건〉(1987) 등을 히트시켰고, 1988년 서울 올림픽 주제가 〈손에 손 잡고〉를 작곡했다. 모로더는 1983년 영화 〈메트로폴리스〉를 복원하는 작업을 시도했는데, 무성영화에 현대적인 영화 포맷으로 새롭게 재해석했다. 그는 현대적 자막, 프레임 속도, 사운드트랙 등을 새로 입혔다. 사운드 트랙 작업에는 팻 베내타(Pat Benatar), 존 앤더슨(Jon Anderson), 애덤 앤트(Adam Ant), 빌리 스퀴어(Billy Squier), 러버보이(Loverboy), 보니 타일러(Bonnie Tyler), 프레디 머큐리(Freddie Mercury) 등 유명 음악가들이 참여하기도 했다.

찌됐든 가짜 마리아를 불태우자 로봇이 나타나는 장면은 60년 전 관객에게는 분명 엄청나게 충격적인 SF체험이었을 것이다.

당시의 관객들은 '이것이 바로 인조인간'이라 여기면서, 로봇을 구체적으로 이해할 수 있었을 것이다. 영화의 스토리와 상관없이 로봇의 전형적인 모습을 보여준 〈메트로폴리스〉는 일본의 로봇 문화에 큰 영향을 미쳤다. 그해 5월 1일에는 폴 화이트먼(Paul Whiteman, 1870~1967)과 콘서트 오케스트라가 연주한 교향곡 〈메트로폴리스〉가 일본 빅터축음기주식회사에서 발매되었다.

[그림 79] 로봇 〈마리아〉를 화형에 처하는 장면
관객들은 이 장면에서 다시 한 번 가짜 〈마리아〉가 로봇이었다는 것을 확인하게 될 것이다. 피부가 사라지자 로봇이 갑자기 나타난다……. 이 상투적인 영화 표현기법은 여기서 처음 생겨난 것이 아닌가 하는 생각이 든다.

이 연주곡은 여러 영화관에서 무성영화의 장면들에 맞춰 실제로 연주되었던 곡이었기 때문에 영화를 보았던 사람들은 곡을 들으면서 다시 한 번 몇몇 장면들을 기억해낼 수 있었다. 〈도쿄행진곡〉도 이때 동시 발매되었던 작품들 중 하나였다.

6

그렇다면 영화 〈메트로폴리스〉를 일본의 만화나 소설은 어떻게 받아들였을까? 〈소년세계〉 11월호에는 로봇을 주제로 한 것은 아니었지만 어린이들을 대상으로 《메트로포테토》라는 신작 만담이 등장하기도 했다.

우선 만화를 살펴보도록 하자. 이 영화가 개봉되기 이전에 로봇이 등장하는 만화는 더러 있었지만, 거의 모든 것이 한 컷으로 된 만화였다. 그러던 것이 작품 수가 증가한 것이나, 여러 컷으로 연속되어 있다는 점, 묘사된 형상이 로봇 〈마리아〉를 닮은 것들이 나타났다는 점 등은 그 영화가 확실히 영향을 미쳤다고 할 수 있다. 이는 또한 로봇이란 '움직이는 것'이라는 사실에서 받은 영향이라고 할 수 있다.

미즈시마 니오(1884~1958)라는 작가는 이 시기에 몇몇 로봇 만화 작품을 남겼다. 미즈시마는 신문사 전속 만화가였으며 글도 제법 잘 썼다. 그가 그린 로봇은 인체 크기의 2배 정도라 할 만큼 거대한 것이었으며, 커다란 구슬 모양의 관절을 가지고 있다. 게다가 머리는 이딘지 모르게 로봇 〈마리아〉와 비슷했다. 그는 〈신청년〉 6월호에 잡지 첫머리 그림으로 〈신청년일본만화집〉의 한 페이지인 〈스틱이라니, 시대착오 아니야?〉를 실었다. 또한 대일본웅변회강담사의 〈웅변〉 6월호 〈미래의 세계만화집〉에는 고가 사부로 등과 함께 〈인조인간 그 외〉를 실었는데, 이것은 만화가 아닌 글이었다.

그리고 1929년 8월 미즈시마는 자신의 작품을 모아 《현대유머전집》의 제

75권으로 《겐부츠자에몬》
(현대유머전집발행회)을 출간했
다. 양장으로 된 그 책의 표
지에는 로봇 그림이 있고,
본문의 첫머리에도 〈인조
인간시대〉가 게재된 것으
로 보아, 이 무렵 미즈시마
가 로봇을 자기 작품의 특
징으로 삼았다는 것을 알
수 있다. 〈인조인간시대〉는

[그림 80] 오른쪽 그림은 〈스틱이라니, 시대착오 아니야?〉, 왼쪽 그
림은 〈인조인간시대〉
오른쪽 그림에서 로봇의 형상을 보면 〈메트로폴리스〉의 영향을
분명히 알 수 있다. 왼쪽 그림의 대화, "인조인간의 걸음은 엄청
빠르군." "그래서 인조인간은 쉴 짬이 없다는 거겠지."

〈주간 아사히〉 여름 특별호에 게재되었던 것인데, 오른쪽에는 글을 배치하
고 왼쪽에는 만화를 배치해서 하나의 이야기를 양쪽 페이지에 담아내는 방
식으로 총 8편의 이야기가 포함되었다.

　여기서 주목해야 할 점은 그가 가라쿠리 인형(からくり人形, 태엽, 실 등의 재료를
이용한 장치를 만들어 움직이는 인형)를 인조인간의 효시로 보았다는 사실이며, 게
다가 에도시대의 자동인형도 아니고 중국의 제갈공명(181~234)이 만든 나무
인형을 염두에 두었다는 사실이다. 그렇지만 도쿄미술학교에서 그림을 배
운 일본 화가로서 미즈시마는 에도시대로부터의 흐름을 잇고 싶어 했으며,
그의 희망이 로봇의 원류를 동양에서 찾도록 했던 것이다.

　사실 제갈공명은 말의 형상을 한 '목우유마(木牛流馬)'를 만들어 병사들로
하여금 이 자동인형에 짐을 실어 촉나라의 벼랑길을 건너게 했던 것이다. 고
대 중국의 과학기술은 매우 수준 높은 것이었다. 후쿠모토이즘으로 잘 알
려진 후쿠모토 가즈오(1894~1983)가 다가 요시노리라는 필명으로 북광서방
에서 출간한 《기술사화잡고》(1943년)에 의하면 '자동기계인형'에 관한 가장

[그림 81] 다가와 스이호의 〈인조인간〉
첫 번째 연재의 첫 장면(상단 맨 오른쪽 그림)과 〈무 뽑는 편〉의 4페이지 가운데 두 번째 페이지 부분(하단 그림들). 〈여우사냥 편〉의 두 장면(상단 가운데와 맨 왼쪽 그림). 실제로 로봇을 주인공으로 삼은 이 만화는 일본 최초로 격조 있게 잘 표현된 로봇 연재만화였다. 지금 읽어보아도 제법 재미있다.

로봇 창세기

오래된 기록은 춘추전국시대의 책《열자(列子)》에 있다고 한다.

또한《노라쿠로》를 출판하기 전에 이미 다가와 스이호(田河水泡, 1899~1989) 역시 로봇을 그렸다. 다가와의 본명은 다카미사와 나카타로(高見澤仲太郎)였다. 1922년에 군대를 제대한 다가와는 화가에 뜻을 두고 MAVO에 참여했고, 또 한때는 구성주의로 전향하기도 했다. 그러던 중 그는 만화를 그리게 되었다. 다가와가 그린 만화는 제목조차 〈인조인간〉이었는데, 〈로봇 '가무제'〉, 즉 '검'이라 불리는 기계와 그것을 만든 박사가 차례대로 펼치는 시끌벅적한 코미디였다.

이 작품은 대일본웅변회강담사가 간행한 잡지 〈후지(富士)〉의 4월호부터 연재되었으며 로봇을 주인공으로 한 일본 최초의 연재만화였다. 신문광고 문구도 처음에는 '만화만문(漫畵漫文) 인조인간'이었으나 점차 '골계(滑稽) 인조인간'으로 바뀌었는데 이는 작품의 인기 때문이었을 것이다. '가무제'의 연재는 호평을 받았고, 매회 두 쪽을 4컷으로 빽빽하게 채웠다. 이듬해 1930년 8월에는 다가와의 작품을 모은 만화집《만화 통조림》(대일본웅변회강담사)이 출판되었다. 그리고 그 만화집에 〈인조인간〉도 8편 실렸다.

로봇과 그것을 만든 박사라는 구도는 분명 〈텔레복스〉와 웬슬리, 〈에릭〉과 리처즈, 〈바비〉와 로버트, 〈가쿠텐소쿠〉와 니시무라 마코토 등과 같지만, 다가와에게서 받는 인상은 역시나 〈메트로폴리스〉의 로봇 〈마리아〉와 로트방 사이의 관계가 아니었을까 하는 생각이 든다.

만화들이 영화가 공개되기 전에 나온 것이긴 하지만, 힌트로 삼을 만한 단서는 이미 1929년 초부터 알려져 있었다. 나중에 〈가무제〉는 또 다른 동료를 만나게 되고 변함없이 시끌벅적함은 계속된다.[29] 그리고 대일본웅변회

---

29 옮긴이 : 다가와는 1930년 9월호 때부터 '가무제'에게 새로운 캐릭터 '카네세'를 만나게 해준다.

강담사는 1931년 8월에 《만화상설관》을 출간했는데 거기에 다시 〈인조인 간〉 네 편이 실렸다. 다가와는 그 밖에도 〈과학의 진보, 미래의 경이 좌담 회〉에 직접 참여하고, 그해(1929년) 12월초에 간행된 잡지 〈웅변〉(1930년 1월 호)에 같은 제목의 글에 로봇과 인간의 장면을 삽화로 실었다.

비슷한 시기에 다나카 히사라(田中比左良, 1890~1974)라는 만화가도 〈후지〉 6월호의 '이러면 편리하지!'라고 이름 붙인 만화란에 〈인조부인〉을 실었다.

〈메트로폴리스〉에 관한 종합 평론이 게재되었던 〈선데이 마이니치〉(1929년 4월 17일호)에는 〈인조인간 칠전팔기〉라는 제목의 8컷 만화가 실렸다. 이 작 품을 그린 사람은 마에카와 센판(前川千帆, 1888~1960)이었다. 원래 목판화가 였던 마에카와는 〈눈 내리는 요고 호수〉, 〈공장풍경〉 등의 작품을 남겼다.

그는 도쿄 팩(PACK)사가 간행한 〈도쿄 팩〉에서 삽화를 그리게 되면서 만 화를 배웠다고 한다. 마에카와가 그린 로봇은 널찍한 판자로 제작된 것처 럼 보인다. 흉부가 직사각형에 구멍이 뚫린 모습인 것을 보면 〈텔레복스〉를 참고했을 것이다. 아니면 그의 눈에 익숙했던 목판용 나무판을 떠올렸을지 도 모른다. 얼핏 보기에는 데페로의 작품과도 비슷하다.

[그림 82] 〈과학의 진보, 미래의 경이 좌담회〉
에 다가와가 그린 삽화

[그림 83] 다나카 히사라의 〈인조 부인〉
'이러면 편리하지!'의 만화면에 포함된 한 편

로봇 창세기

이 작품에서는 선과 먹을 칠한 부분이 명료하게 구분된 것으로 보아 판화가로서의 능력을 엿볼 수 있다. 마에카와는 같은 해 로봇을 한 번 더 그렸다. 이것은 1930년 〈아사히〉 1월호에 게재되었다. 나중에 더 자세히 설명하겠지만, 〈아사히〉는 같은 해 1929년 3월호의 영향 때문이었는지 아니면 로봇에 열정적으로 관심을 보였던 편집자가 있었기 때문이었는지 모르지만 11월호에서는 〈거리에서 물건을 사는 인조인간〉(차례의 표기에 따름)이라는 기획기사를 구성했다.

그리고 마에카와가 〈아사히〉 1월호에서 보여준 로봇은 이전에 그렸던 로봇 이미지들보다 진화한 것처럼 보인다. 하지만 눈의 모양은 여전히 다른 로봇 이미지들과 비슷하다. 이야기 전개는 매번 비슷한 부분이 많고, 어떤 박사와 로봇이 함께 있는 장면에서 이야기가 시작된다. 당시 로봇과 관련된 작품들의 흥미로운 점은 그 작품들 모두가 작가 개인의 고유한 로봇 이미지를 반영하고 있다는 사실이다. 〈메트로폴리스〉의 영향을 무시하지 못했지만, 자신만의 로봇을 창조했다는 사실은 정말 마음에 든다.

로봇 이미지들이 서로 달랐다는 사실을 고

[그림 84] 마에카와 센판의 〈인조인간 칠전팔기〉와 〈인조인간의 새해 첫 달〉(아래쪽 그림)
마에카와의 로봇 이미지들은 비슷한 부분이 많다. 대개 로봇이 밖으로 나가 소란을 일으키는 설정이지만, 1년도 되지 않아 그 모습은 크게 변했다. 위쪽과 아래쪽 그림 모두 작품의 첫 번째 장면들이다. 마에카와 만화의 특징은 나눌 법한 장면들을 나누지 않고 물 흐르는 듯 진행한다는 점이다. 물론 거기에는 글이 들어가 있어서 다음 칸으로 부드럽게 넘어가게 하는 역할을 한다. 마에카와의 만화는 무성영화 같고, 글은 설명에 지나지 않는다.

[그림 85] 오카모토 잇페이의 〈표현인형〉(상단 오른쪽 그림), 오카모토가 〈미래를 말하다〉의 주제였던 〈인조인간〉을 위해 그린 이미지(상단 왼쪽 그림), 오노데라 슈후의 연재만화 〈익살스런 이야기〉의 제5화 〈인조인간 편〉을 위한 처음 네 컷(하단 오른쪽 그림), 그리고 작가 미상의 만화 〈탱크〉의 처음 네 컷(하단 왼쪽 그림)

려해볼 때 오카모토 잇페이(1886~1948)의 로봇이 어떠했을지도 궁금하다. 〈도쿄아사히신문〉은 1929년 7월 10일부터 12월 4일까지 니이 이타루(新居格, 1883~1951), 고지마 마사지로(小島政二郎, 1894~1994), 다카다 다모츠(高田保, 1895~1952), 마루키 사도(丸木砂土), 무라야마 도모요시 등을 모아 〈미래를 말하다〉라는 공상적인 주제의 좌담회를 연재했다. 오카모토는 이 좌담회의 일원이었고 매회 삽화를 그렸다.

로봇은 〈인조인간〉이라는 제목으로 〈미래를 말하다〉의 네 번째 주제(4회차)에서 다뤄졌다. 이것은 "영화 〈메트로폴리스〉에 등장한 기계인간은 제법 편리한 것이다"

라는 정도의 이야기였다. 하지만 참여자들 중에는 프랑스 파리에서는 광고지를 건네는 인조인간, 즉 전동광고인형이 있었다고 말한 사람도 있었다.

오카모토는 한 해 전(1928년) 봄 즈음 동일한 신문에 〈표현인형〉이라는 제목의 한 컷 만화를 그렸다. 이 작품은 사회적인 소재를 다룬 것이었다. 거기에 등장하는 인형 캐릭터는 노인의 얼굴을 하고 있지만 그 밖에는 인조인간과 매우 흡사했다. 오카모토는 인형, 로봇, 그리고 인간이 겉모습에서는 동일하다고 여겼던 것 같다.

이 작품들이 전부는 아니다. 〈소년 세계〉에 만화 〈익살스런 이야기〉가 연재되었는데, 바로 1929년 6월호에 다가와 스이호의 것과 비슷한 로봇이 등장한다. 작가는 오노데라 슈후(小野寺秋風, 1895~1978)였다. 또한 이 잡지의 같은 해 10월호의 목차 뒤쪽 면에도 〈탱크〉라는 제목에 작가 미상의 로봇 이미지가 실렸다.

이 무렵 흥문사에서는 초등학생에게 도움되는 지식이나 이야기를 《초등학생전집》을 간행했다. 그리고 1929년 7월에는 그 27권을 배본했다. 동 전집의 제64권으로는 《초등학생백과사전》(소학생전집편집부편)이 출판되었다. 초등학생용이기는 했지만 백과사전 형식이었기 때문에 어순에 따라 편집되어 있다. 그 때문인지 이 사전은 일왕이 직접 살펴보는 영광을 누리기도 했다. 여기에 바로 '인조인간' 항목이 포함되었다.

'인조인간' 매우 최근의 발명품으로 기계로 제작된 인간이다. 뱃속에 전기장치가 있으며 자유로이 말하고 걸을 수 있다. 하지만 인조인간이 제멋대로 작동하는 것은 아니고, 인간의 지시가 없다면 인형과 다름없다.

그런 뒤에 〈에릭〉, 〈바비〉, 〈전화인간〉(즉, 〈텔레복스〉)을 순서대로 쓴 다음 이렇게 결론 내린다.

해외에서는 인조인간을 로봇이라 부르는데, 예전에 차페크 씨의 연극에 로봇이라 는 인조인간이 등장한 것에서 따온 이름이다.

어린이를 위한 작품이 만담이나 만화처럼 두서없는 부분이 있기는 하지만 어른의 세계보다 한 걸음 앞서간 측면도 있긴 하다. 이 작품들이 분명 그런 예일 것이다.

게다가 같은 해에는 《시사 영어 콘사이스 옥스퍼드 사전》이 새롭게 출판되었다(제2판). 이것은 두말할 것도 없이 《옥스퍼드 사전》을 다시 엮어 놓은 것이었는데, 여기 'robot' 항목이 포함되었다. 제1판의 'roborant'와 'roburite'의 사이에 'robot'이 자리했다. 그리고 얼마 더 지난 뒤 《옥스퍼드 사전》에도 이 단어가 수록되었다. 당시를 차페크는 이렇게 썼다. 그리고 그 것을 번역가 구리스 게이가 옮겼다.

로봇이라는 말과 그 파생어가 어떻게 영어로 정착되어 《옥스퍼드 사전》에 수 록되었는지를 소개한 호도바 교수의 글을 접하여 (하략).

이것은 1933년 12월 24일 〈리도베 노비니〉 신문에 게재된 것이다. 《옥스퍼드 사전》은 같은 해 개정되었고, 그러면서 'robot'이라는 단어도 채택되었다. 이 사전의 영향력을 생각해볼 때 '로봇'이라는 말은 바로 이 시점에서 세계어가 되었을 것이다.

로봇 창세기

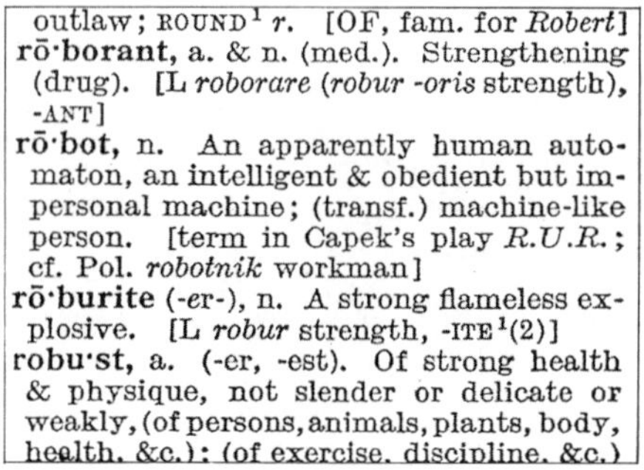

```
outlaw; ROUND¹ r.    [OF, fam. for Robert]
rō·borant, a. & n. (med.).  Strengthening
   (drug).  [L roborare (robur -oris strength),
   -ANT]
rō·bot, n.    An apparently human auto-
   maton, an intelligent & obedient but im-
   personal machine; (transf.) machine-like
   person.  [term in Capek's play R.U.R.;
   cf. Pol. robotnik workman]
rō·burite (-er-), n.  A strong flameless ex-
   plosive.  [L robur strength, -ITE¹(2)]
robu·st, a.  (-er, -est).  Of strong health
   & physique, not slender or delicate or
   weakly, (of persons, animals, plants, body,
   health, &c.); (of exercise, discipline, &c.):
```

[그림 86] 《시사영어 옥스퍼드 사전》에 실린 단어 '로봇'
'로봇(robot)'은 '강장제(roborant)'라는 단어와 '고성능 폭약(roburite)'이라는 단어 사이에 포함되었다. 그런데 '로봇'은 사전에 수록되었지만 〈텔레복스〉라는 단어는 실리지 않았다.

그렇다면 소설의 상황은 어땠을까? 《과학탐정소설》은 〈웅변〉 9월호부터 연재를 시작했다. 1회부터 로봇이 등장했는데, 오타키 구라마(大瀧鞍馬)의 작품 〈유령의 미소〉가 그것이다. 이 작품에서 로봇은 '악령'의 조종에 따라 움직인다. 이처럼 노부하라 겐의 〈전파소녀〉에서도 그렇고, 고가 사부로의 작품 〈떠다니는 악마의 섬〉에서도 그렇고, 로봇은 '악마'의 편에 서 있었다. 〈메트로폴리스〉에서도 로봇은 악의 편이다.

〈유령의 미소〉에 등장하는 로봇은 덩치가 매우 크고 권총 탄환도 뚫지 못하는 강철 피부로 덮여 있으며 눈에서는 광선이 발사된다. 더욱이 처음에는 유독가스를 내뿜는 장치도 설정되었다. 또한 잡힐 경우 로봇의 구조 공개를 막기 위해 자폭하는 기능도 장치되었다.

그리고 로봇을 조종하는 장치는 여행용 가방처럼 상자로 되어 있었다. 로봇 〈마리아〉가 등장하고 난 뒤인데도 어째서 이런 종류의 로봇을 설정한 것일까. 이는 어쩌면 〈메트로폴리스〉가 서기 2000년을 배경으로 한 이야기였기 때문인지도 모르겠다. 조금이라도 탄탄한 스토리를 만들려면 아마도 '구식' 로봇을 설정할 수밖에 없었을 것이다.

이 작품의 삽화를 보면 알 수 있듯이 로봇의 겉모습은 금속갑옷 그대로인데, 〈에릭〉과 로봇 〈마리아〉를 뒤섞어 놓은 듯하다. 로봇의 기능은 비약적

[그림 87] 소설 〈유령의 미소〉에서 요시무라 지로가 그린 로봇. "입구에 서 있는 것은 2.5 미터나 되어 보이는 괴물이었다. 번쩍거리는 두 눈빛을 보라!"

[그림 88] 《오즈의 마법사》에 등장하는 양철 나무꾼 지금까지 수많은 양철 나무꾼이 그려졌지만, 이 그림은 W. 덴슬로가 원작을 위해 그린 것이 틀림없다.

으로 변화하고 있는 반면 겉모습은 여전히 로봇 〈마리아〉를 참고하고 있었다. 대개 로봇의 머리 정수리는 원뿔 형태로 묘사되어 있었는데, 오타키의 로봇도 그랬다. 이 원뿔 형태는 라이먼 F. 바움(Lyman Frank Baum, 1856~1919)의 작품 《오즈의 마법사》(1900)에 나오는 양철 나무꾼의 머리 모양에서 비롯되었을 것이다.

이 작품의 삽화를 그렸던 윌리엄 W. 덴슬로(William Wallace Denslow, 1856~1915)의 이미지를 보면 로봇 그 자체이다. 그러나 그의 삽화가 일본에 직접 영향을 준 것 같지는 않다. 〈유령의 미소〉에 등장한 로봇은 〈에릭〉의 얼굴 위쪽 부분을 원뿔로 바꾸어 놓은 것이다. 이 삽화는 요시무라 지로의 것인데, 원래 서양화가였던 그는 이를 계기로 로봇을 전문으로 그리는 화가가 되었다. 요시무라는 1922년 고가 하루에(古賀春江, 1895~1933), 간바라 다이 등의 13인과 함께 〈이과전〉의 직접적인 계보인 〈액션〉 그룹을 결성한 인물이었다.

간바라 다이는 1926년을 정점으로 점차 계속되는 '불행'을 맞는다. 〈액션〉 그룹이 해체되고 〈조형(造型)〉 그룹의 결성에 참가했으나 1927년 11월에 제명을 당한다. 제명시킨 세력이 〈조형〉 그룹 내의 '좌파'였지만, 간바라의 정신은 여전히 코뮤니즘으로 향했다. 1928년이 되면서 그는 〈시네·카메

로봇 창세기

라에 의한 시〉라고 불리는 영화 시나리오를 썼으며, 간혹 왕래사(往來社)에서 간행한 〈영화왕래〉에 기고했다. 〈영화왕래〉의 1930년 1월호는 〈밀로의 비너스에 헌정하는 아름다운 풍경〉이라는 제목의 장편시를 실었다. 그 작품에 로봇이 다음과 같이 등장한다.

거대한 발전소의 스위치실.
방 주위로는 실로 정연하게, 실로 과학적으로 늘어선 셀 수 없이 많은 스위치.
그 스위치를 한 개씩 일정하게 로봇이 사무적으로 눌러나간다.

이 로봇은 뉴욕에 위치한 에디슨사가 개발한 〈무인자동배전소〉에 대해 묘사한 것이리라. 간바라가 로봇을 이런 식으로 여겼다면, 1930년에 쓴 자신의 시에서는 로봇을 또 다른 의미로 사용했다고 볼 수 있다. 조금 성급하기는 하지만, 이 자리에서 한번 살펴보도록 하자. 시간사의 잡지 〈시간〉 5월호에 실린 〈시인의 문제〉라는 시의 마지막 세 행들에 로봇이 등장한다. 이 잡지는 〈영화왕래〉와 마찬가지로 기타가와 후유히코(北川冬彦, 1900~1990)가 1930년 3월에 창간한 〈신현실주의〉 그룹의 시 전문 잡지였다.

나는 로봇이지 않으면 안 된다.
나는 기계이지 않으면 안 된다.
내가 속한 세계의 계급이 명령하는 대로 움직이는 로봇이지 않으면 안 된다.

〈메트로폴리스〉의 충격은 신조사가 간행한 〈신조〉 8월호에 응축되어 나타난다. 〈신조〉는 이미 1929년 5월호 〈신조 평론〉란에서 〈메트로폴리스〉를 화제로 삼았는데, 거기서 이 영화를 혹독하게 비평했던 H. G. 웰스(Herbert George Wells, 1866~1946)의 글을 소개하면서 영화의 가치를 폄하했다.

이 글의 주인공은 영화평론과 각본을 썼던 모리 이와오(森岩雄, 1899~1979)였다. 그저 블록버스터에 눈이 멀어 열광하고 있던 사람들에게 찬물을 끼얹어 줌으로써 파문을 일으키려는 의도는 충분히 달성된 듯 보인다. 편집자 자신의 기만적인 의도는 둘째치더라도, 사실과 다른 입장에서 기사를 기획하고 그것을 통해 자기 잡지에 활기를 불어넣으려는 못된 태도는 예나 지금이나 변치 않는 잡지편집 수단인 것 같다.

어쨌든 이 잡지의 8월호로 다시 돌아와 보자. 그 잡지의 마지막 페이지 기자 소식란에는 이렇게 열정적으로 말하고 있다.

"마침내 과학은 모든 것에 '인조인간'의 시대를 만들어내려 하고 있다. 과연 '인조인간'이란 무엇일까. 이것은 흥미롭고 의미심장한 기사일 것이라 생각한다."

8월호에는 〈인조인간 환상〉이라는 제목으로 특집에 가까운 기획이 구상되었다. 내용은 다음과 같다.

〈인조인간 예찬〉	가와바타 야스나리(川端康成, 1899~1972)
〈크리스탈린의 인생관〉	니이 이타루(新居格)
〈의수 의족 공기인형〉	도고 세이지(東郷青兒, 1897~1978)
〈인간정복〉	무라야마 도모요시(村山知義)

로봇 창세기

〈꿈과 인조인간〉　　　　기타무라 기하치(北村喜八)

이 글들과는 별개로 원래 기획에서는 고가 사부로의 〈문예작품에 적용된 과학〉도 포함되어 있었다. 하지만 완성된 글이 편집부의 요구와 맞지 않아 누락시켰다고 한다. 로봇을 소개하는 글들이 아니라 로봇을 논한 일본 최초의 본격적인 기획이다. 단순 소개에서 한 걸음 더 나아갔다. 가와바타 야스나리는 제1행을 다음과 같이 썼다.

　　구로보탄(黑牡丹) – 이것은 내가 키우는 개의 이름이다.

이어지는 문장은 다음과 같다

　　하얗고 작은 개를 향한 사랑을, 그 이름에 담아, 내 집에 준 이는 정거장 앞
　　운송업자의 아내였다.

검은 모란(黑牡丹), kurobotan. 그 이름에 담긴 것은 바로 robot이다. 행을 바꿔 이런 문장이 계속된다.

　　식물의 꽃과 단어는, 여전히 '시'이다. – 아니, '시'임을 끝내는 시대인가? 나는 가
　　련한 시인이다.
　　'문학은 지나가 버린 가난한 꿈. – 런던에서는 인조인간이 연설을 하고, 미국에
　　서는 인조인간이 공장에서 일하는 지금, 문학은 무엇을 창조할 수 있겠는가?'라
　　며 그녀는 나를 비웃는다.

[그림 89] 〈신조〉 8월호의 표지와 〈인조인간 환상〉의 첫 페이지
1920년대 중반 찬란하게 빛났던 이 기획을 통해 편집부의 문제의식을 알 수 있다. 분명히 로봇에 관한 일련의 보도나 아니면 〈메트로폴리스〉의 로봇에 흥미를 가졌던 편집자들이 있었다.

가와바타('나')를 고뇌에 빠트리고, '발소리도 없이 서재로 다가오는' 소녀와 같은 가와바타의 메피스토펠레스. 가와바타를 고통스럽게 만든 그 소녀와의 대화 속에서 이야기는 계속된다.

"어떻게 해서든 인조인간만이 살아남아. – 차페크의 희곡《로봇》에서도 하늘이 만든 인간을 인조인간이 멸망시키잖아. 그리고 에필로그에서는 인조인간 남성과 여성이 아담과 이브처럼 사랑을 나누지. 이 연극의 인조인간은 노동자의 상징이야. 하지만 〈메트로폴리스〉의 인조인간도 인간을 공격하려고 해. 왜 시인들은 인조인간을 시켜 인간에게 복수하지 않으면 안 되게 한 것일까 – 거기에는 말이야, 신을 두려워하는 인간의 본심이 숨어 있어. 창조주를 향한 기도가 말이야. 인간은 하늘에 닿기 위한 탑을 쌓는 일을 두려워하는 거야."

"그것이 가련한 시인들의 인습인 거지."

"바보. 애초에 인조인간 자체가 인습인 거야"라고 말하며 타고난 시흥(詩興)에 이끌린 나는 큰 소리로 꾸짖으며 그녀를 쫓아냈다.

마지막은 다음과 같이 끝난다.

"나의 시적인 상상에 따르자면, 만일 생명체를 만들어 내는 것이 가능하다면, 인조인간 산업보다 – 먼저 인체의 창조적인 자유변형이 이루어질 거야. 예를 들자면. – "

사실 이 글의 끝에서는 활자의 크기를 줄이고 '(장수가 너무 초과되었으니 아래에서 그만 줄인다.)'라는 문장이 뒤에 계속된다. 이것이 가와바타의 뜻에 따른 것인지, 아니면 편집부의 비판적인 생각 때문이었는지는 알 수 없다. 과학과 문학의 관계, 창작행위와 시인의 정신, 시대와 문학 등에 관한 가와바타의 생각을 드러내 보이고 있으며 다양한 시사점을 지닌다는 점에서 그 내용이 매우 흥미롭다.

반면 다른 측면에서는 가와바타에게 희롱당한 느낌도 있다. 그가 말하고자 한 것은 첫 행에서 전부 드러나고 있는데, 사실 가와바타는 고민도 고통도 없는 것처럼 보인다. 이는 그가 로봇을 꽃 이름 속에 가두어 놓았기 때문이다. 말하자면 처음 3글자로 승부를 내버린 것이다. 당시 사회에 로봇이 등장하기 시작한 시점에서조차 가와바타의 문학은 조금도 흔들리지 않는다. 당시 서른 살이었던 가와바타는 이 글을 쓴 뒤로 같은 해 12월 12일부터 〈도쿄아사히신문〉에 연재한 소설 《아사쿠사 구레나이단》을 구상하고 취재와 집필에 들어갔다.

니이 이타루(1883~1951)는 1920년대 중반 '모보'와 '모가'라는 말을 유행시킨 인물이다.[30] 그는 도쿄제국대학 정치학과를 졸업한 뒤 신문 기사를 거쳐 아나키즘적인 문예평론을 했고, 전쟁이 끝난 뒤에는 도쿄 스기나미구의 구

---

30 옮긴이 : 모보(モボ)는 모단 보이(モダンボーイ), 즉 모던 보이(modern boy)의 줄임말이고, 모가(モガ)는 모단가루(モダンガール), 즉 모던 걸(modern girl)의 줄임말이다.

청장이 되었다.

'크리스탈린(Crystallin)'은 '수정과 같다는 의미'로 니이가 환상 속의 여성 인조인간에게 붙여준 이름이다. 크리스탈린은 맑고 아름다운 눈과 희고 고운 이를 가졌으며 용모는 단정하다. 말은 명석하고, 사고는 도리에 맞고, 약속 시간을 어기는 일이 없다. 그래서 크리스탈린은 "오로라 여신처럼 산뜻한 아침의 감촉을 지녔고, 흰 장미꽃이나 프리지아와도 비교될 만한 느낌을 지녔다." 니이 이타루는 기계여성의 형상을 통해 인간을 날카롭게 비판했다. 이상적인 여성은 그처럼 기계 안에서만 존재할 뿐이다.

인간이 그동안 너무 지나칠 만큼 가득 채우려 했던 열정이 사라지고 나면, 인간 스스로는 인조인간이 되고 말 것이다. 고대에는 신이 완전한 인간상으로서 숭배되었다. 하지만 이제 인조인간이 새로운 신의 자리를 빼앗아 인간이 추구해야 할 모델이 되어버린 것은 아닐까. 오늘은 신을 대신해서 일렉트릭서티(electricity)를 현대판 신으로 삼았다. 나는 인조인간을 현대의 신으로 여긴다. 제작된 인공물이야말로 언제나 신의 피조물보다 뛰어나다.

니이 이타루는 여기에서 문학을 특별하게 다루고 있지는 않지만, 그해 5월 〈도쿄아사히신문〉(1929년 5월 12일~14일)에 〈기계와 문학의 관계〉라는 글을 3회에 걸쳐 게재했다.

도고 세이지는 서양화가이자 또한 번역가이기도 한 인물로 프랑스 리옹 미술학교에서 공부했다. 그는 이렇게 말했다.

나는 〈메트로폴리스〉에 등장하는 금속 형상을 열정적으로 사랑할 뿐만 아니

로봇 창세기

라, 가짜 손과 다리, 눈, 그리고 머리카락에서 어떤 흥분을 느끼는 인간이다.

그리고 자신이 이런 것들에서 매력을 느끼는 이유는 그것들이 인간 신체와 닮았기 때문이 아니라 사물들이 그것들을 덧대고 있는 인간의 의지와 아무 상관없이 "차갑게 연속"되기 때문이며, 또한 "반지르르한 표면질감(matiere)의 차가움" 때문이라고 주장했다. 또한 《교토인형》이나 호프만의 소설 《모래 사나이》 속 오토마타인 〈올림피아〉같은 것들은 "지나치게 비과학적이며 유치한 것"이라고 언급하면서, "우리 현대인의 감각으로 묘사된 메커니즘인 이른바 인조인간이라는 것은 제법 진솔하다."고 썼다.

그의 글 제목에 포함된 공기인형은 프랑스인의 책에 묘사된 것인데, "사람 크기의 고무풍선에 공기를 불어 넣은 나체 미인"이다. 이것은 "휴대하기 편리할 뿐만 아니라, 조난당할 위기에 처한 선원에게는 구명도구로도 사용될 수 있는" 물건이다. 그래서 이것에 대한 "요구는 인간 본능과 관련된 근본적인 것이기에, 단순한 장난기 이상으로, 만든 인간이나 사용한 인간 모두 이상한 열정에 이끌릴 것"이라는 말로 이어갔다. 그렇지만 그는 '독신자의 망상'은 그만 접어두고, '조용히 격식을 차리도록 하자'라고 말하면서 글을 마무리했다.

파리의 길거리를 오가던 의족(義足) 미인 마드모아젤에 마음을 빼앗겼던 도고의 눈앞에 상상 속 여성 사이보그가 나타난다면 그는 과연 어떤 반응을 보일까? 그것도 도고가 묘사했던 그런 여성과 닮아 있다면 또 어떨까? 아마도 그는 "차가운 밀실 안에서 알 수 없는 전율 속에 밀어를 나누면서 연애와 분규와 식욕을 망각하고 말 것"임에 틀림없다. 사실 오늘날 연구 개발되고 있는 의수나 의족은 일종의 복지기계로 알려진 로봇들이다.

무라야마 도모요시는 1929년 일본프롤레타리아극장동맹(약칭으로 '플롯'이라 칭함)의 집행위원장 및 국제혁명연극동맹의 중앙위원으로 활동했다. 그러던 중 1930년에는 치안유지법 위반으로 검거된다. 그런 상황은 비록 무라야마에게 로봇이라는 환상이 필요하다 해도 사회적 현실의 비참함을 직시하게 했다. 미래의 계급투쟁에서 로봇을 이용하는 자본가의 공세라는 힘겨운 여정을 생각하지 않을 수 없었던 것이다. 무라야마의 환상 중 하나는 바로 이런 것이었다. 그의 글 중에서 우리의 시선을 끄는 내용은 다음과 같은 독일 〈노동자삽화신문〉의 기사였다.

이제 곧 인조인간 군대가 나타날 것이다. 부르주아는 자본주의 제도를 합리화할 새로운 수단을 얻을 것이다. 그리하여 자본주의제도 아래에서는 그 어떤 대단한 과학의 발전도 노동자의 생존을 위협하는 기능밖에는 하지 못할 것이다.

1920년대 중반 로봇에 관한 독일 노동자의 발언이 일반 잡지에 소개된 것은 이것이 처음이자 마지막이었다.

무라야마는 또 다른 환상을 묘사했다. 이것도 사실상 비관적인 내용이었다. 로봇은 인간의 성욕을 채우기 위한 존재로 전락하게 된다. 또한 로봇은 모든 점에서 인간보다 뛰어나고, 결국 인간을 정복하고 만다. 그리고 마지막 장면에서 로봇의 생산마저 로봇으로 대체되고, 인간은 지구에서 영원히 사라진다는 것이다. 이것은 우리에게 《R·U·R》을 떠올리게 하는 결론이다. 독일 유학 중에 이 작품을 처음 마주했을 때 받았던 충격은 무라야마 마음 속에서 여전히 파문을 그리고 있었다.

기타무라 기하치의 '꿈'은 무라야마의 생각과 완전히 반대로 나아간다.

그것은 밝고 신나며, 활기 찬 수백 년 뒤의 환상이다. 세상에는 늙지도 죽지도 않게 해주는 약이 발명되고, 사회는 사회주의적인 형태가 되어, 모두 즐겁게 일하며 삶을 즐긴다. 사람들은 TV로 300년 전에 벌어진 세계적인 노동운동을 본다. 어느새 국경은 사라졌고, 인간은 로봇을 사랑하고, 기계까지도 혹사하지 않는 조화로운 행복 사회가 만들어진다. 600층 이상의 고층 건물 속에서 죽지 않게 된 인간은 차를 마시며 간혹 이야기를 나눈다. 다만 이 무렵의 인간은 마음대로 아이를 낳을 수 없게 된다.

"그렇다면 선생님 성욕은 어떻게 될까요?"

"아마도 향락의 수단으로 머무르고 말겠죠."

"만일 그런 일이 생긴다면, 인간은 타락해버리지 않을까요?"

"글쎄요, 그건 어려운 문제군요."

"만약 그렇게 된다면, 인간과 인조인간과의 구별은 점점 사라지겠네요."

"음, 그렇게 되겠죠.'

그때 인조인간이 조용히 문을 열고 들어와 내일 먹을 식량을 가져다 놓고 나갔다. 말이 없는 그의 모습을 보고 있자니, 나는 그에게 뭔가 인간적인 말을 건네고 싶어졌다.

기타무라의 글은 이렇게 마무리되었고, 이것은 '특집'의 마무리이기도 하다.

이제까지 과학자들이 로봇에 관해 언급한 경우는 있었다. 그러나 로봇을 사회적인 존재로 인정하고 문학자, 평론가, 예술가 등이 그것을 언급한 경우는 이것이 처음이다. 이는 당시 잡지 〈신조〉의 역량이었을 것이다. 그 뒤로 이와 유사한 기획은 나오지 않았다. 그리고 보면 로봇에 관한 한 〈메트로폴리스〉의 상영은 1929년의 '한 사건'에 불과하지만 〈신조〉 8월호는 쇼와 시대 초기를 통틀어서도 뛰어난 성과였다고 할 수 있다.

8

1928년 미국에서는 자동판매기가 본격적으로 사용되기 시작했고 이에 맞춰 과학 잡지들도 이 기계를 소재로 삼기 시작했다. 〈파퓰러 메카닉스 매거진〉 6월호가 런던 지하철에 설치된 손수건 자동판매기와 자동으로 구두를 닦는 기계를, 〈사이언티픽 아메리칸〉 7월호는 담배를 구매하면 '땡큐'라고 말하는 뉴욕 브로드웨이의 담배 자동판매기를, 〈파퓰러 사이언스 먼슬리〉 10월호는 베를린의 몇몇 공원에 설치된 말하는 신문 자동판매기를 소개했다.

이와 함께 1928년 일본에서도 〈과학지식〉 10월호와 11월호가 〈말하는 담배 자판기〉와 〈우표 파는 기계〉를, 1929년 〈현대〉 1월호가 베를린의 그 〈'땡큐'라고 말하는 기계〉를 다루었다. 〈현대〉가 짧은 기사 내용과 사진으로 그

[그림 90] 〈과학잡지〉의 〈자동판매기 이야기〉에는 사진들에 관한 설명은 없지만, 이 기사의 토대가 된 〈사이언티픽 아메리칸〉 1월호는 설명을 달았다. 뉴욕 우편국에 설치된 〈우표 자동판매기〉(오른쪽 그림), 뉴욕의 담배 가게 (가운데 그림)에는 한쪽에 자동판매기가 서 있고, 그곳에는 〈환전기〉(왼쪽 그림)도 설치되어 있다. 가운데 사진과 왼쪽 사진은 같은 해의 〈아사히〉 11월호에서도 사용되었다. 가운데 사진은 〈파퓰러 사이언스 먼슬리〉 9월호에도 사용되었다.

기계를 다루고 있는 것을 보면 〈파퓰러 사이언스 먼슬리〉(1928년 10월호)를 상당히 많이 참고한 듯하다.

자동판매기는 일본에도 이미 존재했는데, 잘 알려진 것처럼 1888년 다와라야 고시치(俵谷高七, 1854~1912)라는 인물이 최초로 자동판매기를 제작했고 1904년에는 〈자동우표 · 엽서판매기〉를 만들었다. 또한 1904년 나카야마 고이치로(中山小一郎)는 〈봉지과자 판매기〉를 제작해서 상품화했다. 그 뒤로 1920년대 중반에는 〈나카야마식 놀이와 함께하는 과자 자동판매기〉라는 것도 거리에 등장했다. 그리고 1930년 도쿄 철도국은 혼잡한 시간에만 이용하는 〈기차표 자동발매기〉를 주요 역들에 설치하기로 결정한다.

일본에서 유럽과 미국의 자동판매기가 본격적으로 소개된 것은 바로 이 시기이며, 그것도 미국의 잡지들에 관련 기사가 실리게 된 때문이었다.

〈과학잡지〉 3월호의 〈자동판매기 이야기〉는 〈사이언티픽 아메리칸〉 1929년 1월호의 기사 〈세일즈맨을 위한 로봇(Robots for Salesmen)〉의 요약본이라고 할 수 있으며 사진 또한 세 점을 그대로 가져와 사용했다. 기사는 미국에서 자동판매기를 상품화해서 성공한 조셉 J. 셔맥(Joseph J. Schermack)이 잘 팔리는 자동판매기용 상품의 제조업체들을 모아 대기업을 만들고자 한다는 내용을 언급하고 있다.

〈아사히〉 11월호는 〈거리에서 물건을 파는 인조인간〉이라는 기획물을 냈다. 이 글의 저자는 료 사키치(1891~1945)로, 그는 이미 구십구서방에서 텔링이란 필자가 쓴 《아인슈타인 요약》(1922년)을 번역 출간한 경험이 있었고, 과학을 주제로 한 저술과 번역의 전문가였다.

이 해의 〈파퓰러 사이언스 먼슬리〉 9월호에는 〈말하는 로봇이 플랩잭을 팔다(Talking Robot Sells Flapjacks)〉라는 기사가 실렸는데 료는 이것을 참고했다. 이 기사를 통해서 당시 미국에서는 '말하는 자판기'를 '로봇 세일즈맨'이라고 불렀으며 자동판매기계가 일종의 로봇이었다는 것을 알 수 있다. 료는 이것을 일본어로 '로봇 우리코(売子)', 즉 로봇 판매원이라고 옮겼다. 〈사이언티픽 아메리칸〉 1월호와 〈파퓰러 사이언스 먼슬리〉 9월호가 모두 이 사진을 사용했다. 이 기사로부터 우리는 당시 유럽과 미국에 그 밖에도 〈발성 환전기〉 〈자동체중계〉 〈자동티켓판매기〉 등이 있었던 것을 알 수 있다. 자동판매기에서 살 수 있었던 상품들은 담배, 신문, 화장품, 과자, 계란, 버터, 육류, 샐러드, 과일 등이었으며, 브로드웨이의 음식점들은 맥주나 주스도 판매했다.

또한 료는 〈과학화보〉(1929년 6월)에서 〈무대의 기계화 《인간타락기계》〉라는 제목으로 〈사이언티픽 아메리칸〉 3월호에 실린 글 하나를 소개했다. 이 글에서 그는 《인간타락기계》 중에는 인조인간도 포함된다고 하는데, 그 역할은 〈메트로폴리스〉에 나오는 로봇 〈마리아〉를 닮았다. 사진은 당연히 서양의 것을 가져다 썼다. 물론 당시 일본 잡지계가 서양의 기사나 사진을 그대로 가져다가 사용한 것은 문제가 있을 것이다. 하지만 그렇다고 해서 출판 편집부나 료를 무턱대고 비난할 수는 없을 것 같다. 이는 당시 진일보한 미국과 유럽에 비해 상대적으로 뒤처진 일본의 어쩔 수 없는 선택이었을 것이다.

그보다 여기서 더 주목해야 할 점은 료가 〈사이언티픽 아메리칸〉이나 〈파퓰러 사이언스 먼슬리〉 등의 기사를 3개월도 안 되는 시간 안에 일본에 직접 소개할 수 있는 길을 찾았다는 사실이다. 원래 영어독해에 능통했던 료는 이러한 잡지들의 기사를 소개했을 뿐만 아니라 암파서점에서 아서 S. 에딩턴(Arthur Stanley Eddington, 1882~1944)의 《물적 세계의 본질(物的世界の本質)》(1931년), 백제사에서 막스 플랑크(Max K. E. L. Planck, 1858~1947)의 《과학은 어디에》(1933년) 등의 번역서를 출간했고, 로봇에 관한 짧은 글들도 써냈다. 하지만

그가 로봇을 총괄적으로 다루면서 다시 한 번 얼굴을 내민 것은 1938년이 되고 나서였다.

그런데 자동판매기를 로봇으로 분류했던 1929년에는 과연 어떤 로봇들이 새로이 무대로 등장하고 있었을까?

당시 일본에서는 자동차가 2만 대에 불과했지만 미국에서는 2,500만 대 이상의 자동차가 거리를 달리고 있었으므로 교통은 커다란 문젯거리였다. 경찰의 복장을 한 모형은 기계가 교통경찰의 노고와 위험을 대신하면 좋겠다는 생각에서 제작되었다. 콘크리트 단상 위에 그 모형을 세워놓고 원격 장소에서 제어했다. 로봇으로 간주된 이 모형은 캘리포니아 버클리시의 한 교차로에 설치되었으며, 〈과학지식〉 5월호는 이것을 "자동차가 '정지한' 방향으로 얼굴을 돌려 요란하게 벨을 울린다."고 썼다. 교통경찰 로봇에 관해서는 미국에서 이미 1928년 9월에 보도되었고, 일본에서 보도된 것은 이 잡지가 처음이었다. 또한 인디애나주에서 교통정리를 하는 자동인형 로봇에 관한 기사가 그 10월호에도 실렸다.

[그림 91] 〈교통경찰 모형〉
이 사진은 〈파퓰러 메카닉스 매거진〉 9월호에 게재된 시험용 제품이다.

[그림 92] 〈네거리에 서 있는 자동인형 로봇의 교통정리〉

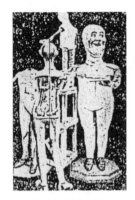

[그림 93] 〈독일의 인조인간〉 기사의 내용을 떠나서, 이 사진은 〈파퓰러 메카닉스 매거진〉 1929년 6월호에 실린 파리의 홍보용 로봇에 관한 기사에서 가져온 것이다.

〈요미우리신문〉(1929년 8월 12일)에는 〈백화점의 마네킹으로 일하는 독일의 인조인간〉이라는 제목의 기사가 실렸다. 이것은 백화점 관계자가 기획한 것으로, 기사에 의하면 지난가을 독일에서 다섯 대의 마네킹 인형을 수입하여 백화점에 설치하고 기존 마네킹을 대신하게 했다. 다만 독일인의 얼굴로는 곤란했기 때문에 에도시대부터 인형 제작자 가문을 이어온 야스모토 가메하치(安本龜八, 1868~1946) 3세가 독일 여성의 얼굴을 일본 여성의 것으로 바꾸었다. 또한 이 인형은 소리를 낼수도 있었는데, 이것은 유선으로 다른 장소에서 연결된 여성 아나운서가 맡았다.

로봇은 도쿄를 중심으로 신문, 잡지, 혹은 영화를 통해서만 그 일부를 접할 수밖에 없었지만 이제 해외에서 비로소 그 '실물'이 수입되었다. 하지만 그저 인형이라고 하는 편이 나을 듯한 이 기계도 당시에는 인조인간이라고 불렸다. 〈에릭〉이 등장할 무렵 무성영화가 유성영화 즉 '토키'로 바뀌고 있었는데, 비슷한 무렵 〈말하는 인형〉도 유행했다. 로봇 제작자들은 저마다 로봇이 어떻게 해서든 말할 수 있는 것처럼 보이도록 노력을 경주했다. 그 말할 수 있는 인형이 이 시기의 최첨단 로봇이었다. 그러나 인형이든 로봇이든 메커니즘의 작동만으로 말을 하게 만드는 일은 간단한 것이 아니었다. 즉 소리를 내는 것 자체가 쉬운 일이 아니었다.

오토마타의 계보에서 보면 예컨대 자크 드 보캉송의 〈피리 부는 인형〉의 경우에서처럼 원격으로 다른 장소에서 낸 소리에 맞추어서 오토마톤이 움직이는 것이 아니라, 공기 주입과 인형의 움직이는 손가락이 실제로 피리를 부

[그림 94] 〈하프시코드를 연주하는 인형〉
인간처럼 열 개의 손가락으로 실제 하프
시코드를 연주했다. 인간의 몸짓과 매우
닮은 것으로 오토마타의 걸작이다.

[그림 95] 〈체스를 두는 투르크인〉
책상 내부를 관객에게 보여주고 있는 광경이다. 인형 앞에 놓인 이
책상 안에 인간이 들어앉아 게임을 조작했다.

는 방식이었다. 보캉송이 황동으로 제작한 오리는 물을 마시고 사료를 먹
고 배설하고, 날갯짓을 하며, '꽥꽥' 울 수 있어서 사람들을 놀라게 했다. 그
리고 그런 보캉송조차 탄성을 지르게 한 앙리 루이 자케 드로즈(Henri-Louis
Jaquet Droz, 1752~1791)는 인간과 똑같은 몸짓으로 실제 악기를 연주할 수 있
는 〈하프시코드(harpsichord)를 연주하는 자동인형〉을 1776년 공개했다.

폰 켐펠렌(Wolfgang von Kempelen, 1734~1804) 또한 인간을 상대로 체스 경기
를 하는 〈체스를 두는 투르크인〉을 제작했다. 비록 오늘날 이 오토마톤 앞
에 설치된 책상 안에 인간 체스 경기자가 숨어 있어서 경기를 조작했다는 사
실이 밝혀졌지만 이것은 실제로 인간의 말소리를 낼 수 있었다. 그러나 말소
리를 낸다고 하더라도 인간과 대화를 하는 것은 쉬운 일이 아니다. 만화나
소설 속에 그려진 세계에서는 '사물'이 쉽게 말을 하지만 당시의 기술 수준
으로는 어려운 일이었다.

그러나 연구와 노력은 끝내 '말하게 하는 것'을 가능하게 했다. 무엇이 최
초인지는 알 수 없지만 19세기 후반이 되면 풀무와 오르골을 조합해서 인간

의 단어를 말할 수 있는 오토마타가 등장한다. 또한 비슷한 시기에 〈보행 인형〉이라고 불린 장남감도 등장했다. 귀여운 목소리로 "엄마, 엄마"를 외칠 수 있었던 이 인형의 등에 장치된 태엽을 감으면 발밑에 감춰진 바퀴가 작동해서 마치 걷는 것처럼 보였고, 머리를 좌우로 흔들고 눈알을 움직이면서 몇 미터를 이동할 수 있었다. 공기펌프가 피리를 불어서 이 오토마톤의 소리를 발생시켰다.

그러다가 그래모폰이 발명되자 소형 그래모폰을 내장한 〈말하는 인형〉이 제작 판매되었다. 토마스 에디슨(Thomas Edison, 1847~1931)이 그 최초였다. 그는 〈포노그래픽 돌(Phonographic Doll)〉이라고 불린 이 인형을 1893년에 완성하고 뉴저지의 공장에서 대량으로 생산해냈다.

앞에서 언급한 말하는 자동판매기도 사실 그 기계의 상단부에 그래모폰이 내장되어 있어서 상품이 팔릴 때마다 '땡큐'라는 말을 반복할 수 있었던

것이다. 반면 로봇 〈에릭〉의 음성은 무선통신으로 멀리 떨어진 곳에서 사람이 직접 만들어냈다. 그래서 양방향 통화가 이루어질 수만 있었다면 얼마든지 질문을 듣고 그에 답하는 일도 가능했을 것이다.

그런데 〈요미우리신문〉의 기사에는 다섯 대의 마네킹 로봇이 무사히 일본에 도착했는지에 관한 기사가 보이지 않는

[그림 97] 〈말하는 인형〉
"기괴한 인형이 나타났다. 그 인형에게 질문을 하면 조금 생각을 하고는 답을 한다." 독일이나 프랑스에서 수입된 제품이다.

로봇 창세기

다. 하지만 〈과학화보〉 8월호는 헝가리의 수도 부다페스트에서 〈말하는 인형〉이 나타났다고 보도하면서 그곳의 한 상점 쇼윈도에 설치된 로봇이 인간의 질문에 답했다고 전했다. 그리고 "속임수를 밝히자면 이것은 성능이 좋은 마이크로폰을 이용한 것에 지나지 않는다."고 언급하면서 베를린에도 〈이야기하는 인형〉이 있다고 썼다.

[그림 98] 〈이야기하는 인형〉 왼쪽에 있는 인물이 〈요제프〉를 조종하고 있다. 사진은 게재된 여섯 점들 중에 하나이다. 인형은 분해 가능했고 상자에 보관되었다.

〈요제프〉라는 이름을 가진 이 인형은 복화술을 사용하는 것처럼 보였지만 머리 부분에 마이크로폰을 장착한 것일 수도 있다. 사진 속에서 인형이나 기계 장치가 들어 있는 상자를 보면 거기에는 전화기와 나팔도 보인다. 요청을 받아 전화기를 사용하고 그러면 인형은 복화술로는 불가능한 나팔을 부는 장면을 보여줌으로써 관객들을 즐겁게 했을 것으로 추측해 볼 수 있다.

유성영화는 광전관(photoelectric tube) 덕분에 가능했는데, 공학자들은 광전관 기술을 여러 다른 용도로 활용하고자 했다. 미국은 이 기술을 선도하고 있었으며, 이것에 힘입어 로봇 〈텔레복스〉의 동생으로 〈텔레룩스(Telelux)〉가 탄생하게 되었다.

그리고 어린이의 과학 잡지인 〈어린이의 과학〉 10월호는 〈텔레룩스〉를 다루었다. 〈텔레복스〉를 음성(vox)을 통해 조종했다면 이것은 빛(lux)을 이용했다. 이제 광전관이 역할을 하게 된 것이다. 〈텔레룩스〉는 대략 22.5m나 떨어진 거리에서도 투사된 빛에 반응하여 정해진 일을 해냈다. 이 로봇은 미국 피츠버그에서 1929년 개최된 〈전기전람회(Electrical Exhibition at Pittsburgh)〉에서 공개되었다. 이 무렵 다양한 분야에서 광전관이 큰 역할을 했으며,

[그림 99] 로봇 〈삼인상〉
보기에 따라서 이 로봇은 〈텔레복스〉, 〈에릭〉, 〈가쿠텐소쿠〉
의 기능과 디자인을 종합한 것이라고 할 수 있다. 몸체 가운
데 사각형 구멍과 몸체 위에 배열된 나사는 〈텔레복스〉로부
터, 의자에 앉아 있는 것은 〈에릭〉으로부터, 그리고 얼굴 표
정을 바꿀 수 있는 것은 〈가쿠텐소쿠〉로부터의 영향이라는
것을 알 수 있다. 그렇다면 〈가쿠텐소쿠〉의 작동방식과 유
사한 것으로 보아 이 로봇은 간사이지방(교토나 오사카 등)에
서 제작된 것으로 추정된다.

1931년 〈뉴욕타임즈〉의 한 지면
에서는 로봇을 대부분 광전관
을 이용한 기계 장치를 가리키
는 말로 표현하기에 이르렀다.

그 무렵 일본에서는 만든 사
람이 누구였는지를 알 수 없는
〈삼인상(三人相)〉이라는 로봇이
제작되었다. 〈어린이의 과학〉 11
월호는 로봇이 〈제작품전람회〉
라는 전시회에 출품되었다고 소
개했다. 사진에는 확실히 "로봇
삼인상"이라고 써 놓은 종이가
책상 위에 붙어 있다. 이것은 약
간 졸렬한 느낌을 주는 로봇으
로 〈텔레복스〉와 닮긴 했지만
그보다는 오히려 마에카와 센
판(前川千帆, 1889~1960)이 그린 이
미지와 꼭 닮았다.

로봇 〈삼인상〉과 마에카와의
이미지가 서로 다른 점은 얼굴
부분인데 앞판에는 고무를 붙이
고, 다른 뒤판에서는 공기를 주
입하여 표정을 바꿀 수 있도록
했다. 세 가지 형태로 바뀔 수 있

로봇 창세기

었기 때문에 세 사람의 얼굴이라는 이름이 붙었다. 물론 이렇게 작동시킬 수 있는 힌트는 〈가쿠텐소쿠〉에 있었다. 아마도 팔과 다리에 줄을 묶어 뒤쪽에서 당기는 식으로 조종했을 것이다.

그렇지만 사진에서도 볼 수 있듯이 다리의 동작은 앞뒤로만 가능했겠지만 복잡한 동작은 아예 불가능했을 것이다. 팔꿈치와 손목도 각각에 연결된 줄로 움직였다. 그러나 무엇보다도 이 로봇은 표정 변화가 자랑거리였고 〈어린이의 과학〉에서는 이 기능이 "관객들을 앗! 하고 놀라게 했다"고 기록했다. 이 잡지의 발행일이 10월초였다는 것과 전시회의 일정을 고려해보면 실제로 로봇이 출품된 것은 9월초였을 것으로 추정된다.

9

로봇이 사람들의 관심을 끄는 존재가 되었다. 로봇을 잘 이용한다면 어떻게 될까? 박람회에서는 손님을 끄는 데에 적합했을 것이고, 잡지 기사로 만들어도 독자들의 관심을 끌 수 있었을 것이다. 홍보는 사람들의 관심을 끌지 못한다면 가치가 없는 것이므로 광고는 로봇과 손을 잡았다.

일본에서 로봇을 이용한 광고가 등장한 시기는 1929년 9월 무렵부터이다. 예컨대 1929년 서양의 광고 전체를 살펴보지 않은 채 로봇에 대해 말하는 것은 있을 수 없는 일이겠지만,

[그림 100] '달표 접착식 전지'의 광고 이 이미지를 어째서 사람 형상으로 조합했는지는 알 수 없다. 인간에게는 인간의 형상이 눈에 더 잘 보이기 때문일까?

[그림 101] '코인전기학교'의 광고와 그 모델이 된 〈에릭〉의 삽화.
이 삽화는 좌우가 반대로 뒤집혀 있다.

적어도 〈파퓰러 사이언스 먼슬리〉 7월호에는 로봇 〈에릭〉의 삽화를 사용한
'코인 전기학교(Coyne Electrical School)'의 광고가 실렸다.

먼저 이 광고는 "여러분은 기계적인 인간입니까?"라고 묻는다. 그런 뒤에
〈에릭〉의 동작이 얼마나 완벽한 지를 설명하고, 인간도 타인의 명령에 완벽
히 따를 수 있으며, '기계적인 인간'처럼 스스로 생각할 수 없는 사람도 있어
서 이때 그에게는 훈련이 필요하고 그런 훈련을 받는다면 적은 급여와 틀에

로봇 창세기

박힌 일에서 해방될 수 있다고 말한다. 그리고 그러기 위해서는…이라고 이어진다. 〈에릭〉의 이미지에서 뛰어난 점은 배경에 그림자를 묘사했다는 것이다. 그 덕분에 로봇이 상징하고 있는 내용에서 깊이가 느껴진다.

이 시기 일본의 경우 '달표 접착식 전지(月印糊式電池)'의 광고(1927년)에서처럼 건전지를 사람 형상으로 만드는 등 제법 그럴싸한 이미지들은 있었지만 로봇을 의식해서 그렸다고는 말하기 어려웠다. 일본에서 최초로 로봇 사진을 사용한 광고는 앞서 언급했던 것처럼 〈아사히〉 3월호이고, 삽화는 영화 〈메트로폴리스〉를 위한 것이었는데, 이는 직접적으로 기사나 로봇 영화의 광고였으므로 로봇의 의미를 가져다가 전혀 다른 것의 홍보에 사용한 광고는 아니었다.

그런 의미에서 〈도쿄아사히신문〉(1929년 9월 10일)에 실린 마루젠사의 광고가 아마도 최초일 것이다. 이 광고가 실린 면에는 이타가키 다카오(板垣鷹穂, 1894~1966)의 〈'기계의 리얼리즘'을 향한 길〉이라는 제목의 연재 논문도 게재되어 있어서, 그 분위기는 무르익고 있었다.

마루젠의 광고문에는 "기계인간(〈텔레복스〉)이 오노토를 사용한다."라고 크게 쓰여 있고, 그 뒤로 이어지는 문장에는 "새로운 시대가 다가옵니다. 기계인간이 전기공학의 경이로움인 것처럼 오노토 역시 만년필계의 경이로움입니다! 두 가지 모두 미묘한 생명처럼 자유로이 살아 움직입니다."

[그림 102] '마루젠' 광고
광고 문구에서 알 수 있듯이 그 당시 로봇, 특히 〈텔레복스〉는 첨단과학으로 간주되었다. 과학의 최신 지식을 최신 상품과 연결해서 어떤 시너지 효과를 노렸을 것이다.

라고 쓰여 있다. 삽화에는 분명히 〈텔레복스〉가 그려져 있다. 코일 모양의 전선이 밖으로 두 군데 나와 있고 왼손에는 아마도 원고용지로 보이는 종이를, 그리고 오른손에는 '오노토 펜'을 쥐고 있다.

이 시기의 로봇 그림들에는 코일 모양의 전선이 자주 등장하는데 이 그림에서 아주 선명하게 표현되었다. 이러한 루트를 따라 거슬러 올라가면 〈선데이 마이니치〉(1929년 4월 7일)의 마에카와 센판을 거쳐 〈아사히 그래프〉(1928년 6월 27일)에까지 이른다.

그해 9월 '오노토 펜' 광고에 로봇이 사용된 이후로는 비슷한 광고가 계속 등장했다. 9월 16일 〈요미우리신문〉에는 초지도(丁子堂)약방에서 홍보하는 회춘제 '도츠카핀' 광고가 실렸다. '도츠카핀'은 이상한 이름이긴 하지만 사실 의학박사 도츠카(戸塚)가 추천한 약이라는 것에서 유래한 것이다. "성욕증진과 현대 화학"이라는 말로 시작해서 "남자는 … 80세에 청년처럼", "여자는 … 60세에 처녀처럼"이라는 어마어마한 문구가 나열되었다. 광고 삽화에는 로봇의 왼손에 '도츠카핀' 상자를, 오른손에 알약을 들게 했다. 이 것은 마루젠의 광고와 매우 비슷하다. 광고 대행사가 동일한 곳이었거나 삽화가가 동일한 사람이었을지도 모른다.

그런데 로봇이 도대체 회춘제와는 무슨 상관이 있을까? 우리가 마음대로 할 수 없는 것을 할 수 있도록 과학의 힘으로 설계하고 제작한 사물이 바로

[그림 103] '초지도약방'의 광고
여기 사용된 로봇의 이미지는 〈텔레복스〉의 형상이다. 세계적으로 다양한 반향을 불러일으켰던 그 로봇이 동양에서 이렇게 '소화'되고 있었을지는 아마 몰랐을 것이다.

로봇 창세기

로봇이다. 그러므로 답은 이미 로봇 안에 있었다. 인간 마음대로 안 되는 것들 중 하나가 성욕이나 연애일 것이다.

〈신조〉 8월호에서도 비슷한 사례를 찾아볼 수 있다. 원하는 모든 것을 로봇을 통해 경험하게 한다는 것인데, 영화 〈메트로폴리스〉에서 로봇을 여성으로 만들었던 당시의 사고방식에서 비롯된 것일 수 있다. 아마도 이상적인 여성은 거기밖에는 존재하지 않았을 것이다. 그렇게 만들어진 로봇은 자신의 또 다른 자아일 뿐만 아니라 자기와 다른 성을 지닌 무기물이다. 예를 들어 작가 니이 이타루 자신은 여성 형상이 제거된 유기물로서의 '크리스탈린'이었다고 할 수 있다.

광고 삽화에 로봇이 처음 등장하는 한편, 다른 측면에서는 이러한 광고들로부터 만화가 생겨났다. 앞서 언급한 두 광고가 등장하고 얼마 지나지 않아, 당시 우편 관련 협회인 체신협회(遞信協會)가 발행한 잡지 〈체신협회 잡지〉(제254호, 1929년 10월 10일 발행)에 가네코 고텐(金子晃天)이 그린 만화 〈기계인간의 활용〉이 게재되었다.

이 삽화에서 한 컷 만화가 세 개 배치되었는데 모두 〈텔레복스〉가 우편물을 배달하고 있다. 〈기계인간〉이라는 제목도 그렇고, 〈텔레복스〉가 소개된 시기도 그렇고, 그 디자인조차도 그렇고, 이 만화는 분명히 광고에서 착상을 얻었을 것이다.

한 가지를 더 언급하자면, 그해 9월 28일 〈요미우리신문〉에 실린 광고이다. 이 날짜로 발행된 신문은 '라디오판 발간 5주년'을 축하하기 위해 관련 기업들의 광

[그림 104] 가네코 고텐의 〈기계인간의 활용〉 개가 로봇을 물고 있는 구도는 앞서 언급했던 〈탱크〉를 시작으로 만화에 자주 표현되었다.

[그림 105] '야이 건전지'의 상품광고

건전지 광고에 로봇이 등장한 것은 첨단 과학과 첨단 상품이 결합됐다
는 점 이외에도, 로봇들이 전지로 움직일 수 있었기 때문이 아닌가 하는
생각도 든다.

실제로 로봇 〈에릭〉은 축전지를 동력으로 사용했다. 개인적으로 이 그림
의 완성도를 높이고자 욕심을 부려본다면, 들고 있는 건전지에서 코일
전선 두 가닥을 빼내어 로봇에게 연결시켰으면 더 좋았을 것 같다.

이 로봇의 형상은 이전까지의 로봇들과는 달랐다. 이것을 그린 화가는
도대체 누구였을까? 이 정도로 완성된 로봇을 그릴 수 있었던 것을 보
면, 만화로 제작해서 자유로이 움직이게 해주었으면 어땠을까 하는 아쉬
움이 남는다. 아마도 다가와 스이호의 〈인조인간〉에 뒤지지 않는 작품이
되었을 것이다.

고를 모아 게재했다. 그
중 '야이 건전지(屋井乾電
池)' 라디오 판매부의 광
고에 로봇이 사용됐다.
이 광고는 모두 여섯
단에 걸쳐 있었으므로
위의 두 광고보다 그
자체로 매우 크고 또한
로봇 이미지도 독창적
이다.

로봇 이미지의 머리
부분은 만화처럼 묘사
되었는데, 로봇은 생각
을 하지 않는다는 것
때문에 머리 뒷부분은
그리지 않은 듯하다. 몸
통은 〈메트로폴리스〉
의 로봇 〈마리아〉와 비
슷한 스타일로 그렸지
만, 옆구리에는 섬세하
게 통풍구를, 배에는 아
코디언 주름을 그려 넣
었다. 다리는 바지를 입
고 있는 것처럼 보이지

로봇 창세기

만 무릎에는 관절이 있고, 종아리에 알 수 없는 부분이 묘사되었다. 전체적으로 이 로봇은 '대량판매용 야이 B 전지'를 받쳐 들고 있다.

1929년 상반기에 로봇을 집중적으로 소개한 기사들은 영화 〈메트로폴리스〉의 개봉을 전후로 후반기에도 볼 수 있었는데, 잡지 〈웅변〉과 〈어린이의 과학〉의 10월호 그리고 라디오 방송에서도 다뤄졌다.

〈웅변〉 10월호는 상당히 냉정한 눈으로 로봇을 바라보았다. 노세이(NO 生)라는 필명의 저자는 이렇게 말한다. 인조인간이 걸을 수 있다고 하기에 완구점에 가보았는데 "뒤뚱거리며 태평하게 걷는 양철 아저씨나 너구리처럼 생긴 물건"을 30전인가 50전에 팔고 있는 게 아닌가? 이것들은 눈도 깜박거렸다. 〈인조인간의 정체는?〉 이 글의 제목인데, 이것의 결론은 로봇이라는 것의 정체가 "그다지 새로울 것이 없다"는 것이다. 그러나 그는 이렇게도 말했다.

"어떤 것에서든 학자가 대중의 흥미를 끈다는 것은 대단한 일이다. 그렇기에 앞으로도 인조인간은 광고나 선전, 혹은 흥행용으로 계속 만들어질 것이다."

이 글에서도 새로운 로봇이 소개되고 있는데, 벤자민 G. 하우저의 〈밥 먹는 기계〉가 그것이다. 이 기계는 음식물이 들어갔을 때 소화를 진행하는 인체 기관의 표본 같은 것이었다. 〈메탈 로봇〉과 비슷한 종류라고도 할 수 있는 이 기계의 계보를 거슬러 올라가다보면 보캉송의 〈오리〉에 도달하게 된다.

〈어린이의 과학〉 10월호의 창간 5주년 기념 특별 기사로 로봇이 포함되었다. 〈인

[그림 106] 〈밥 먹는 기계〉
"인간처럼 음식을 마시거나 소화시킬 수 있는 화학적 인간"이라는 설명이 달려 있다. 왼쪽에 서 있는 사람이 하우저인지 모르겠다.

[그림 107] 로봇 〈라디아나〉
"면도하는 기계인간"으로 소개된 여성로봇이다.

조인간 로봇의 활약〉이라는 제목으로
이 글을 쓴 저자는 당시 도쿄아사히신
문사 학예부에 있던 공학전공자 세노
오 다로(妹尾太郎)였다.

〈인조인간 로봇의 활약〉은 '슈조'라
는 소년의 아버지가 아들과 그의 친구
'가즈오'에게 로봇에 관한 이야기를 들
려주는 형식으로 구성되어 있다. 로봇이
어떻게 움직이는지를 들으면서 소년들
은 새로운 로봇 〈라디아나(Radiana)〉에

관해 알게 된다. 글에서는 〈라디아나〉의 사진만 있고 자세한 설명은 없다.

이듬해 간행된 잡지들을 종합해볼 때 '팝시'라는 사람이 만든 이 로봇은
모터로 작동하고 무선으로 조종된다. 로봇이 안전하고 믿을 만하다는 것
을 강조하기 위해서인지 〈면도하는 인형〉 사진 속에는 얼굴에 비누거품을
바른 남성이 앉아 있고, 〈라디아나〉가 면도칼로 수염을 깎고 있다. 눈이
크고 아름다운 로봇 〈라디아나〉는 이후에도 다른 잡지나 서적에 몇 차례
더 등장했다.

〈어린이의 과학〉 10월호에는 〈라디아나〉를 포함해서 몇 장의 사진이 더
실렸는데, 이것들은 모두 〈파퓰러 메카닉스 매거진〉(1929년 4월호)에서 가져왔
다. 해외 잡지에서도 로봇에 관한 기사는 그다지 많지 않아서, 애써 모아야
겨우 수집할 수 있을 만한 양이었다. 게다가 시기도 한정되어 있었기 때문에
인용을 한다고 해도 바로 그 '정보'가 알려지기 마련이었다.

마지막으로 라디오 방송에서의 상황에 대해 살펴보자. 일본의 라디오 방
송은 1925년 3월 사단법인 도쿄방송국(JOAK)의 임시방송에서 시작된다. 이

듬해 8월에는 오사카방송국(JOBK)과 나고야방송국(JOCK)을 통합시켜 일본 방송협회가 되었다. 〈어린이의 시간〉이라는 프로그램이 본방송과 함께 시작되었고, 일왕 즉위식을 계기로 전국적으로 방송되었다. 오사카방송국이 제작한 〈어린이의 텍스트〉는 매월 25일에 발행되어 전국으로 방송되었고, 다음 달에 방송할 〈어린이의 시간〉의 내용을 소개했다. 11월 25일 발행된 12월의 방송 내용에는 12월 26일에 방송할 〈인조인간 이야기〉의 예고편이 사진과 함께 소개되었다. 내용을 보면 DJ는 세노오 다로였고, 〈어린이의 과학〉(10월호)의 사진을 다시 사용하고 기사 내용도 더 쉽게 설명했다.

12월 26일 오후 6시가 되자 아이들은 라디오 주위에 모여 앉아 〈어린이의 시간〉의 알아듣지도 못할 내용에 30분간 귀를 기울였을 것이다. 그날의 방송 내용은 〈어린이의 과학〉의 10월호 덕분에 대략이라도 파악할 수 있다. 아마 세노오는 로봇이 할 수 없는 일이 무엇인지를 강조했을 것이다.

말하자면 영혼을 만드는 것이다. 인조인간은 스스로 생각하면서 움직이지 못한다. 아마도 그런 일은 영원히 불가능하겠지.

이것이 그 답이었다. 드디어 로봇은 방송에까지 파고들었다. 이 방송이 끝났을 때 1929년의 한 해는 저물어가고 있었다.

로봇, 드디어 도쿄에 등장하다

1

1922년 스즈키 젠타로가 〈로마의 뒷골목에서〉를 연재하기 열흘쯤 전, 〈도쿄아사히신문〉은 미국인 한 명이 일본을 방문한다고 보도했다. 그해 9월 29일 요코하마 항구에 내린 미국인이 엘머 A. 스페리(Elmer A. Sperry, 1860~1930)였다.

뉴욕 태생의 스페리는 코넬대학을 졸업한 뒤 젊은 시절의 재능을 유감없이 발휘하면서 아크램프(arclamp), 광산기계, 전기자동차 등 참신한 발명품을 잇달아 내놓았다. 그것들 중에서도 자이로스태빌라이저(자동안정장치), 자이로오토파일럿(자동운항장치)은 가장 유명했다.

당시 일본에서는 〈회전식 안정기(回轉式安定機)〉라고 불렸던 이 장치들은 비행기를 비롯해서 교통수단의 이동거리와 속도를 늘리려 경쟁하던 시대에 적합한 것들이었다. 자동안전장치는 스페리가 일본에 오기 전부터 이미 일본 군함에도 장치되어 있었다. 자동조종장치는 자동안정장치처럼 자이로스코프를 이용한 것이었으며, 1929년 가을 무렵부터는 대중에게 알려지기 시작했다. 1930년이 되면서 미국의 잡지들은 이 장치들을 기사로 소개했다.

〈파퓰러 사이언스 먼슬리〉 2월호에 실린 기사 〈오토매틱 파일럿(Automatic Pilot)〉은 재빨리 〈과학잡지〉 3월호로 옮겨졌다. 이 글은 자동조종장치를 다음과 같이 설명하고 있다.

즉 수평수직으로 마주 붙은 두 개의 팽이가 자이로스코프의 주요 부분입니다. 이 장치는 비행기 프로펠러의 기류에서 얻은 풍력 발전력으로 1분마다 1만 5천 번 회전하고, 팽이들의 축은 그 특성에 따라 기류의 변화각도와 상관없이 항상 일정한 방향을 유지하고 있습니다. 어떤 원인에 의해서든 비행기의 머리나 날개가 아래위로 흔들려 몸체가 수평 위치로부터 0.5도만이라도 이탈하면, 곧바로 자이로스코프에 의해 전기 신호가 발생하고 전류를 전자석에 흘려보내 제어용의 나사를 움직여 비행기 몸체를 원래의 방향으로 되돌려놓습니다.

다시 말해서 수평 자이로스코프는 안정 날개와 상승 날개를 제어해서 비행기 몸체를 수평으로 유지해주고, 수직 자이로스코프는 비행기의 머리를 제어해서 일정한 방향으로 진로를 유지해줍니다.

이 장치는 조종석의 밑에 들어갈 수 있을 정도로 작으므로 필요할 때마다 언제라도 작은 레버 하나만으로 곧바로 켜거나 끌 수 있습니다. 예를 들어 수동으로 조종하다가 자동 조종으로 바꾸려면 레버를 조금 움직여서 이 장치를 켜면 되고, 다시 레버를 움직여서 그것을 떼어내면 곧바로 수동 조종이 가능합니다. 게다가 아예 전원을 끄면 그 장치의 작동을 멈출 수 있을 뿐더러, 또한 각각 세 개의 레버가 부착되어 있어서 장치를 부분마다 따로 작동시킬 수도 있습니다. 따라서 조종사는 방향타, 안정 날개, 상승 날개 중에서 하나만을 수동으로 조종하고 나머지는 이 장치에 맡길 수 있는 것입니다.

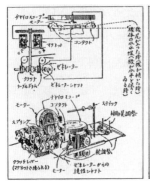

[그림 108] 자동조종장치와 그것의 구조도
조종석 아래 장치되어 있어서 사진으로는 본체를 알아볼 수 없다. 그림 속에는 당시 마땅한 영어 번역어가 없었던 것인지 발음을 그대로 표기했다.

이것이 간편하면서도 비행 안전성을 높일 수 있는 기계장치였을지라도 비행기 자체가 일상적이지 않아서 마치 먼 나라 이야기처럼 들렸던 일본인들에게는 그다지 커다란 화제가 되지 못했고 대다수 신문들도 이것에 무관심했다. 〈과학잡지〉 3월호보다 한 달 정도 앞서 간행된 〈과학화보〉 2월호의 앞머리에 자이로스코프 사진이 실렸던 것을 보면 대중매체들도 이것에 관해 모르지는 않았던 것 같다. 관련 잡지들이 〈자동조종장치〉에 관해 언급하기 시작한 것은 1933년이 지나서의 일이다.

그런데 이 오토파일럿에서 힌트를 얻어 한 편의 로봇 SF를 만든 히라노 레이지(1897~1961)라는 사람이 있었다. 그의 작품 〈하늘에서 춤추는 로봇과 그것의 추락〉이 중앙공론사의 잡지 〈중앙공론〉 9월호에 실렸다. 앞에서 이미 살펴보았듯이 미국에서 로봇이라는 말을 제목으로 사용한 SF소설은 켈러의 작품이 처음이었는데, 그런 의미에서 히라노의 이 작품은 일본에서의 최초였다.

1918년 오사카매일신문사에 입사한 히라노는 1928년 53사건(五三事件)에 특파원으로 종군한 뒤 1931년을 전후로 해서는 작가로 활동하기 시작했다. 아마도 이 작품이 그의 첫 번째 작품일 가능성이 있다. 그 뒤로도 히

로봇 창세기

라노는 1931년 만주사변(滿洲事變)에서 특파원으로서 혹은 징용되어 군에서 복무하기도 했다. 그리고 한때 대학에서 강사로도 활동했다. 전쟁이 끝난 뒤에 산서산업(山西産業) 사장이었던 그의 매형 고모토 다이사쿠(河本大作, 1882~1955)를 따라 중국 산서성 태원시(山西省太原市)에서 회사 일을 도우며 머무르기도 했다.

그러나 군벌 염석산(閻錫山, 1883~1960) 밑에서 반공산주의 선전을 도왔다는 이유로 태원시가 해방되던 1949년 전범으로 구속되었고, 1956년이 되어서야 기소면제로 귀국할 수 있었다. 그 뒤에 '레이지(零兒)'라는 새로운 이름으로 문필 활동을 이어갔다.

'항공소설'로 불리는 이 작품 속에 등장한 로봇은 다음과 같은 모습이었다.

잠수모자처럼 동그랗게 생겼고 철로 만들어져 묵직해 보이는 머리통에, 에보나이트와 델타(delta) 철과 스프링처럼 나선으로 감긴 철사로 구성된 그리스 갑옷을 입은 모습을 떠올리게 하는 3척(약 1m) 정도의 괴기한 기계인형이, 그 어색한 구조와는 어울리지 않게 몸통을 동그랗게 구부리더니 게처럼 관절 몇 개로 자유롭게 다리를 움직이며 걷기 시작하여 방 한구석에 열린 박스 안의 고무의자로 딱 맞게 허리를 접어 들어앉았다.

다마이 소령이 만든 이 로봇은 가능한 한 인간의 형태와 동떨어진, 정말 필요한 부분만을 모방함으로써 이상한 형태가 되었다.

다마이 소령이라는 인물은 이미 오래전부터 비행기 무선조종의 권위자로 알려져 있었는데 비밀리에 로봇도 연구하고 있었다. 어느 날 비행기 애호가 모임이나 파일럿 모임에 참석했던 소령은 로봇에게 비행기 조종을 맡기는 것을 싫어하는 동료들의 불만을 듣게 된다. 소령은 눈을 치켜뜨며 동료들의 말에 분노하면서도 장관의 허가 아래 무선조종 항공기의 비공개 시험비행이 예정된 다음 일요일에 모임의 회원인 그들을 초대한다.

약속한 일요일이 되자 저 멀리 해안에서는 인간의 무선 음성명령에 따라 로봇이 조종하는 항공기가 이륙한다. 로봇 뱃속에는 정밀기계가 장치되어 있어서 혹시 모를 비상 상황을 땅 위의 연구소로 알린다. 로봇이 보내는 무선신호는 이 상황을 음성이 아니라 피아노 건반을 자동으로 울리게 한다. 피아노의 음들은 미리 정해져 있어서, 음이 울리면 미리 대기하고 있던 음악가가 그것을 악보에 기입함으로써 상황을 해독하여 다시 적절한 명령을 내린다.

시험비행은 대성공이었다. 소령은 히죽 웃고 난 다음 순간 씁쓸한 표정을 짓더니 '하강'하라는 명령의 버튼을 누른다. 비행기가 바다로 추락하기 시작하자 피아노는 미친 듯이 울리다가 멈춘다.

"비행기는 말이야, 인간의 것이야. 사에구사에게 그렇게 말해줘. 나는 이대로 군법회의로 갈 테니, 모두들 수고했어."
놀란 조수와 음악가를 남기고 다마이 소령은 조용히 방을 나갔다.

이야기는 이렇게 끝맺는다. 실로 결점이 없는 단편으로 잘 완성된 소설이다. 히라노가 자신의 능력을 최대한으로 끌어내면서 신중하게 써 내려간 모습이 눈에 선하다. 이 무렵 이런 작품이 있었다니 놀랍다.

이 소설 작품이 완성되기 위해서는 작가의 상상력을 토대로 삼긴 했지만, 그럼에도 로봇과 비행기에 관한 정보가 필요했을 것이다. 당시 상황을 생각

로봇 창세기

해보면 스페리의 자이로스코프를 모티브로 삼았을 것이라는 점은 충분히 추정해볼 수 있지만 그것을 로봇으로 전환해서 표현할 수 있을 정도로 당시 로봇이 그다지 일반적이지는 않았다. 말하자면 자이로스코프를 로봇이라고 불렀을 만한 글들이 어딘가에 있었어야만 한다는 것이다.

흥미롭게도 〈파퓰러 사이언스 먼슬리〉 1930년 2월호에서는 이 장치를 로봇이라 부르고 있다. 그리고 이 글을 인용한 〈과학잡지〉 3월호도 똑같이 표현한다(다만 여기서는 '로보토ﾛﾎ゙ﾄ'라고 표기했다.) 분명히 히라노는 이 두 잡지 혹은 그중 하나를 읽었을 것이다. 히라노 개인의 발자취를 생각해보면, 니시무라 마코토가 〈가쿠텐소쿠〉를 만들었을 때 그도 역시 오사카마이니치신문사의 기자였기에 그곳에서 로봇에 대한 관심이 싹텄을지도 모른다.

그가 그려낸 로봇의 겉모습이 갑옷이었다는 점은 로봇 〈에릭〉을 생각나게 한다. 자이로스코프를 로봇으로 생각한 점은 기능 측면에서 본 것이고, 그 로봇이 피아노 소리로 응답한다는 점은 〈텔레복스〉의 작동 방식에서 얻은 모티브였을 것이다. 히라노는 당대의 대표적인 두 가지 로봇을 하나로 합쳐 자신만의 로봇을 만들었던 것이다.

수신 장치로 피아노를 사용한 것은 매우 뛰어난 발상인 듯하다. 오토마톤이 하프시코드를 연주한 이래로 오늘날에 이르기까지 로봇은 피아노와 매우 깊은 관련을 맺었다. 또 다마이 소령의 급격한 표정 변화는 어딘지 모르게 표정을 바꾸는 〈가쿠텐소쿠〉의 얼굴을 떠올리게 한다. 제목의 '춤추다'라는 표현은 히라노가 사용한 뒤에 여러 로봇에 자주 따라다녔다. 물론 이 소설에 삽화는 없었다.

'레이지'로 이름을 바꾼 뒤에 히라노는 지속적으로 작품을 썼다. 어쩌면 중국에 유폐됐던 경험이 그를 그렇게 만든 것인지도 모른다. 그 당시 여러 작품이 제재를 당했고, 그 가운데 삼일서방(三一書房)에서 출판한 작품 《인간개조-나는 중국의 전범이었다》(1956년)에서는 다음과 같은 문구가 등장한다.

우리들은 결코 천황을 신이라고 생각하지 않는다. 천황은 로봇이다. 천황기관설을 신봉하던 미노베(美濃部) 박사가 군부로부터 탄압을 받았던 고통스러운 기억 아래 박사를 동정하여 … (이하 생략)

히라노는 생애 최소 두 편의 작품에서 로봇을 테마로 사용했다. 히라노는 작품 《인간개조》에서 로봇이라는 말을 두 번 사용했는데, 과연 그때도 26년 전의 작품 〈하늘에서 춤추는 로봇과 그것의 추락〉을 잠시라도 생각했을까?

1930년은 로봇과 비행기가 밀접해진 해였다. 그해 11월 16일 〈도쿄마이니치신문〉은 〈놀라움에 사로잡힌 인간. 로봇이 여객기를 조종〉이라는 기사를 보도했다. 11월 10일 뉴욕에서 보내온 특별 기사에서 미국의 동도공중수송회사(東都空中輸送會社)가 몇 주 안에 대서양 항로를 신설하고 로봇이 조종하는 비행기를 띄울 것이라는 내용이었다. 이쯤 되니 자이로스코프는 완전히 로봇으로 바뀌어 있었다. 당시 아무것도 모르는 독자가 이 신문 기사를 읽었다면 인간 형상을 한 기계가 비행기를 조종한다고 착각했을 것이다.

2

출판사 평범사는 1930년 1월초 《신흥문학전집》 전20편 중 한 권인 《독일 Ⅲ》을 출판했다. 스즈키 젠타로가 번역한 《로봇》도 그중 한 편에 포함됐다.

차페크가 《R·U·R》을 발표한지 겨우 10년이 지났을 뿐이었지만 시대는 이미 차페크의 로봇과는 상당히 멀어져 있었다.

피와 살이 있는 본래의 로봇에 관해 말하자면, 1929년 나가이 히소무가 〈생체 인공제조론〉을 〈과학화보〉(6월호)에 발표한 정도로 그 내용도 특별히 새로운 것은 아니었다. 즉 같은 잡지가 기획한 특집 〈인공제품의 경이로움〉 중의 한 편에 지나지 않았다. 또한 1928년 5월 1일에는 독일 영화 〈요부 알라우네(妖花 Alraune)〉(Ama사 제작)가 공개되었는데, 〈메트로폴리스〉에서 마리아와 로봇 역할을 동시에 연기했던 브리기테 헬름(Brigitte Herlm)이 주연을 맡았다.

한스 하이츠 에베르스(Hanns Heinz Ewers)의 소설을 원작으로 한 이 영화는 인공수정을 연구한 과학자가 인간을 인공적으로 제조한다는 이야기이다. 이 인공인간이 바로 헬름의 배역이었던 '알라우네'였다. 영화 〈요부 알라우네〉가 상영된 뒤에 '생체 인공제조'라는 말이 한동안 일본 사회에서도 빠르게 유행하긴 했지만, 이보다 한 달 전에 개봉한 〈메트로폴리스〉의 강력한 충격 때문인지 그렇게까지 거세진 않았다.

1931년이 되자 일본인들은 한 영국인의 책 속에서 '자궁 바깥에서의 발생(胎外發生)'이라는 관념을 찾아내게 된다. 버큰헤드(Earl of Birkenhead, 1872~1930)가 쓴 《서기 2030년의 세상(The World in 2030 AD)》(1930년)은 일본 선진사에서 사토 쇼이치로(佐藤壯一郎)가 번역해 같은 제목으로 출판되었다.

옥스포드대학에서 수학한 영국인 버큰헤드는 한때 하원의원으로, 그리고 1915년부터 19년까지는 검찰총장으로 다양한 활동을 한 인물이었다. 1922년에는 백작의 작위를 받았고 많은 저술을 남겼다. 1910년대와 20년대에 〈100년 후의 세계〉라는 기획이 잡지에 자주 등장한 것은, 앞에서도 언급했지만, 이 책이 단행본이고 또한 번역본이었던 점에 기인한다. 차례에는

"2030년의 세계", "2030년의 전쟁", "2030년의 산업" 등의 내용이 있는데, 그 중 "2030년의 부인"에 그러한 인조인간에 대한 이야기가 등장한다.

그런데 버큰헤드는 단순히 한 세기가 지난 뒤에 그렇게 될 것이라고 예상하는 것에만 그치지 않았다. 그는 과학의 잠재력을 두 가지 측면에서 보았는데, 한편으로는 과학의 지나친 성장을 억제해야 하지만 다른 한편으로는 성장을 통해 여성이 출산의 지나친 부담이나 위험에서 벗어나게 되고, 남성과 동등한 사회진출을 함으로써 동일임금을 받을 수 있게 되리라고 주장했다. 그의 주장은 진보적인 여성들의 용기를 북돋아주었을 것이다. 하지만 선거권조차 없던 여성의 현실을 돌아보면 참담한 현실 상황에 탄식이 나올 수밖에 없었을 것이다. 버큰헤드는 같은 해 9월 29일에 생을 마감했다.

히라노 레이지의 소설, 버큰헤드의 미래예측 등, 1930년에 로봇에 관한 글들이 쏟아져 나왔다. 이런 영향 때문인지 1932년에 접어들자, 로봇의 유행은 일시에 폭발하는 양상을 나타낸다.

아사히신문사는 1929년 9월 제2기 《아사히 상식 강좌》(전10권)를 배포하기 시작했다. 이것은 '나날이 바빠지는 사회생활 속에서 일반인에게 새로운 상식, 즉 발랄한 생활요소'를 제공하자는 취지로 편집된 기획물이었다. 제1기 전10권은 이미 완결된 상태였다.

제2기 7권째인 《최신 과학 이야기》는 1930년 4월에 출간되었다. 이 책에 로봇에 관한 주제가 포함되었다. 그것도 〈전기의 세계〉(제1장)나 〈생명과학〉(제3장)도 아닌 〈인공제조 과학〉(제4장)의 한 부분으로 다뤄졌다. 도대체 로봇을 어느 분야로 분류해야만 할지 당시 관계자나 편집자 들에겐 커다란 고민거리였다. 이러한 상황은 단지 이 책에서만이 아니었다. 게다가 그 시대만의 문제도 아니었다. 어쩌면 이 문제에 관한 한 현재까지도 어려움이 있다.

이 책에서 손꼽은 로봇은 〈텔레복스〉, 〈에릭〉, 〈교통경찰 로봇〉, 〈라디아나〉, 〈메탈 로봇〉 등이었다. '만일 그것이 완성된다면 이는 기계문명의 최고 상태일 것'이라고 보아 당시의 로봇을 '고급 완구'로 취급하고 있다. 하지만 그렇다고 해도 로봇을 대수롭지 않게 여겼다는 느낌은 들지 않는다. 이는 당시에 특별히 새로운 견해나 사고방식까지는 아니지만 로봇을 단순히 완구로 보고 무시하기에는 어려울 만큼 로봇이 이미 사회적 존재로 이해되었기 때문이다. 이 《최신 과학 이야기》의 저자는 이시카와 로쿠로(石川六郎)로 되어 있지만 왠지 세노오 다로가 쓴 듯하다.

이 책에는 "인조인간과 비슷한 것이 꽤 오래전부터 '있었다.'"라고 말하는 글귀가 등장한다. 18세기를 전후해서 제작된 오토마타를 그 대표적인 예로 보면 될 것 같다. 앞에서 언급한 바 있는 폰 켐펠렌의 오토마타 〈체스를 두는 투르크인〉의 경우, 그가 사망하자 발명가 요한 네포무크 멜첼(Johann Nepomuk Mälzel, 1772~1838)에게 넘겨졌다.

멜첼은 이것을 가지고 영국을 비롯해서 유럽 각지를 여행하며 흥행 사업을 펼쳤고, 1825년 미국으로 건너가 10년간 미국의 여러 도시를 돌아다녔다. 그 오토마타는 유럽에서 그랬던 것처럼 미국에서도 경이로운 존재로 떠올랐으며, 관객들은 도대체 그것이 어떤 메커니즘으로 '생각하고 동작하는지'를 수수께끼처럼 여겼다.

앰브로즈 비어스(Ambrose Bierce, 1824~1914)는 1899년 이 이야기를 토대로 단편소설 〈목슨의 주인(Moxon's Master)〉(이 소설은 1989년 오쿠다 슌스케奧田俊介)에 의해 〈자동 체스 인형〉이라는 제목으로 번역되어 도쿄미술출판사의 《비어스 걸작단편집》 상권에 실렸다.)을 펴냈다. 이보다 앞선 1836년 에드거 앨런 포(Edgar Allan Poe, 1809~1849)는 〈서던 리터러리 메신저(Southern Literary Messenger)〉 4월호에 체스를 두는 이 오토마톤의 수수께끼를 〈멜첼의 체스 플레이어 (Maelzel's Chess

[그림 109] 포의 글에 묘사된 체스 두는 오토마톤 고바야시의 번역에는 그림이 포함되지 않았다. 그런데 고바야시가 자신의 생각을 덧붙였다는 그 '고찰'은 다음과 같다.

"천재는 기계의 발명에 힘입어 때로는 불가사의한 것을 창조해낸다. 그러나 언뜻 그것이 아무리 불가사의한 것처럼 보인다고 해도, 그 기계가 순수하면 순수할수록 그것의 뱃속에 들어앉은 단 하나의 원리를 발견하기만 한다면 어렵지 않게 그 불가사의를 해결할 수 있을 것이다."

Player)〉(《포 소설 전집》 제1권, 도쿄창원사, 1974년)라는 글에서 분석했다. 우리는 어렵지 않게 비어스가 포의 이 글을 창작의 모티브로 삼았다는 것을 생각해볼 수 있다. 비어스의 작품 속에 포의 문장을 떠올리는 표현들이 있다는 것은 잘 알려진 사실이다.

포의 이 글은 1930년 2월 〈신청년〉의 춘계 증간호에 〈멜첼의 장기 두는 사람〉이라는 제목으로 번역되었다. 당시 번역자의 이름은 소개되지 않았지만 오늘날에는 이것이 젊은 시절 고바야시 히데오(小林秀雄, 1902~1983)였음이 알려졌다.

고바야시는 직접 영어로 번역한 것이 아니라 샤를 보들레르(Charles Baudelaire, 1821~1867)가 프랑스어로 번역한 것을 다시 일본어로 옮긴 것이었다. 더욱이 원문에는 없는 자신의 '고찰'을 글머리에 덧붙였다. 우리는 고바야시가 굳이 이 작품을 일본어로 옮긴 이유를 로봇의 유행 때문이라고 생각할 수 있을까?

포의 글은 편광각 법칙을 발견한 물리학자 데이비드 브루스터(David Brewster, 1781~1868)의 책 《자연 마술에 대한 편지(Letters on Natural Magic)》(1832년)을 참고했는데, 마욜의 〈마술사〉, 보캉송의 〈오리〉와 같은 오토마타를 소개한 뒤에 체스 경기를 하는 오토마톤의 수수께끼에 도전한다. 포는 그 오토마톤을 오늘날이 되어서야 비로소 그 정확함이 증명된 찰스 배비지(Charles Babbage, 1792~1871)의 계산기와 나란히 놓고 어느 쪽이 더 우월한 것인지를 묻는다.

또한 그는 체스 경기를 하는 오토마
톤의 겉모습과 내부의 구조 등을 상세
히 설명하고, 당시 멜첼이 어떻게 이 오
토마톤을 관객들에게 보여주고 또 어떤
식으로 체스 경기를 진행시켰는지도 분
석한다. 마지막으로 포는 몇 가지 결정
적인 의문을 제기하면서 그 오토마톤 내
부의 은밀한 곳에는 인간이 숨어 있으며
그가 인형을 조종한 것이라는 결론을
내렸다. 그런데 이것은 사실에 가까운

[그림 110] 배비지의 계산기
배비지는 원래 수학자였으며 아날로그 계산기
제작의 기원을 이룬 인물 중 하나이다. 그는 수
학 계산의 오차에 관심을 가졌고, 그 결과로 계
산기 연구에 몰두하게 되었다. 케임브리지대학
에 있으면서 천문학회나 통계학회 창설에도 애
를 썼다.

분석이었고 브루스터의 책도 역시 비슷한 결론에 도달했다.

포는 이 글을 쓴 지 3년이 지난 1839년에 사이보그라고 해야 할지, 아니면
복지기계(福祉機械)라고 해야 할지 모를 인물을 등장시킨 〈소진된 남자(The
Man That Was Used Up)〉라는 작품을 발표했다.

그런데 고바야시는 글에서 오토마톤을 '자동인형(自動人形)'이 아니라 '자동
인형(自働人形)'으로 표기했다. '働'이라는 그의 한자 표기는 창원사의 《창원》
제2집에 포함된 《《죄와 벌》에 대하여》(1948년)라는 글에서도 나타난다.

그는 "헉"하고 정신을 차리고 자동인형(自働人形)처럼 움직인다. 할머니의 머리
에 도끼가 기계적으로 내려쳐질 때까지.
그는 당연히 라스콜리니코프를 가리킨다.

SF 장르를 게재하려고 하면 자연히 매체가 한정될 수 밖에 없다.

[그림 111] 〈인력(引力) 소멸〉에 묘사된 로봇 겉모습은 충분히 〈에릭〉을 참고한 듯하다. 그러나 다리의 연결 부분을 보면 조금은 더 연구를 한 것 같다. 또한 수영팬츠를 입은 듯 보인다. 이것은 전쟁 이후에 등장한 만화에서 볼 수 있는 인간형 로봇과 매우 닮았다. 이 그림의 작가가 누구인지는 알 수 없다.

〈어린이의 과학〉 2월호에 연재되기 시작해서 4회로 마감된 오츠 미치(大津美智)의 작품 〈인력소멸〉에도 로봇이 등장한다. 이것은〈어린이의 과학〉의 공모에 당선된 작품으로, 여기에 등장한 로봇도 역시 '악(惡)'의 부하이다. 등장인물들 중 한 명은 이렇게 말한다.

"저것은 최근 X국에서 발명된 인조인간이 틀림없습니다. 겉모습도 제가 사진으로 본 것과 조금 다를 뿐입니다. 저것은 전파로 움직입니다."

게다가 로봇이 한 번 넘어지면 다시 일어나지 못하고 다리를 버둥거린다는 이야기는 새롭다.

또 다른 과학 잡지 〈과학화보〉 9월호에도 현상공모로 기획된 '과학소설'에 로봇이 등장했다. 이 시기 드디어 SF소설이 '과학소설'이라는 명칭으로 자리를 잡으려 하고 있었다. 〈과학화보〉의 이 '과학소설'의 기획에는 전문 직업 작가들의 작품도 포함되어 있었는데, 나카가와 고이치(中河興一, 1897~1994), 이나가키 다루호(稲垣足穂, 1900~1977), 이토 세이(伊藤整, 1905~1969), 류탄지 유(龍膽寺雄, 1901~1992) 등으로 꽤나 호화로운 필진이었다.

로봇이 등장한 글은 3등으로 당선된 고세키 시게루(小關茂)의 작품 〈물질과 생명〉이다. 이 작품은 미래 사회를 산문 형식으로 쓴 소설이며 로봇은 단지 배경 정도로 다루어진다. 다만 여기에 새로운 것이 있다면 이 글에는 로봇 공장이 묘사되었다는 점이다.

여기서 잠시 눈길을 돌려 만화계를 한번 살펴보자. 일본 만화는 유럽과

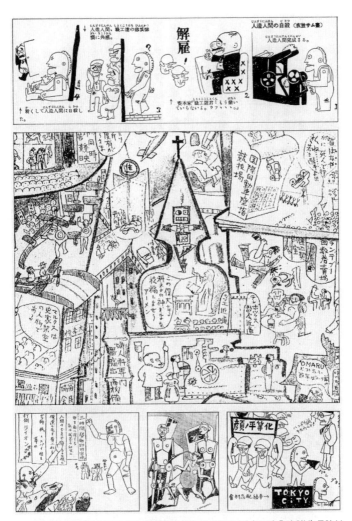

[그림 112] 기누가사 샘의 〈인조인간의 자살〉(위), 구와바라 라이세이의 〈100년 후의 일본〉 중앙 부분(가운데), 기누가사 사무의 〈얼굴의 평등화〉의 부분(하단 오른쪽), 모리 히로시의 〈인조인간의 시대〉(하단 가운데), 오타 고지의 〈100년 후의 계급투쟁〉

기누가사가 그린 로봇 이미지에도 코일 모양의 전선이 보인다. 구와바라 작품의 경우 신의 자리에 올라앉은 로봇에게서는 1929년 〈신조〉 8월호에서 니이 이타루가 썼던 글귀가 떠오른다. '사무'로 이름을 바꾼 기누가사의 만화에서는 인간의 얼굴이 모두 똑같아지면 로봇과도 동일해진다. 모리의 작품은 인간이 거대한 로봇을 사용하고 있는 것이 아니라 그 반대의 상황처럼 보인다. 오타의 작품은 힘든 노동운동의 봉기를 독려하는 연설회의 모습을 묘사했다. 로봇 변사가 과격한 발언을 하는지, 경관이 '그만해!'라고 외치고 있다.

미국과 비교해볼 때 상대적으로 진지한 면이 있다. 만화는 문학으로 표현될 수 없는 것, 혹은 사회적 삶의 지루함을 메워주는 역할을 한다.

도쿄만화신문사의 〈망가 만(マンガ·マン)〉은 1929년 8월에 창간되었는데, 이 잡지 1930년 4월호가 기누가사 샘의 〈인조인간의 자살〉이라는 만화를 실었다. 이 작품은 로봇을 이용하여 자본가와 노동자 사이의 곤란한 관계를 묘하게 표현했다. 〈망가 만〉 11월호는 〈100년 후〉 즉 2030년을 전체 주제로 삼았는데, 그만큼 로봇이 등장하는 장면이 많았다.

이 기획에서 기누가사 샘은 이름을 '샘'에서 '사무(斯無)'로 바꾸고 〈얼굴의 평등화〉라는 작품을 그렸는데 4월호에 등장했던 로봇과 닮은 로봇을 등장시켰다. 그리고 사기모토 요시조는 〈어느 국제적인 여인의 일기〉라는 작품에서 2030년 11월의 어떤 날들을 묘사했다. 일기에는 '인조인간 파출회', '인조인간탐정', '인조인간 전용형무소' 등의 단어가 나온다. 구와바라 라이세이(桑原雷生)도 똑같이 일기와 만화로 〈100년 후의 일본〉을 그려냈다.

그의 만화 작품은 '〈텔레복스〉의 교회'라는 장소를 설정했는데, 이 교회를 중심으로 다양한 이야기가 전개된다. 예수 비슷한 인물이 "과학의 신을 축복합시다!"라고 외치며 사람들에게 설교하고, 제단에서는 십자가 포즈를 취하는 로봇도 있다. 그의 일기에는 "산업계의 총아인 〈텔레복스〉가 일을 잃고 헤매다 점점 더 나락으로 떨어지는" 광경을 묘사했는데, 로봇이 실업자가 된다고 한 것을 보면 2030년에도 엄청난 불경기가 있을 수 있다는 설정이다. 〈망가 픽업〉이라는 제목이 적힌 페이지에는 모리 히로시(森比呂志)와 오타 고지(太田耕爾)가 그린 로봇 만화 작품이 수록되었다.

또한 〈아사히 그래프〉에는 〈망가 살롱〉이라는 연재 공간이 있었는데, 1930년에는 로봇 만화가 두 번 게재되었다. 하나는 이케다 에이이치지(池田永一治, 1889~1950)의 〈학자는 몰인정해〉(1월 22일)이고, 다른 하나는 시미즈 다

[그림 113] 이케다 에이이치지의 〈학자는 몰인정해〉의 일부분

[그림 114] 시미즈 다이가쿠보의 〈기계〉 이 기계는 인간의 희생 위에 존재한다.

이가쿠보(清水封岳坊, 1883~1970)의 〈기계〉(4월 23일)이다.

당시 이들 잡지뿐 아니라 다른 만화 작품에서도 로봇을 자주 다뤘으며, 여기 소개한 것들은 그저 몇 가지 사례에 지나지 않는다.

3

이제 다시 과학을 주제로 한 작품들로 되돌아가보자. 1930년 12월에는 두 편의 이색적인 작품이 발표되었다. 하나는 운노 주자의 〈인조인간 살해 사건〉이고, 다른 하나는 사이다 다카시(齊田喬, 1895~1976)의 〈과학동화극 인조인간〉이다.

운노 주자는 1925년 무렵부터 패전 직후까지 로봇을 주제로 한 작품을 그 누구보다도 많이 발표했던 작가이다. 그런 만큼 그는 이 시기에 등장한 마지막 주인공이라는 느낌이 든다. 〈인조인간 살해사건〉은 로봇 장르소설의 초창기 작품이라고 할 수 있다.

운노는 편집을 맡고 있던 잡지 〈무선전화〉에 이미 〈유언장 방송〉이나 〈삼각형의 공포〉를 발표했었지만, 사실상 1928년 〈신청년〉에 발표한 〈전기욕조의 괴사사건〉이 본격적인 의미에서의 첫 번째 작품이다. 〈인조인간 살해사건〉도 1931년 〈신청년〉 1월호(1930년 12월 발행)에 게재되었다.

그 새벽, 아직 여명이 짙은 상해의 거리는 콩 수프처럼 탁하고 짙은 안개 속에 가라앉아 있었다.

이야기는 영화의 한 장면처럼 시작된다. 시간 배경은 현대이고 장소는 중국의 상해. 특공대원인 하야시다와 이토는 어떤 대국과 상해경찰이 비밀리에 공동 조직한 '해룡클럽'의 부두목을 암살하라는 명령을 받는다. 이토는 아시아제철소의 평범한 노동자로 위장·잠입해 그 명령을 수행한다. 그는 그 비밀조직에 무기 이상의 무기, 즉 과학이 있다고 여긴다.

"그들에게 공포의 표적인 과학으로 그들의 심장을 뚫어라."
드디어 로봇은 활동을 개시한다.
"뭘까요 저 괴물은?"
부인이 창백한 얼굴을 들어 날카롭게 내 쪽을 노려보았다.
"아마 로봇(이 소설에선 '로봇'이라 읽되 '인조인간'으로 써놓음-옮긴이)일지도 모르겠군요."
"로봇! 로봇이란 게 정말 있는 건가요?"
"물론이지요. 지금도 소문이 나지 않은 이유는 각국이 그것을 비밀리에 연구하고 있기 때문이에요."
"지금 저것은 어디의 로봇일까요?"

"글쎄… 어디일까요? 어쩌면……."

"어쩌면……."

이후 주인공 이토는 해룡클럽 회의에 참석해 교묘한 계략을 써, 두목의 손으로 부두목을 죽이도록 만든다. 부두목이 로봇의 외피를 쓰고 있었기 때문에 사살된 것이다. 부두목의 정체는 위 인용문에 등장하는 류(劉) 부인, 즉 일본인 기누코였다. 한창 회의가 진행되고 있던 와중에 아시아제철소에서 폭동이 일어났고 그 속에는 "기괴한 로봇이 다수 섞여 공장을 부수는데 앞장섰다."는 정보가 두목에게 전해지는데, 이것이 부두목 살해의 복선 노릇을 했다. 마지막 장면에서 이 로봇들이 진짜가 아니라 로봇의 외피를 뒤집어쓴 공작원이었다는 사실도 밝혀진다. 그리고 이토와 하야시다는 무사히 상해를 탈출한다.

[그림 115] 〈인조인간 살해사건〉의 삽화
왼쪽의 인물이 일본인 기누코. 오른쪽이 로봇. 이 작품을 그린 사람은 다카이 데이지(高井貞二)인데 그의 로봇 이미지는 어떤 것에도 얽매이지 않았다는 점이 마음에 든다.

우리가 이 작품에서 로봇을 주제로 한 운노 작품의 본령을 기대한다면 실망한 느낌이 들겠지만, 국제적인 스케일의 스릴러에 로봇을 등장시켰다는 것은 국내외를 아울러 이 작품이 처음이라고 여겨진다. 운노는 작품 속에서 대담하게도 로봇을 거리낌 없이 자유롭게 조종하는 것으로 설정해 재미를 안겨준다.

1931년에 발표된 소설들 중에서 상해나 노동자 파업 등이 언급된다면 요코미츠 리이치(橫光利一)의 작품 《상해(上海)》를 떠올리지 않을 수 없다. 이것은 1928년 가을에서부터 1931년 가을까지 간헐적으로 잡지 〈개조(改造)〉에

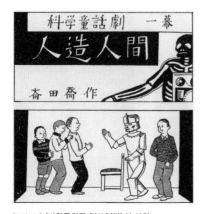

[그림 116] 〈과학동화극 인조인간〉의 삽화
제목 장식과 연극의 간단한 설명도라고 할 수 있다(아
래 그림). 글과 그림 모두에서 능력을 발휘했던 사이다
다카시의 작품이다.

연재되었다. 그렇기에 운노 역시 훑어봤을 가능성이 있다. 그는 분명히 전기시험소에 근무하면서 매일처럼 국제도시 상해의 꿈을 떠올렸을 것이다.

다른 한편 〈과학동화극 인조인간〉은 〈어린이의 과학〉 1931년 1월 호(1930년 12월 발행)의 머리를 장식했다. 이 글은 원래 같은 호의 특집 기획 〈과학 문명의 미래 이야기〉에 포함되어 있었다. 이미 세노오 다로가 이 잡지에 본격적으로 로봇을 소개한 상태였기 때문에 편집부가 협의한 끝에 사이다 다카시에게 글을 의뢰한 것으로 보인다.

사이다 다카시는 사립 세이쬬초등학교의 교사로 있으면서 아동극 작가로 활약했다. 그는 전쟁이 끝난 뒤에는 아동극작가협회의 회장을 맡았던 인물이다. 게다가 그림에도 소질이 있어서 잡지 소설의 삽화를 그리기도 했다.

그의 작품에는 4명의 아이들과 로봇으로 변장한 아이가 등장한다. 시대 배경은 언제인지 알 수 없다. 이야기는 아이들이 친구 사부로의 아버지가 만들었다는 로봇을 보러 가면서 시작된다. 아이들은 저마다 로봇에게 말을 걸어 의견을 내게 했는데, 마침내 그 로봇에게 춤을 추게 하자 그 안에 있던 한 아이가 숨을 헐떡이며 로봇 바깥으로 튀어나오고 이를 본 모두가 크게 웃으면서 막이 내린다.

이 작품의 지시문에는 인조인간이 "마분지로 만든 갑옷 같은 것을 입는다."고 되어 있다. 여기서 마분지란 누렇고 두꺼운 골판지를 말한다. 그림 속에는 〈텔레복스〉의 공동 제작자인 래드클리프라는 이름이 보이는데 사이다 다카시가 잡지 〈어린이의 과학〉을 꼼꼼히 들여다보았다는 것을 알 수 있다. 이 작품에는 사이다 자신이 그렸을 것으로 보이는 삽화가 두 점 첨부되어 있다. 하나는 1928년에 제작된 래드클리프의 로봇 〈텔레복스〉를 토대로 그린 그림이고, 또 하나는 〈에릭〉을 정확히 묘사한 그림이다. 당시 일본의 로봇 문화는 사회 속에서 빠르게 소화되고 있었던 듯하다.

4

소화를 빠르게 촉진시킨 동력들 중 하나는 신문의 힘이다. 대형 출판사에서 발행하는 잡지는 매월 신문에 광고를 냈다. 당시 신문들은 제1면 전체를 몇 개의 출판물 발행소 광고로 채우는 일이 많았다. 잡지에 로봇이 거론되는 빈도가 높아지면 높아질수록 그만큼 신문광고에 인조인간이나 로봇이라는 단어가 더 자주 눈에 띄게 된다. 라디오 방송은 신문에 없는 이점을 가지고 있기는 했지만, 이 시기에 아직까지 신문만큼의 영향력은 없었다. 신문은 광고뿐만 아니라 기사의 내용에서도 로봇에 관한 주제를 언급하게 되었다.

과학 잡지에 게재된 〈살아 있는 인조 암탉〉과 〈고베 해양 박람회〉(1930년 9월 20일~10월 31일)에서 구입한 영국제 로봇 〈광고지를 건네는 인형〉(이 두 로봇은 모두 〈과학잡지〉 10월호에 게재되었다.), 〈바다 청소용 기계물고기〉(〈과학잡지〉 11월호), 그리고 〈전기장치가 된 글자 쓰는 여성 인조인간〉(〈중앙공론〉, 1931년 1월호)을 제외하면, 1930년 일본에 소개된 해외의 로봇들은 모두 신문에서 기사로 다루어졌다. 게다가 잡지가 다루지 않은 것들조차 신문이 찾아내어 기사로 만들었다.

그중에서도 눈에 띄는 것은 〈도쿄일일신문〉이다. 이 신문은 1930년 이전까지는 로봇을 기사로 다룬 적이 없었는데, 어찌 된 일인지 그동안 뒤처졌던 것을 따라잡기라도 하려는 듯 5월부터 로봇으로 신문을 장식해 나갔다.

5월 6일과 7일에 〈로봇(기계인간)〉이라는 제목의 기사가 연재되기 시작했다. 이 글의 저자는 일본 심리학의 선구자 중 하나인 일본여자대학 교수인 마츠모토 마타타로(1865~1943)였다. 연재라고는 해도 두 편의 짤막한 글이며, 마츠모토는 이로써 자신의 생각을 충분히 보여주지 못한 것 같아 보인다. 그의 글은 로봇을 알게 된 현대사회가 인간에게 로봇이 되기를 요구한다는 점을 살폈다. 일본에서 심리학의 관점으로 로봇을 주제로 삼았던 신문 기사는 아마 이것이 최초일 것이다.

6월말에는 베를린에서 공개된 로봇이 사진과 함께 소개되었다. 〈에릭〉을 제작했던 윌리엄 리처즈가 만든 새로운 로봇이었다. 사진으로만 보아

[그림 117] 위에서부터 차례로 〈살아 있는 인조 암탉〉, 〈광고지를 건네는 인형〉, 〈바다 청소용 기계물고기〉, 〈전기장치가 된 글자 쓰는 여성 인조인간〉. 첫 번째 로봇은 앞서 〈밥 먹는 기계〉를 언급했었는데 바로 이것의 암탉 버전이다. 〈광고지를 건네는 인형〉은 왼손에 있는 광고지를 오른손 손가락의 빨판으로 빨아들여 오른쪽 손으로 가져간다. 동시에 목을 좌우로 움직이고, 턱을 위아래로 움직이며, 또한 눈도 움직인다. 기계물고기는 정확히 말하자면 '파라베인'이라는 바다 청소용 기계장치였는데 이것을 그렇게 불렀다. 여성 인조인간은 뉴욕에서 개최된 〈세계 라디오 박람회〉에 등장한 것으로 지시에 따라 정해진 글자를 쓸 수 있었다.

로봇 창세기

도 〈에릭〉보다 진화한 모습이어서 보다 자유롭게 자세를 바꿀 수도 있었다. 의자에 앉아 있는 모습이 〈에릭〉과 같은 것을 보면 리처즈 자신은 로봇의 보행에는 큰 관심이 없었던 듯하다.

이 뉴스는 4월에 발행된 모든 과학 잡지들에 보도되었다. 또한 이 로봇과 함께 또 다른 기사가 실렸는데, 런던 지하철의 빅토리아역에서 승객의 출입을 담당하는 로봇이 나타났다는 내용이었다. 그 로봇의 정체는 다름 아니라 승차권 자동발매기였다. 〈도쿄일일신문〉의 기사문은 이것마저도 로봇으로 취급하고 있었다.

10월 1일에는 이 신문에 〈1990년의 도쿄전〉이라는 전시회 광고가 게재되었다. 도쿄일일신문사가 추최한 이 전시회는 10월 1일부터 19일까지 도쿄 우에노의 마츠자카야(松坂屋)에서 개최되었다. 그런데 광고 속에는 로봇 그림이 등장했다. 전시는 60여 년 뒤의 미래 도쿄를 파노라마식으로 보여주었는데 '로켓식 비행기와 우주', '텔레비전의 다양한 이용', '도쿄 간선도로의 교통' 등 수십 가지의 광경을 보여주었다.

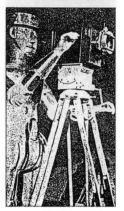

[그림 118] 리처즈의 두 번째 로봇
이 로봇의 이름은 알 수 없다. 사진에서는 인간과 같은 동작을 해보이고 있는데 〈에릭〉보다도 자유도가 몇 단계 높아진 결과일 것이다. 그러나 실제로 로봇을 자유롭게 조종할 수 있었던 것은 아니고 각각의 포즈를 취하게 하는 정도였다. 리처즈의 로봇 제작은 여기까지였고 더 이상 새로운 로봇은 발표되지 않았다.

[그림 119] 〈1990년의 도쿄〉 전시의 광고와 당시 전시되었던 로봇(왼쪽 그림)

광고 속에 등장하는 로봇의 빼어난 모습을 보면 이 시기가 충분히 로봇 붐의 정점에 도달했다는 것을 알 수 있
다. 우리에게 1990년은 이미 지나간 해이지만 이 로봇 그림은 아직도 충분히 사용할 수 있을 것만 같다. 전시된
로봇의 이름을 알 수는 없지만 그 형상은 초기의 로봇과 다를 바 없는 디자인이다.

이보다 2년 앞선 1928년에는 〈50년 후의 런던〉이라는 박람회가 런던에서 개최되어 좋은 평가를 받았다. 〈1990년의 도쿄〉전은 이것을 참고로 한 것 같다. 이 전시회에서 관객들의 관심을 모은 것은 단연코 〈인조인간의 동작과 연설〉이었다.

광고 속의 로봇 모습은 그럴 듯했던 반면 실제로 전시된 로봇은 4등신 정도의 신체 비례여서 결코 스마트해 보이지 않았다. 따라서 관객들의 발걸음을 멈추게 만든 요인은 외모보다 로봇의 또 다른 능력이었다. 즉 다른 장소에 있는 담당자가 유선전화를 통해 로봇의 입으로 '연설'을 하게 하거나 아니면 손님의 질문에 대답할 수 있도록 하게 만든 것이 매력적이었다. 동작이 얼마나 자유로웠는지는 알 수 없지만 사진에서 확인 가능한 것처럼 팔을 올리거나 목을 돌릴 수 있는 정도였을 것 같다.

이렇게 보면 〈도쿄일일신문〉의 로봇 보도가 마치 과열된 것처럼 보이지만, 사실은 우연히 겹쳐진 것이다. 11월 14일자 저녁 신문에서는 〈인조인간이 훌륭하게 연기한 《빌헬름 텔》〉, 〈시사문제도 논하는 미국 기사의 정교한 제작〉이 실렸다. 어떤 자료에 따르면 이 로봇은 웨스팅하우스 연구소장이 미국 전기학회 학술대회에서 공개한 것으로 그 "동작과 언어가 진짜 인간의 것이라고 생각될 정도로 섬세할" 뿐만 아니라, 시사 문제를 논의할 수도 있어서 대회 참가자들을 놀라게 했다. 게다가 보행은 할 수 없었지만, 의자에서 일어나거나 앉는 동작은 가능했다. 아울러 팔의 자유도도 제법 높아 여러 포즈를 취할 수 있었다.

이 로봇은 〈텔레복스〉가 진화한 결과물이었다. 〈텔레복스〉와 마찬가지로 전화로 음성신호를 보내면 그것이 로봇 내부의 광전관을 작동시키고 여러 종류의 문장이 들어간 토키 필름을 신호에 맞춰 구동시키는 구조로 되어 있었다. 로봇은 기사의 제목처럼 쉴러(Friedrich von Schiller, 1759~1805)의 희곡 작품《빌헬름 텔》(1804년)에서 등장하는 텔의 아들 역할을 맡았고 연기는 갈채를 받았다. 안타까운 것은 신문 기사에 로봇의 사진이 없고 이름도 적혀 있지 않았다는 점이다.

이틀 뒤인 11월 16일자 신문에는 앞서 말했던 〈로봇이 여객기를 조종〉한다는 기사가 실렸다. 철학자 도쿠노 분(1866~1945)은 11월에 연이어 신문에 등장한 이 로봇 관련 기사들을 모두 인용하여 이듬해 1월에 수필 한 편을 완성했다. 그의 작품 제목은 〈로봇 마마〉였다. 그는 신문 기사를 토대로 로봇의 한계를 분석하면서 기계는 기계론적으로 이해할 수 있지만 자연은 목적론적으로 이해해야 한다는 논의로 글을 이어갔다. 1930년 〈도쿄일일신문〉이 로봇이라는 주제로 독자들을 '도발한' 끝에 태어난 것이 다름 아니라 도쿠노의 글이었다.

그런데 로봇에 관한 기사를 생각해보면, 〈도쿄아사히신문〉도 〈도쿄일일신문〉에 못지않았다. 이 신문사는 대담하게도 독일 뒤셀도르프의 예술 인형 제조회사에 로봇 제작을 의뢰했다. 신문사가 어떤 이유로 이런 일을 벌인 것일까?

의뢰는 1930년 봄에 이루어지고 마침내 쌍둥이 로봇 두 대가 완성되어 프랑스 마르세유를 거쳐 우편선 하루나마루(榛名丸)호로 일본으로 배송되었다. 그중 한 대는 도쿄아사히신문사에, 다른 한 대는 오사카아사히신문사에 '입사'했다. 12월 7일 이 신문에는 〈로봇, 드디어 도쿄에 등장하다〉라는 제목의 기사가 실렸다. "아무튼 진짜 인조인간이 일본의 도시에 나타난 것은 이번이 처음이므로 비상한 센세이션을 불러일으킬 것으로 생각한다."는 열띤 분위기를 담아낸 보도문이었다.

이 로봇의 이름은 '레마르크(レマルグ)'라고 불렸다. 〈도쿄아사히신문〉은 정확히 12월 5일부터 에리히 M. 레마르크(Erich Maria Remarque, 1898~1970)의

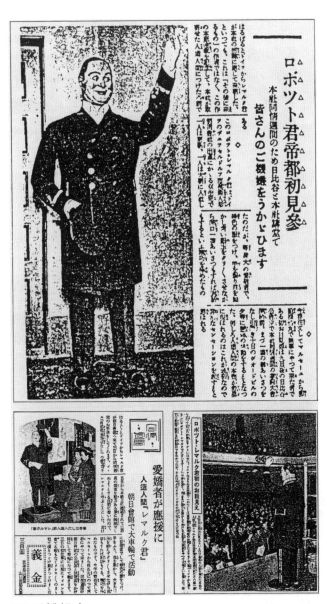

ロボット君帝都初見参

[그림 120] 〈레마르크〉
애교 있는 얼굴로 눈동자를 움직였고 초록색 상의를 착용했다. 같은 신문사였어도 도쿄(상
단 왼쪽 아래 그림)와 오사카에서 발행한 기사 내용이 달랐다.

작품 《그 다음에 오는 것》을 연재하기 시작했는데 그로 인해 '레마르크'라는 이름이 붙었던 것 같다. 이 소설은 《서부전선 이상 없다(Im Westen nichts Neues)》(1929년)의 자매편으로 집필되었고, 연재가 끝난 뒤에는 그 수정 원고가 동일한 제목으로 1931년 7월 도쿄아사히신문사에서 출판되었다. 이 작품은 미국 유니버설영화사에서 영화로 제작했고, 1937년에 일본에서도 개봉되었다.

로봇 〈레마르크〉의 모습이 작가 레마르크를 모방한 것은 아니었겠지만 어딘지 모르게 쾌활한 표정을 짓는 아저씨의 분위기가 물씬 풍겨난다. 손을 흔들고 목을 움직이고 눈알도 굴렸다. 게다가 유선인지 무선인지는 모르겠지만 양방향으로 대화도 가능했다.

그 신문은 독일어 억양을 띤 일본어를 말할 수 있다고 소개했지만, 사실 다른 장소에 있는 일본인이 말하는 것이었다. 동정주간(同情週間)인 12월 9일 오후 6시 히비야공회당(日比谷公會堂)에서는 일본 아마추어권투학생 선발대항전이 개최되었는데 바로 이 시간에 맞춰 로봇 〈레마르크〉도 공개되었다.

동정주간이란 가난으로 고통 받는 사람들을 후원하기 위한 모금 활동 기간으로 매년 연말에 도쿄아사히신문사가 주관하고 있었다. 12월 10일

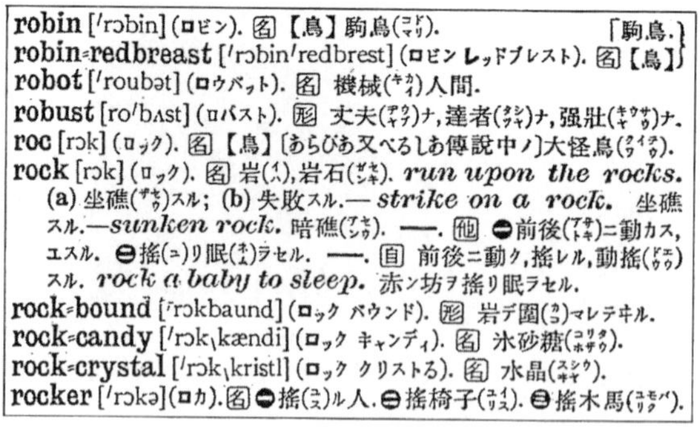
robin [ˈrɔbin] (ロビン). 名 【鳥】駒鳥(コドマリ). 「駒鳥.
robin-redbreast [ˈrɔbinˈredbrest] (ロビン レッドブレスト). 名 【鳥】
robot [ˈroubət] (ロウバット). 名 機械(キカイ)人間.
robust [roˈbʌst] (ロバスト). 形 丈夫(ヂヤウブ)ナ, 達者(タツシヤ)ナ, 强壯(キヤウサウ)ナ.
roc [rɔk] (ロック). 名 【鳥】〔あらびあ又べるしあ傳說中ノ〕大怪鳥(タイクワイテウ).
rock [rɔk] (ロック). 名 岩(イハ), 岩石(ガンセキ). *run upon the rocks.* (a) 坐礁(ザセウ)スル; (b) 失敗スル.— *strike on a rock.* 坐礁スル.— *sunken rock.* 暗礁(アンセウ). —. 他 ➊ 前後(アトサキ)ニ動カス, ユスル. ➋ 搖(ユ)リ眠(ネム)ラセル. —. 自 前後ニ動ク, 搖レル, 動搖(ドウエウ)スル. *rock a baby to sleep.* 赤ン坊ヲ搖リ眠ラセル.
rock-bound [ˈrɔkbaund] (ロック バウンド). 形 岩デ圍(カコ)マレテヰル.
rock-candy [ˈrɔkˌkændi] (ロック キャンディ). 名 氷砂糖(コホリザタウ).
rock-crystal [ˈrɔkˌkristl] (ロック クリストる). 名 水晶(スヰシヤウ).
rocker [ˈrɔkə] (ロカ). 名 ➊ 搖(ユ)スル人. ➋ 搖椅子(ユリイス). ➌ 搖木馬(ユリモクバ).

[그림 121] 《명해영일사전》
원래 이 사전은 1925년 3월에 발행된 것이며, 그 뒤에도 중판을 거듭하여 5년 뒤인 1930년 9월에는 70판에 이르렀다. 그러한 과정에서 'robot'이라는 단어가 수록되었다.

〈도쿄아사히신문〉 아침판 기사를 보면 사진과 함께 〈레마르크〉가 소개되고 있는데, 이 로봇의 오른쪽 뒤로는 몸체를 지지하는 코너포스트가 설치되었다. 물론 〈레마르크〉는 대단한 갈채를 받았고, 동정주간 동안 이곳저곳을 순회했다.

그렇다면 로봇에 관련된 신문 기사 외에는 별다른 것이 없었을까? 삼성당에서 출판한 《명해영일사전(明解英和辭典)》(1925년)의 제70판 증정판은 1930년 9월에 영일사전치고는 제법 빨리 'robot'이라는 단어를 수록했다. 이것은 1929년부터 1930년에 걸쳐 로봇의 상황을 보여주는 성과였다고 말할 수 있다.

우상화해야 할 필요가 있나?

1

불황의 어려움 속에서도 해는 바뀌었고, 로봇은 자연스럽게 사회로 편입되고 있었다. 1월 1일. 로봇에 관한 한 〈도쿄일일신문〉이 지난해부터 이어진 기세를 몰아 붙여 선두를 달리고 있었다. 같은 날 이 신문은 4쪽 분량의 만화 〈1931년형〉을 실었다. 모두 18칸으로 구성된 이 작품은 이케베 히토시(池部鈞, 1886~1969)와 와다 구니보(和田邦坊, 1899~1992)가 그렸다. '193X년형'이

[그림 122] 만화 〈193X년형〉
이케베 히토시와 와다 구니보의 그림. 1931년은 첫날부터 로봇에 관한 매체 보도의 기세가 오른다.

라는 표현은 1930년대 유행했던 것들 중 하나이다. 두 사
람은 자신이 맡은 부분마다 로봇이나 그와 관련된 그림
을 그려 넣었다.

1월 6일 〈도쿄일일신문〉에도 도라노몬 저널리스트 유
니온이라는 공동 제작집단이 '로봇 TJU'라는 이름으로 소
개되었다. 하지만 그들의 이름에 사용된 로봇은 단순히
장식적인 말에 지나지 않았다.

〈도쿄아사히신문〉은 전람회 등으로 이름높은 백화점
긴자 마츠야의 광고를 게재했는데(1931년 1월 3일), 로봇 〈레

[그림 123] 긴자 마츠
야의 광고(부분)

마르크〉가 이때 마츠야에서 전시되고 있었다. 이 광고는
"새로 들여온 로봇 인조인간이 3일부터 새해 인사를 올립니다."고 홍보했다.
마츠야는 1월 3일부터 7일까지 〈레마르크〉를 2층 중앙에서 전시했는데 양
방향으로 '이야기'를 할 수 있는 이 로봇을 보기 위해 관객들이 새까맣게 모
여들었다.

잡지 〈개조〉의 1929년 공모에서 희곡 〈마카로니〉로 당선된 나카무라 마
사츠네(中村正常, 1901~1982)는 이 로봇을 취재해서 〈개조〉 3월호에 〈인조인간
로봇 방문기〉를 썼다. 글에서는 그의 아내가 로봇을 보기 위해 마츠야로 갔
고, 집에 있는 나카무라에게 전화로 그 로봇을 설명해주는 설정이지만 실제
로는 나카무라 자신이 직접 백화점에 찾아간 것이다. 로봇 〈레마르크〉는 손
님과 대화를 나누는 중에도 전시물에 대한 소개를 했다고 한다.

1930년 12월말에 소집되었던 제59회 제국회의는 휴회했다가 이듬해인
1931년 1월 22일에 재개되었다. 의회는 그날 1시간이나 늦은 오후 2시부터
시작되었는데 입헌정우회(立憲政友會)가 일정 변경을 위한 긴급동의서를 제출
하고 하토야마 이치로(鳩山一郎, 1993~1959)가 연단에 섰다.

그는 전년도인 1930년 11월 14일 아침에 수상 하마구치 오사치(濱口雄幸, 1870~1931)가 저격으로 중상을 입어 외무상 시데하라 기쥬로(幣原喜重郎, 1872~1951)가 수상 대리가 된 사실을 전했다. 그리고 정당 대표가 아닌 사람이 수상직을 대신한다는 것은 의원내각제를 어지럽히는 것이므로 이해할 수 없는 일이라고 주장하면서 시데하라 기쥬로의 퇴진을 요구하는 연설을 이어갔다. 그의 연설문 가운데 '로봇'이란 말이 등장하는데, 인조인간이 아니었다. 이것은 다음 날 간행된 〈관보(官報)〉의 〈중의원 의사 속기록〉에는 이렇게 되어 있다.

하마구치 수상이 없는 하마구치 내각이란 머리가 없는 내각과 다를 바 없다.
요즘 '로봇'이라는 말이 회자되고 있는데 말하자면 이것은 '로봇' 내각이다.

제국회의에서 나온 이 발언은 로봇에게는 결정적인 것이었다. '로봇 내각'이라는 단어는 〈도쿄아사히신문〉에서는 특별히 크게 다루어지지 않았다.

그러나 〈요미우리신문〉에서는 만화가 시시도 사코(宍戸左行, 1899~1969)가 "최근 외국에서 유입된 '로봇'이라는 외래어로 야유를 보냈다."는 짧은 비평과 함께 한 컷짜리 풍자만화를 그렸다. 이날 신문의 다른 면에는 〈로봇과 비둘기〉라는 제목의 박스 기사도 실려서 독자들의 반응을 살폈다. 비둘기는 물론 하토야마 이치로이다. 유도 2단의 하토야마는 1922년에 의원 식당에서 소고기전골을 먹으면서 다른 의원들과 토론하던 도중에 흥분한 나머지 상대방 의원을 내던져버리는 사건을 일으켰을 정도로 다혈질의 인물이었다.

'로봇 내각'이라는 표현도 그의 과격한 기질에서 나온 것이겠지만 그 '출발점'을 추측해 보면, 이미 1930년 11월 14일 〈도쿄일일신문〉 저녁호의 로봇 관련 기사보다 하루 먼저 발표된 호외 기사 〈하마구치 암살 미수〉 사건

로봇 창세기

이 준 강렬한 인상에서 비롯된 것은 아니었을까? 게다가 이틀 뒤(11월 16일) 같은 신문의 로봇 기사, 그리고 연말부터 설날에 걸친 〈레마르크〉의 활약이 그의 마음에 더해졌을 것이다. 1932년 9월에 간행된 《1932년 아사히연감(昭和七年朝日年鑑)》(아사히신문사)에서 요시노 사쿠조(吉野作造, 1878~1933)는 한 해의 정계를 돌아보면서 '로봇 내각'이라는 말이 "의회 안팎으로 유행어가 되었다."고 썼다. 생각하지도 못한 곳에서 로봇이 일본에 보급된 것이다.

그 뒤 2월 시데하라 내각은 예산위원회에서 난투가 벌어지고 이때 다친 하마구치의 병은 악화되었다. 4월에는 내각 총사퇴가 단행되었다. 뒤이어 제2차 와카츠키 내각도 8개월 만에 와해되어버렸고, 다시 입헌정우회의 이누카이 츠요시(犬養毅, 1855~1932)가 내각을 구성했는데 하토야마 이치로는 이때 문부대신으로 참여했다.

그 정치 연설이 있은 지 1년이 채 못 된 1932년 1월 1일 오후 6시 〈어린이의 시간〉에 출연한 하토야마. 그는 문양을 새긴 전통의복 하카마(袴)를 단정하게 차려입고 JOAK(일본방송협회)의 마이크 앞에 앉아 전국 어린이들에게 〈어린이 국민에게 고합니다〉라는 글을 30분간 발표했다.

그런데 앞서 언급했던 〈인조인간 로봇 방문기〉에서 나카무라 마사츠네는 다음과 같이 결론짓는다.

(이제 알겠다. 로봇 따위는 바보다.)

(바보의 표본이지.)

관객들이 새까맣게 모일 정도로 인기 있는 사물을 '바보'라고 부른 것은 나카무라가 처음이었다. 그러나 여기에 다른 이유가 있었던 것은 아닐까? 하토야마의 '로봇 내각'에 이어 정치인들 전체를 '바보'라고 한 것은 아닐까?

[그림 124] 제목을 알 수 없는 정치만화.
왼쪽 구석에 사인은 있지만 화가명이 확인되지는 않는다.

〈개조〉 3월호는 2월 18일에 인쇄본이 나왔기 때문에 하토야마 연설을 들은 나카무라가 의뢰 받은 원고를 '빠른 속도로 써냈다'면 원고 마감 시간을 맞췄을 수도 있을 것이다.

하토야마의 연설이 불씨를 당긴 것인지 모르겠지만 이번에는 〈요미우리신문〉이 로봇을 다뤘다. 2월 2일 신문의 정치 만화에는 〈텔레복스〉 분위기가 나는 몸통에 '로봇 내각'이라고 써넣은 로봇 이미지가 등장한다.

그 신문의 〈그는 이렇게 취직했다〉라는 연재물 중 하나(2월 5일판)에는 〈로봇 채용!〉이라는 제목이 붙었다. 여기서는 '내각'과 무관하게 어떤 학생이 "부르주아 미츠비시의 기계인간 고용 조건에 딱 맞았다"는 내용에 로봇이라는

말을 사용했을 뿐이지만, 로봇이란 용어가 진작에 명령받는 대로 동작한다는 의미로 쓰이고 있음을 알 수 있다.

2월 8일 일요일에 발행된 이 신문에는 〈요미우리 선데이 만화〉가 부록으로 붙어 있었다. 여기에 다나카 히사라(田中比左良)가 그린 〈요즘 일본〉이라는 그림 뒤쪽에 로봇이 포함되었다. 이 로봇 그림에는 '로봇'이라는 이름이 적혀 있지는 않지만 누가 봐도 로봇이다. 이 무렵 소

[그림 125] 다나카 히사라의 만화
가운데 서 있는 것이 로봇이다. 이것은 외피를 배제한 기계적인 몸을 보여주고 있다. 말하자면 새로운 '히사라 미인'이다.

위 '히사라 미인(比左良美人)'을 그리고 있던 다나카에게 이 로봇 그림은 진기한 작품이다.

그다음 일요일(2월 15일)에도 이 신문은 부록으로 〈요미우리 선데이 만화〉를 제공됐다. 여기 함께 포함된 〈과학의 장난〉이라는 제목의 그림에는 마에카와 센판(前川千帆)가 묘사한 로봇이 있었다. 그의 로봇 이미지는 이전 것들보다 더욱 로봇다워졌다.

2월 21일 〈요미우리신문〉은 18세 소녀가 낙하산 강하훈련을 자원한 사건을 〈하늘에서 떨어지는 로봇 대신에 저를 써주세요〉라는 제목의 가사로 다루었다. 1931년 〈과학지식〉은 표지 사진을 덧붙여 〈인간 로봇 무리〉라는 제목으로 영국 공군의 낙하산부대를 소개한 적이 있었다.

이 제목은 낙하산 강하 실험용 인형을 '더미(dummy)'라고 불렀던 관행에서 유래한 듯하다. 그래서 당시 로봇과 더미는 비슷한 뜻으로 사용되었다. 당시 기사들로 추측해보면 일본에서도 낙하산 강하 인형을 로봇이라고 불렀던 것

[그림 126] 마에카와 센판의 만화(맨 위쪽 그림), 작가를 알 수 없는 그림 〈로봇 수상대리 비나〉(가운데 그림), 그리고 미국 과학 잡지에 게재된 더미(아래 오른쪽 그림), 〈인조인간으로 길거리 홍보〉의 사진(아래 왼쪽 그림)

마에카와는 칸을 나누지 않고 만화를 그렸는데 로봇 이미지는 이전의 이미지들과 비교했을 때 제법 진화했다. 〈로봇 수상대리 비나〉의 얼굴은 시데하라, 손에 들고 있는 홀(笏) 속 얼굴은 하마구치. 귀의 코일 모양은 마에카와의 것과 똑같다. 길거리 홍보를 하고 있는 '인조인간'은 사실 그 안에 인간이 들어가서 조종했다.

같다. 소녀의 기사가 실린 지 6일 뒤에 미야모리 미요코(宮森美代子)라는 여성이 일본 최초로 낙하산을 타고 내려왔다.

2월 28일 그 신문에는 〈로봇 같은 영화관 안내인〉이라는 제목의 기사가 실렸다. 여성의 취업에 대한 연재기사 중 하나였는데, 여기서 로봇이라는 말은 그다지 의사결정을 많이 하지 않는다는, 즉 기계적으로 움직이는 서비스를 한다는 의미였다.

3월 1일은 일요일이었는데 역시 〈요미우리 선데이 만화〉를 함께 배포했고, 여기에 〈로봇 수상대리 비나〉라는 그림이 포함되었다.

3월 2일에는 〈인조인간으로 길거리 홍보〉라는 제목의 기사가 실렸다. 이것은 일본이 아니라 미국 샌프란시스코에서 개봉된 영화의 홍보에 관한 내용으로 사진도 첨부되었다.

3월 3일자 그 신문의 기사 〈승리는 로봇보다 나은 그녀에게〉의 제목은 뭔가 갸우뚱하는 느낌이 든다. 하지만 신문을 만드는 과정을 생각해보면, 잡지와는 비교도 못할 만큼 많은 사람들이 조직적으로 하나의 원고를 수없이 체크한다. 이처럼 여러 사람의 의사를 토대로 로봇이라는 말을 사용한 것을 보면 이는 기자 한 명의 취향이 아니라 그 시대의 선택이라고 해야 할 것이다.

2

일본에서 로봇은 1925년 무렵 외국에서 갑자기 들어온 새로운 존재였다. 이미 그 이전에 차페크의 희곡 작품이 번역되었고, 츠키지소극장에서도 공연이 이루어졌지만 그렇게 생각한다고 해도 큰 무리는 없을 것이다. 로봇이

전파되는 데에는 역시 활자 매체가 주역 노릇을 했다. 과학 잡지, 일반 잡지, 그리고 조금 뒤늦게 신문이 열심히 로봇에 관한 사건들을 보도했다. 물론 이는 지금까지 살펴본 바와 같다.

그리고 그런 흐름을 지탱해온 사람은 로봇에 흥미를 느낀 편집자들이었다. 특히 잡지의 경우 편집자의 강력한 뜻이 편집부 전체를 움직이게 했고 다시 이것이 독자들에게 어필했다. 〈과학화보〉 편집부의 미야사토 료호(宮里良保) 등이 그 전형적인 예라고 볼 수 있다. 〈도쿄아사히신문〉에는 세노오 다로가 있었다. 편집자로서도 경험이 있었던 작가 운노 주자는 말할 것도 없다.

또 매체 자체에 대해서도 이와 비슷하게 말할 수 있다. 로봇이라는 주제를 소설 속에서 잘 구사하여 활용하면 아무래도 한 편의 과학소설이 될 수밖에 없다. 이 점에서 운노는 깊은 안목을 지니고 있었다고 할 수 있다. 물론 이런 과학소설이 침투해 들어오면 어떤 사람들은 그 매체에 대해 불편한 감정을 가질 수 있겠지만, 요코미조 세이시(橫溝正史, 본명이 마사시 1902~1981)가 1927년 3월부터 1928년 9월까지 〈신청년〉에서 편집장을 맡았던 동안 추리물, 탐정물, 미스터리물, 혹은 번역물이 충실하게 소개되면서 결국 이 잡지는 세련된 도시 분위기의 잡지가 되었다.

과학소설 또한 나름의 스타일을 바탕으로 성립되므로 과학에 대한 깊이 있는 이해가 필요했는데, 새로운 소재로 떠오른 로봇과 관련해 〈신청년〉은 후속 매체의 역할을 크게 해내게 된다. 좀 더 넓게 살펴보자면 〈신청년〉이란 대표 잡지를 이끌고 태평양전쟁 이전 시기에 일본의 잡지왕국을 이끌었던 박문관출판사의 역할이 컸다. 지금까지 로봇을 다루었던 〈문예구락부〉, 〈포켓〉, 〈태양〉, 〈아사히〉, 〈소년세계〉, 〈신청년〉, 〈소년소녀 담해(少年少女譚海)〉, 그리고 나중에 창간된 〈과학의 일본〉, 등은 모두 박문관이 발행하던 잡지들이었다.

〈신청년〉 3월호에 운노의 〈인조인간 살해사건〉이 발표된 뒤 3월호에도 로봇을 소재로 한 작품 하나가 발표된다. 저자는 나오키 산주고(直木三十五, 1891~1934)로 본명은 우에무라 소이치(植村宗一)이다. 그는 1923년 무렵부터 본격적으로 작가 활동을 시작해서 주로 시대소설이나 대중소설을 썼다. 독자들을 끌어당기는 나오키의 스토리 전개 방식은 한때 그가 마키노 쇼조(マキノ省三)와 함께 영화 쪽 일을 하면서 터득한 능력 덕분이었을 것이다.

나오키의 작품 제목은 〈로봇과 침대의 무게〉이다. 제목에서도 어렴풋이 알 수 있듯이 오랜 동안 지병에 시달리던 남편이 죽으면서, 죽은 남편이 로봇을 통해 자신의 바람난 부인과 그녀의 애인들을 살해한다는 내용이다.

나오키는 이미 1930년 봄 〈주간 아사히〉 특별호에 〈과학소설 제1과〉라는 수필을 발표했는데, 그에게 이것은 새로운 실험이었다. 개조사출판사에서 1935년 간행한 〈신문예사상강좌(新文藝思想講座)〉 중에는 《나오키 산주고 전집(直木三十五全集)》이 포함되었는데, 나오키는 그 전집 제21권의 《대중문화 작법》(1932년)에서 "앞으로는 과학소설이 발달할 여지가 충분하다"고 썼다. 하지만 나오키 자신이 과학소설 분야에서는 그다지 큰 성공을 거두지는 못했다.

나오키가 묘사한 로봇은 알루미늄 합금의 몸에 고무 피막이 덮여 있고 인간의 목소리도 낼 수 있다. 이는 로봇 〈마리아〉의 영향일 것 같은데 외모도 인간과 다를 바 없다. 비행기를 좋아했던 나오키가 새로이 과학소설에 도전했다는 점은 잘 알겠지만, 그럼에도 이 작품에서는 어쩐지 로봇이 인간과 비슷해질수록 더 허구처럼 느껴진다.

그 뒤 나오키는 곧바로 문예춘추사의 〈문예춘추사 올(All) 읽을거리〉 6월호에도 짧은 로봇물을 발표했다. 이것은 〈ABC넌센스 꽁트〉 시리즈 중 한편으로 실렸다. 이 시리즈는 예를 들어 A에 〈애플파이를 먹는 부인〉, B에 〈복싱광〉처럼 알파벳 순서로 제목을 달고 그것에 맞춰 글을 써내려가는 기획이었다. 나오키는 L 순서에 〈나의 로봇 케이 군(桂君)〉이라는 글을 썼다.

원칙대로라면 R이나 K 순서에 들어가는 것이 맞지만 이런저런 사정으로 결국 L 순서에 삽입된 듯하다.

이 글은 "미국에서 재료를 구입해서 로봇 한 대를 조립하고 있는 중이다."는 말로 시작해서 "솔직히 말해 요즘 나는 원고 쓰기가 너무 싫어졌다." 그래서 결국 로봇을 긴자 거리로 보내 도둑질을 시켰다는 것이다. 그리고는 마지막에 "확실히, 나는 일을 벌인다."는 말로 끝을 맺는다. 언뜻 보기에는 이 글은 1924년의 〈전파소녀〉를 참고한 것 같기도 하다. 게다가 이야기 전개의 측면에서 보자면 1933년 10월말 〈요미우리신문〉에 게재된 시시도 사코의 만화 〈로봇도둑〉도 이 작품을 참고했다. 아마도 이것에 더 큰 의미가 있다고 볼 수 있다. 이 시기 로봇 문화는 서로 영향을 주고받으면서 시대를 엮어나갔다. 이러한 예는 더 있을 수 있다.

그사이 잡지 〈신조〉의 사정은 어땠을까? 이미 2년 전 너무 이른 시기에 걸작을 발표했던 탓인지 로봇의 유행이 정점에 도달한 시기에도 별다른 움직임이 보이지 않는다. 또한 1931년이 된 지 얼마 지나지 않아 〈상해 암흑가〉라는 글을 작가 요시유키 에이스케(吉行エイスケ, 1906~1940)가 상해로 떠나기 직전에 잡지 〈개조〉에 발표한다. 그런데 그는 〈로봇 부부의 결혼 해소〉라는 글을 〈요미우리신문〉(1932년 1월 9일)에 실었던 인물이다. 원래 이 글은 로봇을 주제로 한 것이 아닌데다가 이야기도 상대적으로 너무 짧다.

로봇이 이 정도로 사회 전반에 두루 퍼진 상황에서라면 당시 문학계의 한 축을 담당했던 프롤레타리아 문학에서 로봇을 소재로 사용했다고 한들 그다지 이상할 것이 없다. 이 무렵 사상이라는 관점에서 고바야시 다키지(小林多喜二, 1903~1933)는 문제작들을 잇달아 발표한다. 그중 〈오르그〉라는 작품이 〈개조〉 5월호에 발표되었다. 여기에 다음과 같은 내용이 들어있다.

이 둘은 한 번도 그런 것에 대해 이야기해 본 적이 없었다. 그래서 지금 오키미는 가슴속에서 이상한 두근거림을 느끼며 다음 말을 기다렸다.

그러나 이시카와는 더 이상 아무 말도 하지 않았다.

"이 사람은 마치, 마치 '로봇'같은 사람이다!"

오키미는 생각했다.

오키미는 기분이 쑤욱 가라앉는 느낌이 들었다. 그러나 다른 한편 프롤레타리아 투사라고 하는 사람이 '로봇' 같아서야 안 되지 않는가 하는 생각도 들었다.

로봇에 의한 '계급투쟁'이라는 주제는 츠키지소극장에서의 공연 이래로 처음이다. 그럼에도 이 작품에서 로봇은 스스로 생각하지 않고 명령대로만 움직이는 존재인데, 이러면 투쟁은 어림도 없을 것이다. 예스맨은 곧 로봇을 의미하기 때문이다.

반면 나오키 산주고는 이듬해인 1932년 2월 구메 마사오, 시라이 교지(白井喬二, 1889~1980) 등과 함께 육군성과 모임을 갖고 '파쇼 문학'의 강력한 실현을 주장한다. 나오키와 고바야시 모두 '로봇'이라는 용어를 사용했다. 이들은 서로 다른 사상과 신념을 가졌지만 같은 시대를 산 인물이었던 것이다.

좌익 진영에 속한 전위시대사의 잡지 〈전위시대〉 6월호에도 〈살롱 웨이트리스 이야기. 정조 로봇〉이라는 글이 실렸다. 로봇이라는 용어를 이렇게 사용한 경우도 있었다니 놀랍다.

한편 하기와라 교지로는 일찍이 자신의 시에 로봇을 등장시켰는데 1931년 시문학의 세계에서는 과연 어떤 로봇 이미지가 만들어졌을까? 같은 해 아틀리에사에서 펴낸 시인협회의 《1931년 시집》은 이 협회의 마지막 간행물이었다. 여기에는 로봇을 시어로 사용한 두 편의 시가 수록되었다. 야부타 요시오(薮田義雄, 1902~1984)의 〈길 위에서(路上)〉와 고조 야스오(五城康雄)의 〈로봇 행진곡〉이라는 시다.

야부타 요시오는 기타하라 하쿠슈(北原白秋) 아래에서 시를 배운 인물로 《평전 기타하라 하쿠슈(評伝 北原白秋)》(다마가와대학출판부, 1973년)의 저자이기도 하다. 〈길 위에서〉는 두 행으로 묶인 시구가 여섯 개로 이어지는 시이다. 처음의 두 행에 로봇이 나온다.

> 도시는 가라앉는다, 건물과 건물 사이에.
> 로봇은 잠든다, 앵무새 밑에서.

고조 야스오의 〈로봇 행진곡〉은 시네포엠 계열의 작품인데, 영화를 보여주듯 묘사가 이어진다. 그 내용은 '1931년 관병식의 인상'이다. 로봇은 행진하는 병사들을 가리킨다. 츠키지소극장의 희곡 《인조인간》(우가·다카하시 공역)의 제2막 끝부분의 무대지시(stage direction)에서 "수많은 인조인간이 천둥처럼 발을 굴리며 진군하는 소리가 들린다."라고 했던 것이 떠오른다. 고조의 시도 이 부분을 연상한 것은 아니었을까?

> 우박이 격렬하게 떨어지고 있다. 사선으로 격렬하게.

이 한 줄로 시가 시작한다.

> 우박은 아직도 격렬하다. 사선으로 날카롭게.
> 군대는 아직도 흠뻑 젖어 행진한다. (발 맞추어 갓!) 다리. 얼굴. 눈동자. 곡괭이.

톱니바퀴…….

마지막 이 두 행으로 마무리된다. 시인의 감성은 점차 어두워지는 시대의 전운을 포착하고 있다. 로봇은 그러한 시의 제목에 사용되었다. 시인 고조 야스오는 직업군인이었다.

3

과학소설은 모험소설과 뒤섞이기 쉽다. 또한 모험소설은 소년소설이기도 하다. 그렇다면 소년을 독자로 한 소설에 과학이라는 주제가 들어가는 것은 자연스러운 흐름일 것이다.

야마나카 미네타로(山中峰太郎, 1885~1966)는 육군사관학교를 졸업한 뒤 1913년 중국의 제2혁명 때 이열균(李烈鈞, 1982~1946, 일본육사를 나와 중국 혁명 당시 강서도독)의 참모로 활동했고, 4년 뒤인 1917년에는 아와지마루 위조전신사건(淡路丸僞電事件)에 연루되어 실형을 선고받기도 했다. 그런 그는 실형판결 뒤 다시 문필가로 변신하는 등 독특한 이력을 가진 인물이었다.

야마나카의 작품에서 느껴지는 뜨거운 애국심은 이러한 경력과 군인으로서 완결 짓지 못한 아쉬움 때문이었을 것이다. 이미 1930년 그의 작품《적진을 가로지른 삼백리(敵中橫斷三百里)》가 1930년 세상에 공개되었을 때 대중들은 그에게 열광했다. 그는 이어서 잡지 〈소년구락부〉(강담사)에 〈아시아의 새벽〉을 연재한다(1931년 1월호~1932년 7월호). 이것은 통쾌하기 이를 데 없는 소년소설이다. 여기에 로봇이 등장한다. 5월호의 바로 그 부분은 이렇다.

무슨 일이지? 무수히 날아
오는 폭격기들 한가운데로 불
꽃이 일 만큼 전속력으로 돌진
하려 한다. "이봐 조종사, 미친
거 아냐?"라고 외치며 일어선
혼고가 오른손을 뻗어 조종
사의 어깨를 잡은 순간 그 대
단한 검술 달인조차 "앗!" 하
고 정신이 들면서 놀라 자빠
질 지경이었다.

꼼짝도 않는 어깨 넓은 조
종사. 인간이 아닌 것이다! 아
니, 인조인간이다! 로봇이다.
기계인데 인간처럼 움직이는
인형이다!!

순간적으로 그것을 눈치
챈 혼고는 조종석에 들어가서
"이얍!" 하고 힘을 주어 로봇

[그림 127] 〈아시아의 새벽〉
위의 그림은 이륙 전의 모습. 아래 그림은 이륙 후의 모습. 조종
석에 있는 것이 로봇이다. 가바시마의 박진감 넘치는 그림이 상
당히 역동적이다.

의 비행복을 어깨 쪽부터 찢어버렸다.

나타난 것은 강철 로봇. 가슴부터 팔까지 우지직 비행복을 찢어버리고는 "이걸
봐!"라고 외쳤다. 역시 오른손과 왼손에 동그랗게 잘 만들어진 소형 무선전파수
신기가 달려 있다. 오른손은 방향타를 조종하고, 왼손은 전선으로 동력장치에 연
결된다. 이 수신기 어딘가에서 전파를 보내 이 비행기를 마음대로 조종하고 있는
것이다. 혼고의 눈동자는 번뜩였다.

5월호에 실린 글의 제목은 〈인조인간의 전력조종〉이다. 이 글에 등장한 로봇은 히라노 레이지(平野零二)가 만든 것을 원형으로 삼은 것 같다. 사실 당시의 로봇 문화는 상호영향 관계에 있었기 때문에 일일이 계보를 그릴 수 있을 정도다. 어디에도 없는 새로운 로봇 이미지를 만들어 내는 것은 쉬운 일이 아니었다. 작품에 따라 로봇 이미지가 어떻게 운동하고 있는지 그 경계를 알 수 없었기 때문일 것이다.

그런데 〈적진을 가로지른 삼백리〉도 그렇고 〈아시아의 새벽〉도 그렇고, 게다가 그 뒤에 이어지는 〈대동의 철인〉도 그렇고, 야마나카의 작품들을 삽화가인 가바시마 가츠이치(樺島勝一, 1887~1965)와 분리해서는 생각할 수 없다. 물론 야마나카의 존재 덕분에 가바시마가 자신의 가치를 인정받은 것이기는 한데, 그럼에도 두 사람의 관계는 자동차의 양쪽 바퀴와 같은 것이었다고 보면 된다.

비할 데 없는 묘사력, 표현력, 그리고 상상력으로부터 탄생한 가바시마의 그림들은 오늘날 빛이 바랜 야마나카의 작품과 비교했을 때 여전히 생명력을 지니고 있다. 가바시마는 펜으로 그린 그림에서 역량을 발휘했는데 특히 그가 그린 군함은 비할 바가 없었다.

청소년 잡지에 로봇이 등장한 또 다른 사례가 있다. 〈소년세계〉(1931년 5월호)에 연재된 다카가키 히토미(高垣眸, 1898~1983)의 작품 〈괴인Q〉에도 로봇이 등장하는데 이 적품의 삽화는 이이즈카 레이지(飯塚羚兒)가 그려 넣었다. 좌우 양면에 걸쳐 모두 30칸으로 구성된 가츠라 다로(桂たろ 1905~1991)의 만화 〈인조인간의 모험〉도 같은 잡지에 함께 실렸다.

그의 본명은 츠다 다카시(津田堯)이다. 〈소년세계〉 12월호에는 시시도 사코가 그린 〈스피드 사부로〉에도 로봇이 등장했는데, 허수아비처럼 움직이지 않았다.

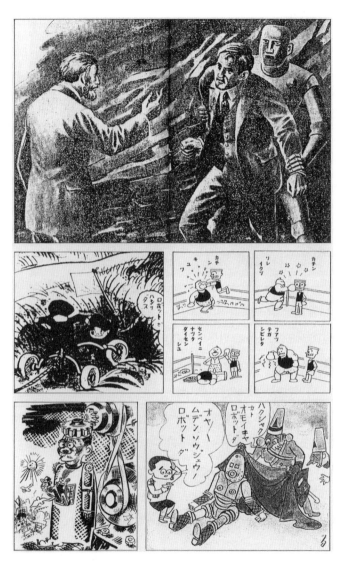

[그림 128] 〈괴인Q〉의 삽화(위), 가츠라 다로의 〈인조인간의 모험〉(중간 오른쪽 네 칸 만화), 시시도 사코의 〈스피드 사부로〉(중간 왼쪽), 같은 작가의 〈스피드 다로〉(오른쪽 아래), 같은 작가의 〈만화 릴레이〉, 〈괴인Q〉의 로봇은 전후에도 그대로 통용된 듯하다. 〈인조인간의 모험〉에서는 로봇이 복싱을 하는 점이 새롭다. 〈스피드 사부로〉에 로봇이 등장한 것은 '로봇내각' 이후를 떠올리게 한다. 〈스피드 다로〉의 로봇 역시 붐이 지난 이후인 만큼 진화를 했다. 〈만화 릴레이〉에 묘사된 인물은 전체 조직에서 하나의 톱니바퀴가 된 것을 뜻한다.

앞서 언급한 것처럼 정치만화를 그렸던 시시도는 1930년 12월부터 〈요미우리신문〉에 〈스피드 다로〉라는 작품을 연재했는데 제법 인기를 얻었다. 1931년 5월부터는 그 작품을 〈요미우리소년신문〉으로 옮겨 1934년 2월까지 연재를 이어갔다. 〈스피드 다로〉의 1934년 1월 1일자 〈왕관수호〉의 편에서는 두 칸짜리 로봇이 등장한다. 시시도는 그 뒤로도 계속 로봇을 그렸는데, 1931년 이전의 로봇 그림은 〈아사히 그래프〉(1929년 2월 6일)에 처음 나타난다. 그는 이때 연재한 〈만화 릴레이〉에서 인간 회사원을 하나의 톱니바퀴로 변형시켜 마치 로봇처럼 묘사했다.

그 밖에도 만화의 경우 다가와 스이호의 〈인조인간〉(〈후지〉)이 큰 호평을 받으며 연재되었고, 잡지 〈망가 만〉(1930년 5월호)에는 작가를 알 수 없는 〈봄날의 잠은 시간 가는 줄을 모른다〉에는 로봇 〈에릭〉 분위기의 그림이 등장한다. 새해 첫날 그 이름을 알린 와다 구니보는 〈현대〉 2월호 연재만화 〈첨단 선생〉에서도 로봇을 그렸는데, 이것의 모습은 이전과 같은 형태였다. 〈아사히 그래프〉 10월호(10월 28일)에는 해외의 로봇 만화가 한 칸으로 실렸다. 〈로봇도 슬퍼한다〉라는 제목이었다.

어린이를 대상으로 한 잡지에서는 방송잡지 〈어린이의 텍스트〉 3월호의 표지가 로봇으로 채워졌다. 이 로봇의 디자인은 거의 완벽하다고 할 만했는데 1930년 〈1990년의 도쿄〉전을 홍보한 신문광고 이미지와 매우 흡사했다. 그러나 이 둘은 표현방식이 다르다. 같은 화가가 다른 기법으로 그린 작품들이라고 해도 믿을 수는 있겠지만, 그것이 아니라면 앞선 작가에게서 영향을 받은 결과일까?

신문도 청소년 대상의 모험소설에 주목했다. 당시 이 분야에서는 〈요미우리신문〉이 단연코 앞서 있었고, 로봇이 등장하는 작품 〈살인 광선(殺人光線)〉을 일요일판 〈요미우리소년신문〉에 짧게 연재했다(5월 17일부터 8월 16일까지 매

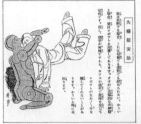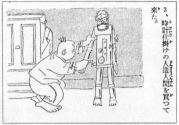

[그림 129] 〈봄날의 잠은 시간 가는 줄을 모른다〉(위의 오른쪽 그림), 와다 구니보의 〈첨단 선생〉 속의 〈실연위안법〉(위의 왼쪽 그림), 〈어린이의 텍스트〉 표지(가운데 오른쪽 그림), 〈로봇도 슬퍼한다……〉(가운데 왼쪽 그림), 〈살인광선〉 삽화(아래쪽 가운데)와 이것과 매우 비슷한 데페로의 작품, 《화성 항공로》삽화(아래 왼쪽 그림)

아래 맨 오른쪽 그림은 8칸 만화로 〈시계장치 인조인간〉이 주인을 깨우는데 아무리 깨워도 눈을 뜨지 않아 질려서 나가버린다. 맨 위의 왼쪽 그림은 독립된 4칸 만화들 중 하나이다.

가운데 오른쪽 그림은 라디오 방송을 소개하는 잡지답게 로봇이 마이크를 향해 있다. 가운데 왼쪽 그림은 심한 불경기에 "이 세상에 태어나서 싫다. 발명되지 않았다면 좋았을 텐데"라고 중얼거린다.

아래 가운데 이케다가 그린 로봇은 이전의 로봇들 그림보다 완성도가 높다. 또 데페로의 1923년 작품과 우연하게도 비슷하다. 그 형태만을 놓고 보면 미래주의 작품에 등장하는 이미지와 로봇은 매우 비슷했다.

아래 왼쪽 그림에서는 로봇과 로켓이 함께 나란히 묘사되어 있다.

주 1회씩 모두 14회). 이 작품에서 글은 편집자이자 아동문학가였던 마츠야마 시스이(松山思水, ?~1960)가 맡았고, 삽화는 서양화가인 이케다 에이이치지(池田永一治)가 그렸다.

이케다가 그린 로봇은 이제 〈텔레복스〉도 〈에릭〉도 아닌 일반적인 로봇 이미지가 되었다. 작품의 내용에서는 상자 속에 들어 있는 로봇이 바다 위에 떠다니다가 배의 갑판 위로 건져 올라오면 눈, 코, 입에서 독가스를 뱉어내고 끔찍한 굉음을 내면서 폭발한다. 그러니 이 로봇은 거의 무기와 같은 존재이다. 이렇게 보면 이것은 작품 〈망령의 미소(幽鬼微笑)〉 속 로봇을 떠올리게 한다. 또한 〈요미우리신문〉은 7월 중순부터 무라야마 유이치(村山有一)가 일본어로 옮긴 M. H. 브로이어(M. J. Breuer, 1881~1945, 미국의 내과의사이자 과학소설 작가)의 책《과학소설 화성항공로》가 6회에 걸쳐 연재되었고, 풍경 묘사 속에 로봇이 나온다.

박문관출판사의 〈소년소녀 담해〉에는 고노 신조(甲野信三, 1903~1967)의 〈철갑마인 군대(鐵甲魔人軍)〉(1931년 9월호부터 1932년 7월호까지 연재, 미완성)가 게재되었다. 고노 신조는 원래 야마모토 슈고로(山本周五郎)라는 설이 있다. 그렇다면 그의 본명은 시미즈 사토무(清水三十六)였을 것이다. '철갑마인'이란 갑옷을 두른 대형 로봇으로 인간이 내부에 탑승해서 조종하는 방식의 병기이다. "세계를 정복하려는 철갑마인 군대가 갑자기 유럽을 침략하고…"로 시작하는 이 작품은《R·U·R》을 떠오르게 한다.

4

운노 주자는 그 당시 매우 드물었던 로봇 워처(watcher) 가운데 한 명이었다. 워처의 자격은 로봇을 관찰할 뿐만 아니라 기록하고 소개할 수 있는 능력에 부여된다. 운노는 〈신청년〉 4월호에 〈인조 이야기〉를 써서 워처다운 모습을 보였다. 이 글의 서두에서 그는 "인조인간이 드디어 자신의 존재를 인정받기 시작했다"고 1931년 당시의 로봇 문화를 증언한다. 신문들이 기사 제목에 일부러라도 로봇이라는 말을 사용하려 했던 것 역시 또 다른 증거일 것이다.

운노의 로봇에 대한 사상은 그 기원이 훨씬 더 앞선다. 예를 들어 일본 《고사기(古事記)》에는 신이 신들을 낳는다는 내용이 있는데, 이것 또한 그의 생각과 비슷하다. 그는 인형이나 인공물을 검토한 뒤 금속 로봇을 하나하나 거론한다. 이 중에 〈가쿠텐소쿠〉가 빠져 있는 것을 보면 이 글을 쓸 당시의 운노는 아직 이 로봇을 보지 못했던 듯하다.

그는 또한 전기시험소의 기사답게 〈텔레복스〉의 구조를 상세하게 설명했다. 이를 위해 사용한 그림은 미국 잡지에서 가져온 것이다. 물론 이것은 운노가 자신의 직장에서 정기 구독하던 라디오 잡지나 무선 잡지에서 찾아낸 그림일 것이다. 어쨌든 운노는 양방향으로 대화를 할 수 있는 이 로봇의 구조를 분석했고 당시의 관점에서 그것을 독자들에게 있는 그대로 전달하려 했다.

그러나 운노의 진면목은 이것에서 나타나지는 않는다. 오히려 그는 글의 마지막 부분에서 로봇이나 로봇 과학기술이 미래의 인류에게 불행을 가져올지도 모른다는 사실을 명확하게 예언했다. 그리고 솔직한 심정으로 그 불안을 표현했다. 이는 단순히 지면이 남아서 그것을 채우기 위해 한 말이 아니라 운노 자신의 마음이었다.

전쟁에서도 살아 있는 인간병사가 아니라 인조인간이 척척 출정하게 되겠지.

(중략)

이처럼 기계병사가 설치는 시대에는 그 '기계의' 파괴력도 더욱 강해질 것이고 그런 와중에 세계대전이 발발한다면 그 강렬한 과학전쟁이 생물학적인 인간을 한 명도 남기지 않은 채 일순간에 살해하고 마는 일이 일어나지 일어나지 않으리고 '그 누구도' 장담할 수 없을 것이다. 그렇게 되면 인간 사회의 마지막 날이 올 것이다. 지구상의 인류나 생물은 모두 죽어버리고 그 뒤에 영혼이 없는 기계들이 살아남아 활동을 이어갈 것이다. 그때의 황망한 광경을 지금 상상해보면 머리가 지끈지끈 아파오고 미칠 것만 같다. — 나는 감독으로서 이런 스토리의 영화를 만들어 현대인에게 커다란 경고를 주고 싶다.

차페크는 1924년 작《크라카티트(Krakatit)》에서 원자폭탄처럼 파괴적인 폭탄을 묘사했다. 운노도 미래인류의 파멸을 걱정했다. 로봇을 탐구한다는 것은 다시 말해 인간을 탐구한다는 뜻이다. 운노와 차페크 두 사람은 지구의 반대편에 살았지만 같은 일을 걱정했다. 인용 부분은 운노가 예상했던〈그 후에 오는 것〉이었다.

[그림 130]〈인조인간 실종사건〉
신주쿠의 한 영화관에서 로봇이 나타난 장면의 일부분. 사실상 이것은 봉제인형처럼 보이는데 로봇 얼굴 안쪽에 또 다른 사람의 얼굴이 보인다. 이것은 실종된 박사의 조수이자 비밀결사대의 청년이다.

"로봇이 전쟁에 쓰인다. 로봇이 전쟁을 한다."

이러한 이미지는 운노 한 사람만의 발상은 아니지만 1931년에 발표한 또 다른 소설에서도 운노는 "우수한 인조인간을 전쟁터에 보낸다."고 썼다. 이 작품은 문예춘추사〈모던일본〉11월호에 게재된〈인조인간 실종 사건〉이었다.

　어떤 박사가 체포되자 그가 연구하던 로봇도 자취를 감춘다. 얼마 지나지 않아 한 영화관에 갑자기 그 로봇이 출몰한다. 사건의 전말을 추적하다 보니, 당국이 로봇을 새로운 무기로 사용하기로 결정하고 세간의 눈을 피하기 위해 연막작전을 쓴 것이다. 게다가 이 사건에 중국의 결사대가 개입하여 일이 더 복잡해진 상태였다. 그런 가운데 "박사는 조병창의 깊숙한 곳에서 인조인간의 설계에 여념이 없다."

　중국의 결사대는 인간이 내부에 들어가 조종하는 로봇을 영화관에 출몰시킨다. 이 로봇의 이미지는 츠보우치 세츠타로(坪内節太郎, 1905~1979)가 그렸다. 그 모습은 당시 일본 화가가 그렸던 것들 중에서 가장 새로운 디자인이라고 할 수 있었다. 하지만 자세히 보자면 쥘 베른(Jules Verne, 1828~1905)의 원작을 토대로 1929년 제작된 미국 MGM사의 영화 〈더 미스테리어스 아일랜드(the Mysterious Island)〉에서의 압력유지복장과 매우 닮았다는 것을 알 수 있다. 그는 혹시 여기서 힌트를 얻은 것이 아닐까? 이 영화는 이듬해인 1932년 〈용궁성(龍宮城)〉이라는 제목으로 일본에서 처음 공개되는데 츠보우치는 이보다 먼저 영화 잡지의 광고를 통해 그 이미지를 알고 있었을 것이다.

　영국에서는 그 당시 워드 앤드 락(Ward, Lock and Co.)의 《원더 북(The wonder book)》이라는 단행본 시리즈가 유행하고 있었는데, 내용이 매우 충실한 시리즈였다. 시리즈의 제목은 모두 '원더 북 오브(the Wonder book of)~'라고 시작하며 '자연', '모터', '선박' 등을 포함한다. 그중에서 A. M. 로우(Archibald Montgomery Low)가 쓴 일곱 번째 시리즈 《인벤션즈(the Wonder Book of Inventions)》(1930년)는 일본 출판계, 특히 과학 잡지에 커다란 영향을 미쳤다.

　일본 과학 잡지들은 이 책의 아름다운 컬러 삽화나 사진을 빌려오거나 이것을 토대로 삼아 그린 그림으로 표지를 장식했다. 과연 얼마나 많은 글들이 이 책의 내용을 복제하거나 참고했을까? 운노의 〈인조이야기〉가 실린 잡지 〈신청년〉이 세상에 나오고 얼마 지나지 않았을 때, 〈과학화보〉 편집부는 《인벤션즈》를 토대로 1931년 4월 임시증간호 〈과학문명의 경이로움〉을 펴냈다. 분명히 이 잡지의 편집부는 마루젠(丸善)이 입수했을 《인벤션즈》의 완성도에 감탄한 나머지 신속히 일본어판을 만들자는 기대로 불타올랐을 것이다.

복제든 아니든 이 증간호는 분명 잘 만들어졌고 획기적인 것이었다. 그 때문에 잡지의 판매량도 놀라웠다. 임시증간호임에도 불구하고 수차례 추가로 인쇄되었고, 이것을 계기로 '경이로움'이라는 단어를 사용한 또 다른 임시증간호가 연속으로 나왔다. 그 결과 독립된 단행본 시리즈 《과학화보 총서(科學畵報叢書)》가 간행되었다.

이 시리즈는 나중에는 모두 15권으로 묶여 다시 간행하기도 했다. 물론 대성공이었다. 이를 통해 일본 사회는 과학을 토막 지식으로서가 아니라 전체적인 관점에서 파악할 수 있게 되었다. 물론 당시에도 과학 관련 전집들이 몇 가지 있었는데, 《과학화보총서》는 이것들에 비해 수록된 사진의 수가 권당 500여 장으로 매우 많았고 각 페이지마다 시각적인 처리가 강점이었다. 본문은 사이즈가 큰 아트지를 사용해서 고급스러운 느낌을 주었다. 게다가 정보 부족으로 인해 이전처럼 대충 애매한 내용을 수록한 것이 아니라 각 권마다 10여 명의 전문가가 자기 분야에 책임을 지고 원고를 만들었다.

로봇에 대해서는 〈인조인간〉이라는 제목으로 미야사토 료호(宮里良保)가 맡았다. 이 글은 《인벤션즈》의 〈로봇들 혹은 기계인간들(Robots or Mechanical Men)〉을 토대로 작성된 것이긴 하지만 그 당시까지의 과학 기사들을 매우 잘 정리했다. 자신의 글에서 미야사토는 〈로봇들 혹은 기계인간들〉의 결론과 마찬가지로 "쓸모없이 신기하고 기이한 일을 즐기면서 인간을 모방한다는 것은 인류 탄생의 신성함을 어지럽히는 일이라고 할 수 있다"고 강하게 주장했다. 이 글은 미야사토를 로봇 해설가로서 주목하게 했고, 나중에 평범사(平凡社)가 간행한 《대백과사전(大百科事典)》(전28권, 1931~1935년)에서도 로봇 항목(제26권, 1934년)을 맡아 집필하게 되었다.

"로봇이란 무엇인가"라는 물음은 1929년을 전후로 잡지들의 단골 기획 주제였는데 특히 1931년에 여러 편이 쏟아져 나왔다. 이는 당시 대부분의 일본인들에게 '인조인간'이라는 단어가 더 친숙한 것이긴 했지만 '로봇'이라는 단어를 들으면서 그것의 실체를 알게 되었기 때문이다. 실제로 1932년 1월의 〈문학시대〉 2월호에서처럼 로봇을 주제로 다룰 때 "다소 흥미롭긴 하지만"이라는 단서가 붙게 된다.

〈웅변〉 7월호는 이런 기획의 최종판으로 보이는 〈로봇이란?〉을 게재했다. 이토 게이지(伊藤奎二)가 쓴 이 글은 A와 B가 대화하는 형식으로 내용을 전개한다. 여기에도 《인벤션즈》의 사진과 그림이 사용되었다. 4쪽 분량의 글로 새로운 관점을 보여주지는 못했지만 로봇이 인간의 일자리를 빼앗아 '인간 공황시대(人間恐慌時代)'가 올 것이라는 생각을 부추기고 있다.

조금 깊이 생각해보면 로봇이 자기 뜻대로 그렇게 행동할 리가 없다는 사실은 누구나 다 안다. 그리고 달리 생각해보면 모든 기계는 인간의 일자리를 뺏도록 만들어진 것이다. 하지만 당시 세계적인 경제공황에서 지구상의

[그림 131] 〈로봇이란?〉
제목에 가려서 로봇 전체가 제대로 보이지 않는 것은 아쉽다. 글에서 눈에 띄는 것은 "형태가 어떠하든 인간 대신에 우리의 일을 하는 기계라면 모두 인조인간이라고 해도 별 무리가 없다."라고 쓴 부분인데, 꼼꼼히 읽어보면 《최신 과학 이야기》와 《과학문명의 경이로움》의 한계를 넘지 못하고 있다.

거의 모든 나라들이 깊이 침체되어 있을 때 인간과 기계의 근본적인 관계를 생각하게 되는 것은 당연하다.

과학 잡지로서는 드물게 〈과학잡지〉 5월호가 바로 이 문제를 다루었다. 이소베 우사미(磯部宇佐美)라는 인물이 〈기계는 인간의 일자리를 빼앗을 것인가?〉라는 제목으로 글을 썼다. 그는 다음과 같이 말한다.

기계는 분명히 인간에게서 일자리를 빼앗을 것이다. 하지만 그 기계를 제조하기 위해서는 또한 새로운 일자리가 생길 것이고 관련 산업이 활성화될 것이다. 영화산업을 보자. 토키가 실현되면 그만큼 일자리가 줄어들 것으로 생각했지만 미국 상무성의 통계에 따르면 그와 반대로 일자리 수가 늘어나 3년간 1만 8천 명에서 2만 5천 명의 사람들이 새로운 일자리를 얻지 않았는가? 실업은 기계의 진보에 의해 생긴 것이 아니다.

요컨대 실업문제 해결을 위해서는 현대 산업의 밑바탕에 잠재된 수많은 불합리함을 시정하지 않으면 안 된다.

이전까지 〈과학잡지〉가 기사를 만들던 방식을 고려했을 때도 그렇고, 상세한 데이터를 사용한 내용을 보아서도 그렇고, 이 글 역시 미국 과학지를 베꼈을 것이라는 생각이 든다.

5

인간과 기계의 관계는 선진 공업국이었다면 더욱 관심을 가졌을 법한 테마였다. 1931년이 되자마자 이를 주제로 삼은 미국의 책들이 번역 간행되었다.

먼저 1월에는 오브라이언(O'Brien)의 책 《기계들의 댄스(The Dance of the Machines)》(Macaulay Company, 1929)가 히요시 사나에(日吉早苗)의 번역으로 출판사 구아사(歐亞社)에서 《기계의 무도(舞蹈)》라는 제목으로 출판되었다. 오브라이언의 본명은 에드워드 J. 해링턴(Edward J. Harrington, 1890~1941)으로 작가겸 저널리스트였다. 그는 편집자로서의 능력도 발휘하여 1933년에는 〈뉴 스토리즈(New Stories)〉를 창간하기도 했다. 옮긴이에 의하면 오브라이언은 기계 속에서 사회, 그리고 미국을 발견해냈다.

미국은 여러 가지 기계들에 의해 이루어졌는데, 문단이든 종교계든 기계들이 있기에 존립한다. 오브라이언은 이것을 기계왕국이라 불렀다. 기계는 그 아래에 있는 인간의 개성이나 창의력마저도 빼앗는 지배자이다. 히요시는 절망적인 미국을 소설로 표현한 이가 싱클레어 루이스(Harry Sinclair Lewis, 1885~1951)라면, 평론으로 표현한 이는 오브라이언이라고 썼다.

《기계의 무도》는 동일한 주제의 3부작 중 한 편이다. 모두 12장에 이르는 내용은 기계에 관한 당시의 대표적인 시각을 보여준다고 할 수 있다. 이 책은 기계가 사회에 주는 영향을 확인하면서 또한 그것이 인간의 정신에 끼치는 영향을 사례를 통해 고찰했다. 군대와 기계의 관계를 분석한 제2장 〈현대의 군대〉는 제법 설득력이 있다.

급속히 산업화되는 시대에 인간도 급속히 기계화된다는 것은 명백한 사실이다. 정신은 인간을 만든다. 기계화된 정신은 기계화한 인간을 만든다. 인간의 기계화를 위해서 인간을 일정한 형태로 끼워 맞출 필요가 있다는 점은 이미 내가 지적했다. 그러한 일을 강제로 실행한 사례 중에서 이제껏 가장 성공한 것은 현대의 군대이다.

현대의 군대라는 이 위대한 기계왕국의 특징을 기계의 특징을 음미했을 때와 같은 방법으로 음미하고, 나아가 이 두 가지 특징들이 얼마나 사이좋게 앞으로 나아가고 있는지를 보자.

그런 뒤에 오브라이언은 30쪽에 걸쳐 군대와 기계의 공통점을 예로 들면서 해설을 덧붙인다. 그래서 그의 글에서 군대라는 말은 기계라는 말과 바꿔 놓아도 의미가 통할 정도이다.

그런데 제2장의 내용에서 〈인조인간〉이라는 제목의 글이 미국에서 등장했다는 사실을 확인할 수 있다. 이것은 MIT대학의 학장이었던 과학자 사무엘 W. 스트래턴(Samuel W. Stratton, 1861~1931)이 저널리스트인 플랭크 P 스톡브리지(Frank P. Stockbridge)의 도움으로 쓴 글인데 미국 〈더 새터데이 이브닝 포스트(The Saturday Evening Post)〉(1928년 1월 28일 21호)에 게재되었다(원제목은 〈Robots〉이다). 그러나 당시에 가장 신뢰할 만한 이 글이 일본에서는 번역조차 되지 않았다.

3부작 중 제1부가 《기계의 무도》였다면 나가사와 사이스케(長澤才助, 1900~1953)가 7월에 일본어로 옮긴 《로봇은 춤춘다》는 제2부에 해당한다. 이 작품의 원제는 《기계왕국》이었다. 이 책의 존재를 알 수 있는 《출판연감》(동경당서점, 1932년)에 의하면 "지금까지 보지 못한 각도에서 미국을 본 것으로 "새로운 미국의 발견 외(外) 11장"이라고 소개되었고 46판, 310쪽, 정가 1엔이었다는 것을 알 수 있다. 덧붙여서 이 연감에선 《기계의 무도》는 "12장에서 기계의 성질을 해부하고 인생과 예술에 미친 기계의 영향을 천명하는 책"이라고 설명했다. 아울러 《기계의 무도》 제1장은 '신아메리카의 발견'임을 확인할 수 있다. 판형, 제작기술, 쪽수, 정가는 모두 《로봇은 춤춘다》와 동일하다.

그렇다면 이렇게 생각할 수 있지 않을까? 《기계의 무도》의 판매가 예상보다 저조해서 출판사가 일부러 제목을 유행어인 로봇으로 바꿔본 것이 아닐까? 필명이 히요시 사나에(日吉早苗)였던 옮긴이 나가사와 사이스케(長澤才助)는 2차 세계대전 이전에 윌리엄 B. 예이츠(William B. Yeats, 1865~1935)나 루이스 캐럴(Lewis Carroll, 1832~1890) 등의 작품을 옮긴 경험이 있었다. 하여튼 그 정확한 사정은 알 수 없지만 오브라이언의 3부작은 결국 제1부만이 일본어로 옮겨진 것이 아닌가 하는 생각이 든다.

[그림 132] 《인간과 기계》
제8장 〈로봇〉의 한쪽을 가득 채워 로봇 이미지가 게재되었다. 그 밖에도 이 책에는 여러 가지 삽화들도 포함되어 있는데 그 표현 방식을 보면 이것들은 일본에서 출판할 때 포함된 것처럼 보인다. 제4장은 〈제임스 와트에서 기계인간까지〉인데 제5장으로 이어진다. 그러나 안타깝게도 거기에는 그림도 사진도 없다.

다른 하나가 또 있다. 1931년 8월에 스튜어트 체이스(Stuart Chase, 1888~1985)의 《인간들과 기계들(Men and Machines)》(1929년)을 《인간과 기계》라는 제목으로 기타노 히로시(北野浩)가 일본어로 옮겼다. 체이스는 문명 비평가로 《낭비의 비극(The Tragedy of Waste)》 등의 작품을 남겼다.

기타노에 따르면 《인간과 기계》는 '기계에 대한 올바른 인식'을 기르기 위한 목적으로 저술된 책이다. 여기에는 〈텔레복스〉나 에디슨사의 〈무인배전소〉가 등장하고 제8장의 제목은 〈로봇〉이다. 이 장에는 실제 로봇 그림도 들어 있다. 강철로 만든 이 로봇의 몸체에는 톱니바퀴도 보인다.

그러나 체이스가 말하는 로봇은 이것과는 다르다. 그는 자발적 의지가 없는 상태로 기계에 속박되어 그 일부분으로 일하는 노동자를 로봇이라고 불렀다. 더 구체적으로 그는 미국 노동자의 실태를 보여주면서 몇 개의 작업을 겪는 과정에서 그런 노동자 로봇은 무려 500만 명에 이른다고 분석한다. 그것은 미국의 총인구의 50%에 해당하며, 급여를 받고 일하는 노동자의 13%에 해당한다. 로봇이 하는 일의 중요한 요소를 체이스는 이렇게 말한다.

어느 큰 자동차 공장에는 프레스기계로 가득 찬 방이 있다.

각각의 기계 앞에는 노동자들이 서서 손으로 강철 조각을 끼워 넣고 있다. 지렛대는 톱니바퀴로 기계에 연결되어 있다. 그리고 다시 노동자는 손목에 채워진 수갑으로 이 지렛대에 연결되어 있다. 강철 끌이 내려오면 지렛대는 뒤로 젖혀지고 손도 같이 끌려간다. 만일 어떤 이유로 노동자 한 명이 방을 나가려 하면 공장장은 기계 전부를 정지시켜 그 노동자의 수갑을 풀어주어야 한다. 이 기다란 방을 내려다보면 기계와 지렛대와 사람이 하나가 되어 끼워 넣어 구멍을 뚫고 밀어내고, 또 끼워 넣어 구멍을 뚫고 밀어내는 것이 보인다. ……

체이스는 디트로이트의 노동자들이 이러한 노동 방식을 강요받고 있기 때문에 "재즈, 드라이진, 영화, 타블로이드, 교외로 내달리는 자동차 질주 등으로 뭔가 강렬한 감정을 발산"하지 않으면 안 된다고 지적한다.

나아가 그는 현실 상황을 근거로 몇 가지 사례들을 더 고찰한 뒤, 그래도 기계는 몸으로 해야 할 힘든 노동을 없애기 위해 탄생한 것이기에 산업 구조로부터 로봇을 제거할 수 없을 것이라고 말한다.

6

앞서 언급한 것처럼 어떤 단어가 사전, 특히 신어사전(新語辭典)에 하나의 항목으로 등장했다면 적어도 그 사전이 발간되기 반년 전에는 편집자에 의해 수집된 것이라고 보아야 할 것이다. 새로운 단어로 선택된 것이 있다고 하면, 그 단어를 선별하는 작업은, 당연히 단어의 필요성, 사용 빈도 등이 높은 것 순으로 이루어진다. 그리고 출판 형태가 정해지면 그것에 맞춰 사전의 용량이나 그것을 사용하는 독자 등을 고려하게 되고, 간혹 그 기준에 맞춰 다시 걸러지기도 한다.

1912년에서 1920년대 후반에 걸쳐 매년 여러 가지 신어사전이 출판되었다. 외국에서 건너온 단어들이나 전문용어들이 일상생활 속으로 들어가 새로운 말로 사용되고 이것들을 모은 사전이 대중적으로 환영받아 폭넓게 수용되었다. 이 시기를 한번 슬쩍 둘러보기만 해도 알 수 있는데, '외국어에서 태어난 새로운 단어', '새로운 단어', '쇼와 현대신어', '현대 신어', '현대어 외래어', '영어에서 일본어가 된 새로운 단어', '쇼와 신어', '신시대 첨단어', '첨단 신어', '모던용어', '초모던 용어', '외래신어' 등의 이름으로 사전(辭典) 또는 옥편(玉篇)이라는 용어가 붙은 신어사전들이 출판되었다. 이는 그만큼 많은 수요가 존재했다는 사실을 말해준다.

'로봇'이라는 단어를 최초로 수록한 사전이 어떤 것이었는지를 특정하기란 쉽지 않다. 당시 사전들이 모두 남아 있는 것이 아니기 때문이다. 특히 신어사전은 시대가 달라지면 불필요한 것이 되고 만다. 필요 없어진다는 것이야말로 시대를 증언한다. 만약에 로봇을 사전에서 찾아본다면 동시에 '텔레복스'나 '인조인간'도 찾아보아야 한다.

앞서 본 수교사서원에서 간행한 《근대 신용어 사전》(1928년) 등은 '로봇'을 비교적 앞서서 항목에 포함시킨 사전들 중 하나이다. 그러나 문제는 '〈텔레복스〉 이후'의 대응에 있다. 만일 그 사전의 편집부가 새로운 단어를 1928년에 수집했다고 한다면 그 사전에 로봇이라는 항목이 들어갔을 가능성은 거의 없다. 반면 1929년이라면 가능성은 높아지고 1930년이라면 거의 확실한 것일 수 있다. 또 이상하게도 하나의 사전이 어떤 단어를 포함하면 그 이후 출간된 사전에는 모두 그 단어가 실렸다.

1931년 〈현대〉 1월호의 부록에 포함된 《현대 신어사전》은 이미 1930년 12월호에 발행되었다. 부록이라고는 해도 무려 500쪽이나 되고 집필진도 30여 명에 달하는 각계 전문가로 구성되었다. 범례를 보면 편집국원을 총 동원해서 반년 동안이나 고심한 성과라고 한다. 이미 앞에서도 언급했던 니이 이타루, 다카다 기이치로, 마키오 도시마사, 도쿠가와 무세이(德川夢聲)도 필진에 포함되었다. 무엇보다도 이 사전은 일상적으로 신문과 잡지에 등장 하고 또한 사회에서 회자되는 "새로운 시대의 용어, 1,400여 개"를 수집하는 것에서 시작했다.

하지만 수집된 것이 모두 새로운 용어는 아니었으며, 당시의 기존 단어에 새로운 의미가 더해져 "신시대적 생명"이 있는 것도 수집되었다. 수집된 항 목들은 각각의 분야들로 분류되고 집필자들은 해당 원고를 만든다. 편집부 에서는 종래의 사전에서 자주 보이는 무미건조한 문장을 걸러내고 가능한 한 읽기 쉽게 만들기 위해 노력했다. 로봇에 관한 항목은 다음과 같이 수록 되었다.

[로봇] (Robot) : 인조인간이라고 번역한다. 몸체 안에 들어 있는 전동기기나 다른 장치들의 정교한 작동에 의해 마치 살아 있는 인간처럼 명령대로 전화를 걸거나 청 소를 한다. 영국의 리처즈, 로버트, 미국의 웬슬리 등은 로봇의 제작자로서 뛰어나 다. 수년 전 체코슬로바키아의 극작가 카렐 차페크가 《로숨의 유니버설 로봇》이라 는 기상천외한 대본을 썼는데, 그 극에 등장하는 로봇이라는 인물이 이른바 인조인 간이었으므로 이것에서 그 명칭이 나왔다.

로봇 창세기

아마도 마키오 도시마사가 첫 문장을 쓰고 편집부가 읽기 쉽게 정리했을 것이다. 일본어 로봇의 표기를 'ㅁボット(로보토)'가 아니라, 'ㅁボット(로봇토)'라고 촉음으로 표기한 것이 새롭다. 한편 그 내용에 대해서도 평가할 수 있는데, 1931년 이후 신어사전에 로봇 항목이 들어간 사례가 증가했지만 그중에는 부정확한 내용도 눈에 띈다.

[로봇] Robot(영어) : 인조인간. 정교한 기계 장치에 의해 살아 있는 인간처럼 손발을 움직이거나 일을 하는 기계인형. 최초 발명자인 영국인 리처즈가 그것에게 에릭 로봇(Eric Robot)이라는 이름을 붙였으므로 인조인간을 로봇이라 부르게 되었다. 또한 기계적으로 정해진 일밖에는 못하는 사람을 로봇이라 부른다. 로봇의 어원은 '노동 또는 노예라는 뜻'을 지닌 체코어 로보타에서 왔다는 설이 유력하다. 즉 로봇은 '일하는 인형'이라는 의미이다. 또한 '인조인간' 항목을 참조.

'인조인간' 항목에는 '인공적으로 만든 기계인간'이라고 되어 있다. 이 두 항목을 종합해서 알 수 있는 것은 이 항목을 기술한 이토가 로봇에 대해 그다지 풍부한 자료를 가지고 있지 못했다는 사실이다. 이미 정확하게 기술해 놓은 출판물도 나온 상황이었는데도 그것들을 보지 않았기에 오류로 이어졌다. 그러나 이것은 로봇에 관한 한 1931년이라고 하는 부정할 수 없는 시대적 한계의 단면을 보여준다.

그해 1월에는 실업지일본사에서 《모던 용어사전》을 출간했다. 와세다 대학교 교수였으며 나중에는 입헌민정당 중의원의 의원을 지낸 인물이자, 〈현대〉 1월호 부록의 집필자 중 한 사람이었던 기타 소이치로(喜多壯一郎, 1894~1968)가 그 사전을 감수했다. 그는 1933년에도 동일한 출판사가 출간한 《모던 유행어사전》의 감수자였다.

두 권의 사전에 등장하는 로봇 항목이 동일한 내용인 것을 보면 아마도 사전의 이름만 바꿔 간행한 것 같다. 그 항목의 내용을 보면 1930년 출간된 《아사히 상식강좌》의 제7권 《최신과학 이야기》에 나온 '인조인간'의 머리말을 활용해서 정리한 것일 뿐이다. 기존 자료나 출판물에 그 내용이 있었다고 하더라도 글 쓰는 이의 이해력이 없다면 독창성을 가질 수는 없는 것이다. 그러고 보면 로봇이라는 말은 그것을 이해했던 몇 안 되는 사람들의 문장을 옮겨 기술하는 방식으로 전파되었다고 볼 수 있다.

7

그 무렵 출간된 광고도안집을 들여다보면 아직까진 도안이 그다지 화려하지 않았다. 한편 로봇 관련 기획물은 아직 희귀한 부류에 속했다. 로봇에 대한 이해 정도는 차치하고, 로봇에 대한 세간의 관심이 뜨겁다면, 광고계로선 이런 흐름을 놓쳐선 안 되었다. 이렇게까지 사람들이 로봇에 호응한다면, 꼭 로봇의 모습에 집착할 필요는 없다. 로봇이란 용어만으로도 충분히 효과를 기대할 수 있다고 여긴 광고들이 나타나기 시작했다.

순서대로 말하자면 1930년 말에 배포되기 시작한 아르스출판사의 《최신과학도감》(전16권)의 제1회분 《기계시대》의 상권 광고문에는 "로봇의 출현은

[그림 133] 부산방출판사의 광고. 이치카와 산키는 영어학자로서 당시 도쿄제국대학의 교수였다. 세 명의 저자들이 로봇이 아니라는 말은 그들이 실제로 원고를 썼고, 또한 검토했다는 것을 뜻한다.

로봇 창세기

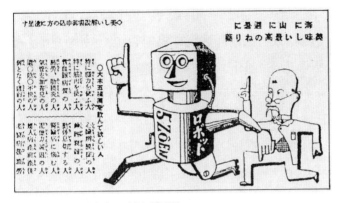

［그림 134］ 오키합명회사의 광고. 로봇이 나온 부분.

인간의 노동력을 뺏으려고"라고 써 있지만 본문과는 연관성이
전혀 없고, 본문에서 로봇에 관한 내용도 나오지 않는다.

1931년 3월에는 앞서 말한 《과학문명의 경이》의 신문 광
고가 4줄 분량으로 실렸고, 거기에 "로켓은 날고 로봇은 뛴
다."는 문구가 보인다. 비슷한 시기에 이치카와 산키(市河三喜,
1996~1970), 구로야나기 구니타로(畊柳都太郎, 1871~1922), 이이지
마 고자부로(飯島廳三郎)가 함께 부산방출판사에서 《대영일사
전》을 펴냈고 3월 18일자 〈도쿄아사히신문〉의 1면 광고에는
"3명의 저자들은 권위를 빌리기 위한 로봇이 아니다"라고 쓰여
있어 이미 광고계에서도 로봇이 또 다른 의미로 사용되고 있음
을 알 수 있다.

그해 6월 13일자 〈도쿄아사히신문〉에 실린 〈도츠카핀〉 광
고에는 "로봇에게는 정열이 없으나 인간에게는 있으므로 도츠
카핀이 필요하다"는 문구가 보인다. 도츠카핀 광고로는 두 번
째 등장한 로봇인데 광고문구상에는 그 표정이 멍청하게 그려

ロボットには情熱なし 人間にはある だから トッカピンが要る

［그림 135］
〈도츠카핀〉의
광고

져 있다. 또한 같은 날짜 신문의 5단에는 〈웅변〉 7월호의 광고가 실렸는데, 이토 게이지가 쓴 〈로봇이란?〉이라는 글도 인쇄되어 있다. 한쪽 면에는 광고가 있고 다른 쪽 면에는 기사가 있는데, 이것은 1931년의 로봇에 관한 사정을 잘 나타내주고 있다. 즉 로봇은 활자로 된 세계에서는 꽃을 피운 상태였다.

7월 25일자 〈요미우리신문〉에 실린 오키합명회사가 만든 생약성분의 자양강장제 '오키고조엔(大木五臟園)' 광고에는 그림이 포함되어 있었다. 잡지 자체의 광고 그림 속에 '로봇'이라는 글자가 나오기는 하지만 어쩐 일인지 그 그림이 포함된 광고는 8월 이후 그 모습을 감추고 만다. 어쩌면 행정관청의 규제가 있었는지도 모르겠다.

광고가 드디어 시민권을 얻은 증거가 있다. 1931년 3월 14일부터 27일까지 도쿄 우에노의 마츠자카야백화점에서는 2주간에 걸쳐 도쿄일일신문사가 주최한 〈살아 있는 광고박람회〉가 개최되었다(3월 14일~27일). 60여 개 이상의 회사들과 상점들이 "필생의 지혜 주머니를 털어내 만든" 박람회장의 6층은 상업미술의 전당이었다. 〈도쿄일일신문〉은 전면 광고로 헤르메스의

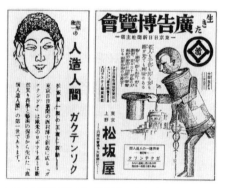

지팡이를 든 인간이 등장했다. 어쩐지 그 그림은 로봇을 연상시킨다. 마츠자카야백화점은 1930년 가을 〈1990년의 도쿄〉라는 전시에서 로봇을 통해 손님을 끄는 방법을 배웠을 것이다.

이 박람회의 1층 정면 입구에 로봇 〈가쿠텐소쿠〉를 설

[그림 136] 〈살아 있는 광고 박람회〉의 신문 광고, 그리고 또 다른 지면에 실린 〈가쿠텐소쿠〉의 홍보물. "과학과 예술이 손잡아 태어났다"라는 문구가 적혀 있다.

로봇 창세기

치했다.

당시 몇몇 박람회에서 모습을 드러낸 〈가쿠텐소쿠〉는 기존의 낡은 성곽처럼 생긴 배경이나 봉황 같은 장식 등을 치워버리고, 대신에 여러 방향으로 펼쳐진 모양을 하고 있는 거울을 배경으로 삼았다. 또한 〈가쿠텐소쿠〉에는 새롭게 음성(토키, talkie)과 마이크가 장치되어 양방향으로 대화를 할 수 있었다. 그래서 1928년 장내에 연주되던 음악은 중지되었다. 이것은 그 로봇이 제작된 이래로 5번에 걸쳐 이루어진 개조의 결과였다.

비록 주최사이기는 했지만 〈도쿄일일신문〉(3월 15일자)은 이 박람회장이 "이미 오전 중에 움직일 틈이 없을" 정도로 가득 찼다고 기술하면서, 〈가쿠텐소쿠〉의 동작에 대해서도 "인간 그 이상이라고 칭찬하는 소리가 관객들 사이에서 터져 나왔다"고 보도했다. 박람회를 참관한 〈과학지식〉의 편집자는 곧장 니시무라 마코토에게 원고를 의뢰했고, 니시무라는 〈표정을 지닌 인조인간 가쿠텐소쿠의 창작〉이라는 글을 그 잡지 6월호에 발표했다.

8

어른들의 문화는 아이들에게 영향을 주기 마련이다. 로봇이 여전히 '고급스런 장난감' 수준을 벗어나지는 못했다 하더라도 이미 그렇게 만들어진 문화는 아이들 세계에 반영되었다. 만화를 통해서든, 과학소설을 통해서든, 아이들끼리의 이야기를 통해서든, 어른들과의 대화나 혹은 대중매체의 기사를 통해서든, 대도시 아이들이라면 박람회에서나 우연히 라디오 방송에서 분명히 로봇을 알게 되었을 것이다.

아이들 세계에서의 로봇에 관해 이야기하자면 1931년의 상황에서는 전에 없던 세 가지 것에 대해 언급해야 할 것 같다. 하나는 미디어의 확장이라고 말할 수 있을 가미시바이(紙芝居)라는 종이그림연극에 로봇이 등장했다는 것이다. 다른 하나는 모형 조립장난감의 세계에 로봇이 등장했다는 것이고, 마지막으로는 〈로봇〉이라는 제목의 동요가 있었다는 것이다.

먼저 가미시바이를 살펴보자. 가타 고지(加太こうじ)가 입풍서방출판사에서 출간한 《가미시바이 쇼와사(紙芝居昭和史)》(1971년)에 의하면 초창기 가미시바이는 말 그대로 그림 인형을 바탕으로 한 연극이었다. 그런데 그것이 1930년에 경찰 단속으로 인해 엽서 크기만한 그림이야기 연극으로 바뀌었다. 내용이 신선했고, 영화 같은 장면 전환은 아이들에게 크게 환영 받아 오늘날과 같은 종이그림연극의 형태가 만들어졌다.

그해에 《황금박쥐》라는 작품이 아이들을 열광하게 했다. 이것은 스즈키이치로(鈴木一郎)의 작품을 토대로 나가마츠 다케오(永松武雄, 1912~1961)가 그림을 그렸다. 가타 자신도 1932년 1월에 《황금박쥐》의 〈사하라의 폭풍〉 편을 "관람하는 동안 엄청난 매력을 느꼈다"고 썼다(《가미시바이 쇼와사》).

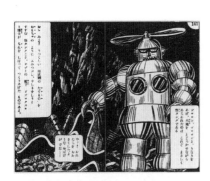

[그림 137] 《황금박쥐》에 등장하는 '괴물탱크'
여기 이것은 가미시바이의 원래 그림은 아니고, 1947년 명석사에서 출판된 단행본의 복각판 중 한 장면이다. 그러나 이것 역시 나가마츠가 그린 것이므로 원본과 큰 차이는 없을 것으로 보인다.

작품 《황금박쥐》에도 로봇이 등장한다. 이 로봇은 '인간탱크' 혹은 '괴물탱크'라고 불리는데 사람이 로봇의 내부로 들어가 조종하는 거대한 기계이다. 가슴에는 두 개의 창문이 나 있고 머리에는 헬리콥터의 프로펠러 같은 것이 달려 있는데, 이것을 통해 하늘을 날 수 있다. 이 기괴하게 생긴 탱크는 '악마'의 편, 즉 '나조'의 소유물이다.

로봇 창세기

로봇을 왜 탱크라고 불렀을까? 가타에
따르면 이것은 소년시절 스즈키 이치로가
오시카와 슌로(押川春浪, 1879~1914)의 팬이
었고, 오시카와가 프랑스의 SF소설가 쥘
베른(Jules Verne, 1828~1905)의 영향을 받았
기 때문이다.

[그림 138] 〈철의 남자〉
전쟁 이전의 원본이 어떤 그림이었는지는 불
분명하다. 이것은 전후에 리메이크한 버전일
지도 모른다.

베른에게는 탱크를 등장시킨 일련의
작품들이 있었던 것이다. 가미시바이의
'괴물탱크'는 쥘 베른의 작품 속 탱크의 손자뻘이라고 할 만하다. 또 '인간
탱크'라는 명칭은 앞서 언급했던 영화 〈인간탱크〉에서 가져온 것이다. 또
1929년 〈소년세계〉 10월호에 '탱크'라는 이름의 로봇이 있었다. 나중에 다
시 언급하겠지만 대일본웅변회강담사의 잡지 〈유년구락부〉에 사카모토 가
조(阪本牙城)가 1934년부터 연재했던 〈탱크 탱크로〉라는 작품의 제목도 이
와 같은 흐름 속에 있다.

1932년이 되자 〈철의 남자〉라는 제목으로 가미시바이 작품이 제작되고
여기에 로봇이 등장한다. 남아 있는 그림을 살펴보면 이것은 강철 로봇이다.

가미시바이의 세계에 이 정도로 로봇이 많이 등장했다면 당시 불량식품
을 파는 상점들 앞에는 이와는 또 다른 로봇 그림들이 보였을 것이다. 예를
들자면 딱지나 연 그림이었을 수도 있다.

그다음으로 모형 조립장난감들을 살펴보자. 이 무렵 모형 조립 제작 자
체가 새로운 것은 아니었다. 이미 모형 조립을 위한 안내서, 제작을 위한 전
문도서들이 단행본으로 존재했다. 하지만 1931년 8월에 로봇의 조립 제
작만을 위한 희귀한 책 한 권이 출판되었다. 자문당서점에서 《그림으로 설
명한 인조인간 제작방법》이라는 책을 펴낸 사람은 아이자와 지로(相澤次郎,

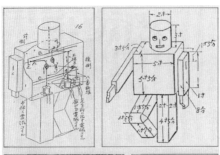
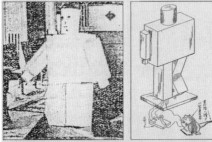
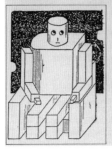

1904~1997)였다. 물론 어린이를 대상으로 한 책이기는 해도, 이 책의 제목이며 제책 상태, 그리고 158쪽에 이르는 본문까지 꽤나 화려한 책이다.

이 책을 출판한 자문당서점은 그 당시에 이미 모형물 제작이나 과학 기사를 다룬 월간지 〈과학완구〉를 출판했으며, 1930년 12월호에서는 〈세계의 과학〉란에서 〈인조인간〉을 다루었다. 1931년 7월호 광고에 아이자와의 이름이 있는 것을 보면 8월에 출판된 《그림으로 설명한 인조인간 제작방법》의 1부를 홍보하기 위해 게재한 듯하다.

본문은 "인조인간은 초과

[그림 139] 《그림으로 설명한 인조인간 제작방법》에 실린 그림들 이것들보다 더 많은 그림들이 포함되어 있다. "손짓하며 부르거나 싫증 내는 인조인간"의 설계도, 배선도, 그리고 완성도와 그 사진(위의 그림 4장). "싫증 내는 인조인간"(가운데 왼쪽), "담배를 피우는 인조인간"(가운데 오른쪽).

학시대의 산물이며, 각 방면에서 소리 높여 박수로 환영 받을 뿐만 아니라 외국에서는 활발하게 이용하여 실적을 올리고 있습니다." 라는 언급으로 시작하면서, 로봇의 기본 동력이나 작동방식을 해설한다. 이와 함께 과연 로봇을 어떻게 사용할는지에 관한 제안이나 희망도 언급하고 있다. 제1장 〈인조인간의 심장〉을 필두로 제2장의 제목은 〈인조인간의 피부〉이며, 여기서는 로봇의 외피를 제작할 때 사용한 재질에 관해 이렇게 말하고 있다.

"이제부터 여러분과 함께 연구하면서 만들게 될 로봇도 마분지를 사용할 것입니다."

제작 부분에서는 "싫증 내는 인조인간", "손짓하며 부르는 인조인간", "담배 피는 인조인간" 등 7종류의 제작법이 설계도와 함께 상세히 기술되어 있다. 대부분이 전기자석의 힘으로 내부에 장치된 철사를 움직임으로써 동작시키는 것이었다.

아이자와의 문체에는 특이한 점이 있다. 이것은 읽어가면서 느낄 수 있는 아이자와의 로봇에 대한 깊은 감정이다. 이것은 로봇 사랑이라고 불러도 될 정도이다. 설계도도 아이자와가 일일이 손수 그렸는데, 그러고 보면 이 책을 기이한 책이라 해야 할는지도 모르겠다. 교과서에 가까울 정도의 이 제작 방법서가 그 당시 로봇을 체험할 수 있는 훌륭한 책이 된 것이다.

이《인조인간 제작방법》은 인조인간 제작을 위한 첫 번째 페이지라고 할 만큼 로봇 제작을 안내하는 입문서라고 할 수 있습니다. 나중에 언젠가 "고급로봇"이라는 의미에서 노래 부르는 로봇 혹은 이야기하거나 책을 읽거나 부르면 답하는 등의 상당한 지식수준을 갖춘 로봇을 만들어 보고자 합니다. 물론 마분지가 아니라 철판, 아크릴판, 나무판 등으로 그런 로봇들을 만들고자 하는데 그런 것들 이야말로 최고 수준의 로봇이겠지요.

아이자와는 이처럼 희망차게 주장하면서 한 편의 글을 마무리한다. 그리고 그는 전쟁이 끝난 뒤 소위 '최고의 로봇'들을 여럿 제작했고 로봇 문화의 추진자들 중 한 명이 되었다. 아이자와에게는 이 책이 로봇을 주제로 한 첫 번째 저서였다. 그는 1932년에도 단행본을 내는데 이것에 대해서는 이 정도로만 다루기로 하자.

이제 마지막으로 동요를 살펴보자.

이 작품의 작사는 기타하라 하쿠슈(北原白秋, 1885~1942)가 했고, 작곡은 히로타 류타로(弘田龍太郎, 1892~1952)가 했다. 기타하라 하쿠슈는 1918년 무렵

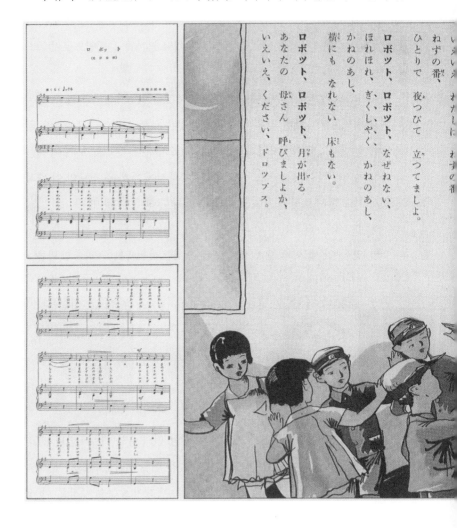

부터 동요의 창작을 시작했고, 아동문학의 한 영역으로서 자신만의 세계를 확립했다. 독일에서 유학한 히로타는 도쿄음악학교의 교수로 자리 잡았다. 잘 알려진 대표 작품으로는 〈야단맞고〉, 〈비가 내리네요〉, 〈신발이 운다〉 등이 있다. 그는 유아 교육에도 힘을 쏟아 유치원을 운영하기도 했다.

동요 〈로봇〉은 동경사가 간행한 〈어린이 나라〉 9월호에 게재되었다. 이

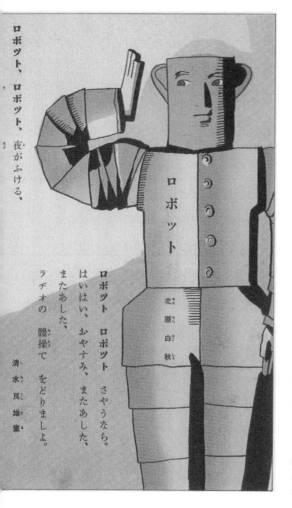

잡지는 유아들을 대상으로 한 그림책이 주를 이루었으며, 부록으로 그림들에 대응하는 가사와 악보가 덧붙여졌다. 잡지 〈어린이 나라〉의 편집고문에는 하쿠슈를 포함해서 구라하시 소조(倉橋惣三, 1882~1955), 노구치 우조(野口雨情, 1882~1945), 나카야마 신페이(中山晋平, 1887~1952), 다케이 다케오(武井武雄, 1894~1982) 등과 같은 내로라하는 멤버들이 얼굴을 내밀었다. 본문에 포함된 그림은 시미즈 요시오(清水良雄, 1891~1954)가 그렸다.

[그림 140] 잡지 〈어린이 나라〉와 그 부록 로봇을 다루고 있지만 분명한 하쿠슈의 세계가 엿보인다.

시미즈가 그린 로봇 이미지는 나중에 다루게 될 윌리 보카라이트(Willie Vocalite)와 많이 닮았다. 그 로봇 이미지는 인간의 눈이나 귀를 가지고 있어서 로봇에게 부드러운 인상을 심어준다. 시미즈가 고심한 끝에 내린 결론은 강철로 된 외피를 가지고 있다 해도 얼굴 표정이 인간적인 느낌을 줄 수 있다면 로봇의 이미지는 달라질 수 있다는 것이다. 여름방학이 끝난 아이들은 선생님이 가르쳐준 〈로봇〉을 오르간 반주에 맞춰 열심히 불렀을 것이다.

9

로봇을 소재로 삼아 유화를 그린 화가는 아마도 고가 하루에(古賀春江, 1895~1933)가 처음이 아닐까? 로봇을 그린 그림들은 다양했다. 이미 앞에서 언급한 것처럼 회화의 세계에서는 국내외 미래주의 작품 속에서 인간의 기계화가 묘사된 그림들이 있었다. 그 작품들은 로봇 같은 인간을 표현하고 있지만 그 이미지들이 실제 로봇이라고 할 수 있을 정도는 아니었다. 그것은 미래주의가 말하는 기계와 인간의 융합된 모습이었을 것이다. 반면 고가가 그린 것은 다름 아닌 로봇 그 자체였다. 고가는 1931년에 모두 세 개의 로봇 이미지를 그렸고, 로봇이라는 단어가 들어간 한 편의 시를 지었다.

고가 하루에는 후쿠오카의 구루메(久留米)에 있는 한 사찰 주지승의 장남으로 태어났다. 그는 17세가 되었을 때 주위의 반대를 무릅쓰고 화가가 되기를 바라며 도쿄로 향했다. 20세가 되던 해 2월에 승려가 되어 료쇼(良昌)라는 이름으로 개명, 자신을 하루에라 불렀다.

고가의 걸작 중 하나가 〈바다(海)〉(1929년)라는 작품이 있다. 화면에는 강철 몸체를 횡으로 잘라 그 안을 투시해서 볼 수 있는 잠수함 한 척이 깊은

로봇 창세기

바닷속에 들어앉아 있고, 하늘에는 비행선이 떠 있다. 1930년 작 〈창밖의 화장〉에는 하늘에 낙하산들이 펼쳐져 있다. 고가는 유화로 표현할 소재들을 의욕적으로 찾았다. 더욱이 그의 표현기법은 짧은 기간 동안 급격하게 변형되었다. 입체주의에서 파울 클레의 분위기로, 초현실주의로, 그리고 또 '일반적인' 그림도 그렸다. 고가의 이러한 기법 변화는 단계적인 것이 아니라 시시각각 동시다발적으로 이루어졌다. 하지만 그렇다고 해서 그가 다중적인 인격의 소유자는 아니었다. 그 자신은 〈문예춘추〉(1929년 12월호)에 게재한 수필 〈두서없이〉에서 이렇게 말했다.

나는 참을 수 없는 상황에 놓이면 언제나 어딘가로 가고 싶다는 생각이 든다. — 어디든 마치 다른 세계로 말이다.

그러나 현실 세계에서는 어디를 간다고 해도 비슷한 것들뿐이다. 내가 서투른 그림을 그리는 이유는 소년 시절 장롱 속에 숨어든 기분과 같기 때문이다. 이곳만큼은 자유롭고 또 적어도 내가 잠들고 싶은 장소이다. 혼이 나든 욕을 먹든 할 수 없는 일이지 하고 포기해 버린다.

(중략)

나는 현실적인 일체의 욕망이나 감정이나 이성을 끊어내고 그 세계에서 무표정하게 있고 싶다. 진공의 세계를 만들고 싶다. 그렇게 인간적인 것들을 모두 잘라내 버리고 싶다. 이렇게 나는 더 직접적으로 순수해지고 싶다.

이 해 고가가 그린 최초의 로봇은 〈레마르크〉였다. 앞서 언급했던 나카무라 세이조(中村正常)가 잡지 〈개조〉(3월호)에 실은 글 〈인조인간 로봇 씨 방문기〉의 삽화를 그린 사람도 바로 고가였다. 〈개조〉의 이 경우처럼 과감한 신인 작가의 글과 노련한 중견 화가의 삽화를 조합한 기획은 이미 잘 알려진

[그림 141] 〈인조인간 로봇 씨 방문기〉에 포함된 삽화
고가는 이 글에 세 점의 그림을 그려 넣었다. 그중 하나는 가슴에 'RRR'이는 글자가 적힌 제법 로봇처럼 보이는 이미지였다. 하지만 여전히 그것들은 인간인지 로봇인지 분명하지 않았다. 삽화의 오른쪽은 확실히 〈레마르크〉이다.

잡지 편집 기법 중 하나이다. 이 삽화에서 고가는 구성주의 느낌의 삽화를 그렸다.

그다음 작품은 〈로봇도 미소 짓는다〉이다. 이 작품은 그가 〈도쿄팩〉 6월호의 뒤쪽 표지에 실은 것이다. 여기에 등장하는 모델은 베를린에서 공개되었던 윌리엄 리처즈의 로봇 〈에릭〉이었다. 고가는 잡지 일 몇 가지를 하고 있었는데 〈어린이 나라〉 등에도 그림을 싣곤 했다. 그는 2년 전에도 잡지 〈도쿄팩〉에 〈우리(檻)〉라는 제목의 앞쪽 표지 그림과 뒤쪽 표지 그림을 그렸다.

고가의 세 번째 로봇 그림은 유화로 제작되었다. 〈도쿄팩〉이 처음 출간될 무렵부터 그는 로봇 이미지를 캔버스 위에 옮기려 애썼을 것이다. 도쿄부미술관에서 제18회 〈이과전(二科展)〉(1931년 9월 3일~10월 4일) 전시가 열렸는데, 고가는 〈가설의 정리〉, 〈현실선을 자르는 지적인 표정〉, 〈슬픔의 생리에 관하여〉, 〈흐릿한 시간의 직선〉 등 4점의 작품을 출품했다. 로봇 이미지가 포함

[그림 142] 〈로봇도 미소 짓는다〉와 밑그림 (오른쪽)
드로잉은 33.5×24.4cm 크기의 용지에 연필로 그려졌고, 인쇄된 작품의 크기는 21.3×19.0cm였다. 드로잉에 있었던 비 내리는 공간 속 원숭이의 이미지는 인쇄본에서는 사라졌다.

로봇 창세기

된 것은 두 번째 작품이다. 〈현실선을 자르는 지적인 표정〉은 크기가 세로 111.5cm에 가로 145.2cm였다. 이 작품을 그리기 위한 연필드로잉 작품이 남아 있는데, 여기에서는 로봇이 그려져 있지 않다. 드로잉 작품에서 말을 탄 기수도 인간이고, 왼쪽 인물이 든 총도 소총이다. 그런데 유화 작품에서는 그 소총도 톰슨 기관총으로 바뀌었다.

이것은 이상한 그림이다. 관점에 따라서는 여러 가지로 해석할 수도 있을 듯하다. 로봇은 말 위에 올라서 있다. 말은 일순간 울타리를 뛰어넘으려 하고, 방아쇠는 당겨지려 한다. 이 장면은 다음 순간 어떻게 될까? 긴박한 순간이야말로 고가가 의도한 것이었을까? 1931년 8월 13일자 〈도쿄일일신문〉은 재빨리 3단 크기의 사진과 함께 이 작품을 이렇게 소개했다.

"초현실주의의 작품을 보고 '뭐가 뭔지 모르겠다'고 하는 사람들은 그저 기상천외한 구도에 감탄하기만 하면 된다."

그해 9월에는 제일서방출판사가 《고가 하루에 화집(古賀春江畵集)》을 출판했다. 그 화집에는 1924년 작품 〈매화(梅)〉로부터 1931년 작품 〈슬픔의 정맥〉에 이르기까지 모두 30개의 작품(흑백사진)과 함께 고가가 직접 쓴 해제가 실렸다. 해제 글은 시로 되어 있다. 수록 작품에는 〈소를 불태운다〉나 〈바다〉가 포함되기도 했다. 로봇 이미지가 등장하는 작품 〈활처럼 휘는 안경〉(1930년)의 해제는 다음과 같다.

세계는 진공이다. 인물은 심장을 가지지 못한 로봇이다.
달도 별도 허공의 커튼도 미동조차 없다.
인물의 볼에 달의 반쪽 얼굴이 걸려 있다.
아름다운 조개껍질과 해초.
이것은 눈처럼 맑은 에스프리.

또한 작품 〈창밖의 풍경〉(1929년)의 해제 일부가 어쩌면 〈현실선을 자르는 지적 표정〉의 해제일는지도 모르겠다.

　　녹이 슬은 감각기계로
　　언제나 지나쳐버리는 사람들이다.
　　광선을 손으로 쏴 보고
　　정신의 위치를 알 수나 있을는지?

　그런데 고가의 유화 작품 속 로봇은 로봇 〈에릭〉의 느낌이 든다. 로봇의 옆 부분과 다리의 연결 부분에는 크랭크가 달려 있다. 하지만 로봇 〈에릭〉에게 그런 것들은 없다. 당시 크랭크 자체는 자동차의 필수품이었으므로 즉흥적으로 이미지에 그려 넣었어도 그다지 이상할 것이 없다. 그렇지만 굳이 그 근거를 찾자면 앞서 언급

[그림 143] 〈현실선을 자르는 지적 표정〉과 그것의 드로잉 작품(왼쪽 그림)

로봇 창세기

했던 〈망가 만〉 5월호에 실린 글 〈봄날의 잠은 시간 가는 줄을 모른다〉에
등장하는 로봇 이미지에 이른다.

　이것은 시계태엽 로봇으로 태엽의 작동은 이 크랭크를 감아올리는 동력
원으로 삼았다. 혹시 고가가 이 만화를 본 것은 아니었을까? 화풍이 말해
주듯이, 반드시 새로운 것을 수용해야 하고, 자신만의 표현을 위해 다양한
묘사기법을 터득해야 한다는 고가의 마음이 어쩌면 자신의 손을 만화쪽으

[그림 144] 〈활처럼 휘는 안경〉

[그림 145] 〈기계의 정조〉
이 로봇 이미지에 관해 말하자면
〈밥 먹는 기계〉이거나 〈메탈 로
봇〉이다. 원래 미래주의 화풍에
서 영향을 받은 것으로 보인다.
1938년 무렵이 되었을 때 다카이
는 당시 군국주의적인 정치상황
에 저항하지 못하고 〈과학화보〉
12월호에 〈종군화가의 그림 가방
에서〉라는 제목의 전선 스케치와
글을 게재했다.

로 가져가게 한 것은 아니었을까?

〈레마르크〉로부터 로봇에 접근한 고가가 읽고 흥미를 느낀 것은 앞서 다루었던 〈과학문명의 경이〉라는 글이었다. 여기에는 작품의 모델이 된 베를린에서의 로봇 〈에릭〉 사진이 포함되어 있었다.

그런데 1931년 〈이과전〉에는 또 하나의 로봇 이미지를 그린 〈기계의 정조〉라는 작품이 전시되었다. 이것은 훗날 '데이지'라는 이름으로 불렸던 다카이 사다지(高井貞二, 1911~1986)의 작품이었다. 운노 주자가 1930년에 발표한 〈인조인간 살해사건〉의 삽화는 그린 인물이 바로 다카이였다.

10

지금까지 다루지 않은 채 남아 있는 로봇을 1931년도 신문 기사들에서 찾아보자.

당시 발달된 기계문명을 가진 미국과 유럽의 로봇이 어떤 것이었든지, 일본에서 볼 수 있었던 로봇을 인간과 가깝다고 말하기는 어려울 것 같다. 〈요미우리신문〉은 연재하고 있던 〈모던어 방문〉란에 포함된 〈로봇〉(1931년 4월 8일자)에 관한 글에서 움직일 수 있고 인간 형상을 한 것들이라면 에도시대의 '아야츠리 인형'도 로봇일 수 있지 않나? 하는 물음을 던지며 일본 전통 인형극 '아야츠리 인형'를 "순수한 일본 로봇"이라고 지적한다.

이를 통해 당시 인형극이 인형극이라고 불리지 않고 "시대적인 취향에 맞

로봇 창세기

게 로봇연극"이라고 불렸다는 것을 알 수 있다. 이러한 시각에서 보자면 일정한 동작을 반복적으로 실현하는 인간 형상의 '아야츠리 인형'도 분명 로봇이라고 할 수 있을 법하다. 게다가 누군가 그렇다고 말하면 또한 모두가 그렇다고 수긍하는 분위기가 당시 사회에 있었을 수도 있다. 이는 하나의 사례에 지나지 않는다. 선구자라고는 할 수 없겠지만 총의 역사에 박식했던 해군 대령 아리마 세이호(有馬成甫, 1884~1973)라는 인물은 〈과학지식〉(1932년 3월호)의 연재물 〈과학의 숨은 선구자〉에서 다나카 기에몬 히사시게 (田中儀右衛門久重, 1799~1881)를 예로 들면서 이렇게 말한다.

> 원래 기에몬의 '가라쿠리'가 오늘날의 '로봇'이다. 미국에서 수입된 로봇을 보고 진기하다고 감탄하는 현대 일본인은 이미 백여 년 전에 우리 일본인이 손수 만들었던 매우 정교하게 자유로이 움직이는 '가라쿠리 인형'에 관해 제대로 알아야만 한다.

어쨌든 이로써 가라쿠리라는 인형이 로봇과 연결될 수 있었다. 그렇다면 과연 서양의 가라쿠리 인형이라고 할 수 있는 오토마톤은 어땠을까? 〈도쿄일일신문〉(1932년 11월 15일)은 미국 필라델피아에 있는 프랭클린 뮤지엄에서 발견된 프랑스에서 만든 〈필사하는 자동인형〉을 보도하면서 〈100년 전의 로봇〉이라는 제목을 붙였다.[31] 그러자 가라쿠리도 오토마톤도 잇달아 로봇으로 뒤바뀌었다. 이야기의 전후가

[그림 146] 〈100년 전의 로봇〉 〈필라델피아 돌(Philadelphia Doll)〉이라 불리는 이 자동인형은 그림과 문장을 그리거나 쓸 수 있었다.

---

31 옮긴이 : 저자가 말한 〈필라델피아 돌〉은 원래 18세기 스위스의 시계 장인이었던 앙리 메이야르데 (Henri Maillardet, 1745~1830)의 오토마톤이거나 아니면 그것의 복제물인 것으로 보인다.

[그림 147] 〈머신 에이지〉
"인간이 발명한 로봇(인조인간)이 가진 기계적인 아름다움이 인간의 육체가 가진 천성의 아름다움을 정복"했다.

약간 뒤바뀌었지만 운노 주자는 앞에서 언급했던 《인조 이야기》에서 움직이는 '교토 인형(京都人形)'을 로봇이라고 불렀다.

1931년 4월 20일자 〈요미우리신문〉에는 〈문명의 감각 로봇 댄스〉라는 제목의 기사가 실렸다. 이탈리아의 미래주의 예술운동이 뉴욕에까지 불똥을 튀긴 것도 아니었을 텐데 이것은 로봇이 지닌 기계의 아름다움을 인간의 동작에 적용한 무용으로 영국 체스터 홀(Chester Hall)의 무대에 올려졌다. 작품의 제목은 〈머신 에이지〉였다. 잡지 〈과학화보〉도 이 공연을 그림으로 소개하면서 "로봇의 코믹 댄스와 코러스 걸의 육체미로 관객을 열광시키다"라고 썼다.

하토야마의 연설이 끼친 영향 때문인지 신문에서는 로봇이 비인간이라는 제2의 의미로 사용되는 사례가 늘어났다. 각 신문에 실린 기사의 제목들을 살펴보면 이렇다.

〈한때 와세다대학을 짊어졌던 사람도 지금은 하나의 로봇〉(〈도쿄일일신문〉, 1931년 6월 24일)

〈창백한 《어둠의 로봇》〉(〈도쿄일일신문〉, 1931년 7월 9일)

〈백화점 점원의 로봇화〉(〈요미우리신문〉, 1931년 11월 4일)

〈이누이 씨가 조종하는 로봇 사장〉(〈도쿄일일신문〉, 1931년 12월 9일)

첫 번째 제목은 와세다대학 다카다 사나에 (1860~1939) 총장을 두고 한 말이다. 두 번째 것은 사창가에 팔려간 여성들의 이야기이며, '눈물도 메마른 거대 도쿄의 밑바닥'이라는 부제가 달려 있다. 세 번째 것은 응용심리학대회에서 발표된 백화점의 직원 채용의 결과에 대한 것이다. 그리고 마지막 것은 와타나베 창고 탈취 사건의 공판 기사에 달린 제목이다.

[그림 148] 〈로봇 굴뚝남〉
철도성에 납품하는 일본신호주식회사(日本信號株式會社)는 1930년 7월에 45명의 노동자를 해고했는데 이것이 발단이 되어 노사분규가 일어났다. 이러한 상황에서 '로봇 굴뚝남'이 등장했던 것이다. "제아무리 뜨거운 여름 날씨라고 해도 얼마든지 굴뚝에 매달여서 기록을 세울 수 있다. 하지만 회사에게는 조금도 위협이 되지 못하는 대항을 하는 중"이라고 한다. 이 로봇이 어떻게 굴뚝을 내려오게 되는지에 대한 보도 내용은 없다.

〈도쿄아사히신문〉(1931년 8월 9일)의 〈로봇 굴뚝남〉이라는 또 다른 신문 기사 제목도 있다. 1930년 1월 후지방적의 가와사키공장(川崎工場)에서 노사 분규가 일어났을 때 노동자 측을 옹호했던 한 남성이 공장 굴뚝에 올라가 130시간 넘게 내려오지 않고 매달려 있었는데, 그 덕분에 결국 회사 측이 입장을 대폭 양보하게 된 사건이다. 그 '굴뚝남'은 다나베 기요시(1902~1933)라는 사내였다.

물론 여기까지라면 당시로서는 드물었던 유쾌한 결말이겠지만, 그는 얼마 지나지 않아 물에 빠져 죽은 시체로 발견되었다. 그 뒤로 이유는 알 수 없지만 여러 곳에서 '굴뚝남'이 나타났다. 도쿄의 교바시(京橋)라는 곳의 한 공장에서도 '굴뚝남'이 나타났다. 그렇지만 그 남성은 인간이 아닌 "함석판을 사람 형상으로 잘라 거기에 흰색 페인트를 칠한 인형"이었다. 결국 금속판을 인간 형상으로 잘라 만든 것이거나 아니면 사람 대역을 한 것만으로도 이제 로봇이라 불렸다.

우리는 앞에서 고가 하루에의 그림 속 낙하산과 로봇의 관계를 살펴보았는데, 〈요미우리신문〉(1931년 5월 9일)에는 〈100개의 국산 파라슈트를 단 로봇으로 낙하 시험〉이라는 제목의 기사가 실렸다. 해군항공본부가 지정한 후지쿠라공업회사(藤倉工業會社)가 정찰용 낙하산을 제작해서 5월 9일에 다치카와(立川) 육군비행장에서 시험을 했다는 것이다. 당시 이 로봇의 중량은 70kg이었다.

그리고 1931년 10월 20일 〈요미우리신문〉은 〈600대의 로봇 전멸〉이라는 제목으로 또 다른 기사를 올렸다. 당시 일본에서는 유례없이 실탄을 사용한 항공폭격 훈련이 이루어졌는데 여기에 나무 로봇들로 구성된 가상부대가 사용되었다. 정확히 일개 부대에 해당하는 수의 로봇 병사들이 준비되었고, 기존 폭격장인 '삼림(森林)'을 향해 세 방향에서 잠입한 로봇들은 열 발의 작은 폭탄을 맞았는데, "정확히 명중시켜 부대 전체가 멋지게 전멸되었다" 고 전했다.

이 로봇들은 두꺼운 목판과 기둥이나 말뚝 같은 것으로 이루어졌는데, 달리 생각해보면 묘비와 같은 형태였다. 낙하산 로봇도 그렇고 가상부대 로봇도 그렇고, 도대체 표적에 이런 명칭을 사용한 것은 군대였을까 아니면, 〈요미우리신문〉이었을까?

[그림 149] 〈600대의 로봇 전멸〉
이 기사 글에는 "삼림 속의 가상 부대, 나무 로봇"이라고 설명되어 있다. 그리고 연습에서의 명중률은 90%로 "육군은 매우 감격했다"고 썼다.

로봇 창세기

11

로봇을 향한 열기가 갑자기 높아진 느낌이 드는 1931년에는 과연 어떤 로봇들이 실제로 만들어졌을까? 또 어떤 것들이 로봇으로 이해되었을까?

1931년 1월 20일 〈도쿄아사히신문〉에는 〈국세조사에 인조인간〉이라는 기사가 실렸다. 영국 국세청 조사에 250대의 로봇이 사용되었다는 보도였다. 그런데 여기에 사용된 로봇이란 카드에 구멍을 뚫어가면서 통계를 내는 기계였다. 일본에서도 1930년 10월 1일에 세 번째 국세조사가 있었는데 이때 통계국에서 사용한 기계는 '파워스 자동천공기', '파워스 자동분류 집계기', '파워스 자동인쇄 제표기' 등이었다. 그렇다고 이것을 인조인간이나 로봇으로 부르진 않았다. 그러므로 외신 보도가 이러한 자동기계들을 로봇이라고 기술했고, 이 신문은 그것을 그대로 일본어로 번역하여 기사화했기 때문이었을 것으로 생각된다.

〈도쿄아사히신문〉의 또 다른 기사 〈과학의 힘은 전기 절약 운전기사를 로봇화한다〉(1931년 1월 29일)에서 가리키는 로봇이란 '자동정지 전기장치'였다. 철도성이 관할하는 철도 노선을 따라 전기 절약 전차는 2분 간격으로

[그림 150] 〈인조인간의 작동〉에서 설명한 '메탈 마이크'라는 애칭을 가진 자동 조종장치와 '도둑 파수꾼' (위의 그림)

[그림 151] 〈음성으로 작동하는 전차 모형〉 전화기의 음성을 사용하여 '로봇 전차'를 조종할 수 있었다.

운행하는데, 자칫 충돌사고를 일으키기도 했다. 따라서 만일 이 자동 전기장치가 있다면 "운전기사가 깜빡 졸아도 이런 종류의 사고를 방지할 수 있었을" 것이다. 신문은 도쿄 다마치역과 타바타역 사이에 4월부터 이 기계 설비를 착공한다고 보도했다.

〈과학지식〉 2월호에 가타야마 요시하루(片山義治)가 게재한 글 〈인조인간의 작동〉도 새로운 로봇을 집중적으로 조명하고 있다. 이 글에서 가타야마는 비록 스페리의 자이로스코프가 지나간 옛일이

[그림 152] 자판기들
〈아이스크림 로봇〉(상단 오른쪽 그림), 신주쿠(新宿)역 앞에 자리한 식당이 도입했던 자동 음식판매기(위의 그림), 메이지제과(明治製菓)의 '자동과자판매기'(가운데 그림), 뉴욕의 식료품 자동판매기(아래 두 그림).
위 오른쪽 그림이 실린 기사의 제목은 〈로봇의 새로운 직업〉이다. 이미 그 당시에 위의 왼쪽 그림처럼 음식자판기가 사용되고 있었다. 가운데 그림의 자판기는 10전짜리 백동화를 넣어 핸들을 돌린다. 아래 오른쪽 그림의 자판기는 상품이 유리 너머로 보여 구매가 편리했다. 왼쪽 그림은 그 내부이다.

라고는 해도 당시 뉴욕의 어떤 박물관에 있는 안내인이나, 광전관을 이용한 '도둑 파수꾼', 혹은 '인조인간 제조공'이라고 일컫는 제철소의 온도 센서, 차고에 설치된 자동문, 터널 공사 현장에서 사용하는 유해가스 센서 등을 로봇이라고 소개했다.

이 기계들은 모두 미국에서 개발되어 사용되는 것으로 가타야마 역시 해외 잡지를 참조해서 이 기사를 썼을 것이다. 그 당시 인간의 외모를 닮지 않은 새로운 기계나 장치를 가리켜 과연 로봇이라고 부를만한 '용기'가 가타야마에게 있었을까? 그렇지는 않았을 것 같다. 하지만 그는 미국이나 유럽에서 사용된 말을 따라 하기 시작하면서 그런 표현을 자신 있게 사용했다. 그리고 〈과학지식〉 3월호에는 〈아이스크림 로봇〉이, 〈과학화보〉 5월호에는 〈로봇 판매원〉이 게재되었는데, 이것들은 모두 '자판기'에 관한 기사였다.

〈과학화보〉 6월호에는 〈마천루 안의 명물 로봇〉이라는 글이 실렸다. 여기서 마천루란 1931년 뉴욕에 그 거대한 모습을 드러낸 엠파이어스테이트빌딩을 말한다. 그리고 '명물 로봇'이란 그 고층빌딩의 자동엘리베이터를 뜻한다. "운전자 없이 조정기만 있을 뿐"이라는 점에서 그 기계를 로봇이라고 보았던 것이다.

〈과학지식〉 9월호 실린 〈음성으로 움직이는 전차 모형〉이라는 글에서의 그 전차도 로봇이었다. 〈텔레복스〉가 로봇이었으므로 이것 역시 정당한 해석이라고 할 수 있다. 이 기계는 미국 필라델피아에서 개최된 〈철도 전기 박람회〉에 출품된 것으로 인간 음성의 지시에 따라 작동하는 전차 모형이었다.

말하자면 인간이 개입하지 않고 자동으로 작동하는 새로운 기계는 모두 로봇으로 간주되었다. 그것들의 원조격인 로봇 〈텔레복스〉는 '실용 로봇'의 새로운 〈로봇 경적〉으로서 〈과학지식〉 5월호의 한 페이지를 장식했다. 사진에는 래드클리프로 추정되는 인물도 보인다. 또한 같은 잡지 9월호는 미

[그림 153] 〈로봇 경적〉
워싱턴의 한 저수지에 설치된 〈텔레복스〉 데모용을 촬영한 것으로 매우 희귀한 현장 사진이다.

[그림 154] 〈포토일렉트릭 인티그래프〉
광전관이 "계산 문제의 의미에 따라 강하거나 약한 빛을 검사하고 합성하여" 답을 냈다.

[그림 155] 〈윌리 보카라이트〉
비행장에서(위쪽 그림), 미녀와 로봇(하단 그림들). 비행장 사진은 촬영한 각도가 다른 것들도 있다. 그중 하나는 〈과학화보〉 6월호에도 게재되었다. 비행장에 로봇이 있는 이유는 뒤쪽에 정지해 있는 비행기 내부에 자동조종장치가 탑재되어 있기 때문일 것이다. 1930년 11월의 〈도쿄일일신문〉에도 비슷한 기사가 실렸다. 미녀와 로봇이라는 전형적인 구도는 이 로봇 '윌리'로부터 시작된다. 그러나 아래 오른쪽 그림에서는 아름다운 아가씨를 모른 척하는 모습으로, 하단 왼쪽 그림에서는 세인트루이스시의 바람둥이 전기공으로 정반대의 설명하고 있다.

로봇 창세기

국 MIT의 T. S. 그레이(Truman S. Gray)가 제작한 〈포토일렉트릭 인티그래프 (Photoelectric Integraph)〉를 로봇이라고 부르면서 '광전관식 계산기'로 번역 소 개했다.

그런데 과연 로봇다운 로봇은 어떤 것이었을까? 그런 로봇은 〈도쿄일일 신문〉 1931년 4월 12일 광고들 중 한구석에서 사진과 함께 등장한다. 〈윌 리 보카라이트〉라는 로봇이 그것이다. '윌리(Willie)'는 이 로봇을 제작한 웨 스팅하우스(Westinghouse)사에서 붙인 애칭이며 '보카라이트(Vocalite)'는 '보 컬리티(vocality)', 즉 목소리라는 말에서 온 것이다. 그 이름 자체가 뜻하듯이 이 로봇은 〈텔레복스〉보다 진화한 기계로 '이야기'를 할 수 있는 로봇이었 다. 1930년 11월 〈도쿄일일신문〉의 첫 면에 실린 것은 바로 이 로봇이었을 것이다. 〈보카라이트〉는 〈아사히 그래프〉(4월 29일)와 〈과학화보〉(6월호)에도 등장했다. 〈도쿄일일신문〉에는 〈보카라이트〉와 함께 미국 서부연합 전신 회사의 〈전화교환 자동제어 장치〉도 로봇으로 소개되었다. 이래저래 로봇 들이 더 늘어난 것이다.

이미 앞에서도 언급했지만 로봇을 광고로 사용한 사례는 미국에서도 비 슷했던 것 같다. 〈광고로 나선 싸구려 로봇〉(〈과학지식〉 5월호)이라는 글은 미 국 캘리포니아에서도 홍보용으로 로봇을 상점 앞에 세워 놓은 일을 전하고

[그림 156] 〈광고에 나선 싸 [그림 157] 〈축제를 장식한 로봇〉   [그림 158] 〈꽃전차의 로봇〉
구려 로봇〉
화려하게 칠했다고 한다.

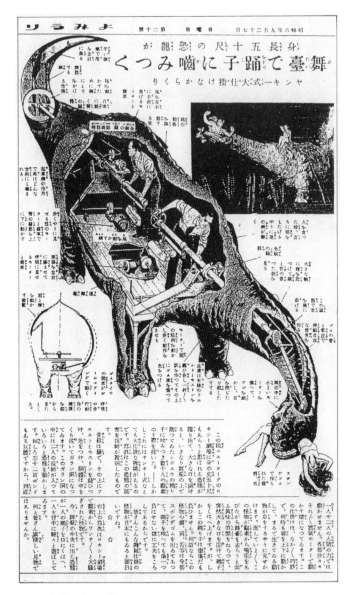

[그림 159] 〈50척 크기의 공룡〉
50척은 약 15m의 크기이다. 연극 제목은 알 수 없다. 일본사람이 직접 록시극장에 가서 보고한
리포트는 아닌 것 같고 해외잡지에서 가져온 내용이었을 것이다.

로봇 창세기

있다.

더욱이 당시에 〈공룡 로봇〉도 등장했다. 이미 《인간 타락계》(1929년)에서도 볼 수 있었던 것처럼 뉴욕 연극계는 한편으로 무대장치를 점점 더 발전시켜 관객을 깜짝 놀라도록 만드는 방향으로 나아갔다. 1931년 9월 27일 일요일판 〈요미우리신문〉의 부록 〈요미우리소년신문〉은 〈50척 크기의 공룡이 무대 위에서 무용수를 물다〉라는 제목으로 록시극장(Roxy Theatre)의 공룡을 그림 설명과 함께 소개했다. 사실 당시에 이 정도의 기계를 제작할 수 있었다니 놀라지 않을 수 없다. 그런데 이것이 분명히 로봇이기는 한데 실제 문장의 내용 중에는 '로봇'이라는 단어가 들어 있지 않다. 왜일까? 추측해 해보자면 '인조인간=로봇'이라는 생각이 강했기 때문이었을까? 아니면 번역에 사용했던 해외 잡지들의 글에 '로봇'이라는 단어가 없었기 때문이었을까?

다른 한편 일본 광고계에서는 어떠했을까? 1931년 4월 29일 일왕의 생일을 기념하는 천장절(天長節)에 도쿄 시바공원(芝公園)에서 우에노공원(上野公園)까지 광고 행렬이 있었다.

이 행렬은 1930년부터 시작한 것인데, 기업들이 축제용 수레인 다시 [산차(山車)]를 장식하여 거리에서 행진하면서 그 수레의 화려함과 아이디어를 겨루는 대회였다. 신문에는 당일 행사의 안내와 함께 수레들의 행진 순서와 장식 실루엣을 게재했다. 자세히 보면 국제통운주식회사의 축제 수레에 설치된 것은 틀림없이 로봇이다. 여기에는 수레의 장식에 대한 심사가 있었고, 최우수작품에는 상품이 주어졌다. 과연 그 로봇 축제 수레는 상을 받았을까?

장식된 축제 전차와 비슷한 '꽃전차'도 있었다. 도쿄시의 전차 운행 20주년을 기념하는 '전기국(電氣局) 날'에 시내 전체에는 '꽃전차'가 운행되었다. 〈도쿄일일신문〉(5월 16일)에 실린 '꽃전차'의 사진을 보면 매번 양손을

[그림 160] 〈스미다 다로〉
기사는 이 로봇을 다음과 같이 전
했다. "줄무늬 양복을 입고 꽤나
모던 보이 같다. '다로 군'이라고
부르면 '네'라고 대답하는 대신
큰 양쪽 귀를 활기차게 움직이거
나 두꺼운 눈썹을 위아래로 움직
이거나 한다. 또 전기 버튼을 누
르면 눈에 광선이 닿으며 그 광선
의 힘으로 목을 흔들거나 입을 삐
끔빼끔 움직이거나 머리의 모자
를 움직이거나 한다.

흔들고 한쪽 다리를 들어 올린 로봇이 서 있다.
길거리를 지나는 사람들을 기쁘게 해주었던 이
로봇들이 쓸모없어지자 폐기처분해버려 지금은
남아 있지 않다.

로봇의 열기가 대중에게 도달하게 되자 나도
한번 글을 써보자는 사람들이 등장했다고 해도
이상한 일은 아니었다. 운노 주자의 《인조 이야
기》에는 교토의 미야츠중학교(宮津中學校) 4학년생
이 모터나 전화기 등을 이용하여 '인조 개'를 만들
었다는 사실을 언급했다. 아마 그 밖에도 알려지
지 않은 로봇 제작자들이 있었을 것이다.

이 무렵 각지에서는 여러 종류의 박람회가 개최
되어 박람회 붐이 일어났다. 1931년 가을 도쿄 아
사쿠사(浅草)에 마츠야백화점(松屋百貨店)을 개점한
것을 기념하여 〈어린이 가정 박람회〉(11월 1일~30일)
가 개최되었다. 백화점과 박람회가 연결될 정도라면 거기서도 분명히 로봇
이 등장할 것이다. 게다가 이 당시에 어린이를 대상으로 한 행사에서라면 로
봇이 없다는 것이 더 이상할 정도였다. 이 박람회는 마츠자카야(松坂屋)에서
개최된 〈살아 있는 광고전〉과 마찬가지로 도쿄일일신문사가 주최했다.

그러나 그 신문사의 주최라고는 해도 똑같이 〈가쿠텐소쿠〉를 출품할 수
는 없었다. 그래서인지 이번에는 〈스미다 다로(隅田太郎)〉라는 이름을 가진 새
로운 로봇을 소개했다. 마츠야의 옆을 흐르는 개천 스미다가와(隅田川)에서
그 이름을 따왔다. 〈스미다 다로〉는 개최 일정을 맞추지 못한 채 11월 20일
전후에야 설치될 수 있었다. 〈도쿄일일신문〉의 11월 25일 기사에 따르면 이

로봇 창세기

로봇은 일본방송협회가 제작한 것으로, "광전관과 음향을 응용해서 만든 최신식 인조인간"이었으며 관객이 부르면 귀나 눈썹을 움직이거나 아니면 목을 흔들거나 입을 빠끔히 벌려 응답했다고 한다.

12

1931년을 다시 한 번 살펴보자. 로봇 관련 기사나 로봇이라는 단어를 넣은 제목의 출현 빈도는 양적 측면에서 이제까지의 어느 해보다 많았다. 이는 1925년 이후 20년간 아니 30년간이라고 해도 좋을 만큼 관련 기사나 그 용어가 많이 언급된 해였다. 이러한 상황은 어느 정도 로봇이라는 말을 일본 전역에 침투시키는 역할을 했다. 게다가 하토야마 이치로의 연설은 가장 큰 요인으로 작용했을 것임이 분명하다. 일반 대중에게도 로봇에 대한 관심은 부쩍 높아졌다.

이에 따라서 해외의 로봇이나 그것과 관련된 기사들도 더 빠르게 소개되었다. 잡지에 게재된 과학소설이나 만화, 종이그림연극, 모형조립제작의 세계를 통해 소년들도 로봇을 수용했고 아동들은 동요를 불렀다. 로봇이라는 말의 의미가 표현하는 범위도 매우 넓어졌다. 말하자면 로봇의 유행은 이 시기 최고조에 달했다. 특히 1931년의 전반기는 확실히 더 그랬다.

그러나 로봇이라는 새로운 용어 수용을 못마땅하게 여기는 사람들도 있었다. 당시 과학의 한계와 수준을 잘 알던 사람들은 미디어나 출판사가 장난감처럼 시시한 것들로 사람들의 마음을 허황되게 부풀리는 것을 목격하고는, 그런 부정적인 생각을 더 깊이 새기게 되었을 것이다. 로봇에 관한 해외정보를 앞다투어 기사화했던 과학 잡지들은 이미 여러 차례에 걸쳐 로봇을 소개했던 만큼 또 다시 호들갑스럽게 유행을 만들어내는 일은 없었다.

〈과학지식〉를 발행한 과학지식보급회는 출판사가 아니라 당시 도쿄제국대학의 명예교수였던 이시카와 치요마츠(石川千代松, 1860~1935)가 이사를 맡고 있던 재단법인이었다. 이 단체는 대중들에게 과학을 정확히 이해시켜 보급시키는 것을 목표로 삼았다. 따라서 이 잡지는 로봇에 관한 지나친 과장이나 열광이 위험하다고 생각했을 것이다. 게다가 해외에서 로봇다운 로봇의 제작 열기가 한풀 꺾인 점도 있어서인지 이 잡지에서는 인간 형상을 닮은 로봇에 관한 기사가 빠르게 줄어들었다.

유행은 홍보가 대대적으로 이루어지면서 사람들이 이를 마음으로 받아들일 때 일어나는 법이다. 로봇 홍보에 관한 물량공세라면 당시의 신문들이 대표적이었다. 앞에서 언급한 것처럼, 개별 잡지와 영화의 홍보, 잡지 자체의 글들, 방송의 내용 중에 포함된 로봇 관련 정보는 대부분 신문 기사에 집약되었고 그것들이 서민들에게 전해졌다.

그래서 어쩌면 1931년의 로봇 관련된 내용들 중에서 실제로 유행한 것은 '로봇'이라는 말뿐이었는지도 모르겠다. 실용적인 로봇이라고 불린 것은 어느 순간부터 인간의 모습과 전혀 다른 것이 되어버렸다. 〈뉴욕타임즈〉를 살펴보아도 로봇은 〈텔레복스〉나 〈에릭〉이 아니었으며, 오히려 광전관을 사용한 장치와 동의어처럼 취급되거나 '인간과 기계의 관계'로 관심이 옮겨갔다. 유럽과 미국에서 로봇다운 로봇을 제작하는 일은 일본에서의 유행과는 달리 줄어들고 있었다. 결국 로봇이라고 부를 수 있는 것이라고는 전 세계적으로 그리 많지 않았다.

신문 기사들이 로봇과 관련해 조금은 현실과 동떨어진 유행을 만들어 냈다는 혐의를 둘 수도 있지만, 사실 그런 흐름을 시들하게 만든 것도 신문사였다. 그중 하나가 《1932년 아사히연감》이었다. 요시노 사쿠조도 이 연감의 집필진으로 참여했다. 《1929년 아사히연감》에는 "인조품"을, 《1930년 아사히연감》에는 '새로운 응용과학'으로서 전송사진, 토키, 텔레비전(전송영화) 등을 예로 들었는데, 여기에는 인조인간이나 로봇이 등장하지 않았다. 《1931년 아사히연감》에도 인조인간과 로봇이 등장하지 않았다. 그런 흐름 속에서 결국 1932년판은 참을 수 없어 갑자기 한마디를 한다는 느낌이다.

그리고 〈과학지식〉에 담긴 기사가 〈과학계의 새로운 흐름 몇 가지를 단편적으로 스케치해본다〉는 글인데 마치 '과학신어사전' 같다는 느낌도 든다. 여기서 로봇은 '인조인간'이라는 항목으로 다음과 같이 다뤄진다.

> 로봇이라는 단어는 어쩐지 일반인들의 흥미를 잘 끌 뿐더러 그들의 호기심을 자극하는 일부 저널리즘의 존재와 상호작용하여 오늘날 어떤 우상화가 이루어졌다고 할 수 있다. 우리는 오늘날의 진보한 로봇으로 알려진 모든 것들을 신뢰한다고 해도 … (중략) … 거기에 대해 전혀 이상하다고 느끼지 않는다.
>
> 시험적으로 20관(75kg)이나 되는 큰 로봇이 인간처럼 달렸다고는 하지만, 우리들은 150톤이나 되는 기관차가 시속 190km의 속력으로 달리고 1만 톤급 군함이 35노트 속력으로 달리는 것에 비교하면 별다른 차이를 느끼지 못할 것이다.
>
> (중략)
>
> 과학자의 말에 의하면, 현대 기계문명 전체야말로 인간에 의해 조종되는 초인적 힘, 속도, 민감함, 그리고 정교함 등의 기능을 갖춘 로봇이라고도 볼 수 있다. 무엇을 고민하기에 이제 와서 인형처럼 생긴 작은 상자 속에 장치된 것일 뿐인 로봇을 우상화할 필요가 있겠는가?

지나치게 과격한 논조이다. 어째서 이렇게까지 말하는 것일까 하는 생각이 든다. 이 글에서 이렇게까지 단정적으로 결론을 내렸기 때문인지 모르겠지만, 적어도 1945년 이전까지의 《아사히연감》에서는 로봇이라는 말도 인조인간이란 말도 자취를 감춰버린다. 더욱이 1931년 후반기에 이르면 아사히신문사의 간행물에서조차 이런 말들이 극단적으로 감소하게 된다. 앞서 보았던 〈아사히 그래프〉(10월 28일)의 로봇 만화까지도 이 시기에 '사고로' 게재된 건 아닌가 하는 생각이 들 정도이다. 로봇 붐으로 마음이 들떴던 사람들이 정신을 차리자마자, 이번에는 로봇을 냉철하게 바라보게 된 것이다. 그야말로 유행의 종말이 시작되었다.

손바닥을 뒤집는 듯 보이는 글들이 등장한 이유는 무엇이었을까? 과학자의 양식? 로봇에 대해 너무 성급했던 결론? 그것도 아니라면 이와는 다른 더 강한 '힘'의 의지가 작용한 결과? 그래도 어째서 그렇게 된 것일까······ 그러고 보면 이 시기 광고에서도 마치 짜 맞춘 것처럼 로봇이 사라지게 된다.

그렇다면 로봇은 어디로 가면 좋다는 말인가?

당시는 '하네츠키(羽根つき)'라는, 배드민턴 비슷한 전통놀이가 스스럼없이 아이들 놀이로 받아들여지던 시대였다.

한편 하고이타(羽子板, 제기 비슷한 놀이기구)는 전통적인 것 외에 사건이나 유행을 그려 넣는 그림판 노릇을 했다. 그것은 어른들의 세계를 아이들의 세계로 투영해주는 그 무엇이었다. 애드벌룬, 낙하산, 새로 준공한 의회의사당 등이 새해 맞이용 그림의 새로운 소재였다.

물론 로봇도 그중 하나였다. 경우에 따라 로봇 그림으로 장식된 어떤 나무판은 거기 부착된 스위치를 누르면 로봇의 눈에서 전구가 빛나기도 했다. 거기 묘사된 그림이 각진 모습이었기 때문에 로봇의 본래 이미지에 잘 맞는다는 느낌도 든다. 혹시 〈월리 보카라이트〉의 정면 모습이 모델로 사용된 것인지도 모르겠다. 새로 만든 하고이타의 사진을 게재한 〈도쿄일일신문〉(1931

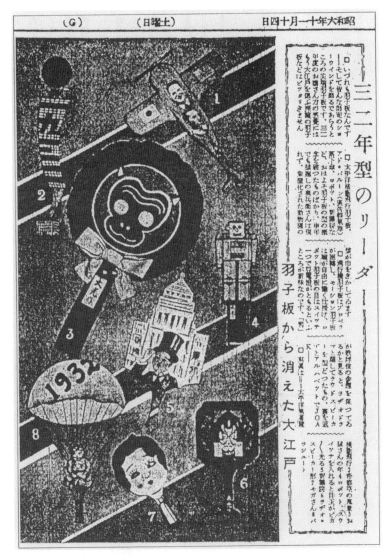

[그림 161] 〈32년형 리더〉의 기사

이 사진의 인상이 매우 강렬했던 것인지 아이자와 지로는 1932년 출판한 《세계의 우수한 인조인간과 전기사인의 설계와 만드는 방법》(문교과학협회)에 이것을 포함시켰다. 또한 〈도쿄일일신문〉(12월 9일)도 하네츠키에 관한 기사를 다루었다. 변경된 하네츠키 그림에는 '만주사변', '미국의 직업 야구선수', '6개 대학 리그전', '우에노온사공원(上野恩賜公園)의 동물제 기념', "스타 연예인" 등이 있었다. 오늘날 우리가 상상하는 이상으로 풍부한 그림이 하고이타를 장식했다.

년 11월 14일)에서는 그것을 "32년형 리더"라고 이름 붙였다. 아이들의 세계에서는 그 로봇이 이듬해의 리더 중 하나가 되었던 것 같다.

정점에 달한 로봇 붐. 한편에서는 추방되고 다른 한편에서는 리더가 된 로봇은 그 뒤 어떤 운명을 맞이하게 되었을까?

1932~1938

인간에게
생명이
있는 한

영혼 없는 인간은 로봇과 같다

1

이상한 형태로 막을 열게 된 로봇 열기도 1931년을 정점으로 수그러들기 시작했다. 원래 쉽게 뜨거워지고 쉽게 식는 일본인이라는 평판이 있기는 하지만, 아무리 정점을 지났다 해도 열기가 그렇게 쉽게 사라지는 게 아니다. 내가 보기에, 로봇 열기는 사라지기는커녕 오히려 일본인의 머릿속에 로봇이라는 존재를 확실하게 각인시켰다고 여겨진다. 덕분에 로봇이 어떤 의미를 표현하는지에 관해선 저마다 달리 생각하는 시대를 맞았다. 이렇게 되면 어지간히 커다란 이슈가 터져 동일 이미지로 뉴스에 나오지 않는 이상, 이제는 로봇을 누구나 똑같이 생각하지 않게 된다. 말하자면 누구나 로봇의 이미지에 관해 자유로워진 것이다.

비록 양은 줄었지만 신문이나 잡지에는 로봇이라는 단어가 여전히 많이 등장했다. 하지만 그것은 제2의 의미로 사용되는 경우가 많았다. 1932년 〈아사히〉 1월호(1931년 말 간행)에 실린 기사 〈1932년 여성의 새로운 전술〉에서 마네킹 걸(mannequin girl, 의류나 화장품을 선전, 판매하는 여성-옮긴이)인 히라노 기요(平野喜代)가 "로봇 같지 않고 활기 있게"라는 슬로건으로 자신의 포부를 밝혔다.

〈선데이 매일〉(1월 17일)에는 〈로봇 등장〉이라는 글이 실렸다. 그런데 이 글에는 세 군데의 백화점 간부들이 자신의 미래를 예상한 기획, 〈미래의 백화점 이야기〉이라는 제목의 글이 포함되었다. 이것은 오사카의 다이마루(大阪大丸)사 전무 사토미 준키치가 쓴 것이다. 그는 미래의 '백화점 유토피아'에서는 로봇이 일하고 있을 것이라고 묘사했다.

1932년 2월 19일 〈도쿄일일신문〉은 '요시다는 당 확대를 위한 로봇', 그리고 〈요미우리신문〉은 '요시다는 그저 로봇 후보'라는 타이틀을 단 기사를 올렸다. 제3회 보통선거에서 도쿄 제5구의 중립후보로 나선 요시다 유이치(吉田由市)는 16일 제1회 정견발표 연설회에서 공산당의 슬로건을 내세웠다. 경시청은 이를 일본공산당에 의한 불법 선거 운동으로 판단하여 치안유지법 위반으로 그를 검거했다.

1932년 3월 10일 〈도쿄일일신문〉은 〈혈맹조(血盟組)는 로봇, 그 배후를 추적한다〉는 기사를 올렸다. 전 대장성장관 이노우에 준노스케(井上準之助, 1869~1932) 암살사건(2월 9일), 미츠이 재벌의 단즈카 오사무(団塚磨, 1858~1932) 암살사건(3월 5일), 이 두 사건은 모두 혈맹조에 의한 것이었다. 이 기사는 검찰 당국의 검사들이 사건 조사를 보고하기 위해 법무대신을 방문한 일을 보도한 것으로, '모 국가주의자'들이 "혈기 넘치는 청년들을 조종했다"는 내용을 담았다. 이 일련의 사건들은 그 뒤 5월 15일에 일어난 '5·15 사건'으로 연결된다.

1932년 6월 10일 〈도쿄아사히신문〉은 〈제국대학의 극좌 리더는 사실상 대역 로봇〉이라는 기사를 실었다. 도쿄제국대학 법학부 앞에서 벌어진 학내

로봇 창세기

시위에서 혼후지(本富士)경찰서에서는 시위 주동자 3명을 검거했는데 공교롭게도 그중 1명은 가짜였다. 이 남자는 절도죄로 유치장에 갇혔을 때 우연히 좌익 학생을 알게 되고, 그에게 한 번에 2엔에서 3엔의 대가를 받고 시위 주동자 역할을 맡았던 것이다. 그는 비록 가짜였지만 시위를 선동하는 연설까지 하면서 자신이 맡은 대역을 완벽히 소화해냈다. 당국은 "좌파 학생운동이 절도범을 로봇으로 사용했다는 유례없는 사실을 알고 매우 놀랐다"고 한다. 〈도쿄아사히신문〉도 흔쾌히 로봇을 제2의 의미로 사용했던 듯하다.

1932년 6월 19일 〈요미우리신문〉은 〈불량분자 손끝에서 춤추는 로봇 소년〉이라는 기사를 실었다.

또한 그해의 8월에는 잡지 〈후지〉 9월호가 〈로봇 영웅 마점산〉을 실었다. 1932년 3월에 만주국이 세워졌고, 그때 흑룡강성장(黑龍江省長)이라 는 군직에 임명됐던 마점산(馬占山, 1885~1950)이라는 인물이 반란을 일으켜 만주군 및 일본군과 싸웠다. 신문과 잡지는 그가 7월에 전사했다며 떠들썩한 기사로 장식했다. 하지만 실제로 그는 한참 뒤에 베이징에서 사망한다. 이 기사문을 작성한 것은 나중에 아동 전기문학가(傳記文學家)로 변신한 사와다 겐(澤田謙, 1894~1969)이었다.

1932년 10월에는 〈부인공론〉 11월호가 〈로봇 폐업〉이라는 글을 실었다. 이것은 〈불행한 아내〉 특집호의 일부였다. 이 글은 아이

[그림 162] 〈로봇 폐업〉
누가 이 그림을 그렸는지는 알 수 없다. 이 수기에 대한 짧은 비평문은 다음과 같이 썼다.
"결혼이라는 환상이 사라진 그녀에게는 순간적으로 빠져들게 되는 니힐리스트 상태를 먼저 폐업시켜야 한다. 그리고 가끔 보이는 히스테리 성향 또한 청산하면서 먼저 두 번째 결혼의 문에 도달하기 위해 모든 노력을 쏟아 붓는다."

하라 다카코(相原高子)라는 여성의 〈자극 없는 로봇 같은 생활〉이라는 제목의 수기를 토대로 한 것으로, 여기서 '폐업'이란 이혼을 의미한다.

이처럼 〈도쿄아사히신문〉에서 로봇이라는 단어를 사용한 사례가 많지 않았던 까닭은, 분명히 《아사히연감》의 기사로 대표되는 견해가 신문사 편집부에 영향을 미쳤기 때문이었을 것이다. 회사 전체가 로봇 〈레마르크〉에 열광했던 1930년의 그 일을 돌이켜보면 그 변화 원인을 생각해봐야 한다. 신문사 내부에서는 어떤 갈등이 있었던 것일까? 《아사히연감》은 〈레마르크〉를 긍정적으로 평가했던 것인가? 아니면 그것을 반대했던 것인가? 그런데 그사이 로봇 〈레마르크〉는 도대체 어디로 사라진 것일까? 마츠야에 전시되었던 이래로 신문지상에서 그 이름은 사라져버렸다.

도쿄아사히신문사에 소속된 '로봇 전문가' 세노오 다로 경우는 어땠을까? 1929년 가을 이후 잡지나 라디오를 통해 아이들에게 로봇을 상냥하게 설명해주었고, 또한 나중에는 어른들에게도 로봇에 관해 해설하면서 사회

[그림 163] 〈싫증을 잘 내는 성격의 장점〉
"무엇이든 잘 싫증 내는 성격의 인간은 가까이 있는 것을 평범하다고 여기는 경솔한 버릇이 있다. 그리고 뭔가 신기한 것을 요구한다."
"인류가 시작된 이후 인간 세계는 이 싫증 남으로 인해 얼마나 진보를 이루었는가?"
로봇에 싫증 난 세노오 다로는 어디로 가려는 것이었을까?

계몽에 힘썼던 세노오는 그런 《아사히연감》에 대해 어떻게 반응했을까? 물론 세노오 자신이 어쩌면 《아사히연감》의 기사를 썼을 수도 있다. 만약 그렇다면 무엇이 세노오의 생각을 "바꿔놓은" 것일까?

현재 알 수 있는 것은 변화된 일련의 논조뿐이고, 그 이유를 입증하는 증거는 갖고 있지 못하다. 세노오는 〈아사히 그래프〉(4월 13일)에 게재한 〈싫증 잘 내는 성격의 장점〉이

라는 글에서 로봇에 대해 자신의 바뀐 생각을 변호했는데 이마저도 '발뺌'하는 수준으로만 보일 뿐 정작 진실을 말하고 있지는 않다.

1932년 〈신청년〉 6월호의 특집기획 〈사람은 지구를 움직이는가?〉에 료사키치(寮佐吉)의 〈모든 것을 돈으로 바꾸는 기술〉, 다카다 기이치로(高田義一郎)의 〈마음대로 남녀 구분해서 아이 낳는 법〉, 미야자토 요시야스(宮里良保)의 〈미래의 전쟁과 무기〉, 사노 쇼이치의 〈행성 식민지 이야기〉 등과 함께 세노오는 〈인조인간〉을 썼다. 다른 필자들이 반은 진지하고 반은 장난스럽게 썼던 것에 비해 세노오는 로봇이란 쓸모없는 존재라는 주장을 사뭇 진지하게 내세우고 있는 것 같다.

필자는 과거와 현재에 등장한 로봇을 '인조인간'이라 부르는 것은 올바르지 않다고 믿고 있다. 로봇이라는 것은 결국 '기계인형'의 영역을 벗어나지 못하기 때문이다. 다시 말해 근대과학을 정밀하게 응용한 그 기계인형은 겉모습이 인간과 닮았을 뿐만 아니라 매우 그로테스크한 모습을 지녔을 뿐이다.

기사는 모두 2쪽 분량이다. 그 후반에서 다음과 같이 말한다.

로봇은 생리적으로나 정신적으로 무능력하고 인조인간이라는 말로 표현할 수 있는 것이라고는 하나도 없다.

다음은 마지막 두 문장은 다음과 같다.

어린아이의 장난감과 다를 바 없는 기계인형은 결국 어른의 복잡한 장난감에 지나지 않는다.

로봇의 미래 따위를 생각한다는 것 자체가 일고의 가치도 없는 일이 아닐까?

세노오 글 다음 쪽으로 이어지는 미야자토(宮里)의 글에서는 '전차나 함선의 무선조종', 즉 '로봇 전쟁'이 등장하고 있는 것을 보면 세노오의 시각과 자세가 예전과 완전히 달라졌다는 사실을 알 수 있다. 그는 인조인간 쪽을 로봇보다 우위라고 생각하고 있었다. 로봇의 가치가 급격히 추락하자 인조인간이 부상하게 된 것일까? 적어도 세노오, 혹은 세노오로 대표되는 일부 지식인들은 그렇게 생각했을 것이다.

2

로봇 열기가 식으면서 소설계는 이것을 어떻게 받아들였을까? 작품 수로 말하자면 1932년은 전해에 워낙 많은 사례가 있었기에 상대적으로 줄어든 느낌이다. 그럼에도 두 편의 작품을 살펴보는 것은 의미가 있다. 류탄지 유(龍膽寺雄)의 〈소녀를 유괴한 인조인간 이야기〉와 번역 작품 〈로봇 소동〉이 그것이다.

[그림 164] 〈소녀를 유괴한 인조인간 이야기〉
이 작품은 로봇을 등장시킨 방법이 독특하다. 물을 뺀 연못 아래서 진흙투성이가 된 로봇이 솟아오른다. "아니, 움직이고 있다. 게다가 진흙투성이로."

류탄지의 작품은 〈현대〉 4월호에 소개되었다. 류탄지 유는 게이오대학 의학부를 중퇴하고, 1930년에 아사하라 로쿠로와 함께 신흥예술파구락부를 결성하고 모더니즘 문학을 추구했다. 이 무렵 그는 이미 《아파트의 여자들과 나》(개조사, 1930년), 《거리의 넌센스》(신조사, 1930년), 《화석의 거리》(신조사, 1931년) 등의 작품을 발표한 상태였다.

과연 류탄지는 모더니즘의 대상으로 로봇을 제대로 활용한 것일까? 〈소녀를 유괴한 인조인간 이야기〉(차례선 〈로봇의 유괴〉)를 보면 무선조종 로봇, 그것도 상당히 진보한 로봇을 묘사하고 있다. 이는 그야말로 모더니즘 계열이고, 내용적으로는 과학소설이라는 생각이 든다. 로봇을 소재로 삼은 류탄지의 작품은 이것만이 아니다. 앞서 언급했던 1930년 〈망가 만〉 11월호에 게재된 구와바라 라이세이의 〈100년 후의 일기〉에는 "창작이란 점에서 보면 단연코 류탄지 메스시 씨의 《〈텔레복스〉와 사랑앵무》의 풍자적 콩트가 뛰어나지요."라는 장난스런 문장이 들어 있다(류탄지의 이름의 수컷 웅雄을 암컷 자雌로 바꿔 부르고 있음 - 옮긴이). 그 글의 삽화를 그린 사람은 요시무라 지로(吉邨二郎)였다.

〈로봇 소동〉은 〈신청년〉 10월호에 게재되었다. 이 번역 소설의 원작은 스웨덴의 휴고 팔베르크이며 옮긴이가 누구였는지는 알 수 없다. 5쪽 분량의

[그림 165] 〈로봇 소동〉 삽화를 그린 사람이 누구인지는 알 수 없다. 로봇이란 "태엽과 스프링, 톱니바퀴와 나사가 복잡하게 엮인 기계로서…."

단편으로 여기 등장하는 로봇이 흥미로운데 〈유니버설〉이라는 이름의 가정용 로봇이다. 이 로봇은 때로는 안락의자가 되고, 때로는 침대가 되고, 혹은 전기청소기, 사이드카, 뮤직박스, 유모차 등으로 변신한다. 이렇게 편리한 기계지만 한 달에 2번 정해진 기름 주입을 게을리하면 큰일이 벌어진다.

"큰 소리를 내면서 두세 번 공중돌기를 하고 지네처럼 다리가 많은 괴물"로 변신해서 옆 마을로 뛰쳐나간다. 그리고는 그 마을에서 가솔린 통을 찾아내 맛있게 들이키고 딸꾹질을 한 뒤 다시 전기청소기가 된다. 읽으면서 미국 만화영화를 보는 것 같은 느낌이 든다. 로봇이 여러 가지 기계로 변신한다는 설정은 일본에서 처음이었다. 일본에서는 원작자의 이름조차 낯설었는데 당시 해외에서는 이런 작품들이 여럿 소개되었을 것이다.

1932년은 존 W. 캠벨 주니어(John W. Campbell Jr., 1910~1971)의 《최종진화(The Last Evolution)》가 발표된 해이기도 하다. 당시 일본 문화는 로봇을 테마로 한 해외 SF걸작과는 거의 인연이 없는 상태였다. 소개된 대부분의 작품은 넓은 의미에서 실물 로봇에 관한 정보나 관련 영화 정도였을 뿐이다.

그런 이유로 몇 가지 경우를 제외하고는 일본에서 제작된 로봇 이미지들은 대개 괴상해 보인다. 이 낯선 측면들이 오히려 영향을 끼쳐 로봇 이미지를 자유롭게 움직일 수 없게 했다. 그런 상황에서 로봇을 소재로 한 해외 걸작을 찾아내 일본어로 번역 소개한 〈신청년〉 편집부의 착안은 매우 특별한 것이었다. 당시 일본인들이 이 잡지의 발매일을 애타게 기다렸다는 이야기도 이해할 만하다. 이 잡지는 이듬해에도 유사한 로봇물을 번역 소개했다.

그 외에는 나중에 《세상의 역사(巷の歷史)》(영정서점, 1951년)을 쓴 가게야마 지유(影山稔雄)가 〈악마 기계인형〉을 〈과학완구(科學玩具)〉 3월호에 게재했다.

그렇다면 만화계는 어떠했을까? 만화계는 로봇을 활기차게 움직이도록 만들었다. 1932년 4월에는 대일본웅변회강담사에서 몇몇 만화가의 옛 작품들을 모아 《인생 만화첩》을 출판했다. 여기에 포함된 시무라 가즈오(志村和夫)의 〈여러 종류의 팬〉과 〈1950년의 비극〉, 그리고 호소키바라 세이키(細木原靑起)의 〈자 결국은?〉 등에서 로봇이 등장한다.

호소키바라 세이키의 만화 작품은 〈웅변〉 1929년 9월호에 게재된 것으로 이 작품이 제작된 시기와 그 내용을 고려해보았을 때 무라야마 도모요시의 《인간정복》(〈신조〉 1929년 8월호)의 일부를 만화화한 것으로 보인다. 〈과학화보〉 10월호에도 1쪽 분량에 12칸을 사용한 만화 〈로봇을 사지 않겠습니까?〉가 발표되었다. 본문에는 그린 사람이 미즈타 코헤이(水田恒平)라고 되어 있지만 차례에는 다카이 데이지의 작품이라고 되어 있다. 분위기는 매우 도시적이다.

어느 잡지의 편집부나 새로

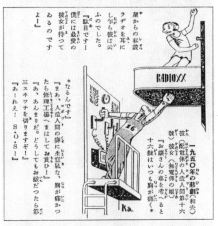

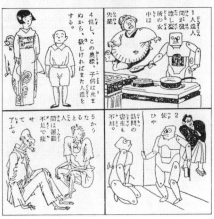

[그림 166] 《인생 만화첩》
시무라 가즈오의 〈여러 종류의 팬〉(위쪽 그림), 〈1950년의 비극〉 (가운데 그림), 호소키바라의 〈자 결국은?〉의 6칸 중 4칸(아래 그림)

운 잡지를 창간하게 되면 새로운 기획에 온힘을 다 기
울이기 마련이다. 1932년 7월 신조사에서 〈일출〉(8월호)
이 창간되었다. 이 새로운 잡지는 〈문학시대〉가 발전한
것이다. 〈문학시대〉 2월호도 〈첨단 엔사이클로페디아〉
라는 글에서 로봇을 다루었다.

〈일출〉 창간호에는 오코우치 마사토시(大河內正敏)가
그린 〈인조고기와 인조인간〉이 실렸다. 오코우치는 자
작의 작위를 받은 귀족이자 도쿄제국대학교 교수였고,
이과학연구소의 소장이기도 했다. 내용은 대부분 인조
고기에 할애되었고 인조인간에 관한 것은 매우 적다. 그
는 "우리도 인조인간을 만들고 싶다. 취미로 그렇게 하자는 것이 아니다. 인
간처럼 실질적인 능률을 올리기" 위해 만들고 싶다고 피력했다. 여기 게재된
'로봇 선장' 사진은 해설이 없다.

〈일출〉 2호(9월호)에도 〈살아 있는 로봇〉이라는 글이 실렸다. 이 작품은
〈쇼와 시대의 새로운 풍경〉이라는 글에 포함된 한 편으로, 당시 시사신보
사 기자였던 도와다 미사오(十和田操, 1900~1978)가 썼다. 그는 나중에 전문
작가가 되었다. 여기서 '살아 있는 로봇'은 백화점에서 일하는 마네킹 걸을
뜻한다. 나가이 가후(永井荷風, 본명 소키치, 1879~1959)는 작품 《묵동기담(濹東
綺譚)》(암파서점, 1937년)에서 "백화점에서도 점원 외에도 많은 여자들을 고용
해서 수영복을 입혀 대중들의 눈앞에서 피부를 노출시킨 것도 분명 올해
부터 시작된 일이다."라고 썼다. 바야흐로 수영복을 입은 여성들과 그녀들
을 둘러싼 구경꾼을 도와다는 새로운 풍경이라고 받아들였던 것이다.

조금 성급한 감이 있기는 하지만 창간 잡지들과 로봇 사이의 관계에 관
해 말하자면, 창간 4호까지 로봇이나 인조인간을 주제로 다루었던 대부분

[그림 168] 〈로봇을 사지 않겠습니까?〉

의 잡지들이 휴간 혹은 폐간을 맞았다. 〈아사히〉와 〈일출(日の出)〉이 그 대표적인 사례에 해당한다. 영화 〈메트로폴리스〉에 관한 글이나 〈전파소녀〉도 로봇과 관련된 것으로 본다면 창간 3호에서 이 주제를 다룬 〈평범〉(평범사)도 그랬고 〈무선전화〉도 그랬다. 인체를 공장으로 모사해 만든 도판도 넓은 의미에서 인조인간과 관련된 것이라고 본다면, 1935년 5월에 창간되어 7월 3호에서 그것을 게재한 〈과학소년〉(과학소년사)도 이에 해당한다. 물론 이러한 사실이 로봇에게 책임이 있다는 것은 아니다.

그런데 로봇을 1932년의 잡지들과 연관시켜 보았을 때 빠뜨릴 수 없는 것이 〈유년구락부〉 4월호의 부록인 〈인조인간〉이다. 여기 그려진 로봇은 '마분지'를 인체 크기로 만들어 색을 칠했고, 그것을 사람이 직접 '착용한 것'을 사진으로 찍었다. 단독주택 정원에서 이루어진 촬영인지 나무와 대나무 울타리가 배경으로 함께 찍혔다.

부록 속의 이 〈인조인간〉은 어떤 것이었을까? 종이 로봇은 목을 움직이며 "이쪽을 보면서 '안녕하세요.' 저쪽을 보면서 '앗, 실례합니다.'"라고 말했다. 게다가 "눈도 움직이고 손도 움직일 수 있었다." 전반적으로 볼 때 훈장까지 달고 있는 군인의 형상이었다. 이 잡지의 4월호가 발매된 3월에는 만주국이 들어서고 한동안 경제상황도 좋아진 듯 보였다. 로봇의 복장은 아마도 그러한 사회 상황을 표현한 것일지 모른다.

신어사전들은 이제 거의 예외 없이 로봇을 항목으로 포함시켰다. 1932년 3월에 간행된 《현대어대사전》은 로봇 항목에 사진을 첨부하여 유례를 찾아볼 수 없을 만큼 압도적이었다. 이 사전은 도쿄제국대학 교수인 후지무라 츠쿠루(藤村作, 1875~1953)와 도쿄외국어대학교 교수인 치바 츠토무(千葉勉, 1883~1959)가 함께 편집했는데 어찌된 일인지 출판사가 일신사와 백성사 두 군데로 되어 있었다.

로봇 창세기

[그림 169] 부록 그림엽서
여기에 쓰여진 "살아 있는 사람과 똑같이 무엇이든 하는 인조인간"이라는 문장은 그림엽서의 로봇 설명임과
동시에 4월호의 부록에 어린이들의 기대를 부풀린다는 두 개의 역할이 있었다. 이 로봇 디자인의 토대는 〈에
릭〉과 〈윌리 보카라이트〉였다.

[그림 170] 부록인 〈인조인간〉을 예고하는 홍보 그림

형제지 〈소년구락부〉 4월호에 게재된 것. 〈인조인간〉이 부록1이라고 한다면 부록2는 〈출세 캘린더〉, 부록3은 〈우등 안내표〉였다. 〈출세 캘린더〉에는 노기 마레스케(乃木希典)의 가르침이 적혀 있는데 이것과 함께 〈인조인간〉도 만주국 성립의 그림자가 느껴진다. 아이들 세계는 어른 세계의 거울이다. 〈우등 안내표〉는 시간표가 달려 있어서 "꼭 갖고 싶어질 것입니다."라고 쓰여 있다.

로봇(robot, 영어) : 인조인간. 전기 작용으로 손과 발 및 신체 각 부분이 규칙적으로 활동하며 일정한 발성도 하는 인공적인 인간. 원래 체코슬로바키아의 소설가 차페 크의 희곡 《인조인간 사회》에 등장한 인조인간의 이름.

영국의 리처즈 대위가 처음 인조인간을 만들어 〈에릭〉 로봇(Eric Robot)이라고 부 른 것을 가리켜 일반적으로 인조인간이라 부르게 되었고, 자동인형이나 인간처럼 움직이는 기계의 대명사가 되었다. 또 실제로 아무런 역할도 해내지 못하는 장식형 인간을 그렇게 부른다. "로봇 수상." 그림 해설 22쪽 참조.

제작된 순서로 보면 〈에릭〉보다 〈텔레복스〉가 먼저인데, 이 〈텔레복스〉를 로봇으로 보았다는 사실은 이미 앞에서 살펴보았다. 그렇다고는 해도 '규칙 적'이라든지 '인간처럼 움직이는 기계'가 문장에 수록된 것만으로도 칭찬받 을 만하다. 물론 〈텔레복스〉 항목도 있지만 그저 간단히 '인조인간'이라고 설명해놓았다. 오늘날에도 볼 수 있는데 정확히 'telebox'라는 활자로 적혀 있다. 또한 '인조인간' 항목도 있다. 하 지만 이것은 '로봇' 항목에서 설명된 것 이라고 해놓았다.

이 사전의 가장 큰 장점은 마지막에 사진의 차례가 달려 있는 점이다. 여기 에 로봇 사진도 1쪽 분량을 할당받았 다. 〈텔레복스〉, 〈에릭〉, 로봇 〈마리아〉, 개 로봇, 판나끼의 〈H2G〉 사진도 실려 있다. 〈텔레복스〉에 달린 '알베'라는 이 름과 개 로봇을 여기서 처음 알게 되었 을 것이다. 사전은 아니지만 가네야마

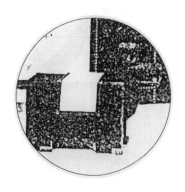

[그림 171] 개 로봇
제작자는 알 수 없다. 《현대어……》에도 '개 로 봇'이라고 적혀 있을 뿐이다. 사진 페이지에 있 는 다른 로봇이 모두 외국 것이라는 점을 생각 해보면 이 개 로봇도 그랬을 것이라는 생각이 든다. 〈H2G〉 등은 그 형태로 보아 "독일산으로 웨이터의 역할을 하는 것"이라고 적혀 있다.

슈이치(金山秀一)의 《최신 어린이 과학 독본》(문화서방)도 로봇을 다루고 있다. 그러나 분명 이 책은 앞서 언급했던 《최신 과학 이야기》(도쿄아사히신문사, 1930년)의 내용을 모방한 것이었다.

3

1932년 로봇 문화를 대표한 것은 광고였다. 로봇 이미지를 사용한 광고가 8개월만에야 다시 등장했다. 도시에서는 이미 로봇이라는 말이 정착되었다. 그럼에도 여전히 로봇은 시선을 끄는 존재였으며 아이들에게도 인기가 있었으므로 광고에 이용할 만했다. '금지가 풀린(解禁)' 이후의 광고를 살펴보자.

월간지 〈라디오 일본〉 광고가 먼저 눈에 들어온다. 이 잡지에는 운노 주자뿐만 아니라 그가 일하는 체신성 전기시험소의 동료들도 단골 필자였다. 여기에 등장하는 로봇의 이미지는 지난 1929년 9월에 나온 '야이 B 전지' 광고의 로봇이다. 거의 똑같은 형태의 실루엣으로 묘사되었다. 왼손에 들어 올린 것은 이번엔 '5구(五球) 라디오'이다. 도쿄 오모리(大森)에 있는 고스가전기제작소(小須賀電機製作所)의 광고인데, 야이와 어떤 관계가 있어 5구 라디오 광고에 등장했는지는 모르겠다.

다음은 스즈키상점(鈴木商店)의 '아지노모토(味の素)' 광고이다. 1932년 4월 17일 〈도쿄일일신문〉과 〈요미우리신문〉, 그리고 이틀 뒤인 4월 19일 〈도쿄아사히신문〉의 지면을 장식한 아지노모토 광고는 글과 그림에 모두 로봇 이미지가 들어 있다.

"인간에게 영혼이 없다면 로봇과 같다. 음식 맛에 아지노모토 없다면 결

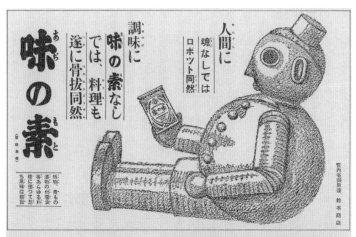

[그림 172] 고스가전기제작소(아래 오른쪽 그림), 스즈키 상점(위쪽 그림), 그리고 히라오산페이상점(가운데 왼쪽 그림), 고토부키야(아래 왼쪽 그림)의 광고

3년 전에 쓴 의장(意匠)이 다시 살아난 것처럼 생각되는 고스가전기제작소의 광고 그림. 어떤 경로로 이렇게 된 것인지 궁금하다. 〈아지노모토〉의 광고도 이상하다. 영혼 없는 로봇이 요리의 영혼이라는 아지노모토의 깡통을 들고 있다. 로봇의 형태는 지금껏 어디에서도 본 적이 없다. 레이트 메리의 로봇은 세일러복을 로봇과 하나로 만들려고 했는지 상의에 나사가 그려져 있다. 스모카 광고의 로봇은 표정이 제법 인간적이다. 그것이 파이프를 물고 있다고 해도 조금도 어색하지 않다.

| 제4부 | 인간에게 생명이 있는 한 1932~1938

339

국 요리에 뼈와 살이 없는 것과 같다."

로봇의 몸체는 원형으로 그려졌는데 이제까지 볼 수 없었던 형태이다.

히라오산페이상점(平尾贊平商店)의 '레이트 메리' 광고는 5월 15일(!) 〈도쿄
일일신문〉에 게재되었다. 레이트 메리는 "크림이자 화장 분, 화장 분이자 크
림"인 화장품이다. 로봇은 세일러복을 입은 여학생 모습을 하고 있다. 그러
나 화장품과 로봇의 조합을 이해하기란 쉽지 않다.

고토부키야(壽屋)의 '치약 스모카' 광고에도 로봇이 등장했다. 이것은 스모
카 광고를 혼자서 이끌던 가타오카 도시로(片岡敏郎, 1882~1945)의 작품으로
로봇 그림은 스모카 광고의 삽화를 계속 그렸던 화가 이노우에 보쿠다(井上
木它)가 그렸다. 이것은 5월 27일 〈도쿄일일신문〉에 게재되었다.

요컨대 사이보그란 인간과 기계 또는 인간과 로봇이 결합된 존재이다. 7
월 28일 〈요미우리신문〉에 포함된 전면 광고 사진은 사진의 역사에서 유명
한 오토 움베어(Otto Umbehr, 1902~1980)의 합성사진이었다. 그의 이 합성 이
미지는 확실히 사이보그를 연상시키는데 당시에는 이것을 일종의 로봇으로
여긴 사람이 아무도 없었다. 오늘날로 보자면 사이보그도 일종의 로봇이다.
사진에는 "현대인의 두뇌 노동을 풍자적으로 표현한 것"이라고 쓰여 있다.

기무라제약소가 만들고 다마키합명회사가 판매했던 '살충제 어스'의 광
고에도 글과 그림에 로봇이 등장한다. "로봇도 놀라는 어스의 효과"가 광고
카피이다. 이것은 8월 16일 〈도쿄아사히신문〉에 게재되었다.

비록 로봇 그림은 없어도 로봇이라는 단어만 들어간 광고도 있었다. 예
를 들어 10월 12일 〈도쿄아사히신문〉의 '뇌비액(腦鼻液)' 광고로 이 약도 어스
와 같은 기무라합명회사가 판매했다. 돌이켜보면 움베어의 사진이 들어간
광고와 뇌비액의 광고가 함께했다는 점에서, 1932년 후반의 로봇 광고들은

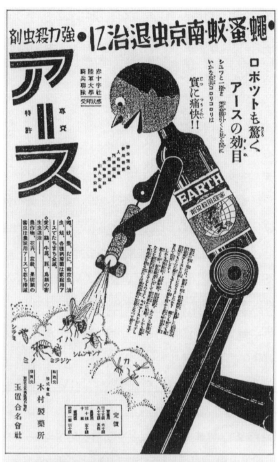

[그림 173] 위에서부터 살충제 어스의 광고, 움베어가 제작한 합성사진을 사용한 광고 살충제 어스 광고에 "로봇도 놀라는"이라는 문구는 정말 이상하다. 합성사진 속 인물은 한쪽 눈이 카메라로 돼 있고, 목에는 손목시계, 가슴에는 타이프라이터, 팔에는 펜 등이 들려 있다. ……

한 기업의 열렬한 노력으로 이어진 것이라고 할 수 있다.

<h1 style="text-align:center">4</h1>

아이자와 지로(相津次郎)는 로봇에 대해 사회적 열기가 차갑게 식어버렸을 때에도 포기하지 않고 열정적으로 로봇을 제작했다.

23세에 발성장치 〈전기방음기(電氣放音器)〉의 특허를 낸 아이자와는 평생 창작과 연구의 길을 걸었던 인물이다. 로봇과의 첫 만남은 그가 초등학교 5학년 때 이루어졌다. 신문을 통해 런던에서 공개된 〈머신 박스〉의 사진을 본 것이었다. 그 기계에 크게 놀란 아이자와는 곧장 두꺼운 종이로 그것을 모방해냈다고 한다. 당시의 충격은 그의 인생을 결정짓는다. 〈전기방음기〉 자체도 음성저장 기능을 이용한 자동 음성 발생 장치였으며, 로봇이라고 할만했다.

그는 1931년 5월에도 어린이를 대상으로 한 실용서 《세계의 우수한 인조인간과 전기 신호기의 설계 및 제작법》(문교과학협회)을 발표했다. 그 책은 주로 홍보를 위한 광고용 로봇, 즉 활동인형의 로봇 버전에 관한 것이었다. 아이자와의 생각에는 광고란 사람들의 머리에 새겨져야 성공적인데, 로봇

[그림 174] 《세계의 우수한 인조인간과 전기신호기의 설계 및 제작법》
오른쪽 그림부터 〈전단지 배포용 인조인간〉, 〈전광판 뉴스 겸용 인조인간〉, 그리고 〈서점용 인조인간〉이다.

로봇 창세기

은 충분히 대중적으로 인기가 있으므로 광고에 로봇을 이용한다면 그 효과는 절대적일 것으로 생각했다.

하지만 이 책이 단순히 홍보용 로봇을 제작하는 것에 그치지 않은 까닭은 로봇에 거는 그의 기대가 이곳저곳에서 얼굴을 내밀기 때문이었다. 서론 부분에서는 당시에 제작되어 미디어에 소개된 로봇들이 나열되었다. 아이자와도 또 한 명의 로봇 연구자였던 것이다.

심지어 그는 만주사변이 일어나자 로봇 부대를 만들어보자고 말하기도 했으며, '인조인간 군악대'를 연구하고 있다는 사실을 포함해 훗날 그가 발표할 로봇들에 대해서도 메모를 해놓을 정도였다. 여기에는 로봇 그림들도 많이 포함되었는데, 이것들 모두 다 아이자와 자신이 그린 그림이었다.

해가 바뀌면서 국민과학보급회는 〈소년소녀 사이언스〉(1932년 1월호)를 창간하는데 아이자와는 여기에 〈놀라운 인조인간의 발달〉이라는 글을 게재했다. 그렇지만 그 내용은 1931년의 그 단행본 제2장을 다시 정리해 놓은 것일 뿐이었다.

다른 한편 모형 제작계의 시기는 1925년 이후 제법 활기를 띠고 있었다. 그중 1932년 5월 삼성사에서 발행하고 문화서방에서 판매한 《그림해설. 누구나 할 수 있는 최신 과학완구 및 모형 제작법》(아라카와 분고荒川文吾, 아키마 다모츠秋間保 공저)을 떠올릴 수 있다. 이 책에는 〈인조인간 제작법〉이라는 글이 포함되었는데, 조금 다르기는 하지만 자세히 살펴보면 제작방법이나 도판이 모두 아이자와의 1931년 책에 있는 〈초대하거나 싫증 내는 인조인간〉을 베낀 것이다. 아이자와는 이 행위에 어떻게 반응을 했을까?

여러모로 생각해 볼 때, 어쩌면 그가 로봇에 관심을 갖는 사람들이 늘어나는 것이 좋은 일이라 생각하며 묵인하지 않았을까? 로봇 모형에 관한 한 아이자와는 다른 사람들을 '제압'해버린 느낌이다.

[그림 175] 〈움직이는 상점 광고〉 인형은 꾸불꾸불한 궤도 위를 스스로 회전한다.

[그림 176] 〈발성 로봇〉

홍보용 광고가 활발히 늘어나면서 기존의 것들도 그대로 있지만은 않았다. 활동인형도 하나의 사례인데 백화점은 더욱 복잡하게 움직일 수 있는 하는 활동인형을 전시해서 손님들의 발걸음을 멈추게 만들었다. 그것을 〈과학화보〉 8월호가 증명하고 있다. 이 잡지는 〈움직이는 상점 광고〉라는 제목으로 인형 이외에도 '움직이는 전기신호기' 즉 전광판 광고를 소개하고 있다. 역시나 '움직이는' 것에는 사람들의 눈이 머물기 마련이다. 그런 의미에서 아이자와의 '인조인간'이나 '전기신호기'에 대한 발상은 시대와 맞아떨어졌다.

또한 〈도쿄아사히신문〉(5월 12일)은 "이제까지는 광고도 공중파 광고가 최첨단이었는데 이번에는 발성 로봇이 등장하여 최첨단의 자리가 바뀌었고 이것을 독일에서 수입하여 사용하려 합니다."라는 가정생활 기사를 전했다. 이 글의 제목은 〈발성 로봇은 보시는 것처럼 손님의 질문에 대답하는 괴물〉인데 당시 로봇 〈레마르크〉는 어디로 사라졌는지 궁금하다.

1932년 과학 잡지들에는 로봇이 '자동적'이라는 의미로 살아 있었다. 〈과학화보〉 2월호의 〈로봇 교통정리기〉는 자동교통신호를, 〈과학지식〉 3월호의 〈로봇 승마 놀이〉는 유원지에서 흔히 볼 수 있는 말 형상의 놀이기구를, 그리고 〈과학화보〉 7월호의 〈파리 천문대의 로봇 발성 시계〉는 토키와 광전관을 이용한 자동발성 시보장치를 가리켰다.

그렇다면 본래의 로봇은 어떻게 되었을까? 로봇은 박람회에서 빠질 수 없는 존재가 되었다. 1932년 3월부터 도쿄 우에노에서 개최된 〈제4회 발명박람회〉(3월 20일~5월 10일)는 스타일을 바꿔 이전과 달리 생동감이 넘쳤다. 이것은 전시품들의 '동작' 덕분이었다. 과거와 같이 정지된 전시가 아니라 움직이는 전시품이 관객의 마음을 움직였다.

[그림 177] 〈로봇 승마 놀이〉

예를 들어 텔레비전 화면은 와세다대학 야구부의 투수 다테 마사오(伊達正男)의 투구 모습을 중계한다. 로봇 소년은 전단지를 나눠 준다. 사자는 울부짖으며 움직인다. 운노 주자는 사노 쇼이치란 이름으로 나와 〈라디오 일본〉 4월호에 자세한 〈정찰 보고서〉를 썼다. 이 글에는 로봇만을 헤아려보아도 전단지를 나눠주는 〈로봇 소년〉, JOAK동물원이 전시한 전파로 움직이는 동물들, 도쿄전기가 출품한 "음메~"하고 우는 〈우는 소〉 등이 있었다.

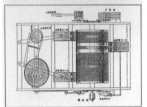

[그림 178] 〈로봇 발성시계〉
본체와 위에서 본 그림

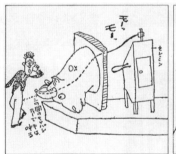

[그림 179] 〈우는 소〉와 〈로봇 소년〉
그림은 운노의 것이다.

그 밖에 해외에서 쏟아지는 로봇 소식들도 여전했다.

영화 카메라 렌즈의 높이를 남성의 눈높이 정도로 맞추고, 삼각대에는 바퀴를 달아 여성이 남성과 춤을 춘다. 그러면 카메라는 여성과 그 배경을 춤과 함께 필름에 담아둘 수 있다. 여기에 장난으로 카메라에 모자를 씌우고 삼각대에 바지를 입힌다면 그리고 이 상황을 사진으로 찍으면 과연 어떤 모습일까?

이 사진을 두고 〈일출〉 8월호에서는 〈로봇 댄서〉라고 하거나, 7월 3일 〈요미우리신문〉에서 〈로봇시대의 댄스 선생〉이라고 한 것도 무리는 아니다. 그러나 매체들의 로봇에 관한 보도는 조금 더 정확하지 않으면 안 된다. 사실 이 상황에서는 로봇이 아니라 카메라였으므로 〈여배우와 춤추는 로봇 카메라〉(〈과학지식〉 9월호)라고 하는 것이 옳았다.

1932년에는 해외의 로봇다운 로봇 세 가지가 소개되었다.

하나는 〈과학화보〉 6월호에서 사진으로 소개

[그림 180] 로봇 카메라(위쪽 그림)와 전화 받는 로봇(가운데와 아래쪽 그림)
'춤추는 여배우의 기분을 필름에 담고자'한 것이 로봇 카메라의 노림수이다. 전화를 받는 로봇은 위 사진에서는 왼손으로 수화기를 들고 있다. 이것이 단지 촬영을 위한 서비스인 것인지, 이러한 기능이 있었는지는 알 수 없다. 아래 그림은 드문 경우이지만 그 내부를 보여 주고 있다.

로봇 창세기

된 전화 받는 로봇이다. 이름은 소개되지 않았는데 완성도만으로 보면 어떤 로봇 마니아가 제작한 것으로 보인다. 미국이나 유럽에서는 일반인들의 수준에서 로봇 제작이 시도되었다는 것을 알 수 있다.

다른 하나는 로봇 〈알파(Alpha)〉이다. 이것은 아마도 제2차 세계대전 이전에 제작된 〈에릭〉 계보를 잇는 마지막 로봇이라 할 수 있다. 의자에 앉아 있는 몸 전체는 크롬 금속 갑옷으로 제작되었고 귀에는 마이크가 달렸으며, 눈에는 광전관이 장치되어 있다. 사실 확인은 안 되지만 무게가 무려 2톤이나 나가는 거구였다고 한다.

〈알파〉는 미국에서 개최된 〈라디오 박람회〉에서 전시되었다. 해외에서도 그 당시에는 로봇만으로 관객을 모으는 일이 가능했던 것 같다. 로봇은 뭔가 새로운 분위기를 만들고자 할 때에 종종 등장했는데 이런 일은 매체들에서도 마찬가지였다. 1932년 10월 12일 〈요미우리신문〉은 제2만호를 달성했는데 바로 2만1호에 〈알파〉가 게재되었다. 〈어지간한 인간보다 똑똑한 로봇!〉이라는 제목이 붙었다. 덧붙여 말하면 이 신문은 1934년이 저물어갈 무렵 〈말하는 '기계인간' 전쟁용 로봇〉이라는 제목으로 다시 한 번 더 알파를 소개한다.

〈알파〉는 머리 부분을 간단히 교체할 수 있고, 아예 다른 로봇으로도 변형시킬 수 있었다. 그 결과 하나의 로봇으로 몇 가지 로봇을 만들 수 있게 된 것이다. 그래서 〈알파〉는 머리 부분이 바뀌면서 혼란을 낳곤 했다. 〈과학지식〉 11월호는 본문에서는 전혀 다루지 않은 〈알파〉를 표지에서 다루었다. 이 표지의 디자인을 담당한 인물은 화가이기도 한 스기우라 히스이(杉浦非水, 1896~1965)였다. 〈과학화보〉와 〈어린이의 과학〉은 각각 11월호에서 〈알파〉를 기사화하거나 이미지를 실었다. 이상하게도 〈과학화보〉는 이듬해 1933년 4월호에 〈새로운 로봇 '알파군'〉을 다시 사진으로 소개했는데, 그 자리에서 이 로봇의 제작자가 영국인 해리 메이(Harry May)라는 사실을 밝힌다.

로봇도 시대의 흐름과 함께 변한다. 그런 〈알파〉는 1934년이 되면 어떻게 보도될까

다가올 위기를 앞두고 문자 그대로 불사신 '기계인간'이 만들어진다면 그리고 인간의 말을 이해하고 인간을 대신하게 된다면 가까운 미래에는 인간 불필요론이 등장할지도 모르겠다. (중략) 한 발의 총탄에도 쓰러지고 마는 인간을 대신해서 전쟁터에서 활약하는 불사신 '기계인간'이 나타난다면 이를 뛰어넘는 강력한 존재는 없을 것이다. 이러한 이유로 미래의 로봇을 개량하는 일만이 아니라 더 나아가 인간 이상의 기능을 할 수 있도록 인간의 언어를 이해하는 '괴물 기계인간'을 발명하기 위해 세계 여러 나라에서 고심해 온 것이다. (중략) 가까운 미래에는 이 '기계인간'이 연병장에서 훈련하는 모습도 볼 수 있을 것이다. 또한 전쟁터에서는 명예로운 '기계인간 3총사' 따위가 나타날지도 모른다.

[그림 181] 〈알파〉
〈과학지식〉의 표지(오른쪽 그림). 신문을 읽는 포즈가 마음에 들었는지 〈요미우리〉 2만1호(위쪽 그림)에 표지 사진과 함께 다른 각도에서 촬영한 이미지도 실었다(가운데 그림). 1935년 〈과학화보〉에 실린 사진(아래쪽 그림)에서는 머리 부분만 교체되었다.

로봇 창세기

科學知識

第十二卷 第一號

十一月號

財團法人 科學知識普及會

[그림 182] 〈철제 코끼리군〉
5마력의 모터로 걸었다고 하는데 이
코끼리는 뒷다리가 없는 듯하다.

이제 전쟁과 엮이지 않으면 로봇은 3단 이상
으로 짜여진 기사로 채택되지 않았다.

마지막으로 세 번째 로봇다운 로봇은 코끼
리 로봇이었다.

〈과학지식〉 12월호의 〈철제 코끼리군〉, 10
월 30일 〈요미우리신문〉의 〈로봇 코끼리군〉,
11월 13일 〈도쿄아사히신문〉의 〈로봇 코끼리〉
에서 소개한 코끼리 로봇은 (비록 〈요미우리신문〉은
미국에서 제작된 것이라고 보도했지만) 프랑스에서 제
작된 것으로 보행이 가능했다고 한다. 바퀴를
사용하지 않고 걸을 수 있다는 것이 사실이었
다면 당시로서는 최초라 할 '쾌거'였다. 그러나 그러든 말든 무슨 상관이지
하는 정도로까지 로봇 유행은 시들해져 있었다.

로봇의 유행이 일단락되는 이 시점에서 잠시 1920년대 후반 상황에 나타
났던 어떤 수수께끼 하나를 살펴보고자 한다. 미츠이 야스타로(三井安太郎,
1901~1963)가 제작한 로봇이 그것이다.

이 로봇과 관련된 자료는 완전히 사라졌고 다만 사진 한 장만이 남아 있
을 뿐이다. 그중에서도 '수수께끼'인 것은 바로 이 로봇의 제작연도이다. 미
츠이가 일반인이었다는 사실을 생각해보면 그의 거대한 강철 로봇은 〈텔레
복스〉와 〈에릭〉이 등장한 이후에 제작된 것이며, 가슴에 붙은 장치들로 미
루어볼 때 양방향 통신이 가능했을 것이므로 1930년 가을 이후에 제작된
것처럼 판단된다. 여러 가지 사항들을 종합해보자면 미츠이는 1931년 로봇
의 유행이 한창일 때 열심히 자신의 로봇을 만들고 있었고 시행착오 끝에
이듬해 1932년 완성한 것은 아니었을까?

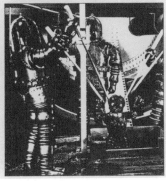

[그림 183] 미츠이 야스타로의 로봇(위쪽 그림)과 영화 〈용궁성〉의 한 장면(아래 오른쪽 그림), 〈스쿱스〉(아래 왼쪽 그림)

미츠이의 로봇 사진이 일본에서 첫 공개된 것은 잡지 《BRUTUS》 (1989년 6월 1일)이다. 〈용궁성〉에 대해서는 275쪽을 참조할 것. 〈스쿱스〉는 과학소설 전문 잡지이다.

또 다른 이유는 미츠이의 로봇이 〈로봇의 유괴〉에 등장하는 로봇 그림과 매우 유사할 뿐만 아니라 같은 해에 개봉된 영화 〈용궁성〉에 등장하는 압력유지복장에서 모티브를 얻었을 것으로 생각되기 때문이다. 1934년 영국의 잡지 〈스쿱스(Scoops)〉(2월 10일)의 표지에도 보일러와 같은 몸체를 가진 이와 매우 비슷한 로봇이 묘사되어 있다. 물론 시간상 앞뒤가 뒤섞인 측면이 있기는 하지만, 그렇다면 세계가 함께 공유한 설계라는 시대 의지를 생각해볼 때 미츠이의 로봇은 1934년에 제작되었을지도 모른다. 하지만 어느 쪽이든 새로운 자료의 발굴을 기다려야 할 것 같다.

로봇 비행기의 정체는 이것입니다

1

1933년이 되자 로봇은 또 다시 화두로 떠올랐고 신문이나 잡지를 장식했다. 유행이 수그러들면서 아야츠리 인형이나 꼭두각시 같은, 제2의 의미가 전면에 부각되었는데, 보기에 따라 이것은 로봇의 원래 의미가 부활했다고 할 수도 있었다. 그러나 이것은 인간의 모습을 취한 금속 로봇을 로봇으로 본 것이 아니라, 서양에서 어떤 특정한 기계를 그렇게 불렀기 때문에 생겨난 오해였다. 로봇이라는 단어가 사회에 정착되기는 했지만, 로봇다운 로봇은 현실에서 더욱 멀어져버리고 말았다.

그 기계는 다름 아니라 1930년 항목에서 잠깐 소개된 바 있는 자이로 오토파일럿(자동조종장치)이다. 여기서 로봇은 '자동'이라는 뜻으로 사용되어 이미 앞서 히라노 레이지(平野零兒)의 작품 속에서 살펴본 것처럼 자동조종장치를 로봇이라고 불렀다. 1933년은 이렇게 로봇에게 부가된 의미가 원래 의미보다 앞서게 되었다.

비행기는 이 시대의 첨단과학기술의 총아였다. 더 빠르고 더 먼 비행을 위한 도전에 모든 사람들의 관심이 집중되던 시대였다. 제2, 제3의 린드버그를 꿈꾸는 수많은 도전자들이 신기록 수립의 투지를 불태웠다. 이러한 사회적 배경에서 자동조종장치가 주목받은 것은 당연한 일이었다.

비행기의 발달이 이루어지는 한편 바다 위를 항해하는 호화여객선 또한 수송기계의 꽃으로 떠올랐다. 선박에도 스페리의 선박안정장치가 사용되었다. 이탈리아에서 새롭게 건조된 호화여객선 콘테 디 사보이아(Conte di Savoia)호에도 직경 2.4m, 무게 20t 정도의 자이로 기계가 설치되었다. 1932년 가을부터 겨울 사이에 일본의 과학 잡지들도 이를 기사로 다루었다. 말하자면 이 시기는 바다와 하늘에서 스페리가 전성기를 누렸던 것이다.

비행 자동조종장치는 1930년 과학 잡지들에 소개된 이후로 매년 두세 번씩은 기사화되었다. 예를 들어 1931년의 〈어린이의 과학〉 4월호는 〈비행기 조종 로봇〉이라는 제목의 그림을 소개했고, 또 〈과학화보〉 1월호는 〈비행기를 조종하는 새 인간(鳥人) 로봇〉이라는 제목으로 이것을 설명했다.

이 무렵 관련 기사들이 폭발적으로 나타난 이유는 1932년 5월 2인승 비행기로 8일 15시간 51분 만에 세계일주 기록을 세웠던 윌리 포스트(Wiley Hardeman Post, 1898~1935)가 이번에는 단독 비행으로 세계일주에 도전한다고 발표했고, 실제로 1933년 6월에 프랭크 호크스(Frank Hawks, 1897~1938)가 LA

[그림 184] 자동조종장치
이것은 폭 33cm, 높이 24cm 정도의 마법의 상자로 이 안에는 "기묘하게도 귀엽게 빙글빙글 회전하고 있는 두 마리의 작은 쥐 같이 생긴 것들"이 있다. 자이로의 강력한 힘으로 일정한 자세를 유지할 수 있는 성질을 응용한 것이다.

로봇 창세기

에서 뉴욕까지 13시간 25분 만에 무착륙 대륙횡단 비행에 성공했기 때문이었다. 이 비행기들은 내부에 자동조종장치를 달았다는 점, 미국식으로 로봇이라고 불렸다는 점에서 사람들에게 큰 주목을 받았다.

당시 미국의 비행기 전문 잡지 〈어비에이션 앤드 아에로노티컬 엔지니어링(Aviation and Aeronautical Engineering)〉도 전 세계의 새로운 소식을 신속히 다루면서 자동조종장치를 〈로봇 파일럿〉, 〈로봇 어비에이터〉라고 썼다. 3월 25일 〈도쿄매일신문〉의 〈로봇에게 비행기조종〉, 5월 25일 〈요미우리신문〉의 〈로봇 조종〉, 7월 24일 〈도쿄매일신문〉의 〈로봇 파일럿〉 등 일본 신문들도 이런 말들을 나열함으로써 다시금 오해의 씨앗을 뿌려놓을 기미가 보였다.

〈어린이의 과학〉 3월호는 이것을 〈로봇으로 움직이는 최신 비행기〉라는 기사로 정리했다. 1931년이었다면 "로봇이 움직이는……"라고 썼겠지만 이제는 그런 유행이 지난 뒤의 변화가 느껴진다. 이 기사를 쓴 도쿄제국대학 조교수인 오가와 다이이치로(小川太一郎, 1899~1952)는 6월 11일 〈도쿄아사히신문〉의 '어린이 페이지' 란에 〈로봇비행기의 정체는 이것입니다〉라는 제목의 글을 올려 어린이들(혹은 어른들)의 오해를 풀고 있다.

여러분은 아마도 로봇이 조종석에 앉아 핸들을 잡고 있는 모습을 상상하겠죠.
그러나 백화점에서 손님을 끄는 로봇과는 달리 비행기를 조종하는 로봇은 굳이 인간의 모습으로 만들 필요가 없지요.
하지만 "이거 뭐야~상자 같은 거로구나"하고 우습게 보면 안 됩니다. 이것은 충분히 조종사 역할을 한답니다.

윌리 포스트는 현지 시각 7월 15일 오전 4시 10분 뉴욕을 이륙하여 베를린, 모스크바, 노보시비르스크, 이르쿠츠크, 블라고베셴스크, 하바로프스크, 페어뱅크스, 에드먼턴을 지나 현지 시각 22일 오후 10시 59분에 출발점으로 되돌아왔다. 7일하고도 18시간 49분이라는 비행 신기록을 세웠다. 그것은 도전자의 용기와 비행기의 우수성, 그리고 로봇의 '실력'을 입증한 사건이었다.

비행이 성공한 이후 대중매체들은 열광했다. 이때 로봇이라는 단어가 대중매체에 수없이 등장했다. 그럼에도 로봇을 '인조인간'이라고 부른 기사문은 없었다. 운노 주자는 사노 와사쿠라는 본명으로 〈과학의 일본〉(박문관) 10월호에 〈로봇 조종사의 정체〉를 썼다. 당시 도쿄제국대학 조교수로 항공연구소의 연구원이었던 기무라 히데마사(木村秀政, 1904~1986)는 〈과학지식〉 9월호에 〈비행기 로봇 조종〉이라는 글을 기고했다. 자동조종장치는 스페리의 것만이 아니라 독일 지멘스사에서도 제조했는데 이것을 일본 해군장교가 과학 잡지에 보고했다는 점이 화제가 되어 그 열기가 연말까지 이어졌다.

〈도쿄매일신문〉이 12월 중순에 보도한 바에 따르면 일본에서는 후지전기주식회사가 지멘스 방식의 장치 제작권을 얻어 1934년 항공계의 수요에 부응했다고 한다. 이제 점차 그 제목대로 〈로봇 쾌속시대〉로 접어들고 있었다. 잡지 〈어비에이션 앤드 아에로노티컬 엔지니어링〉이 지상 로봇보다도 공

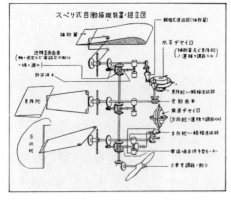

[그림 185] 자동조종장치의 조립도
이 도면을 그린 사람이 운노 주자일 가능성도 있다.
"이 두 개의 자이로는 서로 교차하여 그 작용을 계기판 바늘과 숫자로 나타내도록 되어 있습니다."

로봇 창세기

중 로봇이 더 빨리 실용화될 것이라 언급했는데 실제로 그대로 되었다. 전 세계에서 가장 먼저 세계일주 비행에 성공한 윌리 포스트는 그 뒤로 성층권 비행을 시도하는 등 비행의 역사에서 도전을 이어갔지만 2년 뒤 1935년 8월 비행 중에 추락하여 사망했다. 일본의 대중매체들은 이례적이라고 할 만큼 수많은 추모기사를 게재했다.

2

자동조종장치 덕분에 로봇이라는 단어에 다시 불이 붙은 이 해의 상황을 순서대로 살펴보자.

'테크노크라시'라는 새로운 말이 1933년 초에 잠깐 유행했다. 이것은 새로운 사회경제학 개념 이라고 소개되어 가격제도를 버리고 경제활동단 위를 에너지로 바꾸자는 것이었다. 이것만으로는 구체적인 이미지가 떠오르지 않지만 간단히 해설 하면, 미국에서 등장한 이 경제학설은 국가 산업 자원에 대한 통제권을 전문 엔지니어들에게 맡기 자는 것이다.

1933년 1월 8일 〈뉴욕타임즈 매거진〉에도 〈테 크노크라시에의 도전〉이라는 기사가 있는 것을 보면 이것은 미국에서도 거의 비슷한 시기에 화 제로 떠오른 '새로운 이론'이었다. 당시 〈과학화 보〉를 간행했던 신광사는 같은 해 1월에 시시모

[그림 186] 〈테크노크라시를 향한 도전〉에 포함된 삽화
이 그림은 〈기계와 인간〉이라는 제 목이 달렸다. 누가 그렸는지는 알 수 없다. 고층빌딩처럼 거대한 기 계를 상징하는 것이 그림 중앙에 배치되었다. 머리는 엠파이어스테 이트빌딩과 같고 얼굴에는 하나의 커다란 눈이 박혀 있다. 어깨로부 터 강철 팔이 뻗어 나와 가슴 앞으 로 모인다. 등에는 날개가 달렸다. 이것이야말로 거대한 로봇이라 할 수 있다.

토 하치로(四至本八郎, 1891~1979)가 하워드 스콧의 이론에 따라 저술한 책인《테크노크라시》를 출판했다.

그리고 "인간은 한 달 일하면 1년은 편하게 살 수 있다."고 이 책을 광고했는데, 이것이 대중의 관심을 끌었다고 한다. 단행본은 날개 달린 듯 팔려나가 한 달도 채 안 돼 40쇄를 찍었다. 이에 힘입어 신광사는 2월 중순에 시시모토의 〈테크노크라시 강연회〉를 꾸렸다. 또한 〈도쿄매일신문〉도 1월 말부터 〈테크노크라시란?〉이라는 글을 4회 연속 게재하면서 이 이론을 설명했다.

도대체 테크노크라시는 로봇과 무슨 관계가 있을까?

이 이론은 기본적으로 기계작동에 의해 발생하는 현상들은 측정할 수

[그림 187] 위에서부터 〈테크노크라시란?〉(맨 위쪽 그림)과 〈테크노크라시 그림책〉(가운데와 아래쪽 그림)
세 점 모두 해외 잡지에서 가져온 것들이다. 위는 생산과잉과 기계시대라는 로봇이 날뛰고 있다. 오른쪽 남자가 말하길 "안 되는 건 아니야. 과하게 일하는 거지." 옆의 남자는 "그래서 처음부터 안 된다고 했잖아" 〈테크노크라시 그림책〉은 그림도 말고도 개그가 실려 있다. "데키노 소시(敵野倉士), 자산 1볼트, 채무 60오움." 이것은 〈파산 선고〉라는 제목을 달고 있다.

로봇 창세기

있다고 가정한다. 이어서 기계적 활동을 희화화하여 표현할 때 바로 로봇이 적격이었던 것이다.

〈과학화보〉 5월호는 〈테크로크라시 그림책〉이라는 제목으로 테크노크라시 이론을 토대로 한 개그와 로봇만화를 실었다. 분명히 미국 만화를 일본어로 옮겨놓은 것이었다. 덜덜 떠는 로봇이 상대방에게 "패티군 1다인 주지 않을래?"라고 묻는다([그림 187]의 가운데 그림 부분). 화폐가 아닌 에너지가 화폐인 것이다. 하지만 얼마 지나지 않아 이 유행은 멈췄지만 1년 뒤 도모사와 젠(友澤詮)의 번역으로 경문당서점에서 출판되었다.

이 책의 옮긴이는 어떻게든 당시 일본의 문제 상황을 극복해야 한다는 절실한 마음이었겠지만 시기상 너무 늦었다. 그리고 시시모토 하치로의 장남 도요지(豊治)는 1960년대 후반에 청소년 잡지의 삽화를 만들고 괴물 조형물도 만드는 등 다방면에 걸쳐 재능을 발휘한 오토모 쇼지(大伴昌司, 1938~1973)이다.

2년 전 《최신과학도감》이나 《대영일사전》의 캐치프레이즈에 로봇이라는 단어가 등장했는데 1933년 2월 동영각출판사가 창간한 잡지 〈모던라이프〉(3월호)의 신문 광고에서도 똑같이 쓰였다(〈도쿄아사히신문〉 2월 10일).

안장을 잃어버린 말은 목마와 같고 배고픈 근대인의 슬픔은 인조인간의 노래와도 같다.

우리의 식량, 산책과 여행, 지루한 시간과 장소에 우리와 함께 있는 것…… 그것이야말로 마음 즐거운 웃음이 있는 생활(모던 라이프)이다.

'인조인간'이라는 단어로 광고를 했던 이 〈모던라이프〉도 결국 여지없이

[그림 188] 신요법연구소의 광고

휴간을 맞았다. 동영각은 그 외에도 〈범죄실화〉 등의 잡지를 출판했다.

"인조인간으로는 아내가 될 사람이 없다"라는 문구와 로봇 그림이 들어간 광고는 합자회사 신요법연구소의 홍보물(〈요미우리신문〉, 5월 27일)이다. 홍보된 것은 '호릭 진공수치기'이다. 홍보 문구 중에서 유독 눈에 띄는 것은 뉴욕의 백화점에 "눈도 움직이고, 말도 하고, 고객에게 응대도 하고, 차도 나르고, 판매도 하고, 음악도 잘 하는" 로봇이 있다는 점, 그리고 "곧 일본에도 오겠지만"이라고 쓴 부분이다.

이 로봇이 실제로 있고 또 쓴 내용이 모두 사실이라면 무선조종으로 이동하며 양방향 통화가 가능한 지금까지의 그 어떤 것보다도 새로운 로봇이 완성됐다는 말이 된다. 유감스럽게도 그 이상은 밝혀지지 않았고, 이 로봇이 일본에 왔다는 기록 또한 없다. 물론 관련 사진도 없다.

한편 로봇은 다시금 화장품과 연결된다. 1933년 10월 18일 〈도쿄아사히신문〉에 실린 '메누마 포마드'의 광고에는 로봇 그림이 들어갔다.

[그림 189] 메누마 포마드의 광고

[그림 190] 〈무선조종 로봇 도둑〉
나오키 산주고의 〈나의 로봇 케이군〉에는 다음과 같은 문장이 있다. "로봇의 힘은 18마력으로, 전신에 자기성 전기가 통하며 돈과 지폐는 그의 동체 안에 들어가는데 인간은 손가락이 닿기만 해도 저릴 정도이다. 그리고 갖고 있는 돈이 한순간에 로봇 안에 들어가 버린다. 그리고 돈이 없어지면 로봇은 바로 다음 집으로 가는 것이다. 그리고 순사가 오겠지. 그런 순사라도 경찰이라도 이 로봇에게는 적수가 안 된다. 강하게 쥐면 손이 무감각해 질 정도라서―그리고 피스톨의 탄환은 튕겨내고―그리고 각 가게를 돌며 일정량에 도달하면 로봇은 빠른 속도로 도망간다." 이 만화는 계통수에 있어서 하나의 열매이다.

[그림 191] 〈안전하고 확실한 댄스 교사〉
신문의 지면을 후끈 달아오르게 만든 댄스 홀의 풍기문란을 소재로 했다.

그 뒤로 만화계에서 로봇은 자주 등장하지 않았다. 1931년 나오키 산쥬고의 작품과 관련하여 언급한 바 있는 시시도 사코의 〈무선조종 로봇 도둑〉(〈요미우리신문〉, 10월 13일)과 야스모토 료이치(安本亮一, 1901~1950)의 〈안전하고 확실한 댄스 교사〉(〈도쿄아사히신문〉, 11월 12일자)가 눈에 띄는 정도랄까?

이 무렵 소설로는 후지사와 다케오(藤澤桓夫, 1904~1989)의 〈로봇 선수〉가 있다. 이 작품은 〈모던 일본〉 11월호에 게재된 것으로 강철 로봇이 마운드에 서서 강속구를 던진다는 내용은 아니고 대학 야구계의 에이스가 감독의 로봇에 지나지 않았던 것을 뼈저리게 후회했다는 스토리이다.

그 외에도 〈신청년〉 여름 증간호에 게재된 프리드리히 크로너(Friedrich Kroner)의 〈로봇 산산조각 사건(원제목 : Wir kaufen uns einen Roboter)〉이 있다. 번역은 호프만의 작품 《모래 사나이》를 이 잡지에 번역 소개했던 무카이하라 아키다(向原明)가 맡았고, 삽화는 츠보우치 세츠타로(坪內節太郎)가 그렸다. 2년 전에 발표된 운노 주자의 〈인조인간 실종사건〉에서도 츠보우치가 삽화

[그림 192] 〈로봇 산산조각 사건〉의 삽화 〈천재적 로봇〉 율리우스는 어떻게 자살할 수 있었을까? 공구를 어린이에게 주어 분해하게 했다.

를 그렸는데 이 두 개의 그림들을 비교해 보면 로봇의 형태가 '진화했다'는 것을 알 수 있다. 이야기는 로봇의 자살로 끝맺는다. 여기서 새삼 기누가사 사무의 선구적인 정신을 인정하지 않을 수 없다.

영일사전에 'robot'이 수록된 사실은 이미 확인했지만, 1933년 3월 연구사가 출판한 《영일상업경제사전》에도 이 항목이 실렸다. 여기에는 '인조인간'이라는 단어의 해석 외에도 "기계적인 인간으로서, 영국에서는 기차 개

찰 담당 등으로 활용되고 있다"는 해설이 덧붙었다. 이것은 이미 3년 전에 개발된 자동승차권판매기를 가리킨다.

1933년 신문 기사에서 로봇을 다룬 횟수는 많지 않았지만 백화점과 로봇의 관계는 흥미로웠다. 〈요미우리신문〉의 〈백화점 전선은 지금 이상 상태입니다〉(1월 9일)에서는 로봇처럼 바뀌고 있는 매장직원을 문제 삼고 있다. 그렇게 된다고 한들 별문제 없을 듯한 1933년 초의 상상이다.

백화점원의 로봇화? 외람되지만 지금도 너무나 로봇처럼 되고 있는 점원 여러분, 여러분 중 몇 퍼센트나 이 사실을 대중에게 알리겠습니까? 진짜 로봇으로 바뀌는 일이 없을 것이라고 누가 장담할 수 있겠습니까?

《원더 북 오브 인벤션즈》의 사진과 동일한 것을 사용한 이 글의 첨부 사진에는 〈에릭〉을 본뜬 얼굴이 있다. 편집부는 어떤 경로로 이 사진을 입수했을까? 아마도 쉽게는 〈과학문명의 경이〉에서 가져왔거나, 혹시라도 오리지널 프린트를 얻은 것이었다면 런던의 센트럴 프레스에서 구입했을 것이다.

2월 14일 〈도쿄매일신문〉은 〈백화점 로봇 같은 사람은 안 된다〉는 글을 실었는데, 1933년 각 직장에서 기대를 모은 '직업 부인'의 모습을 전하고 있다. 1925년 무렵부터는 새해가 시작될 때 백화점에 관한 기사들이 많이 등장했는데 이는 백화점의 사회적 의미가 그만큼 컸다는 사실을 보여준다.

로봇 문화에서 달라진 상황은 JOAK가 〈로봇〉이라는 제목의 만담을 방송한 일이다. 이 무렵 〈인조인간〉(〈공략〉 1932년 1월호), 〈인조인간과 사랑〉(〈갱〉 1933년 1월호) 등의 신작 라쿠고가 등장했고, 그 외에도 로봇을 소재로 한 여러 작품들이 만들어졌으리라 생각된다. 이러한 만담 이야기는 그 무엇보다 관객과 독자를 웃게 만드는 일에 목숨을 건 세계이기에 로봇도 쉽게 들어왔을 것이다. 라쿠고는 이 점에서 만화와 공통점이 있다. 만담 이야기는 그림도 있고 노래도 있는 드라마 같은 것으로 〈로봇〉은 3월 11일 오후 8시부터 30분간 방송되었다. 여기에 아즈마 기요코마(東喜代駒, 1899~1977)의 동료들이 여기에 출연했다.

어느 날 아침, 아내는 회사원 고야마를 깨우는데 좀처럼 눈을 뜨지 않는다. 급기야 부부 싸움이 일어나고 아내는 나가버린다. 그때 친구가 들어오고 싸운 이유를 듣고는 아내와 닮은 로봇을 데려오면서 소동이 시작된다. 사실 이 로봇은 진짜 아내였다.

춤추기 시작한 로봇은 쉽게 멈추지 않았기 때문에 고야마가 당황하던 차에 때마침 친구가 와서 "그 로봇은 사실 네 마누라야"라고 말하자 로봇, "여보 여보" 고야마, "에, 아 당신이었군" 친구, "어때 마누라의 소중함을 알았나?" 고야마, "알았다 알았어. 그럼 이번에는 내가 아내의 로봇이 될게."

이 장면이 작품의 웃음 포인트이다.

하나만 더 살펴보자. 〈과학화보〉 11월호의 표지에는 로봇이 등장한다. 로봇이 사회적으로 붐을 일으켰어도 이제까지 표지에 등장한 것은 〈어린이의 텍스트〉(1931년 3월호)말고는 없었다. 로봇 〈알파〉가 1932년 〈과학지식〉의 표지를 장식했는데 이것은 사진을 사용한 것이었다. 이와 달리 이번에는 손으로 직접 그린 작품이다. 데라시마 데이시(寺島貞志)가 그린 이 그림의 제목은 〈마천루 거리를 흘겨보는 로봇〉이었다.

그림 속 로봇은 실로 웅대하다. 몸은 짙은 다홍색에 가까운 붉은색이며 고층빌딩 꼭대기에 털썩 주저앉아 오른손을 들어 뭔가를 말하려는 듯하다.

로봇 창세기

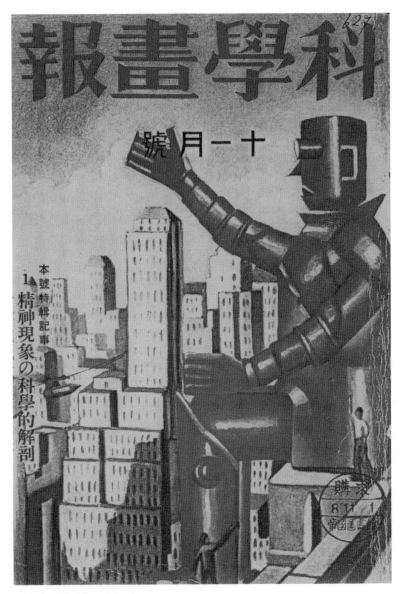

[그림 193] 〈마천루 거리를 흘겨보는 로봇〉

초고층 빌딩의 꼭대기에서 밑을 내려다보는 붉은색 거인, 강철 로봇. …… 이것과 데라시마에게서 떠오르는 이미지는 강철 인간, 스탈린이다. 이 그림은 정치권력의 기반을 닦은 스탈린에 대한 데라시마의 찬가라고도 볼 수 있을 듯하다.

아니면 이 오른손이 시계의 역할을 하고 있는지도 모르겠다. 인간도 두 명 있는데 마지막 완성을 위해서인지 로봇에 달라붙어 있다. 눈의 모양은 서치라이트처럼 보인다. 무릎은 〈에릭〉을 닮았다. 중국 사천성의 낙산대불 같기도 하며 이집트의 아부심벨 신전에 앉아 있는 람세스 2세 조각상 같기도 하다. 대도시의 한구석에서 올려다볼 때 초고층 빌딩 위에 로봇이라도 있다면 재미있을 것 같다. 이렇게 이런저런 상상이 끓어오르는 재밌는 그림이 1933년에 그려진 것이다.

서양화가였던 데라시마는 1926년을 앞뒤로 조형미술협회를 거쳐 파리와 모스크바에서 회화를 배웠고, 이 시기에는 일본 프롤레타리아 미술가동맹에서 활동하고 있었다. 1931년 제4회 〈프롤레타리아 미술전〉의 포스터도 바로 그가 그린 것이었다. 로봇의 붉은색은 데라시마의 의도였으며 우연한 선택은 아닌 듯하다.

3

새로운 로봇들을 살펴보았을 때, 인간 형상의 로봇은 줄어든 대신 각양각색의 로봇이 늘어났음을 알 수 있다. 〈휴대품을 맡아주는 로봇〉(〈과학화보〉 3월호), 〈로봇 쟁기〉(〈과학지식〉 4월호), 〈로봇 채점기〉(〈요미우리신문〉 5월 1일자), 〈로봇 자동기록기〉(〈과학화보〉 8월호), 〈로봇 은행〉(〈과학지식〉 8월호) 등이 1933년 과학잡지들에 실린 로봇들이며 이것들은 모두 해외 기사에 의존한 것들이었다.

1933년 일본에서 로봇다운 로봇이라고 하면 일종의 활동인형이었는데, 이것은 여전히 박람회장에서 볼 수 있었다. 맑은 날의 일상적인 공간, 즉 무대에서는 로봇이 충분히 활약할 수 있었다.

도쿄 이케노하시, 타케노다이, 시바노 등의 세 곳에서 〈만국 부인 및 어린이 박람회〉(3월 17일~5월 10일)가 열렸고 여지없이 로봇이 전시되었다. 이케노하시 대회장에는 전단지를 나눠주는 〈모모타로 로봇〉이 전시되어 관객들과 양방향으로 대화를 나눴다. 또한 타케노다이 대회장의 서쪽 입구에는 〈미인 로봇〉이 서 있었다.

센다이시에서는 〈제2사단 개선기념 만몽 군사박람회(第二師團凱旋記念滿蒙軍事博覽會)〉(4월 9일~5월 28일)가 개최되었는데 여기서도 전단지를 나눠주는 〈만주인 로봇〉이 전시되었다.

10월 7~9일에는 도쿄 간다에 있는 전기학교 창립 25주년을 기념하는 전람회가 개최되었는데, 바로 그 학교 앞마당 정면에 높이 3.5m의 〈거대 로봇〉이 등장했다. 눈을 반짝이며 입술을 움직이고 목을 흔드는 이 로봇의 배에서는 음악이 흘러나왔고 환영의 인사말도 할 수 있었다.

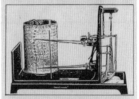

또한 11월 10일부터 11월 30일까지 도쿄

[그림 194] 위에서부터 〈휴대품을 맡아주는 로봇〉, 〈로봇 채점기〉, 〈로봇 자동기록기〉, 〈로봇 은행〉
맨 위의 로봇은 자동 코트 보관기라고 할 수 있다. 그 아래 두 번째 그림은 미국의 천공 카드 기계, 다시 그 아래 세 번째 그림은 자동기록기의 한 가지 사례로 〈자동기록 모발 습도계〉. 마지막 맨 아래 그림은 〈자동 저금 장치〉.

桃太郎物語はこちらです

ロボット

美人ロボット

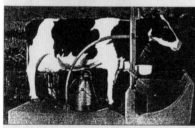

記念電機展覧會
創立二十五週年

機學校　機學校

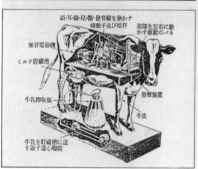

頭・耳・目・尾・顎・發音輪を動かす
傳動子及び槓杆
頭部を左右に動かす板狀のバネ

無音電動機
ミルク貯藏槽

牛乳搾取瓶
發聲裝置
牛皮

牛乳を貯藏槽に送り込す遠心鞴筒

130　人造龜、電氣のちからで、のそりのそり

시가 주최한 〈라디오전〉에서는 광전관을 장착하고 동작을 하는 〈인조 대왕 거북이〉가 JOAK에 의해 출품되었다.

로봇과 전시의 관계는 미국도 마찬가지였다. 5월 27일부터 시카고에서 개최된 〈시카고 만국박람회〉에서는, 이 행사를 보도한 과학 잡지들을 종합해 볼 때 적어도 4개의 로봇이 전시된 듯하다.

첫 번째 것은 〈공룡 로봇〉이다. 이것은 "선사시대 지구와 비슷한 숲과 대지 속에 그 당시 살았던 파충류를 실물 크기의 로봇으로 만들어 전시함으로써 수억 년 전의 파충류시대를 그대로 재현"(〈어린이의 과학〉 7월호)했다.

두 번째 것은 〈인조 소〉 혹은 〈전기소〉라고 불리는 소처럼 생긴 로봇이다.

몸체 내부에 장치된 무소음 모터 하나의 힘으로 (중략) 모양이 서로 다른 전동자가 신체 각 부분의 운동을 조종하기 때문에 그것의 움직임이 실물과 똑같다. (중략) 이 로봇 소는 능히 다른 무엇과도 비교할 수 없을 것이기 때문에 전시가 이루어지면 세상 모든 사람들을 불러 모을 것이다.

〈과학지식〉 7월호는 이례적으로 한 면을 모두 할애해서 〈로봇 소〉를 상세하게 해설했다. 또한 그 글은 도쿄 긴자에 설치된 〈외국인 기계인형〉에 대해서도 언급했는데 이것은 산책하는 사람들에게 전단지를 나눠주었던 듯

[그림 196] 〈공룡 로봇〉, 〈인조 소〉, 〈인조 소의 내부 구조〉(왼쪽 맨 위에서부터)
〈공룡 로봇〉이란 어느 과학 잡지에도 실리지 않았다. 〈과학지식〉에는 동물 로봇 등의 명칭이 있을 뿐이다. '00로봇'과 같은 형식은 그 당시에는 거의 없었다. 〈로봇 소〉는 다른 무엇과도 비교할 수 없을 정도로 정교하고 완성도가 높았다. "몸 한쪽에는 커다랗고 검은 반점이 있는데 여기에 눈에 잘 띄지 않는 문을 달아놓고 고장이 생길 경우" 내부 장치들을 고칠 수 있었다.

[그림 195] 〈모모타로 로봇〉, 〈미인 로봇〉, 〈만주인 로봇〉, 〈거대 로봇〉, 그리고 〈인조 대왕 거북이〉(오른쪽 맨 위에서부터)
맨 위의 그림은 안도 쇼유가 〈만국 부인 및 어린이 박람회〉에서 본 그대로를 그렸다는 삽화이다. 그다음 것은 시마다 게이산이 다케노다이 전시장에서 그린 삽화이고, 그다음 아래 그림은 전시에 출품한 JOAK선전부가 입구에서 박람회 안내서를 나눠주는 장면이다. 아래에서 두 번째 로봇은 전기학교 학생들이 제작한 듯하다. 아래는 도쿄중앙방송국이 제작한 것으로 빛과 소리의 명령에 따라 움직였다.

[그림 197] 〈큰 사나이 로봇〉
내부(오른쪽)와 외관. 당시에는 '큰 사나이 로봇'이라
고 불리지 않았고 〈시카고 박람회의 로봇〉이라고 표
기되었다. 사진에 붙은 사진에 붙은 설명문에는 '보
롯'이라고 잘못 써 놓았다.

하다. 〈로봇 소〉는 그 밖에도 〈과학
일본〉 7월호에도 게재되었다. 이 잡지
는 청소년들을 독자로 한 과학 잡지
였는데 6월에 발간된 7월호가 바로
창간호였다. 앞서 말했던 것처럼 예외
없이 이 잡지도 곧 휴간되고 만다.

세 번째 것은 크기가 3m에 이르는
〈큰 사나이 로봇〉이다. 〈어린이의 과
학〉 8월호에 소개된 이것은 "뱃속의
구조 하나하나를 일일이 손으로 가
리키면서 인간의 소화기능을 설명"했다고 한다.

마지막 것은 〈후리소데(振袖)를 입고 말하는 로봇〉이다. 일본정부는 〈시카
고 만국박람회〉를 '아름다운 일본'을 홍보할 수 있을 좋은 기회로 보았고,
철도성, 만주철도(滿鐵), 우편선 등 여러 회사들로 하여금 각각 10만 엔씩을
모아 '모데라마(モデラマ)'를 제작하게 했다. '모데라마'란 지오라마(지오그래픽
파노라마)를 변형시킨 것으로 '모델'과 '파노라마'의 합성어이다. 일본관은 사
원형식으로 만들어졌다.

1932년 1월 16일 〈요미우리신문〉의 보도에 따르면 사원 중앙 입구에는
〈후리소데를 입고 말하는 일본 아가씨 로봇〉이 분명히 있었을 것이다. 그
러나 어찌된 일인지 그에 대한 자세한 기록은 보이지 않는다. 무소식은 희
소식인 것일까? 〈시카고 만국박람회〉는 일단 이 해의 개회 기간을 끝내고
나서, 다음해인 1934년 5월 26일부터 10월 31일 사이에 다시 한 번 개최
되었다.

아이자와 지로는 1932년에 선언했던 것처럼 24대로 구성된 〈로봇 관현

로봇 창세기

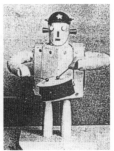

[그림 198] 〈로봇 관현악단〉과 〈로봇 악사〉(오른쪽 그림)
이 사진은 1935년경의 것으로 처음에는 다른 색으로 칠해졌다. 아이자와는 "이 로봇이 완성되기까지의 고생은 비할 것이 없습니다."

악단〉을 제작해서 도쿄 유라쿠초에서 5월 1일부터 31일까지 개최된 전기박람회의 하위 전시 〈소년소녀 전기전람회〉에 출품했다. 키가 20cm 정도 되는 로봇 악사들이 레코드 소리에 맞춰 연주하듯이 움직였다. 또한 이 로봇 악단은 앞에서 언급한 전기학교의 기념 전람회에도 전시되었다. 아마도 그 당시 미친 듯이 로봇제작에 몰입한 사람은 오직 아이자와뿐이었을 것이다.

그 밖에도 그는 〈도쿄 노래와 벚꽃 노래에 맞춰 춤추는 인조인간〉을 만들었다. 아이자와의 로봇은 비록 활동인형의 수준을 넘지 못했지만 그의 일념은 활동인형의 가능성과 범위를 크게 넓히는 것이었다. 그는 활동인형 속에서 종횡무진 창의력을 발휘했다. 그 무렵 활동인형 이상의 무엇을 기대할수 있었다면 아마도 양방향 무선통신이나 조종 정도였을 것이다. 그러나 아이자와는 그런 것들에 대해 잘 알고 있었고, 또한 그것들을 제작할 수 있는 능력이 있었음에도 불구하고 자신이 바라는 로봇의 이미지에 충실했다.

1933년 12월 20일 그는 JOAK의 〈어린이의 시간〉에 출연하여 전국 어린이들에게 〈인조인간의 해부〉라는 제목으로 이야기를 들려주었다. 〈어린이의 텍스트〉 12월 방송호에 소개된 예고편은 1931년 《도해 인조인간 제작법》의 복습이라고 할 수 있다.

그러나 1934년 9년 9월에 출판된 책 속에는 동일한 명칭을 가진 〈인조인간 해부〉의 일부가 포함되었는데, 이것이야말로 방송 원고의 간략한 수정본이라는 생각이 든다. 그의 방송을 들은 한 종교단체는 대규모 실업 상태에서 로봇의 수를 늘리려는 쓸모없는 연구를 중단하라고 경고했다고 한다. 하지만 아이자와는 물러서지 않고 점점 더 로봇에 빠져들었다.

내 생각으로는 1933년의 로봇 문화가 지난해보다 더 충실해진 이유는 자동조종장치 덕분이었던 것 같다. 또 인조인간보다 로봇이라는 단어가 더 널리 전파된 것도 같은 이유 때문이었을 것이다.

로봇이 사회상황과 무관할 수는 없다.

문부장관직에 있던 하토야마 이치로는 교토제국대학의 교수 다키가와 유키토키(瀧川幸辰, 1891~1962)의 강의가 사회주의를 옹호한 것이라고 보고 그의 파면을 요구했다. 이것은 '다키가와 사건'으로 확대되었다. 1933년 5월 29일 〈요미우리신문〉이 다룬 시시도 사코의 만화는 의미심장했다. 이 만화에서는 '비상시(非常時)'라 불리는 거대하고 시커먼 로봇이 하토야마를 조종해서 교토제국대학을 파괴하고 있다.

만화의 제목은 〈비상시에는 밀고 들어간다〉였다. 해설에는 히틀러가 책

[그림 199] 〈비상시는 밀고 들어간다〉
〈요미우리만화〉란에 게재된 만화이다. 본문에는 이케다 에이이치지, 마에카와 센판, 그리고 스기우라 유키오, 곤도 히데조 등 여러 만화가의 작품들도 있었다. 그림에서 교토대학은 '연구의 자유'라는 큰 못으로 고정되어 있다. …….

들을 불태웠던 것을 비교하면서 하토야마는 "나는 '그에게' 뒤지지 않는다." 고 말했다고 한다. '비상시'는 1933년의 유행어가 되었고 그 뒤로도 자주 등장하게 된다. 시시도는 그 무렵 하토야마에게서 '로봇 내각'이라는 인상을 강렬하게 느꼈기 때문에 이런 그림을 그리게 된 것으로 보인다. 예전처럼 하토야마도 마찬가지로 로봇과 연결되었다.

그런데 히틀러도 1933년 1월말 독일제국의 수상 직위에 오르고, 2월 29일에 국회의사당 방화사건이 일어나면서 3월에는 드디어 독재정권을 구축한다.

국회의사당 방화범은 일단 체포되었다. 프랑스의 로망 롤랑(Romain Rolland, 1866~1944)은 유럽 자유주의자들에 의해 조직된 국제독일구제위원회의 일원이었으며 이 방화사건의 조사위원이 되었다. 나치에 반대했던 롤랑의 성명서는 9월 15일 〈범인은 로봇〉이라는 제목으로 〈도쿄매일신문〉에 게재되었다. 그의 성명서를 '로봇'이라는 단어로 대신한 것은 적합하지 못한 듯 보이지만 그해에 롤랑의 책《기계의 반역(La Révolte des machines)》(1924)이 〈신청년〉 3월호에 소개된 것을 읽었던 사람들은 고개를 끄덕였을 수도 있다. 그는 분명히 1924년 파리에서 《R·U·R》 공연을 관람했을 것이다.

무선으로 조종하는 거대한 전투용 로봇

1

비정상적인 시기, 즉 비상시에서라면 '생명'
에 대해 거듭 생각해볼 수도 있을 것이다.

이시카와 세이이치(石川清一, 1889~1973)는
1934년 〈과학의 일본〉 1월호 〈100년 후의 과
학 세계〉 편에 〈생명을 인공적으로 만들 수
있나?〉라는 글을 실었고, 야마하 기헤이(山羽
儀兵, 1895~1948)도 〈생명의 인공제조〉를 〈과학
지식〉 7월호에 발표했다.

또한 〈과학의 일본〉 7월호도 〈생명이란 무
엇인가?〉를 게재했다. 나아가 〈과학화보〉 7
월호에 실린 구리하라 마사오(栗原正夫)의 한
칸짜리 만화 〈새로운 인조인간〉은 "지금까지

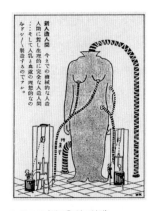

[그림 200] 〈새로운 인조인간〉
〈과학만화〉란에 포함된 작품이다. 지하
철 천장에 모노레일을 운행하는 〈지하
철 초특급〉, 장화 혹은 단화로 변형되는
〈늘어나고 줄어드는 재질의 신발〉등과
같은 작품과 함께 게재되었다. 이 제목
은 1930년 모리 히로시의 작품에도 쓰
였다.

의 기계적인 인조인간과는 다른 생리적으로 완전한 인조인간"을 표현했는데, 그의 로봇은 금속 기계가 아닌 차페크의 로봇으로 돌아간 것이었다.

나가오 세츠로(永雄節郎)는 로마자 보급을 목적으로 일본로마자사가 출간한 〈ROMAJI SEKAI〉(1935년 1월호)에 글 한 편을 실었다. 〈Robottowa darega tukuruka?(로봇은 누가 만드나?)〉라는 제목의 글인데, 물론 로마자로 표기되었다.

1934년 가을에 쓴 원고로 추정된다. 이것은 의사와 기계공(공학자)의 대화로 이야기를 풀어간다. 의사의 어떤 물음에 기계공은 눈앞에 보이는 로봇이란 잔재주에 지나지 않으며 인간을 위해 도움이 될 기계야말로 진일보한 로봇이라고 대답했다. 그런데 의사의 그 물음은 이런 것이었다. 대체 로봇은 의사에 의해 실험실에서 만들어지는 것인가 아니면 공학자에 의해 기계로 만들어지는 것인가? 1931년이었다면 이러한 물음은 결코 제기되지 않았을 것이다. 이는 분명히 기계로봇이 막다른 골목에 들어섰기 때문에 터져 나온 질문이었을 듯하다.

비정상적인 상황은 일본뿐만이 아니었다. 전쟁의 먹구름이 전 세계를 뒤덮기 시작했다. 생명의 고귀함을 다시 생각해보려는 분위기가 확대되자 인간의 숭고한 피를 헛되게 할 전쟁에 로봇을 보내면 되지 않을까 하는 생각이 등장한다. 치노 에이이치(千野栄一)가 일본어로 옮긴 《R·U·R》에도 "몇몇 국가가 로봇을 군대로" 만들었다. 로봇과 전쟁은 긴밀히 엮였다.

〈텔레복스〉가 일본에 소개되고 나서 얼마 지나지 않아 〈과학지식〉(1929년 4월호)에서는 서둘러 "예컨대 전쟁 상황에서는 〈텔레복스〉에게 폭약을 점화시키는 일도 가능하겠지"라고 하면서 전쟁터에서 로봇을 활용하는 방법을 제안한다. 운노 주자가 1931년 〈신청년〉 4월호에서 전쟁터에서의 로봇을

[그림 201] 〈무선조종 거대 전투로봇〉과 〈오사카 발명전람회〉에 사용된 그림
빌딩을 무너트리는 거인과 거인의 격투가 벌어지고 있는데 이미 한쪽이 승리한
듯하다. 바로 앞의 전차에서 발사된 포탄도 거인에게는 효과가 없는 것 같다. 본
문 중 중략 부분은 다음과 같다.
"거기서 높이 1,000피트의 거대한 침입자가 유유히 활보하며 걷는다. 세계 최고
의 건축물인 뉴욕 엠파이어스테이트빌딩은 102층으로 높이 1,248피트이고, 그다
음으로 높은 크라이슬러빌딩은 1,046피트로 알려져 있다. 여러분은 이들 건축물
이 자유롭게 움직이고 종횡무진 날뛰는 광경을 상상할 수 있겠는가?"
그런데 1쪽 분량의 이 글에는 아무런 설명도 없는 활동인형 사진도 실려 있다.

다룬 것도, 오브라이언이 자신의 책에서 기계와 군대의 관계에 대해 언급한 것도 이미 앞에서 말한 바 있다.

1934년은 드디어 로봇과 전쟁을 연관 지은 글들이 많아진 시기이다. 〈과학의 일본〉 5월호에 미키 치히로(巳貴千尋. 다른 필명 미나미자와 주시치, 본명 가와바타 마사오, 1905~1982)가 쓴 〈인조인간의 과학〉이라는 글은 4분의 1 이상이 그런 내용을 담고 있다. 이 글에서는 미래 전쟁에 나아가 싸우는 병사는 오직 로봇뿐이다. 그는 인간은 참모본부에 앉아 그것을 조종하기만 한다고 예견한다. 또한 미키는 독일인 가자리의 책 《인적 없는 전장》에 대해서도 언급하는데 로봇 병사의 '사체'가 쌓인 전쟁터에서 피비린내 대신에 강철 먼지가 휘날릴 것이라고 했다.

당시에는 이미 거대한 로봇들끼리 전투를 벌인다는 생각도 있었다. 그 생각 속 로봇은 '무선으로 조종하는 거대한 전투용 로봇'으로 키가 무려 1,000피트(대략 305m)나 된다. 이러한 내용은 〈과학화보〉 7월호가 프랑스 군사과학자 페릭스 고티에(Felix Gauthier)에 관한 기사를 1쪽 분량으로 정리한 것이며 '어떤 국가'에서 '극비리에 계획 중에 있다'고 썼다.

이것이 완성되어 전선(戰線)에서 활약하게 되면 과연 어떤 일이 벌어질 것인가? 원래 육군과 해군은 제아무리 우수한 전투기들이 있어도 그것들을 큰 편대로 운용하는 방법을 모른다. 멀리 떨어진 지점에서 무선으로 조종한다. (중략) 전차도 이 로봇의 발밑에 깔리면 우리가 벌레를 밟아 죽일 때 그렇듯 무자비하게 깔아 뭉개지겠지. 그리고 최후에는 틀림없이 거인과 거인의 전투가 될 것인데 이처럼 기괴한 거인들의 싸움은 지금껏 어떤 몽상가도 상상하지 못했던 일이다.

이제까지 '거인들의 싸움'라고 하면 신화나 민화에 등장할 뿐이었지만 기계의 시대가 되자 새로운 신화를 만들어낼 기세였다. 이 글에 첨부된 삽화는 명백히 해외에서 가져온 것이고 글 자체도 마찬가지였다. 그 당시 일본에는 이러한 종류의 그림이 없었을 것이므로 이것을 본 사람들은 충격을 받았을 만하다. 그 때문인지 이듬해인 1935년 3월 1일부터 13일까지 열린 제1회 〈오사카 발명전람회〉의 〈미래의 발명〉 부문에 이 그림을 토대로 다시 그린 하나의 그림이 전시되었다. 첨부된 해설도 이 글에서 가져온 것이었다.

그 무렵 과학 잡지들에 소개된 도판 설명들은 각지에서 가끔씩 개최된 박람회의 아이디어 원천이 되었다. 글은 "인간 자신은 로봇에 대한 공포의 무게 아래에 놓이게 된 것이 아닐까?"라는 말로 마무리된다. 독자들은 〈로봇 공포시대〉라는 이 글의 제목을 그냥 웃어넘길 수는 없었을 것이다. 로봇 분야와 상관없이 멀리서 다가오는 미래의 그 어떤 것, 즉 시대의 무거운 불안은 결코 웃어넘길 수 있는 일이 아니었다.

현역 육군대령이 〈일출〉 10월호에 게재한 〈미래 전쟁 꿈속 이야기〉에도 로봇이 등장한다. 저자는 마치다 게이지(町田敬二). 만담처럼 진행되는 내용은 정말 이 사람이 군인이 맞는지 의심스러울 정도로 편안하다. 미래의 인간은 스스로 전쟁에 나서지 않는다는 말에 이어 다음과 같이 전개된다.

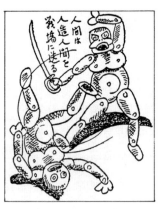

[그림 202] 〈미래 전쟁 꿈속 이야기〉

"에헤, 뭐 칼싸움이라도 하나요?"

"로봇이란 놈. 인간은 인조인간을 전쟁에 내보내지. 많은 사망자가 나온 것 같겠지만 그것은 모두 인조인간 병사 로봇일 수 있지."

[그림 203] 《도해 인조인간 제작법》의 삽화
아이자와가 직접 그린 그림이다. "로봇은 적진
에서 큰 소리를 내며 폭발합니다. 그러자 커다
란 폭발과 동시에 독가스가 땅 위에 뒤덮이고
비행기는 불타고 병사는 쓰러진다. 로봇은 명
예롭게 전사한다."

3년 전부터 매년 이름이 거론됐던 아이자와 지로도 이런 문제에 관심이 깊었다. 로봇 중대에 관해 언급하기 이전 출판했던 책 《세계의 우수한 인조인간과 전기신호기⋯⋯》보다도 1년이나 앞선 처녀작 《도해 인조인간 제작법》에서 그는 이미 전쟁에서 활용할 수 있는 로봇에 대해 이야기하고 있다.

1931년에 출판한 책에서는 몸체에 화약을 넣어 적진에서 자폭하는 방법, 카메라를 넣어 적진을 정찰하는 방법 등이 고안됐고, 로봇 중대에서는 탄환을 막아내는 강철로 된 몸체만이 아니라 기관총이 장착된 머리도 고안됐다. 이 로봇들은 모두 후방에서 무선으로 조종되는데, "아무리 독가스가 투척되어도 그 정도로는 아무렇지도 않게 돌격"한다. 또한 그는 한 책에서 언급했던 홍보용 로봇의 모자를 비상시국에 맞춰 금속 전투모로 만들면 좋겠다고 쓰기도 했다.

아이자와는 1934년 9월에 출판사 강업사에서 《발명가가 될 수 있는 과학입문서》를 출간했다. 이 책은 로봇뿐만 아니라 로켓, 과학병기, 토키, 텔레비전 등 첨단 문물을 소개하고 그 원리를 해설하고 있다. 특히 로봇 부분에서 소개한 것들은 이미 앞서 JOAK 방송에서 언급했던 내용을 보완한 것처럼 보이는데, 그가 1년 동안 제작한 로봇들이 어떤 것이었는지 알 수 있다.

[그림 204] 〈투명인간(로봇)〉, 〈일본에 소셜 덤핑 없음〉, 〈탱크 탱크로〉(위쪽 그림에서부터)
맨 위의 그림에서는 "정말 훌륭한 발명품이지만 도대체 무엇에 쓰는 것일까요?"가 포인트다. 중간 그림의 로봇은 전례 없이 강력하다. 이것도 "전쟁을 떠올리게 한다." 맨 아래 그림의 〈탱크 탱크로〉는 "마을의 한구석 길바닥에서 데굴데굴 굴러다니는 이상한 것"으로 등장한다.

아이자와에 따르면 1934년 전반기 동안 〈미키 마우스를 지휘관으로 한 로봇 악단〉과 나고야에서 한 달 동안 춤을 췄던 약 1미터 크기의 〈벚꽃 노래에 맞춰 춤추는 로봇〉을 제작했다.

〈미키마우스 로봇 악단〉의 악사들은 노라쿠로 상병, 빨간 곰, 하얀 곰, 원숭이로 구성되었다. '노라쿠로(のらくろ)'는 1931년에 〈소년구락부〉에 연재되었던 다가와 스이호의 만화 제목이자 주인공 캐릭터였다. 1941년까지 이어진 그의 작품은 그 당시에 남녀노소 모두 좋아하는 흥행 만화였다. 〈벚꽃 로봇〉은 1933년에 제작된 것과 같은 것이었을지 모른다.

1934년 만화 소재로 사용된 로봇들을 찾아본다면 그렇게 많지는 않았다. 〈과학화보〉에 신설된 '과학만화'란에서도 로봇의 모습은 찾아보기 어렵다. 앞에서 언급한 7월호의 로봇들, 그리고

로봇 창세기

6월호에 하라다 고세이(原田巷生)의 〈투명인간(로봇)〉정도라고나 해야 할까? 이 만화의 힌트가 된 미국 유니버설사의 1933년 영화 〈투명인간(The Invisible Man)〉은 그해 3월말에 일본에서도 개봉되었다. 신문의 경우도 많지 않았는데, 6월 3일 〈요미우리신문〉이 시시도 사코의 만화 〈일본에 소셜 덤핑 없음〉을 게재했다. 거기서 시시도는 당시로서는 드물게 다리가 셋 달린 로봇을 그렸다.

만화계의 경우 인간이라고도 할 수 없고 로봇이라고도 할 수 없는 사이보그가 주인공으로 등장하는 작품이 1934년 〈유년구락부〉 1월호부터 연재되었다. 그것은 사카모토 가조(阪本牙城, 본명 마사키, 1895~1972)가 제작한 〈탱크탱크로〉이다. 몇 군데 구멍이 뚫린 동그란 몸체 안으로 인간이 들어가는데 이것만 보면 마치 갑옷이라고 할 수도 있다. 하지만 배 쪽으로 나있는 8개의 구멍을 통해 무기를 꺼낼 수도 있고 프로펠러를 꺼내 하늘을 날 수도 있다. 이 작품은 1936년까지 연재가 이어졌고 아이들 사이에서 제법 인기가 있었다.

이 시기 소설계에서 로봇의 상황은 어땠을까? 스즈키 젠타로를 다루었던 부분에서 〈와카쿠사〉라는 잡지는 이미 한 번 언급됐다. 이 잡지를 내고 있던 보문관출판사는 그 밖에도 〈소녀계(少女界)〉라는 잡지도 출간했다. 〈소녀계〉가 '감성이 풍부하고 맑고 청순한 소녀'를 대상으로 한 잡지였던 것처럼, 〈와카쿠사〉도 맑디맑은 문예 잡지였다.

1934년 5월호의 표지는 다케히사 유메지(竹久夢二, 본명은 모지로, 1884~1935)의 그림으로 장식되었는데, 여기에 미즈모리 가메노스케(1886~1958)의 소설 〈로봇과 월광〉이 실렸다. '로봇'과 '달빛'이 어떻게 연결될 수 있는지가 흥미로운데, 형이 말 안 듣는 동생을 혼내면서 한 말이 "로봇보다 못한 놈!"이며, 사이가 벌어진 이 형제가 초여름 밤하늘에 걸린 달을 바라보면서 화해하는 장면에서 따온 제목이었다.

창간 1주년이 지난 〈과학의 일본〉 7월호는 미나미자와 주시치(南沢十七)의 과학소설 〈악마 금속인간(魔の鐵人)〉을 연재하기 시작했다. 처음에는 로봇을 소재로 한 작품인 듯 보였는데, 제2회부터는 〈금속의 마인(鐵の魔人)〉이라고 밝히면서 어떤 약품에 의해 강철처럼 단단해진 육체를 가진 괴물 인간을 주인공으로 등장시킨다.

운노 주자는 1932년 이후 본격적으로 로봇을 소재로 한 작품을 쓸 때까지 약간의 휴지기가 있었다. 1934년이 되자 그는 오카 오카쥬로(丘丘十郎)라는 이름으로 각각 〈과학의 일본〉 1월호와 9월호에 〈전기세계의 놀라움〉, 〈재미있는 전기 완구 제작법〉을 발표하면서 로봇을 소재로 다루었다.

앞의 글에서는 미국의 〈화재 경고 로봇〉를 소개했고, 뒤의 글에서는 전자석을 사용해서 세 가지로 동작하는 〈로봇 아가씨〉의 제작 방법을 소개했다. 또한 그는 사노 쇼이치(佐野昌一)라는 이름으로 잡지 〈모던 니혼〉에서 연재물 〈아메초코 사이언스〉를 편집했는데, 9월호에서는 무선으로 작동하는 〈로

[그림 205] 〈화재 경고 로봇〉
미국 만화의 인기물인 〈지그스(Ziggs)〉와 비슷하게 제작되었다.

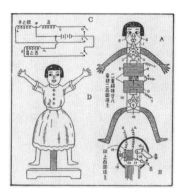

[그림 206] 〈로봇 아가씨〉
이것도 운노 주자가 직접 그린 그림인 것 같다.

봇 군함 보그스〉를 소개했다.

1934년에는 프리츠 랑의 영화 〈메트로폴리스〉 이후 오랜만에 로봇을 소재로 한 영화가 개봉되었다. 그해 미국 유니버설사가 제작한 〈살인광선(The Vanishing Shadow)〉이 그것이다. 이 영화는 악의 무리에 의해 아버지가 죽음을 당한 한 남자가 로봇, 투명복장, 살인광선 등을 이용하여 적을 찾아 맞선다는 이야기이다.

[그림 207] 〈살인광선〉의 신문광고와 영화의 한 장면
이 작품 자체는 얼마 지나지 않아 일본인의 기억에서 사라졌는데 여기 등장한 로봇의 생명은 의외로 길었다. 이것은 1980년대 후반 해외와 제휴한 일본 과학 잡지의 기사로 다시 실렸다.

여기 등장한 로봇은 키가 2미터 이상이고, 원통형의 몸체에 커다란 관절들을 가지고 있다. 신문광고에는 '인간탱크'라는 글자가 보인다. 무선조종으로 작동된다는 설정이었지만, 실제로는 인간이 그 안에 들어가 조작한 것인지도 모른다. 〈살인광선〉은 TV연속극의 기원이 되기도 한 '연속활극(cliffhanger)'의 한 세대 낡은 수법으로 제작된 영화였으므로, "요즘도 이런 것이 통할까"(〈시네마 순보〉 11월 1일호) 하는 작품이었다. 하지만 아사쿠사의 도쿄영화관에서는 10월 25일 개봉한 이후 연속해서 17일 동안이나 흑자를 내면서 커다란 흥행수입을 올렸다. 기록에 의하면 이 영화는 1934년도 상영한 연속활극 장르 중에서 가장 크게 성공했다.

그해 일본에서 소개된 해외 제작 로봇들은 대부분 개인적인 취미로 제작된 것들이었다. 각각 〈과학의 일본〉 3월호와 6월호에 〈인조인간 바텐더〉, 〈맥〉, 그리고 〈과학화보〉 10월호와 〈요

[그림 208] 〈인조인간 바텐더〉, 〈맥〉, 〈굴뚝 겸용 로봇〉, 〈가곡 3천 곡을 연주하는 로봇〉(위에서부터 차례로)
맨 위쪽 그림은 뉴욕 바텐더학교의 전시회에 소개된 것으로 인간 이상으로 맛 좋은 칵테일을 만들었다고 한다. 그 아래 그림은 오른쪽에 서 있는 엔지니어 힐베르트가 제작한 무게 114kg, 높이 229cm의 '인기 있는 로봇'이었다. 이 〈맥〉은 상자에 장치된 버튼이나 스위치로 자유롭게 움직였다. 다시 그 아래 그림은 아연을 소재로 사용한 로봇인데 어찌된 일인지 그림 156과 유사하다. 이 로봇은 뉴욕의 한 상점 옥상에 설치된 것으로 팔 안에는 확성기가 내장되어 홍보에도 도움이 되었다고 한다. 맨 아래 그림은 샌프란시스코에 사는 어떤 치과의사가 제작한 "무려 3천 곡의 가곡을 섬세하게 연주해내는" 로봇이었다고 한다.

미우리신문〉(9월 7일)에 〈굴뚝 겸용 로봇〉, 〈과학화보〉 1935년 1월호에 〈가곡 3천 곡을 연주하는 로봇〉 등이 그것이다. 마지막 로봇 〈가곡 로봇〉에는 마치 주크박스가 아닌가 하는 말을 써놓았는데, 사진을 보면 1974년 다네무라 스에히로(種村季弘)의 책 《괴물 해부학》(청토사)에서 〈키타라를 연주하는 이시스의 자동인형〉이라고 소개된 것과 닮아 보인다.

1934년 전 세계 로봇들을 살펴볼 때 '로봇'이란 말을 이름으로 사용한 제품들이 등장한 것이 특징적이다. 그리고 그 제품들이 일본에도 소개된다. 지금껏 인간을 대신한 기계나 자동 기계에 로봇이라는 애칭을 사용한 적은 있었지만, 이 제품들은 아예 처음부터 로봇이 이름의 일부로 이용되었다. 그중에서도 아래 마지막에 언급할 카메라는 말 그대로 '로봇'이라는 이름의 제품이었다.

상품명에 로봇이라는 글자가 들어간 것은 1934년이 처음은 아니었다. 예를 들어 미국에서는 1932년에 아머프로덕트사가 '로봇 패킹스'라는 기계식 포장사업을 시작했고, 그 상표에 로봇을 사용했다. 서양 특히 미국에서는 1927년 〈텔레복스〉의 등장 이후에 이런 사례가 많았을 것이라고 상상할 수 있다.

순서대로 한번 살펴보자.

먼저 〈신청년〉 7월호에는 〈로봇 카메라〉가 소개되었다. 방범용 사진기라고도 할 수 있는데 직원의 책상 아래 스위치를 눌러 은행 강도의 얼굴을 자동으로 촬영할 수 있었다.

그다음은 〈모던 일본〉 11월호에 〈로봇 타격기〉가 소개되었다. 제조된 골프공의 품질을 검사하기 위해 개발된 제품시험기이다. 일정한 힘으로 끊임없이 골프채를 휘둘러 공을 쳐내면서 제품 검사 자료를 제공했다.

세 번째는 〈요미우리신문〉이 11월 21일에 보도한 〈로봇 서브〉이다. 바구

니에 담긴 60개의 테니스공이 연속 발사되는 장치로 네트 너머에 있는 테니스 선수가 혼자서도 연습을 할 수 있게 해주었다.

마지막 예는 카메라 〈로봇〉이다. 이 것은 1934년 독일 오토 베르닝사(Otto Berning & Co)의 스프링 모터가 내장된 35mm 카메라이다. 몸체 윗부분 가운데에 달린 작은 손잡이(knob)로 스프링 모터, 즉 태엽을 감으면 연속으로 1초에 두 장을 촬영할 수 있었다. 이 장치는 나중에 모터 드라이브의 기원이 되었다. 사용한 필름은 35mm로 이것의 크기는 24×24mm이고 대개 36장을 촬영할 수 있었지만, 이것은 48장을 찍을 수 있었다.

그래서 이 사진 사이즈를 '로봇판'이

[그림 209] '로봇 패킹스'의 상표, 〈로봇 타격기〉, 〈로봇 서브〉, 그리고 〈로봇-Ⅰ〉(위에서부터 차례로)
맨 위의 그림은 우락부락한 로봇이 상표로 변신했다. 그 아래 그림은 '골프공의 새로운 시험 방법'으로 타격기가 일정한 힘으로 변함없이 골프채를 움직여서 날려 보내는 공을 확인하고 골프공의 완성도를 판단했다. 그 아래 그림은 개틀링총(Gatling Type Gun)처럼 생긴 로봇. 이런 것이 있었다니 놀랍다. 맨 아래 그림은 카메라의 판매와 함께 1초에 2장의 연속촬영이 가능하다고 홍보되었는데 필름이 귀했던 시기였으므로 일반인에게는 잘 팔리지 않았다.

로봇 창세기

라고 불렀다. 당시에는 〈로봇〉을 특수 카메라로 취급하여 일반인에게 보급은 되지는 않았지만, 연속 사진이 필요한 신문 보도용이나 군사용으로 사용되었다. 대개 이 카메라를 '로봇-I'라고 불렀고 '로봇-II'는 1939년이 되어서야 세상에 등장했다. '로봇-I'과 '로봇-II' 모두 렌즈 주위에 'ROBOT'이라고 새겨져 있다. 그해에 판매된 로봇 중에서 이 카메라가 가장 비쌌을 것이다.

독일에서는 10월 10일 〈도쿄아사히신문〉이 〈히틀러의 독재, 유유히 완전하게 확립. 국회를 로봇화하다〉라고 보도한 사태가 벌어지고 있었다. 히틀러 역시 여러 가지 의미로 로봇과 깊은 관련이 있다. 그리고 영화 〈메트로폴리스〉를 감독한 프리츠 랑은 나치의 통치 아래서 위협을 느끼고 1933년 재빨리 독일을 탈출하여 1934년 미국으로 망명한다.

그것은 기술이 아니라 과학이었다
Nebyla to technika, nýbrž věda

1

1934년 말 아이자와 지로는 일본 특허국에 상표등록을 신청한다. 그는 'ROBOT 로봇' 상표를 등록하기 위해 수수료 30엔을 지불한다. 그로부터 3주가 지난 1935년 1월 16일 상표 등록 261036호가 마무리되었다. 아이자와가 이 상표의 권리를 행사했다면 아마도 엄청난 일이 벌어졌을 것이다. 하지만 그는 '로봇은 모두 형제다'는 생각으로 한 번도 그 권리를 행사하지 않

[그림 210] 테넨바움의 로봇
이 로봇의 모델이 그의 아버지였을까? 오른쪽 그림은 주차장에서 일하는 로봇의 모습이다.

[그림 211] 〈심해 잠수장비〉
길이 1.83m. 이 장비에 달린 두 개의 팔은 약 0.5t의 물체를 들어올렸다.

았다. 그는 이 해에도 열정적으로 로봇을 만들었다.

1935년 로봇 문화는 지난해의 상황과 큰 차이가 없었다.

〈과학화보〉 3월호는 '소형 로봇'을 소개했는데, 이것은 '새 파이프를 길들이는 장치'로 마우스피스에 고무 볼을 붙여 뻐끔거리게 하는 로봇이었다. 같은 잡지 4월호에 게재된 〈로봇 흡연가〉는 그 이름과 전혀 상관없는 로봇이었다. 미국 오하이오대학이 담배에서 니코틴을 제거하는 방법을 개발하자 시험용 담배 자동흡연장치가 제작되었다. '로봇 흡연가'란 이 장치를 말하는 것이다. 또한 같은 잡지 10월호의 〈수력으로 움직이는 농촌 로봇〉은 말 그대로 작은 물레바퀴를 회전시켜 작동하는 허수아비를 말한다.

또한 이 잡지는 '로봇의 새로운 직업'을 소개했는데 그것은 로봇이 요람을 흔드는 소위 '자동식 요람' 기계였기 때문이다. 일본 잡지들이 이 모두를 로봇이라 부른 이유는 그들이 참고한 해외 정보가 그것들을 로봇이라 불렀기 때문일 것이다.

[그림 212] 〈소형로봇〉, 〈로봇 흡연가〉, 〈농촌 로봇〉, 〈자동식 요람〉
(위쪽 그림부터 차례로)
농촌 로봇은 "그 팔을 위아래로 움직여 참새를 쫓는 것"이었다.

이 해의 '로봇다운 로봇'이라면 뉴욕의 M. 테넨바움(Milton Tenenbaum)이 제작한 〈로봇〉(〈과학화보〉 11월호)을 손꼽을 수 있다. 이 〈로봇〉은 인간과 똑같이 만들기 위해 외피를 고무로 만들었다. 사진으로는 확실히 인간과 닮았지만 따지고 보면 이것은 완성도 높은 마네킹 인형이었고 '이동'은 불가능했다.

1930년대 중반이 되기 전부터 바다에서 사용할 수 있는 새로운 잠수복들이 주목받았는데 때때로 잡지에 소개되었다. 내부에 사람이 들어가는 이 장비는 그 모습이 로봇과 흡사했다. 당시 심해 탐험이 이루어지고 있었다. 미국의 윌리엄 비비(William Beebe, 1877~1962)와 오티스 바튼(Otis Barton, 1899~1992)은 깊은 바다에서 사용 가능한 잠수장비를 제작하여 1935년 실제로 대서양 버뮤다 제도의 바다 속 908m까지 내려가는 신기록을 세웠고 동시에 해양 조사도 진행했다. 그들의 심해용 잠수장비는 두 개의 조종 장치를 달고 있는데 그 모습은 로봇처럼 보이지만 미국인들은 그것을 그렇게 부르지 않았다.

[그림 213] '로봇 의상'
별명은 '성층권 비행복'

바닷속 심해를 향한 도전이 있었다면, 다른 한편 하늘 위 성층권을 향한 도전도 있었다. 성층권 비행의 본격적인 실험은 대부분 미국에서 1931년 전후에 시작되었다. 1933년 세계 최단 시간 비행에 성공한 윌리 포스트는 성층권 비행에도 도전했다. 〈과학화보〉 2월호에 소개된 그의 비행복장은 잠수복과 비슷했으며 '로봇 의상'이라 불렸다.

이처럼 로봇에게는 당시가 어두운 시대였다. 그러나 한 줄기 빛이 내리고 있었다. 로봇을 '고급완구' 정도로 취급하는 사회적 분위기를 탈출하기 위해서 어떤 것이 필요했을까? 어떻게 해야 로봇의 진화가 가능할 수 있을까? 로봇의 다음 시대를 개척하기 위해서는 넓은 의미에서 '사고능력'이 반드시 필요했다. 생각하는 능력을 갖춘 로봇은 탄생 초기에 내려졌던 로봇의 정의에서 벗어나고 말지만, 원래 로봇이라는 말의 의미는 유연성이 있었을 뿐만 아니라 그 정의도 확장될 수 있었다.

1935년 10월 8일 〈요미우리신문〉은 과학 섹션에 "생각하는 능력을 가지고 있는 〈인조 쥐〉의 발명"이라는 기사를 간략히 보도했다.

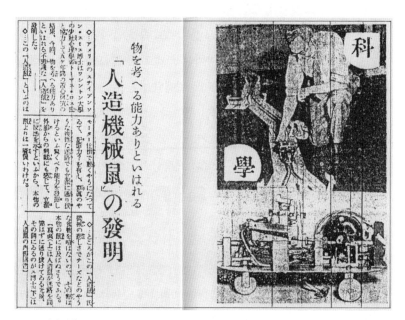

[그림 214] 〈인조 쥐〉
알려진 바에 따르면 이 로봇을 기사로 다룬 것은 〈요미우리신문〉이 유일했다는 점은 이상하다. 아마 거의 모든 매체들이 이 기계를 하찮은 존재로 여겨 기사화하지 않았을 것이다. 어떤 사람들은 번역 원고를 보고 '생각한다'나 '기억력'이라는 말에 충격을 받았을 것이고, 반면 다른 고지식한 사람들은 그만큼 강하게 거부감을 느꼈을 것이다. 연구의 자유도 그처럼 고지식한 사람들이 억압했던 것이 아닐까?

미국의 스티븐슨 스미스 박사는 워싱턴대학 소장 심리학자 토머스 로스 씨와 협력하여 약 5년간 힘든 연구 끝에 드디어 생각하는 능력을 가졌다는 불가사의한 <인조 쥐>를 발명했다.

이 <인조 쥐>는 모터 장치로 움직이게 되어 있고, 기억력(?)을 가지고 사진에 나온 복잡한 미로도 훌륭하게 탈출한다는 놀라운 능력을 발휘했고, 외부 자극에도 훌륭하게 반응한다고 하니 진짜 쥐보다 훨씬 더 똑똑한 것이다.

이 〈인조 쥐〉 사진을 보면 작은 스케이트보드처럼 생긴 것 위에 모터와 몇몇 장치들이 설치되어 있다. 이것은 전자계산기의 시초인 〈일렉트릭 마우스〉의 '조상'쯤 될 것이다. 훗날 벨연구소에서 개발된 〈일렉트릭 마우스〉는 무수한 시행착오(trial and error)를 겪으면서 미로 속을 돌아다니면서 길의 최단 거리를 기억하여 출발점에 되돌아가는 기계로 최종적으로는 틀리는 일 없이 한 번에 목표 지점으로 도달하도록 설계되었다.

신문 기사는 〈인조 쥐〉의 구체적인 구조나 시스템 전체를 밝히지는 않았지만 그것은 공개된 시작품 제1호기라고 할 수 있었다. 그 이유는 1948년 〈엘마〉라고 이름 붙인 '전기거북이'를 제작한 W 그레이 월터(Willam Grey Walter, 1910~1977)가 자신의 책《살아 있는 두뇌(The Living Brain)》에서 다음과 같이 말하고 있기 때문이다.

생물의 외관이 아니라 그 행동을 모방하는 기계를 제작한 최초의 시도는 미로 안에서 길을 찾아내는 동물 지능에 관한 잘 알려진 테스트에서 힌트를 얻었다. 1938년에 미국의 토머스 로스는 이러한 기계를 제작했고 그 기계는 동작을 모방했다. 시행착오의 방법 덕분에 이 기계는 장난감 기차의 선로 위에서 올바른 목표로 향하는 길을 찾을 수 있는 방법을 '학습'할 수 있게 되었다.

로봇 창세기

그레이 월터에 의하면 로스는 3년 뒤에 실험에 성공했다고 한다. 하지만 이는 무엇을 하든 좋은 '연구의 자유'를 보증해주었던 미국이었기에 가능한 일이었을 것이다. 〈요미우리신문〉 기사는 "그 기계의 슬픔이라면 치즈와 같은 음식을 먹지 못하기에, 그 점은 진짜 쥐를 따라가지는 못할 것 같다."는 농담으로 마무리 짓는다. 일본인이라면 누구라도 비슷하게 생각했을 것이다. 당시에 그 기계의 엄청난 가치를 알아본 일본인은 거의 없었다.

어른들의 세계에서 로봇 열기가 식은 뒤에 로봇에게 남겨진 것이라고는 아이들 세계밖에는 없었다. 〈도쿄아사히신문〉의 '가정' 섹션에 4월 1일부터 5월 31일까지 다케이 다케오의 〈발명가 핫짱〉이 연재되었다. 이것은 소년이 만든 로봇이 자유롭게 돌아다니면서 아이들을 기쁘게 한다는 이야기였다.

또한 4월에는 고토 산지(後藤三二)가 아동만화연구회 출판부에서 《엄청나게 날뛰는 로봇》을 출간했다. 다가와 스이호(田河水泡)가 그린 〈가무제〉와 닮았지만 그것보다는 조금 각진 로봇이 사람들 사이에서 소동을 일으킨다. 저자는 인간처럼 보이지만 인간이 아니라는 점에 웃음 코드를 배치했다. 하지만 이 책 전체가 로봇을 소재로 한 것은 아니다. 다만 이 만화 작품이 홀

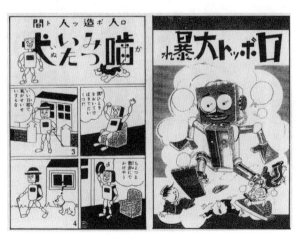

[그림 215] 《엄청나게 날뛰는 로봇》의 표지와 만화 자동차, 무거운 짐, 고스톱, 통행정지, 소나기, 너구리, 물어뜯는 개, 투신, 얻어맞은 실업자, 도둑 등 각 화의 특징을 한눈에 볼 수 있는 로봇물과 로이드의 타씨, 엉망진창 만록 등의 다른 만화가 같이 연재되었다. 발행처인 아동만화 연구소는 오사카에 있었다.

[그림 216] 《유선형 만화열차》의   [그림 217] 〈아버지 로봇〉
〈인조인간 도깨비 정벌〉

류한 것은 겉표지와 안쪽 표지에 커다란
로봇을 그려 넣은 점에 있다.

6월에도 다카하시 하루오(高橋春雄)가 소
문관서점에서 《유선형 만화열차》라는 만
화책을 출간했는데 여기에도 〈인조인간의
도깨비 정벌〉이라는 한 편이 포함되었다.

그리고 〈어린이의 과학〉 11월호에 실
린 만화 〈이런 것은 어때?〉에도 〈아버지
로봇〉이 등장한다. 이처럼 로봇은 만화
속에서 맹활약을 펼쳤다.

박람회장에서 어른들의 관심을 끌던
로봇들도 이제는 아이들의 것이 되었다.
1932년의 발명전람회에서는 움직이는 동
물 로봇이 출품되어 호평을 얻은 바 있다.

[그림 218] 〈발명가 핫짱〉

그런데 1935년 8월 8일부터 9월 8일까지의 여름방학 기간 중에 도쿄 신주쿠의 이세탄백화점에서 개최된 〈어린이 과학전람회〉에도 코끼리 등의 '움직이는 모형'이 전시되어 인기를 끌었다. 여기에는 아이자와 지로의 로봇도 포함되었다.

[그림 219] 〈어린이 과학전람회〉 기사
"먼저 7층의 첫 번째 전시장 입구에는 전기장치로 긴 코와 두꺼운 다리를 움직이는 마치 살아 있는 듯한 코끼리", "라디오 꼬마전차", 그리고 "7명의 로봇 악사들이 전기장치로 교향악을 연주하는" 등 여러 가지 로봇들이 전시되었다. 사진은 인기가 많았던 코끼리 로봇이다.

그때까지 운노 주자는 로봇을 소재로 한 작품을 발표하고는 있었지만 아직도 '로봇다운 로봇'을 만들지는 못했다.

1934년부터 〈과학지식〉에 연재한 〈상식 전기학 속편〉의 제15회(7월호)는 제목이 〈전기 살인기계 이야기〉였다. 사노 쇼이치라는 이름을 내고 쓴 이 글에는 제목 그대로 직간접적으로 전기를 사용한 살인기계들이 열거되었다. 그 가운데 공상의 산물로서 로봇이 들어가 있었다. 이 즈음 운노는 사회를 배경으로 한 소설에 로봇을 등장시키는 것이 그다지 내키지 않았던 듯하다.

그는 그해 11월 〈체신협회잡지〉 327월호에 〈기담(奇譚) 구로가네 뎅구〉를 발표했다(이것은 목차에 따른 표기로 본문 제목에는 '기담'이라는 단어가 생략되어 있다). 이 작품의 무대는 에도시대이다. '구로가네 뎅구'는 인간의 텔레파시로 조종되는 '기계인간'이다.

원래 이 작품의 최초 원고는 1924년경 〈킹〉에 응모했다가 떨어진 것이었다고 한다. 그렇다면 이것은 로봇을 소재로 한 소설로서는 노비하라 겐의 〈전파소녀〉와 시기상 앞뒤를 다투는 작품이 된다. 그렇게 생각하면 로봇을

[그림 220] 〈구로가네 뎅구〉의 제목이
들어간 표지
여기에 표현된 것이 바로 '구로가네
뎅쿠'이다. "한노조는 이마 위로 오
른 손을 들어 수상하게 흔들었다. 그
러자 그는 일종의 자기 최면에 빠져
이상한 정신집중 상태로 들어갔다."
"두뇌의 운동은 인공전파를 일으켜
공중으로 날아가고 그것이 수신기와
다름없는 기계인간 구로가네 뎅구를
마음대로 조종했다." '구로가네 뎅구'
는 이런 방식으로 움직였다.

소재로 다룬 운노의 작품은 그 범위가 상당히 넓다. 최초의 원고와 수정 원고 사이에 일어난 로봇 열기의 영향을 조금은 받지 않았을까 싶다. 하지만 원래의 응모작이 사라지고 없는 지금 둘을 비교해서 확인할 방법은 없다. 이 작품은 다음과 같은 무시무시한 묘사로 마무리된다.

그 후로 구로가네 뎅구는 에도 시내에 출몰하지 않았다.

오카바키 도라마츠는 지붕 위에서 그 밤의 결투를 아연실색하며 바라보았는데 잠시 탐색하다가 한 줄기 밝은 빛을 발견했다. 그리고 지취가 사라진 구로가네 뎅구의 행방을 찾으러 마을 구석구석, 산과 들을 돌아다녔다. 그 결과 코우노 산중에서 한노조가 숨어 사는 집을 찾아냈다. 하지만 중요한 한노조도 기계인간도 찾아내지 못했다. 그 둘(?)은 아마도 인간이 도저히 발 디딜 수 없는 깊은 산속이나 호수 밑에서 아무도 모르게 죽어갔으리라고 생각했다. 그 후로 도라마츠는 비바람에 쓸려가는 한노조의 새하얀 해골과 빨갛게 녹슨 기계인간의 모습을 몇 번이나 꿈에서 보았다.

이 작품에는 그린 사람을 알 수 없는 삽화가 실려 있는데 게재된 잡지의 성격이나 출판사 등을 생각해보면, 이 그림은 오랫만에 운노 자신이 그린 것일 수도 있다.

그 밖의 로봇 관련 기사를 살펴보자.

〈과학화보〉 3월호는 〈로봇, 영화에서 활약〉을 게재했는데 첨부된 사진만으로도 한눈에 인간이 로봇 내부에 들어가 있다는 것을 알 수 있다. 아쉽게도 이 영화의 제목은 적혀 있지 않다.

8월 5일자 〈도쿄아사히신문〉의 '라디오 주간보도' 섹션에는 '로봇 방송'이라는 표현이 들어갔다. 이것은 사사키 모사쿠(佐佐木茂索, 1894~1966)의 아내이자 소설가였던 사사키 후사(ささきふさ, 1897~1949)가 쓴 글에서 기계적으로 처리된 라디오 방송을 향해 말한 쓴소리였다.

〈과학화보〉 9월호는 〈로봇, 비행성공을 앞두다〉라는 짧은 기사를 올렸는데, 이것은 이미 1933년에 화제가 됐던 자동조종장치를 말하는 것이 아니라 '항공기의 무선 조종'을 카리킨다. 이 기계는 영국에서 실험되어 좋은 결과를 얻었다고 한다.

같은 잡지 10월호에 실린 가도오카 하야오(門岡速雄)의 〈음악 작곡의 미래〉는 만일 '섬세한 로봇'이 제작되어 연주를 할 수 있다면 작곡가가 이상적으로 생각하는 연주도 할 수 있을지를 묻고 있다. 이 글은 기술과 예술의 입장에서 문제를 제기했다.

2

신어사전에 '로봇'이라는 단어가 일반적인 항목으로 수록될 무렵 로봇 열기라고 할 시기는 이미 끝나 있었다. 반면 백과사전처럼 대형 출판물의 출간과 같은 사례에서는 사실상 로봇이 좋은 기회를 얻었다. 로봇의 열기가 활짝 피어난 뒤가 아니라면, 로봇에서 표본을 분류하여 라벨을 붙인 다음 알맞은 곳에 배치하는 것은 불가능할 것이다. 부산방출판사의《국민백과대사전》은 1931년《일본 가정 대백과사전》이 색인을 포함해서 모두 4권으로 간행됐을 무렵부터 편집되기 시작했다.

항목 선정에서 출발해서 일정한 과정을 거쳐 원고가 완성된 시점이 1933년이고, 인쇄에 들어간 뒤 1934년 3월에 이르러 제1권이 세상에 나왔다. 마지막 권인 제12권은 1937년 4월에 간행되었다.《국민대백과사전》은 앞에서 간행된 평범사의《대백과사전》과 더불어 이 시기를 대표하는 백과사전이다. 제12권에 수록된 '로봇' 항목에는 '자동인간'이라는 표현도 있으며 아래와 같은 내용으로 되어 있다. '인조인간'은 '로봇'과 '자동인형'이라고 정의되었다. 당시 본문은 아래위 종서체가 아니라 가로 인쇄로 제작되었다.

로봇 (robot) : 체코슬로바키아 작가 차페크의 작품《R · U · R》(1921)의 인조인간. 생산을 위해 완전히 기계적으로 제작되었는데 결국 인간을 멸망시키고 신세계를 연다. 인조인간의 별명 (또한 인간의 형태가 아닌 순수한 자동기계. (예) 〈자동판매기〉 → 자동인형

다음의 '자동인형' 항목은 아래와 같다.

자동인형 (영) automaton (독) Automat : 기계장치 혹은 전기장치에 의해 자동적으로 작동하는 인형. 장치의 동력에 따라 기계적인 것과 전기적인 것으로 나뉜다. 전자는 대부분 태엽 장치이며 동작의 지속성이 없다. 후자는 그 동력의 성질에 따라 동작의 지속성이 있다. 그러나 인형의 작동은 모두 기계적이다. 간단한 것은 손, 발, 눈, 귀, 입 등을 움직일 뿐으로 가게 앞에서 광고로 사용되고 정교한 것은 인형

　　　　　　　　　　　　　　　　　　　　　　　로봇 창세기

의 손, 얼굴 피부 등에 유연성이 있으며 말도 하고, 어느 정도까지는 인간의 의지를 분별하여 명령을 듣고 동작하는 것까지 연구되었다. 자동인형을 동반자 수준으로 만들기 위해 연구하는 사람도 있다. 말하자면 로봇은 자동인형의 한 종류이다. 간단한 것은 기계적으로 동일한 일을 반복하는 장치가 설치되어 있다. 전기적으로는 잠수함이나 비행기를 무선으로 자유롭게 조종할 수 있도록 전파를 수신하는 수신 장치, 증대시키는 증폭 장치, 이에 따라 동작하는 계전기 장치, 작동 동력인 전동기, 각 부분을 작동시키는 기계장치, 발성장치 등의 장치가 설치되어 있다.

'로봇' 항목에서 하나의 사례로 언급한 '자동판매기' 항목의 설명은 '자동인형' 항목보다 훨씬 많아 거의 1쪽 분량이 할당되어 있으며, 다른 1쪽에는 다양한 자동판매기 사진이 수록되어 있다.

그런데 1931년과 32년 항목 선정 작업에서 수차례의 회의가 이루어졌을 텐데도 결국 '로봇' 항목이 '자동인형' 항목 아래로 들어가고 말았다. 한편으로는 인류의 역사에 도움이 될 것이라는 숭고한 목적과 다른 한편에서는 인간의 일자리를 빼앗을 '위험한' 존재인 발명품 로봇은 몇 가지 이유로 그 '조상'이라고 할 수 있는 자동인형의 분류 안에 포함된 것이다. 하지만 인간과 기계의 관계에 부여한 로봇의 혁신적인 의미를 그대로 둔다고 쳐도, 그 당시 로봇들의 작동 수준을 고려한다면 이러한 평가도 어쩔 수 없었던 것으로 보인다.

왜냐하면 항목의 설명 내용을 보더라도 당시의 기술수준으로는 동력원이 다를지라도 작동장치들은 로봇이나 자동인형이나 별반 차이가 없었기 때문이다. 양방향 통신은 자동인형과는 크게 다른 특징이었지만 이 기술 자체는 로봇 기술과는 계보가 다른 것이었다. 로봇이라 불린 〈텔레복스〉처럼 실용적인 장치나 기계 말고는, 대다수 로봇은 그저 새로운 옷을 입었을 뿐

기술적으로는 자동인형과 비슷한 수준의 것들이 많았다. 그리고 사람들이 그런 로봇들에 과민, 그리고 과잉 반응한 것도 사실이었다.

한 가지 더 사전에 관한 사례를 언급해보자. 1935년 10월에 암파서점에서 야스기 사다토시(八杉貞利)가 편집한 《암파판 러일사전(岩波版露和辞典)》이 처음 발행되었다. 바로 이 사전에도 러시아어로 'робот' 즉 '로봇' 항목이 수록되었다. 일본어 번역은 간단하게 "꼭두각시, 로봇"이라고 되어 있다.

그런데 그사이 카렐 차페크는 무엇을 하고 있었을까?

차페크의 작품은 당시로서는 '이상하리만큼' 일본에서 여러 편이 소개되었다. 《R·U·R》과 마찬가지로, 차페크가 그의 형과 함께 쓴 1921년 작 《벌레의 생활》(형과의 공저)과 1922년 작 《마크로풀로스의 비술》은 각각 기타무라 기하치와 스즈키 젠타로에 의해 일본어로 옮겨졌다. 그리고 《벌레의 생활》은 1925년 츠키지소극장에서 첫 공연이 이루어졌다.

1929년에는 〈문학시대〉 10월호에 나카가와 류(中川龍)가 일본어로 옮긴 《영국 문단의 인상》이 실렸다. 1932년 1월 22일과 23일 가와구치 히로시(川口浩, 1905~1984)는 〈도쿄일일신문〉에 〈체코 문학〉이라는 글을 발표했는데, 당연한 것이겠지만 거기에 차페크의 이름도 올라왔다. 또한 로봇의 기원을 이야기할 때마다 차페크의 이름이 거론되었다. 로봇이 화두가 될 때마다 그것을 아는 사람들은 저마다 분명 차페크를 연상했을 것이다. 차페크는 로봇과 함께 있었다.

1933년 10월 12일 〈요미우리신문〉은 〈호르두발〉을 '차페크의 신작'으로 짧게 소개했다. 1935년에는 〈신청년〉 봄 증간호가 차페크의 단편소설집 《한 주머니에서 나온 이야기(Povídky z jedné a z druhé kapsy)》 중에서 〈플래그의 비밀〉(아사노 겐부 옮김, 요코야마 류이치 그림)을 실었다. 이 잡지는 이듬해 신춘 증간호에 같은 책 속의 한 편인 〈점술인〉(호리 츠네미치 역)을, 그리고 그 이듬해인 1937년에도 〈야니쿠 씨의 이상한 생활〉(아사노 겐부 옮김)을 게재한다. 물론 이것이 전부는 아니며 다른 작품들도 일본어로 옮겨져 단행본으로 출판되었다.

이처럼 일본에서 차페크의 작품들이 번역 출판된 이유는 그의 체코어 원작들이 영어로 번역되어 있었기 때문이었다. 더욱이 《R·U·R》의 충격 이후 차페크는 동시대 작가로서 늘 주목받았기 때문이다. 차페크는 1935년 9월부터 1936년 1월까지 〈리도베 노비니〉에 〈도롱뇽 전쟁(Válka s mloky)〉을 연재했는데 이 소설을 쓸 당시 관찰했던 프라하동물원의 도롱뇽은 1928년 4월에 일본에서 체코슬로바키아로 보내진 것이었다. 그런 이유에서인지 이 작품 속에는 일본이나 일본인이 등장한다. 〈도롱뇽 전쟁〉에는 일본의 정치적 선언 자료가 이미지로 삽입되었는데, 이것은 내용과 의미가 전혀 다른 것으로 우가 이츠쇼(宇賀伊津緒)가 옮긴 《인조인간》의 본문 44쪽을 우연히 가져다 사용한 것이었다.

그런데 서양에서도 마찬가지로 로봇 열기가 뜨거웠을 것이므로 '로봇'이라는 말을 처음 만든 사람이 당연히 어떤 언급이라도 했음직한 시기였다.

1935년 6월 9일 〈리도베 노비니〉에 그의 그런 언급이 등장한다. 제목은 〈《로봇》 저자의 자기방어〉이다.

로봇은 양철로 된 손발, 톱니바퀴나 철사 등으로 만든 내장을 가지고 있다는 개념이 정착된 후에도 저자인 나는 매우 오랜 침묵을 지키면서 나 자신의 의견을 말하지 않았다. 여러 가지 동작을 하고 시간을 말하며 마침내 비행기 조종까지 하는 강철 로봇의 실물이 드디어 나타났다는 뉴스를 봐도 그다지 기쁘지 않았다.

그러나 모스크바에서 '전파로 조작되는 기계로봇'이 등장하는 영화가 제작됐다는 소식에 차페크는 항의할 마음이 생겼다. 차페크가 경이롭게 생각한 것이 있다면 "그것은 기술이 아니라 과학이었다(네빌라 토 테히니카, 니브르즈 비에다)." 반면 그 소련 영화란 〈기계인간(ГЧБЕЛВ СЕНСАЦИИ)〉을 말한다 (1935년, 이 영화의 제목은 〈WHD〉 일본판에 따른 것이다).

그러니까 기계가 인간을 대신할 수 있다든지, 로봇의 톱니바퀴 안에서 생명이나 사랑 혹은 반항이 눈을 뜰지 모른다는 생각이 등장하게 된 것은 모두 당신 때문이니까 책임지라고 한다면 나는 소름이 끼쳐 거부할 것이다.

차페크가 로봇을 생각하게 된 것은 "기계공이 기술에 대해 가지는 자긍심 때문이 아니라 정신을 옹호하는 자가 형이상학에 대해 가지는 겸허함" 때문이다.

그런데 로봇을 사용한 세계적 사기라고 말할 수 있는 것들이 횡행하고 있는데 그것은 작자의 책임이 아니다. 톱니바퀴, 광전지, 그 외 여러 수상한 기계의 부분품을 체내에 장치한 양철 인형을 세계에 내보낼 생각은 없었다. 그런데 오늘날의 세계가 내가 만든 과학 로봇에는 눈길도 주지 않고 그 대신에 기술 로봇을 만든 것은 이미 명명백백하다. 현대는 확실하게 기술 로봇을 필요로 하고 있다. 세계가 기계로봇을 필요로 하는 것은, 생명보다도 기계를 믿고 있기 때문이고 생명의 기적보다도 기술의 경이에 마음을 빼앗겼기 때문이다.

그리고 이어서 이렇게 마무리 한다.

그렇기에 영혼을 갈망하는 로봇들에게 반란을 일으키도록 설정해서 현대인들의 기계에 대한 미신에 저항하려고 했던 나는 패배를 인정할 수밖에 없다. 그러나 그 누구도 패배를 인정하는 나의 명예까지 부정할 수는 없을 것이다.

그 밖에도 1921년 이후 차페크는 로봇에 관해 적어도 7편 가량의 짧은 글들을 발표했다.

최초의 글은 1921년 2월 24일에 발행된 〈무대〉 제8호에, 그다음은 1922년 6월 18일 〈리도베 노비니〉에, 또한 1923년 5월 런던에서 이루어진 토론회 때 로봇에 대해 언급했는데 차페크는 영국으로부터 이에 대한 글을 부탁받아 7월 23일 〈새터데이 리뷰(Saturday Review)〉에 실었다.

1924년 6월 2일 〈이브닝 스탠더드(Eevening Standard)〉의 글과 1933년 12월 24일자 〈리도베 노비니〉의 글은 이미 앞에서 언급했던 것처럼 '로봇'이라는 말의 발생 과정을 밝혔다. 게다가 차페크가 여배우 올가 샤인플루고바(Olga Scheinpflugová, 1902~1968)에게 보낸 편지가 1946년 그녀의 자서전적 소설인 《체코이야기(Český román)》에 인용되었고, 또한 거기에는 《R·U·R》에 대해서도 다른 부분이 있다.

이 두 사람은 차페크가 《R·U·R》을 집필할 무렵 알게 되어 1935년에 결혼했다. 그가 로봇에 대해 마지막으로 쓴 글은 1935년 9월 23일자 〈프라거 타크블라트〉로 이 글 또한 앞서 언급한 것처럼 골렘에 대해서도 언급했다. 이것 외에는 1935년에 로봇에 관해 쓴 차페크의 글은 더 이상 없는 듯하다.

※ 차페크 글의 인용은 1992년 구리스 게이가 옮긴 《로봇》(시월사)에서 가져왔다.

과학의 폭주인가? 인간의 패배인가?

1

해가 바뀌어 산뜻하게 재탄생한 기분이
들면 다시 한 번 생명에 대해 생각하게 된
다. 도쿄제국대학 교수인 카부라기 도키오
(鏑木外岐雄, 1890~1966)는 새해 첫날과 1월 4
일 〈요미우리신문〉에 〈생명의 기원〉이라
는 글을 2회 연재했다. '과학' 섹션에 게재
된 이 글의 제목이 로봇 비슷한 이미지와
함께 표현되었다. 자세히 보면 이 이미지는
미래주의자 이보 판나끼의 〈수형자 4K〉를
참고했다는 것을 알 수 있다. 생명과 로봇,
그리고 미래주의의 상관관계는 뿌리 깊은
것이다.

[그림 221] '과학' 섹션의 이미지(오른쪽 그림)와
〈수형자 4K〉(왼쪽 그림)
생명에 대한 논의는 로봇과 무관하지 않다.
로봇은 미래주의와 밀접하게 관련된다. 생
명, 로봇, 미래주의가 한 번에 만난 듯 보이
는 새해 첫날의 이미지이다.

이 즈음 어쩐 일인지 다시금 〈100년 후의 세계〉 기획 글이 눈에 많이 띈다. 4월에 공개된 영화 〈500년 후의 세계(The Phantom Empire)〉에 자극받아 등장한 기획인지도 모른다. 미국 마스코트(Mascot Pictures)사가 제작한 이 영화는 한 해 전인 1935년에 완성되었다. 주인공은 광물질 라듐을 훔친 도둑의 뒤를 밟아 지하 6km에 있는 무라니아 제국에 이르게 된다. 그런데 이 영화에 비록 주인공은 아니지만 로봇이 등장한다.

7월에는 스노우치 후미오(須之内文雄)가 쓴 《100년 후의 세계》가 실업지일본사에서 나왔고, 여기에 포함된 〈부인문제와 유행〉이라는 글에 '인조인간으로 인해 출산이 편리해진다.'는 문장이 있다. 그러나 여기서 말하고 있는 것은 버큰헤드의 논의와 같다.

그리고 또 하나의 '100년 후' 논의가 있다. 1936년 6월 19일 JOAK 〈어린이의 시간〉에서 방송된 사노 쇼이치(운노 주자)의 〈100년 후의 세계는 어떻게 될 것인가?〉가 그것이다. 이것은 주인공이 '타임머신'을 타고 100년 후의 미래

[그림 222] 영화 〈500년 후의 세계〉 한 장면(위쪽 그림)과 영화 신문 광고(아래쪽 그램)
연속활극을 다시 편집하여 제작한 것이었기 때문에 이야기가 제대로 이어지지 않는 부분도 있었다. 하지만 전투 장면이 많은 덕분에 블록버스터를 좋아하는 관객들의 호응을 얻었다. 드문 예인데 로봇이 모자를 쓰고 있다.

[그림 223] 〈인조인간사건〉
이 작품에서 고바야시 히
데츠네(小林秀恒)가 좌우 양
면에 걸친 그림 5점을 그
렸다. 등장하는 로봇은 'Q
형 8호'라고 불렸고 단어
들에 반응하여 작동한다.
'고텐(荒天)'이라고 말하면
목을 왼쪽으로 돌리고 '갓
소(滑走)'라고 말하면 무릎
을 굽히는 식이었다. 이것
이 호무라 탐정의 주의를
끌었고 사건 해결의 실마
리가 된다.

를 체험한다는 스토리로, 안타깝게도 〈어린이의 텍스트〉 6월 방송호에는 100년 후에 도달한 부분까지만 기술되었다. 하지만 방송용 원고는 꼼꼼한 수정을 거쳐 1937년 4월 라디오과학사가 출간한 《지구 도난》에 수록되었다. 이 이야기의 독창성은 타임머신을 탄 주인공이 로봇으로 변해 100년 뒤의 미래 세계에 도착하는 지점에서부터 발휘된다. 여기서 로봇이 멋지게 다시 등장한 것이다.

운노 주자는 〈문예춘추 올 읽을거리〉 1936년 12월호에 〈인조인간 사건〉을 발표했는데, 여기서 드디어 로봇을 '현재' 무대로 데려왔다.

그때 그의 눈에 들어온 것은 기계선반과 함께 시신을 담는 커다란 관을 벽 쪽에 세워 놓은 것 같은 상자 속의 강철 인조인간이었다. 그것은 인간보다 조금 더 크고 두 배나 큰 갑옷을 입은 중세 기사의 모습으로 매우 훌륭해 보였다. 정면을 바라보고 있는 얼굴의 턱은 두툼했고, 오똑한 코는 날카롭게 세워졌으며, 그 아래 초승달 모양의 입속에는 확성기가 보였다. 그리고 광전관으로 된 두 눈은 번쩍거렸다. 또한 두 귀는 한때 유행했던 라디오 나팔처럼 얼굴 측면에 붙어 있었고 뻗어 나온 나팔의 입구는 검은 천으로 덮여 있었다.

운노는 로봇의 모델로 〈에릭〉을 선택했다. 이야기 속 로봇은 자신을 만든 다케다 박사를 덮쳐 살해하는데 '어째서 그리고 어떻게'라는 어려운 문제를 탐정 호무라 소로쿠(帆村莊六, 이 이름은 '셜록 홈즈'를 빗댄 언어유희이다-옮긴이)가

로봇 창세기

해결해 간다. 호무라는 그의 이전 작품인 〈인조인간 실종사건〉에도 등장한다. 결국 이야기 속 그 로봇은 특정 단어로 작동한다는 것이 밝혀진다. 이것은 〈텔레복스〉나 〈윌리 보카라이트〉의 기능과 동일하다. 히라노 레이지의 소설과 마찬가지로 운노의 작품에서도 이 시대의 대표적인 두 종류 로봇을 합체시킨 것이다.

  아이자와 지로는 1936년 1월에도 고산당서점에서《알기 쉬운 모형 제작 비법》을 출판했다. 이 책 속에도 로봇이 등장한다. '라디오 체조를 하는 로봇'의 제작법이 그것이다. 이 로봇의 모델은 1932년에 이어 1936년 3월에도 일본을 찾아온 찰리 채플린(Charlie Chaplin, 1889~1977)이었다. 동력장치는 전자석으로 작동한다. 거기서 나오는 자력이 다리 속의 강철봉을 끌어당기면 다리가 접히고 다시 그 주위를 감싸고 있는 스프링이 복원력을 발휘하면 다리가 펴지는 방식이었다. 이렇게나 로봇 만들기에 열정을 쏟았던 아이사와였지만 긴박하게 돌아가는 시국에 더는 그 열정을 더 이어갈 수 없었다. 로봇 제작에 관한 단행본은 이 책을 마지막으로 끝맺는다.

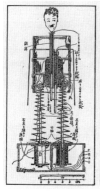 

[그림 224] '라디오 체조를 하는 로봇'의 완성도와 구조도(왼쪽 그림들).
이 로봇의 제작을 위해서 모두 16개에서 17개 정도의 상세한 그림들이 실려 있다. 이것을 보면 아이자와의 열정이 느껴진다.

[그림 225] 〈세계의 왕자〉에 등장하는 로봇의 측면 모습과 신문광고
과학자의 조수가 '초특급 인조인간'을 제작하여 전 세계의 권력을 거머쥐려
한다. 주인공은 사건을 해결하고 과학자의 유언에 따라 로봇을 세상에 보내
모든 위험한 노동을 대신하게 한다. 〈키네마 순보〉는 이러한 스토리로 미루
어볼 때 이 작품이 나치 정권이 들어서기 이전에 제작된 것이라고 추측했
다. 흥행 면에서는 보통의 성과였다.

1936년 12월에는 로봇을 소재로 한 또 하나의 영화가 개봉된다. 〈세계의 왕자(Der Herr der Welt)〉가 그것이다. 이 영화는 독일 토비스영화사(Tobis-Klangfilm)가 1934년에 제작한 것으로, 12월 1일 〈도쿄아사히신문〉의 신문 광고에는 이렇게 나와 있다.

과학의 사나운 기세인가? 인간의 패배인가? 전쟁의 분위기가 감도는 세계

전쟁용 강철 인조인간이 신음 소리를 내며 날뛰기 시작했고, 백만 볼트의 살인광선을 난사한다! 지하공장 폭발! 광산은 피로 얼룩지며 산산조각난다. 아아, 인간은 어떻게 될 것인가. 세계는 어떻게 될 것인가. 천재 과학자도 쓰러졌다. 조여 오는 흥분과 스릴!

또 다른 광고에서는 "독일의 과학영화는 역시 대단하다고 감탄하게 되는 엄청난 스펙터클!"이라고 표현되었다. 실제로 광고한 그대로였을 것이다. 영화 속에 등장하는 거대하며 각진 로봇은 정말 로봇다운 모습이었다. 이 로봇의 뒷모습과 옆모습이 광고 이미지로 남아 있어 확인할 수 있지만 앞모습, 특히 얼굴을 확인할 수 없는 것은 유감이다.

1936년에도 로봇은 제작되었을까?

〈기계화 정원사〉(〈과학화보〉 8월호), 〈살아 있는 것처럼 반응하는 축구인형〉(〈과학화보〉 11월호), 〈움직이는 국화 인형〉(〈요미우리신문〉 11월 3일자), 등등……. 로봇이라는 단어는 이미 과학 잡지나 신문 들의 과학 섹션에서 사라지고 있었다. 아마도 5년 전이었다면 기계나 인형 등은 거의 모두 로봇이라는 표현으로 고쳐 썼을 것이다. 시대가 변했다는 것을 느끼지 않을 수가 없다. 도쿄 우에노공원에서는 1936년 3월 25일부터 5월 15일까지 〈약진 일본공업 대

[그림 226] 〈로봇 은행〉
기사는 다음과 같이 말한다.
"최근 고안된 로봇 예금기계가 영국의 한 은행에서 실험되었다. 화폐나 지폐, 증서 등을 구멍에 넣으면 몇 초 안에 넣은 것들의 사진과 함께 접수증이 나온다. 기계 안에 자동카메라와 그 밖의 여러 장치들이 설치되어 있기 때문이다. 나아가 거래 내용과 거래 시간이 내부에서 자동으로 기록되는 대단한 물건이다."

박람회〉가 열렸는데, 이 전시에 '움직이는 동물'들이 손님을 끌기 위해 출품되었다. 하지만 광고 문구에는 "메커니즘의 극치 맹수 왕국 전기동물원"이라고 되어 있을 뿐 '로봇'이라는 단어는 없었다.

4월 19일 〈도쿄아사히신문〉에 〈로봇 시보기〉, 〈과학지식〉 6월호에 〈로봇 은행〉에 관한 글이 실리기는 했지만 이것들은 이미 해외 과학뉴스에서 보도된 것이었기 때문에 새로운 맛이 없었다. 이제 그만큼 로봇의 충격은 약해진 것이다.

신문이나 잡지에 실린 로봇 관련 기사들은 어떻게든 모아볼 수 있겠지만, 그 속에 사용된 로봇이라는 단어찾기는 운에 맡길 뿐이다. 예를 들어 제국교육회가 간행한 〈제국교육〉 3월호에서 이시하라 준(石原純, 1881~1949)은 '과학과 종교'에 대해 논하며 다음과 같이 말한다.

모든 인간은 로봇처럼 기계로 만들어지지 않는 한 그 어떤 종교라도 가지지 않을 수 없을 것이다.

두 번째 의미의 로봇을 원한다면, 〈로봇 유세〉라는 제목의 글을 언급할 수 없을 것이다(〈요미우리신문〉 2월 7일). 제국의회는 1936년 1월 21일 해산하여 선거에 돌입한다. 눈이 많이 내린 이와테현에서는 후보자가 선거구 각지를 돌 수 없었기 때문에 다른 대리인들을 내세워 연설을 시켰다. 바로 그 대리인들을 로봇이라 불렀다. 투표는 2월 20일에 치러졌고, 그 뒤 6일이 지난 2월 26일에 '2·26사건[32]'이 일어났다. 쇼와 시대가 10년을 넘기면서 시대는 이렇게 막다른 곳에 도달해 있었다. 이것이야말로 '인간의 패배'였다는 것은 확실하다.

---

32 1936년 2월 26일부터 29일 사이에 일어난 사건. 이것은 도쿄에서 국가개조를 목표로 한 육군의 청년장교들이 부대를 이끌고 쿠데타를 일으킨 사건이다. 26일 새벽에 봉기한 이후 27일에는 도쿄에 계엄령이 내려졌고 28일에는 천황의 칙령에 따라 반란부대에게 각자의 부대로 복귀하라는 명령이 내려졌다. 29일에 반란이 끝나고 주모자 19명은 총살당했다. 이어 3월에는 통제파가 사건을 이용하여 황도파 지도자 4명을 추방하고 발언권을 강화했다. 군국주의 성격의 군인들이 일으킨 이 쿠데타 사건은 1930년대 이후 군국주의를 강화해 가는 일본의 모습을 잘 보여준다.

저는 아달리입니다

1

1937년, 낯설게도 새해 첫날 신
문에 로봇이 등장했다. 그것은 〈도
쿄일일신문〉에 연재되고 있던 〈탐
정 다로〉 제4회였다. 요시무라 지로
가 오시타 우다루(大下宇陀兒)의 글에
13칸짜리 만화를 그렸다. 요시무라
는 이것으로 적어도 세 편의 로봇을
그린 셈이다. 이번 작품에서는 로봇
의 모습에서나, 강철 질감의 묘사에
서나, 1925년 이후 유행을 거치면서
그림의 표현 방식이 세련되어지고
있다는 것을 알 수 있다.

[그림 227] 〈탐정 다로〉
외국의 간첩이 제작한 로봇이 낡은 양옥집에 놓여져
있다. 일본의 비밀을 외부로 유출하려는 것을 주인공
이 저지한다.

한편 내용은 그대로인데 제목만 바꾼 것이 아닐까 하는 생각이 드는 책이 출판되곤 하는데, 이번에는 영화마저 그랬다. 지난해의 〈500년 후의 세계〉가 1937년 1월 〈과학공방전〉이라는 제목으로 다시 개봉되었다. 홍보 문구도 "1억 년 후에 찾아올 초과학의 세계 출현!"이었는데, 멀고 먼 미래의 이야기처럼 보였다. 제목을 바꾸고 재상영하는 것은 그 당시에는 흔한 일이었던 것 같다. 예를 들어 채플린의 1936년 영화 〈모던타임즈(Modern Times)〉도 일본에서 처음 개봉될 때의 제목은 〈유선형 시대(流線型時代)〉였다.

[그림 228] 〈과학공방전〉의 광고

1937년에 일본에서 개봉된 영화들 중 로봇이 등장한 영화는 다른 해보다 많았다. 1935년에 완성된 체코슬로바키아와 프랑스와의 공동 작품 〈거인 골렘(Le Golem)〉이 7월에 개봉되었다. "온갖 짐승이 울부짖을 때, 민중의 정의가 사라지려는 때, 대지의 거인 골렘이 깨어난다!"라는 홍보 문구에서 볼 수

[그림 229] 〈거인 골렘〉
무사시노관 앞(오른쪽 그림)과
다이쇼관 앞(왼쪽 그림)

있듯 주문에 따라 살아나는 이 흙덩이 인형은 로봇은 아니지만 분명 인조인 간 같기는 했다. 홍보 문구엔 실제로 그렇게 적혀 있었다. 개봉했을 때 신주 쿠 무사시노관의 입구에는 모객을 위해 '골렘 인조인간'이 날카로운 눈빛으 로 고개를 돌린 채 쳐다보고 있었다. 아사쿠사 다이쇼관(大勝館)에서는 '전기 장치로 눈, 입, 양손, 그리고 목을 움직여서', '아사쿠사의 모든 아이들을 두 려움에 떨게' 만들었다.

이 영화는 대작이었기 때문에 홍보에도 열을 올렸고, 유력 영화관 앞에 서는 이처럼 활동인형이 전시되었다. 모리나가제과는 무사시노관 앞에서 활동인형 〈카라멜대장〉을 홍보에 이용했고, 마츠자카야는 다이쇼관 앞에 서 가격이 무려 '삼천 엔'에 달하는 독일제 활동인형으로 홍보를 이어갔다. 이것들은 겉모습을 '골렘'으로 바꾼 것이었다. 마츠자카야의 활동인형은 1929년 8월 12일 〈요미우리신문〉에 게재된 것일 수도, 1932년 5월 12일 〈도 쿄아사히신문〉에 게재된 〈발성 로봇〉일 수도 있다.

또 로봇은 아니지만 같은 7월에 스위스 영화 〈영혼을 잃은 남자(Die ewige Maske)〉(1935)도 공개되었는데, 이것도 〈칼리가리 박사(Das Cabinet des Dr. Caligari)〉(1920), 〈프라하의 대학생(Der Student von Prag)〉(1913) 이래의 괴기 공상 영화로 평가된다. 이 작품들도 그렇고, 〈거인 골렘〉이나 〈R·U·R〉도 그렇 고, 이 모든 작품들을 낳은 유럽문화의 깊이에 대해 곰곰이 생각해보게 만 든다.

미국 리퍼블릭사(Republic Pictures)가 1936년 제작한 〈바다 밑의 과학전쟁 (The Undersea Kingdom)〉이 8월에 일본에서 개봉됐다. 이 작품에서도 로봇을 찾아볼 수 있다. "상상으로도, 떠올리지 못했던 지구와 해저왕국 간의 무 시무시한 대격전!"이라고 홍보된 이 영화에 등장하는 로봇은 원통형이었

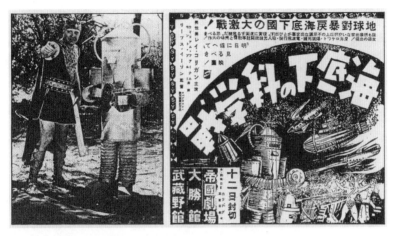

[그림 230] 영화 〈바다 밑의 과학전쟁〉의 신문 광고 장면
바다 밑 깊은 해저에 고대 왕국이 존재한다. 그곳은 과학이 발달해서 지진을 무기로 삼아 지상 세계를 파멸시키려 한다는 이야기를 담고 있다.

다. 마치 둥그런 우체통에 팔다리를 붙인 모습이었다. 그 뒤 리퍼블릭사는 이 로봇의 구조를 약간씩 바꿔 〈더 미스테리어스 닥터 사탄(Mysterious Doctor Satan)〉(1940년), 〈좀비 오브 더 스트라토스피어(Zombies of the Stratosphere)〉(1952년) 등에서도 사용했다.

일본에게 1937년은 어떤 해였을까?

6월에는 도쿄 시나가와구에서 초등학생의 방공훈련이 있었고, 7월에는 중일전쟁의 발단이 된 노구교사건(蘆溝橋事件)이 벌어졌으며, 8월에는 상해사변(上海事變)이 터졌다. 9월에는 통제, 조치, 임시조정, 관리 등 일련의 법률이 공포 시행되었고, 10월에는 츠키지소극장의 〈인조인간〉 공연(1926년)에서 '도민' 역할을 맡았던 도모다 교스케(友田恭助, 1899~1937)가 상해에서 전사했으며, 11월에는 대본영(大本營)이 설치되었고, 12월에는 남경사건(南京事件)이 이어졌다.

이러한 상황이 되자 전쟁이라는 주제 말고는 새로운 잡지 기획이 이루지지 않게 되었다. 〈신청년〉 8월호 〈과학자로 가득한 미래전쟁 좌담회〉에서는 로봇이 화제로 등장했다.

> **운노.** (중략) 미래의 전쟁에서는 수많은 로봇들이 전쟁터로 불려나와 활동하게 될 것이라는 이야기도 있습니다만, 결국 기계화 병단과 인조인간은 내용상 같은 것일까요?

> **구마베.** 대체로 동일한 것이라 생각되네요. 하지만 저는 기계화 병단의 경우 굉장히 작은 사이즈여야 한다고 생각합니다. 실제의 인간과 크기가 같거나, 좋게는 더 작아야 한다고 생각합니다.
> (중략)
> **구마베.** 저는 지금의 기관총이나 소총을 쏘아도 맞지 않을 만큼 작은 인조인간을 염두에 둔 것입니다. 그런 것들이 벼룩처럼 쑥쑥 나아가는 겁니다. (중략) 상대가 크게 만들면 반대로 우리는 작게 만들어야 한다고 봅니다.

전쟁 국면에서 처음으로 로봇의 크기가 논의되었다. 좌담회에 출석한 사람은 구마베 가즈오(隈部一雄, 1897~1971), 다케우치 도키오(竹内時男, 1892~1944), 하야시 다카시(林髞, 1897~1969) 등이었고, 운노 주자가 사회를 맡았다. 운노는 하야시와 1934년에 만났는데, 그의 글재주를 높이 평가하여 탐정소설을 쓰라고 권하기도 했다.

운노 주자는 1937년 〈모던 일본〉 춘계 임시증간호에 발표한 〈18시의 음악 목욕〉, 그리고 〈유년구락부〉의 1937년 8월호에서 이듬해 4월호까지 연

재한 〈전기비둘기〉에 로봇을
등장시켰다.

[그림 231] 〈전기비둘기〉
후세 조슌(布施長春)이 그린 삽화. 미도리가 안고 있는 새가 고
이치 남매가 키우는 전기비둘기 1호이다.
"그때 머리 위에서 꽥꽥하는 이상한 소리가 들려 왔습니다."
이것이 전기비둘기이다.

〈18시의 음악 목욕〉에서는
18시가 되면 '밀키국'의 독재자
가 국민들에게 강제로 음악을
들려주며 세뇌시켜 국민을 로
봇으로 만든다. 제목이 의미하
는 바는 이것이다.

작품 중에는 진짜 로봇도
등장한다. "사람의 지능으로
생각해낸 인조인간의 존재와 온갖 모형이 진열된" 로봇 박물관도 묘사되었
다. 작품 속의 내용에 따르면 박물관에는 "꼭두각시나 갑옷을 입은 무사 같
은 인형, 전파조종에 의한 연속 작동 기계, 그리고 인조피부를 사용해서 만
든 인간 모조품 등 약 700여 종류"나 진열되어 있다고 했다.

운노는 혹시 현실에서도 이런 박물관을 만들려 꿈꿨던 것을 아닐까? 어
쨌든 〈18시의 음악 목욕〉의 결말은 의외로 가혹하다. 결국 '밀키국'에서 인
간으로선 고하쿠 박사 혼자만 살아남게 되고, 나머지는 박사가 조종하는
500대의 로봇들뿐이다. 박사는 죽은 사람도 어렵지 않게 살려낼 정도로 실
력이 출중했지만 그럴 생각이 전혀 없었다. 그러한 상황에서 "고하쿠가 이
끄는 새로운 인조인간 국가는 인간성을 찬미하는 음악으로 둘러싸인 가운
데 새로운 세상의 건설"에 나선다.

이러한 결말을 어떻게 생각해야 할까? 독재자와 피지배자 사이의 관계,
과학자의 냉혹함 등의 주제를 당시의 시대 상황과 겹쳐보면 운노는 대단히
신랄한 비판을 쏟아낸 것으로 생각된다. 로봇이 나오지는 않는 작품의 삽

화는 다카이 데이지가 그렸다.

〈전기비둘기〉는 매체들이나 독자들을 염두에 두고 오빠와 여동생을 주인공으로 삼은 작품이다. 전기비둘기는 비밀 첩보단체가 조종하는 로봇이다. 눈이 반짝거리는 이 비둘기를 사람이 만지면 감전당해 죽는다. 이 로봇은 300명이 탑승한 비행열차를 격추시키기도 한다. 마침내 적들의 손아귀에서 전기비둘기를 빼앗은 오빠 고이치는 여동생과 아버지를 구해낸다.

운노는 1937년 11월 1일 〈주간아사히〉에 게재한 〈비행병사〉에도 로봇을 등장시켰다. 그리고 오카큐 쥬로가 〈신청년〉 12월호에 게재한 〈시간기계〉에도 로봇이 등장한다. 또한 〈강담잡지〉 1월호에서 10월호까지 연재된 〈파리 남자〉에서도 '로봇개'라는 말을 찾아볼 수 있다.

지난해 라디오과학사의 잡지 〈라디오과학〉에 게재되었다가 1937년 7월에는 단행본으로 출판된 《지구 도난》이 라디오로 방송되면서 운노는 늘어난 집필 작업과 전기시험소의 일을 간신히 병행해 나갈 수 있었다.

방송에서는 아이자와 지로가 4월 16일 다시 한 번 〈어린이의 시간〉에 출연하여 〈이과이야기(理科物語) 로봇〉을 언급했다. 〈어린이의 텍스트〉 4월 방송호에 의하면 이 방송은 1936년 만든 〈라디오 체조를 하는 로봇〉의 제작 방법에 관한 것이었다고 한다.

이 무렵 아이자와는 안리쓰전기주식회사(安立電氣株式會社)의 엔지니어였다. 그는 1937년에도 책을 출판했는데 모형공작에 관한 책이 아니라 《그림으로 설명하는 선반공작》(수교사서원)이었다. 시대상황 때문이었는지 매우 잘 팔렸다고 한다.

만화도 시국의 영향을 받았다. 만화에서 로봇은 병기로 등장한다.

시바나 본타로(謝花凡太郎)가 중촌서점에서 《만화 발명탐정단》을 출판했는데, 이 작품에 나오는 주인공들 중 한 명인 마키치가 만든 '갑옷을 입은 인조문어(裝甲人造蛸)'가 로봇이었다. 강철로 된 여덟 개의 다리를 자유자재로 움직일 수 있고, 눈에서는 살인광선

[그림 232] 〈갑옷을 입은 인조문어〉 타아공이란 이름이 붙었다. 해군의 '잠행문어'는 적의 함대를 발견하면 몸을 부딪쳐서 격침시킨다.

을 발사할 수 있으며, 육지는 물론 하늘과 바다에서도 마음대로 움직일 수 있는 대단한 문어였다. '인조문어'는 아마도 '애국의 포스트' 노릇을 하지 않았나 싶다.

여전히 로봇이라고 할 만한 것이 1937년에도 있었을까?

과학 잡지에 게재되었던 〈성층권 탐험 로봇〉(〈과학지식〉 6월호)과 〈어려운 수학 문제를 푸는 로봇〉(〈과학화보〉 3월호). 이 두 가지뿐이다. 전자는 고층 빌딩

[그림 233] 〈성층권 탐험 로봇〉 프랑스의 탐사장치를 소개

[그림 234] 〈어려운 수학 문제를 푸는 로봇〉 단순 계산뿐만 아니라, '어려운 수학 문제를 순식간에 푸는' 미국의 기계. 무게는 1t이다.

[그림 235] 〈인체의 공장화〉 모형
〈홋카이도 대박람회〉 위생관에 전
시되었다. 정확히는 '공장화한 인
체모형'이라고 하며, 이것을 만든
것은 라이온치약(ライオン歯薬)이다.

에서 기상 상태를 무선으로 알려주는 라디오 장치를 일컫고 후자는 연립방정식을 풀 수 있는 장치를 가리켰다.

로봇에 관련된 것으로 말하자면 1928년 〈어린이의 과학〉에 게재된 〈인체의 공장화〉 그림이 그 뒤로도 여러 해 동안 다른 과학 잡지들에도 실렸다. 그리고 1937년 오타루시에서 개최된 〈홋카이도 대박람회〉(7월 7일~8월 25일)의 전시물 가운데 하나가 되었다.

일본에서 인형을 장식하는 히나마츠리(매년 3월 3일)를 기념하여 〈요미우리신문〉은 '가라쿠리 인형'을 소개했지만, 로봇이라는 말은 어디에도 없었다.

2

1937년 가을, 정확히는 10월 30일에 일본이 매우 어려운 시기였음에도 불구하고 놀라운 책 한 권이 번역 출판되었다. 백수사출판사에서 나온 장-마리-마티아스-필립-오귀스트 콩트 드 빌리에 드 릴라당(Jean-Marie-Mathias-Philippe-Auguste, comte de Villiers de l'Isle-Adam, 1838~1889)의 책《미래의 이브 (L'Ève future)》이다. 릴라당은 가난한 생활 속에서도 이 대작을 1877년부터 계속 써 나아갔다. 이 책의 '후기'에 인용된 한 문장을 보면 그 모습이 다음과 같았다.

로봇 창세기

모뷔주 거리의 가구 하나 없이 텅 빈 방에서 얼어붙을 듯 끔찍한 추위를 견디며 그(릴라당)는 바닥에 배를 깐 채 잉크병 바닥에 남은 몇 방울의 잉크를 물로 녹여 《미래의 이브》의 긴 단락을 써내려갔다.

《미래의 이브》가 프랑스에서 출판된 것은 1886년 5월이다. 그리고 미발표 유고가 1890년과 그 이듬해 잡지에 발표되었다.

'미래의 이브'는 여성 로봇을 일컫는다. 물론 그 책에 로봇이란 말은 등장하지 않는다. 하지만 작품에서는 '안드로이드(androide)'라는 말이 사용되었다. 일본어 번역서에는 이것을 '인조인간'이라 쓰고 거기에 '안드레이도(アンドレイード)'라는 표기를 덧붙였다.

현재 쓰이는 안드로이드를 뜻하지만 '안드레이도'라니 얼마나 우아한가? 부디 소리를 내서 읽어 보았으면 한다. 원래 안드로이드의 어원은 고대 그리스어이다. '안드로스(ανδρὸς)'는 '남자', '에이데스(εἰδῆς)'는 '형상'을 뜻한다. 그래서 안드로이드란 '남성과 같은 것'을 뜻하며, 이것이 '인간과 같은 것, 그러한 형태를 한 것'이라는 의미로 변형되었다.

일본어 번역서는 박스 안에 넣어진 프랑스식의 디자인을 채택했고, 국판 600쪽이 넘었다. 책의 장정이 작품 자체에 뒤지지 않을 만큼 아름답다. 번역도 훌륭하다. 와타나베 가즈오(渡邊一夫, 1901~1975)의 스승 다츠노 유타카(辰野隆, 1888~1964)는 이 책의 번역 작업과 작품에 관한 글을 〈인조인간〉이란 제목으로 〈문예춘추〉 1938년 1월호(1937년 발행)에 발표했다.

글은 간결하고 깊었다. 그에 따르면 옮긴이가 릴라당의 그 책을 일본어로 옮기기 시작한지는 무려 10년이 넘었다고 한다. "몇 년 전에 일단 번역을 마쳤고, 그 뒤로도 가끔씩 장롱에서 초고를 꺼내 마치 인조인간의 제작자처럼 안드레이드의 먼지를 털고, 그 표면을 닦아냈다"고 한다.

이 소설은 에디슨이란 과학자와 알고 지내던 영국 귀족 청년 에월드가 실험실을 방문하면서 시작된다. 에월드는 우연히 절세의 미녀 엘리시아와 만나 동거하게 되는데, 그녀는 귀족 청년을 절망으로 몰아갈 만큼 저급한 영혼의 소유자였다. 사랑스러운 외모에는 끌리되 그녀의 품성에 질려버린 청년은 끝내 자살을 결심한다.

에디슨은 당시 남몰래 인조인간을 제작하고 있었는데, 이것으로 혹시 청년을 구할 수 있지 않을까 생각한다. 에디슨은 지하실에 있는 인조인간 아달리를 에월드에게 보여준다. 이런저런 상황을 거쳐 청년은 결국 엘리시아의 모습으로 변한 아달리와 함께 고국으로 향한다. 그러나 대서양에서 배에 불이 나고 인조인간은 바닷속으로 사라져버린다.

이 소설의 압권은 에디슨이 에월드에게 인조인간을 설명하는 대목이다. 와타나베와 마찬가지로 릴라당의 작품들을 면밀한 조사를 거쳐 번역한 사이토 이소오(齊藤磯雄, 1912~1985)에 따르면, 그것은 릴라당의 '왁자하게 떠벌이는 실증적 농담'일 뿐이었다고 자신의 저서 《릴라당》(삼립서방, 1941년)에 적어놓았다. 농담도 이쯤 되면 엔간한 사람은 다 진실이라고 착각하지 않을 도리가 없다.

릴라당의 이런 서술은 족히 100쪽이 넘는다. 보행운동, 균형, 살, 입술, 치아, 눈, 머리카락, 피부 등에 한 장(章)씩 할애하여 비할 데 없이 정확히 진짜처럼, 그야말로 '엄청난 소리와 함께 떨어지는 황금폭포 같은 대문장'(사이토 이소오, 《릴라당》)이었다. 와타나베는 보행운동이나 균형의 장(章)을 옮기면서 '번역이 불가능함을 통감했다'라고 솔직히 고백했다. 예를 들어 균형의 장 끝 부분에 나오는 에디슨의 설명을 음미해보자.

그러므로 인형에게서 강철로 된 두 개의 가는 관은 줄타기 곡예사의 균형봉에 해당합니다. 하지만 겉으로 봤을 때 전혀 휘청거리지 않으므로 처음에 균형을 맞추는 노정골 사이의 이 저항운동이 드러나는 일도 없습니다. 전혀 알 수 없습니다. 우리와 똑같습니다.

전신의 균형에 관해서는 보시는 바와 같이 쇄골에서부터 요추에 이르는 구부구불하고 복잡한 관조직이 있어서 그 안으로 자기발전기의 극히 미묘한 장치에서 발생하는 순간적인 변화에 따라 수은이 자기중량에 역행하며 끊임없이 물결치고 있습니다. 이 구부러진 기관이 있기에 인조인간은 우리처럼 일어나기도 하고 눕기도 하며 신체를 굽힐 수도 서 있을 수도 걸어갈 수도 있습니다. 이 관의 미세한 작용 덕분에 아달리는 보시는 것처럼 꽃을 딸 때도 넘어지지 않습니다.

이 책이 1929년 영화 〈메트로폴리스〉 상영을 전후에 출판되었더라면 참 좋았을 것이라는 생각이 든다. 1930년에만 출판되었어도 좋았을 것이다. 이 정도의 글이 소개되었다면 일본 공학계가 로봇을 조금 더 진지한 연구대상으로 받아들이지 않았을까. 혹은 더 큰 영향을 받았을 수도 있다. 다사다난하던 1937년의 정신없던 시기에, 로봇과 관련해 그런 희망을 품기란 무리일 것이다.

우리는 그 영향을 운노 주자의 글 〈중얼거리는 철의 영혼〉에서 간신히 찾아볼 수 있을 뿐이다. 이것은 1938년 육군성 보도부가 편집한 《츠와모노(つわもの, 무기를 들고 싸우는 강한 병사라는 뜻-옮긴이)》에 실렸다. 그의 글에 등장하는 여성 로봇의 구조에 대해 운노가 얼마나 섬세하게 설명했는지, 이것은 릴라당에 의해 압도된 결과라고 봐도 좋을 듯하다.

"당신, 혹시 알아보시겠습니까? 저는 아달리입니다."

이것은 에디슨이 아달리를 엘리시아와 똑같이 만들어서 에월드와 산책하게 했을 때 아달리가 결정적인 순간 에윌드에게 고백한 말이다. 드라마틱한 이 말을 여러 관점에서 해석할 수 있겠지만 로봇의 관점에서 보자면 이러한 사고의 계승자는 바로 차페크이다. 차페크는 릴라당과 달리, "나는 로봇입니다"라고 썼다.

릴라당도 차페크도 짧은 말, 이 기본적이고 간단한 말로 독자들을 놀라게 했다. 두 가지 로봇이 서로 다른 점은 아달리가 단 하나의 정교한 수제 안드로이드인 반면, 차페크의 로봇은 공장에서 생산되는 몇 천 몇 만 대의 로봇 가운데 하나이다.

릴라당은 《미래의 이브》에 앞서 《영광제조기(La machine a gloire)》(1883년)에서도 안드로이드를 작품의 소재로 사용했다. 다츠노의 글에 따르면 릴라당은 안드로이드를 "현대 과학의 여러 발견을 하나로 종합하여 인간의 완벽한 환영을 만드는 전기적이고 인간적 자동기계"로 여겼다고 한다. 그는 또한 작품 《트리스탄 의사의 치료(Le Traitement du docteur Tristan)》(1883)에도 '전기적 인간적 기계'를 등장시켰다. 일본어판 《미래의 이브》에서도 안드로이드는 때에 따라서 '모조인간', '전기인형', '기계인형' 등 여러 가지로 달리 표현되었다.

원래 릴라당은 로봇 과학소설을 목표로 한 것은 아니었다. 와타나베에 따르면 모방할 수 없을 정도로 '과학'을 극한까지 밀고가면서 릴라당이 의도한 것은 다음과 같다.

릴라당은 과학을 사이비 현실이나 거짓 인간성을 깨부수기 위한 이상(理想)에 이르기 위한 도구로 여겼다는 생각이 든다. 실리적인 19세기 민중이 '과학'이나 '진보'의 이름으로 반쯤 죽게 내버려둔 '꿈'을 지켜내기 위해, 릴라당은 도리어 세상 사람들의 가슴을 향해 '과학'을 들이밀면서 '생명'을 요구했던 것이다.

이제 로봇 같은 것을 언급할 수조차 없게 된 1938년을 앞에 두고 나타난 《미래의 이브》의 결말은 일본의 로봇이 처한 상황과 대중의 인식이 한참 뒤떨어져 있었음을 여실히 보여준다. 아달리를 수습한 관은 더 큰 궤짝에 넣어져 배 안에 안치되었다. 그런데 선상에서 갑작스럽게 화재가 발생해 에월드의 헌신적인 노력에도 불구하고, 아달리는 깊은 물속으로 가라앉고 만다.

이 장면은 릴라당에 관한 평론에서 항상 인용되는 에드거 엘런 포의 작품 《직사각형 상자(The Oblong Box)》의 결말과도 비슷하다. 이는 마치 로봇의 많은 것을 관에 담아 잠들게 할 수밖에 없었던 것 같은 일본의 상황과 오버랩된다.

한정판으로 출판된 와타나베 번역의 《미래의 이브》는 릴라당의 탄생 100주년이 되는 1938년에 암파서점에서 문고판으로 10월에 상편이, 그리고 12월에 하편이 출판되었다.

1938년

로봇은 어디까지 연구되었는가?

1

1938년 일본에서 로봇은 1월 3일부터 27일까지 도쿄 니혼바시의 다카시마야에서 개최된 〈승전(戰捷) 일본 어린이박람회〉에 처음 등장한다. 신문 광고에는 "강하고 용감한 일본군이 중국 남경시를 공격하는 눈부신 장면 대인기!", 이어서 "전기장치로 움직이는 재미있는 로봇 군악대"가 있는 것을 보면 아무래도 아이자와 지로의

[그림 236] 〈승전 일본 어린이박람회〉 신문 광고의 일부분
거대한 로봇 병사가 실제로 제작되어 전시되었을 것이다.

로봇들인 듯하다. 광고에는 제법 거대한 로봇 병사도 그려져 있다.

아이자와는 로봇을 제작하고 아이디어도 축적해 왔으리라 여겨지지만, 그에 관한 아무런 발표도 없었다. 그 대신 《선반 취급법》(청수서방)이나 《최소

한의 경비로 행하는 공장경영》(수교사서원)과
같은 책들을 발표했다.

뒤의 책에서는 예를 들어 〈최소한의 부품
으로 가능한 날짜표시기〉를 언급하거나, 〈폭
발용 로봇 조종기〉 등을 보여준다. 〈부품관
리 검사〉의 어떤 절에서는 부품관리 부서를
'전기로봇 제조부품 정리담당'이라고 하는 등,
국가의 상황이야 어떻든 그의 머리에서는 로
봇이 떠나지 않았다.

[그림 237] 〈문어탱크〉
철조망을 뛰어넘어 물위를 걸어서 적을
쫓아낸다.

만화에서는 사와이 이치사부로(澤井一三郎,
1912~1989)가 시바나 본타로의 〈장갑 인조문
어〉를 발전시킨 〈문어탱크〉를 〈유년구락부〉 2월호에 발표했다. 11컷의 짧
은 만화였지만 여덟 개의 발을 자유롭게 사용하여 지상이나 수중 전투에서
승리를 거둔다는 내용으로, 다분히 정치적 상황을 떠올리게 하는 만화였다.
이 로봇은 내부에서 인간이 조종하는 탱크로써, 사정에 따라 다리를 무한궤

도로 변신시키기도 했다. 다리 부
분이 무한궤도로 된 로봇은 1930
년에 발표된 미국 만화 〈25세기
의 벅 로저스(Buck Rogers in the 25th
Century)〉에 이미 등장하지만 일본
에서는 이것이 최초였다.

[그림 238] 〈벅 로저스〉에 등장하는 무한궤도 로봇
문어 탱크가 전차 형태인 것과 비교해보라.

노무라 고도(野村胡堂, 본명은 오사
카즈, 1882~1963)는 제니가타 헤이지

(錢形平次)를 시작으로 하는 에도시대 배경의 시대극 소설에서 이름이 알려진 작가이다. 하지만 이 무렵 그는 청소년 독자를 위한 과학소설도 썼다. 그는 〈소년 세계〉(1930년 1월호~1931년 12월호)에 〈암굴의 대전당〉을 연재했는데, 이 작품은 멈추지 않고 작동하는 엔진의 설계도를 둘러싼 탐정물이었다. 1938년에도 〈소년소녀 담해(譚海)〉(3월호~10월호)에 로봇이 등장하는 작품 〈기괴한 꼭두각시성(城)〉을 연재했다. 이 작품은 1950년 광문사가 펴낸 《노무라 고도 전집》에 수록될 때는 〈로봇의 성〉이라고 제목을 바꾸었다.

과학 잡지에 로봇이라는 말이 사용되는 일은 급격히 줄어들었다. 고작 〈과학화보〉 10월호의 권두 사진에 "로봇은 어디까지 연구되었는가?"라는 문장이 나온다. 이 사진에는 한 명의 노인과 두 대의 로봇이 찍혀 있다. 그 노인은 프랑스 발명협회장 J. L. 브르통이라고 설명되어 있고, 로봇도 그가 만든 것이라고 적혀 있는데 그 진위 여부는 알 수 없다.

로봇 가운데 하나는 크기가 2.5m, 250kg이라고 기술되어 있다. 형태 등을 미루어볼 때 1934년에 소개된 〈맥(Mac)〉의 2세대 혹은 3세대쯤에 해당한다고도 한다. 하지만 훗날 런던 템즈 앤드 허드슨사가 출판한 《로봇(Robot)》(1978)에도 이 로봇의 다른 사진이 있으므로 이것은 '정체불명'의 존재로 보인다.

다른 한 대는 도무지 알 수 없다. 사진만으로 판단하자면 내부에 인간이 들어가 있을 것도 같다. 이것이 '걷고' 있는 모습이기 때문이다. 완전히 상상이긴 하지만 이 두 대 모두 영화에서 사용되었을 가능성도 있다. 프랑스라고 하는 것을 보면 프랑스에서는 1928년과 1932년에 각각 한 편의 로봇 영화가 제작되었다. 특히 후자는 제목도 〈Robot〉이다.

순서가 조금 뒤바뀌지만 "로봇은 어디까지 연구되었는가?"라는 제목에 어울리는 것은 〈신청년〉 4월호에 실린 료 사키치(寮佐吉)의 글 〈로봇시대〉이다. 그의 글은 대뜸 "현대는 로봇의 시대이다"로 시작한다. 료가 말하는 로봇은 자동식 기계를 뜻하며 인간의 형태를 한 로봇은 아니다. 로봇의 본래 모습은 완전히 지워버렸고 다루지도 않았다.

글의 내용은 우선 자동판매기에 관한 이야기로 시작되며 일본과 영국의 예를 든다. 이것에 따르면 당시 규슈에 '주류 자동판매기'가 있었음을 알 수 있다. 나아가 전철의 '자동문 개폐장치', '자동교통 신호장치', '매직 도어'(즉 자동문), 사용하기 따라 보초(경계)가 되는 '자동경비장치', '자동계산장치', '로봇 기상학자'(즉 라디오 탐지장치) 등을 일일이 해설한다.

1945년 이전에 이 만큼 '로봇'에 대해 논의하는 일은 아마도 이 글이 마지막일 것이다. 1929년에 일제히 잡지들이 로봇에 관한 글을 실으려 했던 것과 비교하면 분명히 다른 모습이다.

신문에서 로봇이란 글자를 찾기란 더욱 어려워졌다. 고작 1938년 4월 20일 〈도쿄일일신문〉에 고 세이노스케(郷誠之助, 1865~1942)가 중국의 북부와 중부 지역의 진흥을 꾀한다는 명목으로 국책회사 설립위원장에 취임하고 나서 "단순한 로봇 노릇을 하는 건 싫다"라고 말한 것 정도가 등장했다고나 할까? 이는 로봇의 또 다른 의미, 즉 단순히 허수아비일 뿐 사실상의 권력은 다른 인물이 쥐고 있는 상황을 가리킨다. 하토야마 이후에 반복되는 양상이라 할 수 있겠다.

언젠가 로봇이 제작될 것이라고 여긴 아이들의 장난감도 1938년 8월 일본 본토에서 금속으로 된 제품 생산이 금지되면서 꿈처럼 사라졌다. 모든 것이 이런 상황이었다.

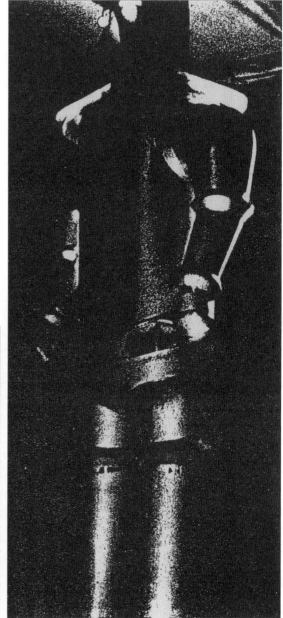

[그림 239] 프랑스의 로봇 2대(위, 오른쪽) 그리고 그중 한 대를 정면에서 바라본 모습.
이후 다가온 전쟁으로 이러한 로봇마저도 행방불명이 되어버렸다.

2

체코슬로바키아에서 발행된 아마추어 작가의 사진집《체코슬로바키아 사진집 1938》이 있었다. 제목에 1938년이라고 인쇄되어 있지만 사실은 1937년 가을에 출판되었다. 사진집을 한 장 한 장 넘기면 그 안에는 조용하고 평온한 시골 풍경, 도시, 정물 등이 나온다. 이 사진들을 보고 있으면 조화롭고 목가적인 시간과 공간을 파괴하고 서민의 소박한 삶을 지옥의 나락으로 떨어뜨린 인간들이 정말로 같은 하늘 아래 살고 있는가하는 생각이 들 정도이다.

체코슬로바키아의 주데텐란트(Sudetenland) 지역에는 독일계 주민들이 많이 살고 있었는데, 히틀러는 1938년 2월 무렵부터 이곳의 독일인들을 보호해야 한다고 말하기 시작했다. 당사자들인 체코슬로바키아와 독일, 그리고 영국과 프랑스까지 주데텐란트 문제를 평화적으로 해결하려고 노력했다.

하지만 독일군은 그해 10월에 국경을 넘어 이 지역을 점령해버렸다. 히틀러가 기대한 그대로였다. 독재자가 목표로 삼은 것은 주데텐란트의 점령만이 아니라 체코슬로바키아 전체를 해체시키는 것이었다. 이듬해인 1939년 3월, 보헤미아와 모라바는 독일에 편입되었고, 슬로바키아는 독일의 보호국이 되었으며 루테니아는 헝가리로 넘어갔다. 이로써 체코슬로바키아공화국은 세워진 지 20년만에 사라졌다.

카렐 차페크는 국제 정세가 이처럼 급변하고 있던 1938년 말인 12월 25일 폐렴이 악화되어 사망한다. 이듬해 9월 형 요제프도 나치스 독일 정권의 비밀 국가 경찰인 게슈타포에 체포되었다가, 1945년 4월에 독일 국내의 강제수용소에서 사망한다.

1938년 4월 일본에서도 '국가총동원법'이 공포되어 어떤 의미로든 로봇

을 신경 쓸 상황이 아니었다. 그래도 예외적으로 12월에 발행된 〈어린이의 텍스트〉(1939년 1월 방송호)에서 운노 주자는 연작 〈인조인간 에프 씨(人造人間 エフ氏)〉의 제1회분을 발표했다. 그는 그 뒤로도 로봇과 관련된 작품들을 계속 발표했다. 그러나 이제 다방면으로 펼쳐졌던 전쟁 이전의 로봇 문화는 일본에서 막을 내리고 만다.

체코슬로바키아에서 태어난 차페크와 동시대 인물로 살면서 작가이자 저널리스트였던 율리우스 푸치크(Julius Fučík, 1903~1943)는 자신의 사상적 신념에 따라 반나치 저항운동에 몸을 던졌다. 하지만 1943년 4월에 게슈타포에게 체포되어 그해 9월에 사형되었다. 프라하의 감옥에서 푸치크는 어렵사리 손에 넣은 연필 하나로 다음과 같은 글을 남겼다.(구리스 게이 옮김, 《교수대에서의 리포트》, 암파서점, 1977)

몸을 똑바로 세우고 손은 무릎에 단단히 붙이며 눈은 페체크 회관의 '옥내구금소'의 누렇게 바랜 벽에 고정시킨 채 '차려!' 자세로 걸터앉아 있다. – 이것은 분명 명상하는 장면이 아니다. 하지만 대체 누가 한 인간이 품은 사상에 대해 '차려!'라고 명령할 수 있단 말인가?

1941년 일본에서는 61세가 된 나가이 가후(永井荷風)가 자신의 새해 첫날 일기에 다음과 같이 썼다(《단장정일승(斷腸亭日乗)》, 《가후전집》 제 22권, 중앙공론사, 1952).

이처럼 사상의 자유만큼은 제 아무리 포악한 정부의 권력으로도 속박할 수 없다. 사람의 생명이 남아 있는 한 자유는 사라지지 않는다.

머릿속에서 그리고 있는 것을 표현하지 않는 한 어느 누구도 그것을 캐묻거나 검열할 수 없는 법이다. 말하자면 그 누구도 다른 사람의 머릿속까지 흙투성이 발로 짓밟을 수는 없다. 어떠한 의미에서든 사람들의 관심에서 로봇이 사라지고 나서 1945년 8월 15일이 될 때까지, 일본에서 로봇 문화의 희망을 이어갈 데라고는 거기밖에 없었다.

당신이 오래 살 것이라는
보증이라도 받았는가?

이제 "왜 로봇인가?"라는 질문에 대한 대답부터 시작해야 할 것 같다. 그저 질문자가 이해하기 쉬운 답변이라면 대답이라면 얼마든지 떠오르지만, 진심어린 대답을 하려면 역시 나와 로봇과의 관계를 되돌아볼 수밖에 없다.

1946년에 태어난 필자가 로봇과 처음 만난 것은 언제였을까? 생각해보면 상당히 이른 시기에 잡지를 통해 아이자와 지로가 만든 로봇들을 본 기억이 난다. 손에는 종을 들고 가슴에는 시계를 달고 야구 모자 같은 것을 쓰고 있던 로봇들이 기억난다. 그러나 이것이 언제의 일이었는지, 어떤 잡지에서 보았는지는 전혀 모르겠다.

1950년 네 살이 되던 해 〈월간 어린이 만화〉 12월호에 실린 로봇에 관한 작은 기사는 그 책이 지금도 남아 있는 것으로 보아 당시 가족에게 읽어달라고 했던 것 같다. 아마도 이것이 나에게는 확인 가능한, 가장 빠른 로봇과의 만남이었을 것이다.

라디오에서도 로봇 이야기가 나왔다. 초등학교 1학년 때인가 2학년 때였다. 이것도 누가 언제 어느 방송에서 한 이야기인지는 기억에 없지만, "혹시 로봇에게 이야기를 시키고 싶다면 어때야 할 것 같나? 그러려면 도쿄 지요다구에 있는 8층짜리 마루노우치빌딩보다 26배는 되어야 할 진공관이 필요하고, 그 열을 식히려면 나이아가라 폭포가 100개가 있어도 부족할 것이다."라는 말을 듣고 놀랐던 일은 어쩐 일인지 아주 생생히 기억난다.

이러한 상황 속에서 나는 잡지 〈소년〉에 실린 데즈카 오사무의 작품 〈아톰 대사〉를 만났다. 이것을 조부모 댁에서 읽었다. 〈아톰 대사〉는 1951년 4월호에서 이듬해 3월호까지 계속 연재되었다. 〈소년〉 자체도 내가 처음 접한 잡지였다. 조부모 댁에는 이 잡지가 제법 오래 보존되어 있어서 나는 조부모를 뵈러 갈 때마다 이것을 읽곤 했다.

그렇다고 이때부터 아톰의 팬이 된 것은 아니었다. 당시 이 만화 작품은 내가 이해할 수 있는 수준을 넘었다. 그저 그 만화가 지닌 선이 굉장히 마음에 들었다. 아무튼 아톰에 심취할 정도는 아니었다. 로봇에 흥미를 가지기에는 조금 더 시간이 필요했다.

〈아톰 대사〉에 이어 〈철완 아톰〉이 〈소년〉에서 1968년까지 연재되었다. 내가 〈철완 아톰〉과 두 번째 조우한 것은 〈인공위성 W47 이야기〉(1955년 10월호~1956년 2월호, 나중에 이 작품은 〈노란 말의 이야기〉로 제목을 바꾸었다)를 읽는 도중이었다. 아마도 12월에 나온 신년호라고 생각한다. 그때까지도 나중에 받게 될 충격만큼은 아니었다.

결정적이었던 것은 그 뒤에 이어진 〈아틀라스 이야기〉(1956년 3월호~7월호)였다. 여기서 '파괴마(破壞魔) 아틀라스'라는 주인공 역할을 폭발할 것 같은 모습의 로봇이 맡았다. 아톰과 아틀라스의 세 번에 걸친 로봇끼리의 대결 장면이 있는 역동적인 만화는 나의 어린 마음을 완전히 매료시켰고 강렬한 인상을 남겼다. 여러 나라의 로봇들이 힘을 겨루는 '로봇팅 대회'에도 관심이 있었다. 그 외에도 로봇의 인류에 대한 봉사, '오메가 팩터'라는 로봇용 나쁜 마음 장치, 완전한 로봇이란 무엇인가라는 질문, 인간과 로봇의 대립, 로봇을 이용하여 인종차별을 복수하려는 인디오 박사, 후지산 대폭발과 용암 분출 등 매우 다양했다.

이런 작품들은 지금 봐도 저절로 몰입될 정도이다. 〈아틀라스 이야기〉의 제1회부터 내 머릿속에는 로봇이 박혀 사라질 줄 몰랐다. 요컨대 데즈카 오사무가 없었다면 적어도 이 책이 존재하지 못했을지도 모른다.

충격적인 〈아틀라스 이야기〉를 읽은 이후 로봇에 대한 나의 시야가 트였다. 그 밖에도 초등학교 시절 나를 거쳐 간 3개의 로봇이 지금도 또렷이 기억에 남아 있다. 첫 번째는 건전지와 모터로 걷는 양철 완구 로봇, 두 번째는 요코야마 미츠테루(橫山光輝)의 〈철인 28호〉, 그리고 마지막은 〈모형과 라디오〉(과학교재사) 1956년 5월호에 실린 미국 소년이 제작한 〈기스모(Gismo)〉라는 로봇에 관한 뉴스이다.

첫 번째 〈틴 토이(tin toy) 로봇〉은 1955년 말에 일본에서 제조 판매된 마스다야(增田屋)의 제품이다. 이 로봇은 건전지로 움직이며 두 눈은 전구로 빛나고 발바닥에서 돌기가 좌우로 번갈아 나와 '보행'을 할 수 있었다. 아마도 이 로봇은 수출용으로 생산됐을 것이다. 알파벳 문자가 인쇄된 화려한 포장 상자에 들어가 있었다. 어린 마음에도 이 상자의 디자인만으로 안에 든 것이 진짜 소중한 물건이라고 느끼게 만들었다. 가슴에 'ROBOT'이라고 인쇄된 이 양철 장난감 로봇은 내가 눈으로 보고 손으로 만지며 실체를 확인한 최초의 '실물'이었다.

두 번째는 〈철인 28호〉이다. 〈철완 아톰〉이 미래를 무대로 삼은 데 비해 이 작품은 눈앞에서 펼쳐지는 '지금'이 무대이며 이 점에서 〈철완 아톰〉에게는 없는 매력이 있었다. 무엇보다도 '철인 28호' 특유의 강철 질감을 지닌 모습이 좋았다. 나는 연재가 시작되기 전에 발간된 호에 실린 예고를 읽는 행운을 얻었다. 〈철완 아톰〉도, 〈철인 28호〉도 모두 〈소년〉에 게재된 것이었기에 이 잡지는 전쟁이 끝난 뒤 로봇 문화 형성에 큰 역할을 했다.

〈철인 28호〉의 배경이 '지금'이었기에 나는 거리에서 '철인 28호'를 찾아보려고 눈을 두리번거렸다. 정확하게 말하자면 '철인 28호'를 제작할 '부품'을 탐색해보는 것이었다. 당시 도로를 달리고 있던 보닛 버스의 차체, 그 천장 뒷부분의 곡선에서 '철인 28호'의 몸통을 보았고 "차체를 적당히 절단하여 용접하면 몸체 부분이 되겠네, 근데 차체 측면은 평평하기 때문에 그걸로 충분하다고는 할 수 없어. 그것을 피하려면······" 등 계속해서 상상을 이어갔다.

어른들은 조용히 버스의 좌석에 앉아 있는 나를 보고 제법 얌전한 아이라고 생각했겠지만 사실 나는 상상하기 바빴다. 그것 말고는 어린 마음을 그 정도로 자극할만한 것이라고는 로켓이나 인공위성밖에는 없었다.

세 번째인 〈기스모〉는 1955년도 〈포드 공예전〉에 입상한 작품으로 당시 중학생이었던 셔우드 퓌러(Sherwood Fuehrer)가 폐품을 활용해서 제작한 것이다. 어린이였던 나는 '폐품을 사용했다'는 점이 크게 흥미로웠다. 퓌러는 폐품이 된 모터나 전화기, 빈 과자 캔 등을 활용했다. 기사의 사진에는 퓌러가 긴 의자에 앉은 부모에게 전구가 박힌 눈에서 빛을 내고 있는 로봇을 보여 주는 장면이 담겨 있었다.

길지 않은 이 기사를 아직도 기억하고 있다는 것은 역시 〈아틀라스 이야기〉의 충격이 얼마나 컸는지를 말해준다. 〈철인 28호〉도 1956년 6월부터 등장했다. 나에게 1956년은 로봇 원년이라고 할 수 있는 해로, 그 뒤로 만난 로봇들은 의식적으로든 무의식적으로든 뇌리에 박혀 있었던 것 같다.

로봇 창세기

일본에서 나와 같은 해에 태어난 사람은 약 140만 명 정도 되는데 〈소년〉을 통해 〈철완 아톰〉이나 〈철인 28호〉의 팬이 된 어린이가 많았을 것이고, 틴 토이 로봇을 손에 넣은 어린이들도 많았을 것이다. 말하자면 같은 조건에서도 내가 유난히 로봇에 흥미를 가지게 된 것은 어린 마음이지만 나름대로 로봇에게 나의 무언가를 투영시켰기 때문이었을 것 같다.

이제 와보니 그것은 아톰 같은 친구를 갖고 싶은 것이 아니었을까? 하는 생각도 든다. 그것은 인간을 닮은 아톰과 어린이의 관계, 부모와 자식 관계와도 친구 관계와도 다른 어떤 종류의 이상한 관계, 지금까지 인간세계에는 없었던 새로운 관계라고 할 수 있다. 이는 인간과 기계와의 이상적인 관계가 아닐까? 어린이는 어른들이 자신보다 여러 면에서 뛰어난 능력을 지녔기에 그들을 어른으로서 인정한다. 하지만 아톰은 인간 어른보다 여러 면에서 우수하다. 능력은 어른들을 넘어서면서도 배우고, 충고하고, 돕고, 친절하며, 인간을 배려한다. 이러한 존재가 로봇 이외에 또 있을까? 당시의 나는 제멋대로인 아이의 말을 들어줄 '착하고 힘센' 존재로서 아톰을 받아들이고 다른 로봇에게서도 그런 면을 찾았을 것이다. 아톰은 현대의 '긴타로(金太郎, 옛날이야기)'였다. 개별 로봇들에게는 각기 다른 매력이 있다. 어느 것이든 로봇을 친구로 맞은 것이다.

성인이 되어 편집자라는 직업을 선택하고 나서도, 나는 로봇에서 '졸업'하지 못했다. 나카노선플라자빌딩이나 제일권업은행(第一勸業銀行) 본사 빌딩을 보면서는, 건물을 로봇이 신는 부츠로 보기도 하고 전체 크기를 간단한 비례식으로 풀어보기도 했다. 로봇 관련 기사는 기쁜 마음으로 읽곤 했다. 마음이 불안할 때마다 평온을 유지할 수 있었던 것은 이러한 시간이었다.

로봇 관련 기사를 잘라내 읽는 일이 내게 직업은 아니었고, 그렇다고 취미도 아니었다. 아무래도 취미는 또 다른 것이 아닐까 싶다. 언젠가 취미를 묻는 질문에 멍청하게 "로봇입니다" 라고 대답한 적이 있었다. 나의 대답에 의 아한 표정을 짓는 질문자를 보고 아무래도 잘못됐다 싶어 "로봇입니다. 로 봇을 만드는 것은 아니지만, 기사를 읽는다든지……"라고 추가 설명을 하 니까, 그는 "로, 로봇…로봇이 그 로봇을 말하는 것인가요.……"라고 의아한 표정으로 나를 바라보았다.

이때 나는 로봇이 '소외된 기계'라는 것을 다시 한 번 확인했다. 아직 완벽 한 로봇이 완성되지 않은 오늘날에도 '다와시 경감'(〈철완 아톰〉에 등장하는 로봇 을 싫어하는 경시청 경감-옮긴이) 같은 사람은 분명 오래전부터 존재하고 있었다. 그 당시 혹시라도 동일한 기계니까 차라든지 카메라처럼, 그때 그런 단어는 없었지만 컴퓨터라고 대답했다면 어땠을까? 상대방을 이만큼 놀라게 하고 당황하게 하지는 않았을 것이다. 현재 과학기술의 최전선에서 로봇을 연구 하고 있는 연구자의 말에 의하면 미국과 유럽에서는 로봇의 이미지가 나빠 서 로봇을 연구한다고 말하기 힘든 면이 있다고 한다. 그런데 정도의 차이 가 있지만 일본에서도 상황은 비슷한 게 아닐까?

그런데 이 책을 쓰게 된 계기는 1978년으로까지 거슬러 올라간다. 당시 나는 백과사전(《국민백과사전》)의 수많은 편집자들 중 한 사람이었다. 내 역할 은 사진이나 도판을 찾아 모으는 일이었다. 이 백과사전에는 본래의 항목 외에도 시각적인 효과에 중점을 둔 읽을거리가 있었고 그중에는 '로봇'도 있 었다. 필자는 이때 처음으로 나의 로봇에 대한 관심을 직업에서 살려볼 수 있다는 것을 깨달았다. 좌우 양면에 〈로봇 명감(名鑑)〉이라고 이름을 붙이고 과거의 로봇을 연대별로 보여주자는 기획이었다. 필자는 혼자서 의욕이 불 타올라 마구잡이 취재에 나섰다. 사진이나 사료를 모으기만 하면 되는 것이 었는데, 한 달이면 충분할 터였지만 작심하고 마감 석 달 전부터 매달렸다.

취재하면서 특히 인상 깊었던 일은 배우 니시무라 고에게서 〈가쿠텐소쿠〉의 사진과 함께 그의 아버지 니시무라 마코토의 저서 《대지의 심장》을 빌릴 수 있었던 것이다. 처음에는 반신반의하며 편지를 보냈다. 이런 과정을 거쳐 그 결과부터 미리 말하자면 2쪽에 30개 이상의 로봇 이미지를 담을 수 있었다. 로봇에 관한 한 이것은 일본의 백과사전 역사상 전무후무한 일이었다. 그러나 편집부 내에서 누구도 그것에 대해 눈치 챈 사람은 없었으며 나는 남몰래 그 일을 해낸 것에 기뻐했다. 〈가쿠텐소쿠〉가 백과사전에 실린 것도 이것이 처음이었다.

나는 이 취재를 통해 〈가쿠텐소쿠〉의 시대, 즉 1925년 이후의 로봇에 이끌렸다. 지면에는 〈텔레복스〉와 〈가쿠텐소쿠〉를 나란히 배치했는데, 나는 당시 이 두 개만으로도 이야기가 간단히 끝날 일이 아님을 직감했다.

그 뒤로도 나는 기회가 있을 때마다 당시의 문헌들이나 사료 속에서 혹시라도 로봇이 없는지 계속해서 찾아보았다. 처음에는 그저 어림잡아 찾았지만 계속해서 조사를 진행하다보니 그 밖의 여러 가지 것들이 수중에 들어오기 시작했다.

그렇지만 그렇다고 책을 쓰겠다고는 꿈도 꾸지 못했고, 만약에 그러한 일을 하게 된다면 나이 예순을 넘어 시간이 남아돌 때 해야겠다고 막연히 생각하고 있었다.

그런데 이렇게 책을 서둘러 쓰게 된 것은 아버지와 누나의 죽음 때문이었다. 두 분의 죽음은 인간이란 누구나 반드시 죽는다는 사실을 새삼스런 마음으로 자각하게 만들었다. 게다가 그때쯤 나는 모테기 모토조(茂手木元蔵)가 옮긴 세네카의 《인생의 덧없음에 대하여》(암파서점, 1980)를 읽고 격하게 동요하게 되었다. 그는 이렇게 말하고 있었다.

우리는 짧은 시간을 잘 쓰는 것이 아니라 사실상 대부분 낭비하고 있다. 인생은 충분히 길고 그 전체를 의미 있게 사용한다면 아주 위대한 일을 완성해낼 수 있을 만큼 풍부하게 주어졌다. 그러나 우리의 시간이 방탕이나 나태로 인해 허송되거나 무언가 선행을 위해 사용되지 않는다면, 결국 마지막에 어쩔 수 없는 순간 이제껏 사라진다고는 생각도 못했던 인생이 벌써 지나고 없다는 사실이다. 진정이 말 그대로이다. 우리는 짧은 인생을 받은 것이 아니라 우리 자신이 그것을 짧게 만들고 있는 것이다. 우리에게 인생이 부족한 것이 아니라 우리가 그것을 낭비하고 있는 것이다.

또 이렇게도 말하고 있다.

그럼 묻고 싶다. 당신이 오래 살 것이라는 보증이라도 받았는가? 당신의 계획대로 일이 진행될 것이라 대체 누가 말했는가? 남은 인생을 다른 어떤 것도 아닌 오직 자신에게로만 향하게 한 시간을, 자신의 고귀한 영혼에 돌려놓는 행위를 부끄럽다고 생각하지 않는가? 삶이 멈추는 마지막 순간이 되어서야 삶을 시작하려 한다면 이미 때 늦은 것이 아닌가?

나는 1990년에 설마 가능하리라고는 생각도 못했던 일에 진심으로 몰두하기로 작정했다. 이 책을 쓰고 있는 중에도 대학시절의 친구가 죽음을 맞았다. 서두르지 않으면 안 된다고 느꼈다. 내일 죽는다면 오늘 안에 마무리지어야만 했다. 이것은 오랜 시간 동안 나를 지지해준 로봇에게 은혜를 갚는 일이기도 하며, 원래 로봇에 흥미를 가지지 않았다면 할 수도 없는 일이었다.

잘 생각해보면 이것은 일이 아니라 나 자신을 찾는 여행이기도 하다. 젊을 때는 늘 짜증이 났다. 나 자신이 어떤 사람인지 몰라서, 나 자신이 이 사회에서 '특별히' 무엇을 할 수 있는지 몰라서 짜증이 났던 것이다. 어렸을 때부터 지금까지 항상 머릿속의 한 부분을 차지한 것이라면 아마도 그것은 나 자신과 가장 가까운 존재일 것이다. 그리고 아마도 그것을 잘 살펴보면 거기서 나 자신을 볼 수 있을 것이다. 나에게는 그것이 로봇이었다. 지금까지 이토록 가까운 곳에 그런 것이 있을 것이라고는 생각지도 못했다.

이 책을 다 쓰고 난 지금, 나는 나 자신을 발견한 것일까? 지금 드는 생각은 드디어 그러한 여행길이 시작되었다는 느낌이다. 자신을 찾는 여행은 끝없이 앞으로도 계속될 것이다.

그리고 나는 이렇게도 생각한다.

앞으로 지구가 어떻게든 안전하게 존재한다면 5천년 뒤의 미래에는 과학의 힘으로 인간과 똑 같은 로봇, 차페크가 그려낸 로봇이 실현될는지 모르겠다. 그리고 그때가 되어 그 옛날 언젠가 일본이라고 불리던 나라의 어느 장소에서 어떤 이유로 기적적으로 살아남은 이 책이 발견될지도 모른다.

고대 일본어로 쓰인 이 책을 로봇이 손에 들고는 "오천 년 전 여기에 살던 인간이 이 지역에 존재했던 초기의 우리에 대해 쓴 책이네. 기특한 인간이로군." 하며 주위를 둘러본다. 이를 바라보며 주위에 모여 있던 로봇들도 고개를 끄덕여준다……. 이런 상상을 해보면 이 얼마나 유쾌한가?

이 책이 완성되는 과정을 되돌아보면 나 혼자만의 고생으로 이것이 완성되었다고는 할 수 없다. 이제와 생각해 보면 도움을 주신 분들은 물론 내게 도움을 주지 않았던 분들, 즉 이 책과 관련이 없는 분들까지도 도움을 주었다는 느낌이 든다.

나는 서둘러 독자들에게 두 가지를 밝혀야 한다.

존경하는 나의 친구 후지모토 나오키(藤本直樹)의 논문 〈일본 영화 창세기〉(《영화논총》 18호, 2012)는 나를 새파랗게 질리게 만들었다. 해당 부분을 인용하는 편이 이해가 더 빠를 것 같다. 이 논문의 부제는 〈무라야마 도모요시(村山友義), 그리고 츠키지소극장〉이며 그 글의 중심 부분에도 나의 간담을 서늘케 하는 새로운 견해가 담겨 있지만, 여기서 내가 언급하는 두 가지에 관해서는 글의 말미에 이렇게 나온다.

마지막으로 《로봇 창세기》에서는 언급되지 않은 '식민지' 조선반도에서의 차페크의 수용에 대해 다루고자 한다. 사실 조선에서 《R·U·R》의 소개는 아주 빠르다. 스즈키 젠타로가 〈도쿄아사히신문〉에 소개 기사를 게재하기 전인 1923년 4월 1일에 발행한 잡지 〈동명(東明)〉 2권 14호는 〈서양 명가 단편 소설〉 특집을 실었는데 여기에 이광수(1892~1950)가 〈인조인〉이라는 제목으로 요약한 작품을 게재했다. 서두에서 다룬 1월의 <주간 아사히>의 기사가 발견되지 않았다면 '조선어'로 소개된 것이 먼저라고 여겼을 것이다. (중략)

내가 말하는 두 가지 중 하나는 '1월의 〈주간 아사히〉'로, 이것은 1923년 1월 21일에 발행한 이 잡지 3권 5호를 가리킨다. 거기에는 〈인류 멸망에서 새로운 탄생으로〉라는 제목으로 일본 최초 《R·U·R》의 줄거리와 무대 사진을 포함한 소개 기사가 게재되었다. 집필한 사람은 그 당시 뉴욕에서 거주하면서 그곳에서 상연된 〈R·U·R〉을 관람했던 나가누마 시게타카(長沼重隆, 1890~1982)였다. 이 기사를 최초로 찾아낸 사람은 모미야마 마사오(籾山昌夫)로, 그는 이에 관한 내용을 〈카렐 차페크의 희곡 《R·U·R》 일본에서의 소개와 최초 공연에 대해서〉(《차페크 형제와 체코 아방가르드전》, 카탈로그, 2002)라는 논문에서 다루었다.

《R·U·R》이 일본에서 처음 소개되던 시기의 신문이나 잡지에 대해서는 나름대로 정성껏 조사했다고 여겼지만, 안타깝게도 나는 이 기사를 완전히 놓치고 있었다. 그런 까닭에 정말 중요한 부분에서 오류를 범했다는 낙인이 찍힌다 해도 할 말이 없다. 이광수가 명백히 내가 놓친 〈주간 아사히〉의 기사를 참고하여 〈동명〉에 기고했다고 하면, 나의 누락은 '국제적인 과실'이 되고 만다. 그렇게 되지 않도록 이 한국어판 후기에서나마 〈주간 아사히〉의 기사를 언급하지 못했음을 인정하고, 이 자리를 빌려 독자들에게 사과하고 싶다.

참고로 후지모토는 자신의 논문에서 박영희가 《R·U·R》을 〈인조노동자〉라는 제목으로 〈개벽〉(56호~59호, 1925년 2월~5월)에 한국어로 옮겨 발표했다는 것, 그리고 〈동아일보〉에도 두 번에 걸쳐(1925년 2월 3일과 같은 해 3월 9일) 동일한 제목으로 소개 글을 실었다는 사실도 밝히고 있다.

나머지 다른 하나는 앞의 것과도 관계가 있다. 1945년 이전 일본이 영토를 넓히려 했던 지역들이 어떻게 로봇을 수용되었는지를 다루지 못했던 점이 그것이다. 그것은 이 책을 집필하려고 역사 자료를 수집할 때부터 이미 알고 있었다. 대만(1895년), 요동반도(1895년, 1905년), 사할린 섬 남반부(1905년), 한국(1910년), 중국 청도(1914년), 국제연맹 위임통치령인 남양제도(1919년), 중국의 동북부(1932년)로 이어지는 지역의 모든 언어를 익힌 뒤에 그곳 도서관을 찾아가 옛 로봇 자료들을 수집하겠다는 계획은 상상만으로도 즐거웠다. 하지만 그것은 두 세 번은 다시 태어나야 될까 말까 하는, 엄청난 세월을 요하는 일일 것이다.

오승은의 작품으로 알려진 《서유기》에는 '아무리 크고 강한 용일지라도 특정 지역에 가서는 토착뱀을 이길 수 없다'는 말이 있다고 한다. 나는 로봇에 흥미를 가진 전 세계 여러 나라의 사람들이 자신의 일상 언어로 로봇의 과거를 찾아 각각 한 권의 책으로 만들기를 기대하고 있다. 그야말로 '지역의 뱀'이 활약해야 할 때인 것이다. 나는 그들이 '일본의 뱀'이 펴낸 이 책을 하나의 사례로 참고한다면 작은 도움이나마 되지 않을까 생각한다. 나의 책이 한국어로 옮겨지게 된 일이 기쁜 이유가 여기에도 있다.

2019년 이른 봄을 맞으며
이노우에 하루키(井上晴樹)

로봇 창세기

본문에서 언급한 것들 말고도 참고했던 문헌들을 아래에 수록한다. 이 문헌들 가운데는 로봇을 더 깊이 이해할 수 있기 위해 도움을 받을 만한 것들이 있다. 기회가 있으면 읽어보기를 바란다. 아래 참고문헌의 순서는 대략 이 책의 내용과 관련된다.(괄호 안에는 원제의 뜻을 풀어 적음—역자)

石原藤夫,《SFロボット学入門(SF 로봇학 입문)》, 早川書一房, 1971.

中原佑介,《大発明物語(대발명 이야기)》, 美術出版社, 1975.

野田昌宏,《SF考古館(SF고고학 박물관)》, 北冬書房, 1974.

Isaac Asimov(安田均他 譯),《Dr. アシモフのSFおしゃべりジャーナル(아시모프 박사의 SF이야기 저널)》, 講談社, 1983.

千野栄一,《ポケットのなかのチャペック(포켓 속의 차페크)》, 晶文社, 1975.

茨木憲,《日本新劇小史(일본 신극의 작은 역사)》, 未来社, 1966.

倉林誠一郎,《新劇年代記−戰前編(신극 연대기−전쟁이전 편)》, 白水社, 1972.

萩原恭次郎,《死刑宣告(사형선고)》, 名著刊行會, 1970.

石原藤夫, 金子隆一, SFキイ・パーソン&キイ・ブック《(SF 주요 인물과 주요 서적)》, 講談社, 1986.

Richard Daniel Altick(小池滋監 譯),《ロンドンの見世物(런던의 구경거리)》, I(III), 国書刊行會, 1989, 1990.

澁澤龍彦,《夢の宇宙誌(환상적인 우주의 기록)》, 美術出版社, 1964.

〈新青年〉研究会 編,《〈新青年〉読本(〈신청년〉 독본)》, 作品社, 1988.

Siegfried Kracauer(丸尾定 譯),《カリガリからヒトラーへ(칼리가리에서 히틀러로)》, みすず書房, 1970.

北島明弘 責任編集,《SFムービー史(SF영화의 역사)》, 芳賀書庖, 1982.

Thea von Harbou(前川道介 譯),《メトロポリス(메트로폴리스)》, 東京創元社, 1988.

寺山修司,《不思議圖書(불가사의한 도서관)》, PHP研究所, 1981.

Jacques Sadoul(鹿島茂, 鈴木秀治共 譯),《現代SFの歴史(현대 SF의 역사)》, 早川書房, 1984.

辻真先,《SF漫畵館(SF만화관)》, 徳間書店, 1978.

伊藤俊治,《機械美術論(기계미술론)》, 岩波書店, 1991.

海野弘,《アンドロイド眼ざめよ(안드로이드여 눈을 떠라)》, 駸々堂出版, 1985.

Michel Carrouges(高山宏, 森永徹共 譯),《獨身者の機械(독신자 기계)》, ありな書房, 1991.

日外アソシエーツ(니치가이 어소시에이츠) 編,《昭和物故人名録(쇼와 시대 사망자 인명록)》, 日外アソシエーツ, 1983.

1   "R · U · R" Československý Stisovatel 1966
2   《로봇》岩波書店 1989
3   《로봇》岩波書店 1989
4   "R · U · R" Dobleday, Page 1923
5   "The World of Robots" Gallery Books 1985
6   《로봇》岩波書店 1989
7   《로봇》岩波書店 1989
8   《로봇》金星堂 1924
9   "Robots" Thames and Hudson 1978
10 《로봇》岩波書店 1989 좌우
11 《로봇》十月社 1992 우, 로봇 岩波書店 1989 좌
12 《로봇》岩波書店 1989
13 "Robots" Thames and Hudson 1978
14 "Robots" Thames and Hudson 1978
15 〈문예구락부〉博文館 1921년 7월호
16 〈도쿄아사히신문〉東京朝日新聞社 1923년 4월 8일자
17 《인조인간》春秋社 1923
18 《로봇》金星堂 1924
19 〈요미우리신문〉読売新聞社 1924년 7월 26일자
20 "Robots" Thames and Hudson 1978
21 《츠키지소극장사》日日書房 1931
22 〈요미우리신문〉読売新聞社 1924년 7월 26일자
23 《츠키지소극장사》日日書房 1931 상, 〈과학화보〉科学画報社 1927년 1월호 중, 《중유럽 세계희곡전집 22》 근대사 1927년 하
24 〈요미우리신문〉読売新聞社 1980년 6월 29일자
25 〈포켓〉博文館 1924년 8월호
26 〈현대〉大日本雄弁会講談社 1925년 7월호
27 〈도쿄아사히신문〉東京朝日新聞社 1925년 6월 28일자
28 《사형선고》長隆舍書店 1925
29 〈무선전화〉일본무선전화보급회 1924년 8월호
30 《어린이의 과학》어린이의 과학사 1927년 5월호
31 《어린이의 과학》어린이의 과학사 1927년 4월호
32 〈과학화보〉科学画報社 1927년 5월호 상, Science and Invention' Experimenter Publishing Jun–27 하

33 〈과학화보〉科學畫報社 1927년 5월호

34 "Science and Invention" Experimenter Publishing May-27

35 〈신청년〉博文館 1927년 여름 증간호

36 "Science and Invention" Experimenter Publishing Jun-27

37 〈과학화보〉科學畫報社 1927년 8월호

38 "The New York Times" The New York Times 14-Oct-27

39 〈신청년〉博文館 1931년 4월호

40 Popular Mechanics Magazine' Popular Mechanics Jan-28

41 "The New York Times" The New York Times 23-Oct-27

42 〈과학화보〉科學畫報社 1928년 2월호

43 〈과학지식〉科學知識普及會 1928년 3월호

44 〈과학화보〉科學畫報社 1928년 5월호

45 〈과학지식〉科學知識普及會 1928년 5월호

46 미국 웨스팅하우스 엘렉트릭 코퍼레이션 제공 상, "Science and Invention" Experimenter Publishing Oct-27 하

47 〈과학화보〉科學畫報社 1928년 8월호, 12월호 좌우

48 〈아사히그래프〉東京朝日新聞社 1928년 3월 28일호

49 〈아사히그래프〉東京朝日新聞社 1928년 6월 27일호

50 〈과학지식〉科學知識普及會 1928년 8월호

51 《일본인과 텔레폰》NTT출판 1990

52 〈선데이마이니치〉大阪每日新聞社 1928년 11월 4일호

53 니시무라 마코토 유족 제공

54 니시무라 마코토 유족 제공 〈오사카마이니치신문〉大阪每日新聞社 1928년 9월 20일자

55 〈과학화보〉科學畫報社 1931년 4월 임시증간호

56 〈과학잡지〉과학의 세계사 1931년 4월 임시증간호

57 〈과학화보〉科學畫報社 1931년 4월 임시증간호 아사히 博文館 1929년 1월호

58 〈과학지식〉科學知識普及會 1929년 1월호

59 〈과학화보〉科學畫報社 1929년 3월호

60 〈과학화보〉科學畫報社 1928년 3월호

61 《어린이의 과학》誠文堂 1928년 10월호

62 《어린이의 과학》誠文堂 1928년 10월호

63 〈과학화보〉科學畫報社 1931년 4월 임시증간호 우, "The Wonder Book of Inventions" Ward Lock 간행년 불명

64 〈과학화보〉科學畫報社 1929년 3월호

65 《SF 키 퍼슨 앤드 키 북》講談社 1986

66 "The Collected works of Buck Rogers in The 25th Century" A&W Visual Library 1977

67 "The New York Times" The New York Times 24-Apr-27

68 〈과학화보〉科學畫報社 1929년 5월호

69 〈도쿄아사히신문〉東京朝日新聞社 1929년 4월 2일자

70 《대발명이야기》미술출판사 1975

71 〈소년세계〉博文館 1929년 2월호

72   "La Scène futuriste" CNRs 1989
73   "La Scène futuriste" CNRs 1989
74   〈도쿄아사히신문〉東京朝日新聞社 1929년 4월 2일자
75   "Metropolis" Lorrimer Publishing 1973 5점 다
76   "les Robots Arrivant" Chêne 1978
77   〈요미우리신문〉読売新聞社 1929년 4월 13일자
78   〈과학화보〉科学画報社 1929년 5월호 좌우
79   "Metropolis" Lorrimer Publishing 1973 3점 다
80   〈신청년〉博文館 1929년 6월호 우,《구경꾼 현대유모어전집 15》현대유모어전집간행회
      1929년 4월호 좌
81   〈후지〉大日本雄弁会講談社 1929년 4월호 상우,《만화상설관》大日本雄弁会講談社 1931
      년 상중, 상좌,《만화 통조림》大日本雄弁会講談社 1930 하
82   〈웅변〉大日本雄弁会講談社 1930년 1월호
83   〈후지〉大日本雄弁会講談社 1929년 6월호
84   〈선데이마이니치〉大阪毎日新聞社 1929년 4월 7일호 상, 아사히 博文館 1930년 1월호 하
85   〈도쿄아사히신문〉東京朝日新聞社 1928년 3월 28일자 상우,〈도쿄아사히신문〉東京朝日新
      聞社 1929년 7월 13일자 상좌,〈소년세계〉博文館 1929년 6월호 하우,〈소년세계〉博文館
      1929년 10월호 하좌
86   "The Concise Oxford Dictionary of Current English" Oxford 1929
87   〈웅변〉大日本雄弁会講談社 1929년 9월호
88   《오즈의 마법사》福音館書店 1990
89   〈신초〉新潮社 1926년 8월호 상하
90   〈과학잡지〉과학의 세계사 1929년 3월호 3점 다
91   Popular Mechanics Magazine' Popular Mechanics Sep-28
92   〈과학지식〉科学知識普及会 1929년 10월호
93   〈요미우리신문〉読売新聞社 1929년 8월 12일자
94   "The Robot Book" Push Pin Press 1978
95   "Histoire illustrée des inventions" Pont Royal 1961
96   "The Robot Book" Push Pin Press 1978
97   〈과학화보〉科学画報社 1929년 8월호
98   〈과학화보〉科学画報社 1929년 8월호
99   《어린이의 과학》誠文堂 1929년 11월호
100   〈요미우리신문〉読売新聞社 1927년 2월 3일자
101   "The World of Robots" Gallery Books 1985 우, Popular Science Monthly' Popular
      Science Jul-29 좌
102   〈도쿄아사히신문〉東京朝日新聞社 1929년 9월 10일자
103   〈요미우리신문〉読売新聞社 1929년 9월 16일자
104   〈체신협회잡지〉체신협회 1929년 제254호
105   〈요미우리신문〉読売新聞社 1929년 9월 28일자
106   《어린이의 과학》誠文堂 1929년 10월호
107   《어린이의 과학》誠文堂 1929년 10월호

로봇 창세기

108 〈과학잡지〉 과학의 세계사 1930년 3월호 좌우
109 "The Robot Book" Push Pin Press 1978
110 "les Robots Arrivant" Chêne 1978
111 《어린이의 과학》誠文堂 1930년 4월호
112 《망가 만 만화잡지박물관 10》 국서간행회 1987
113 〈아사히그래프〉東京朝日新聞社 1930년 1월 22일호
114 〈아사히그래프〉東京朝日新聞社 1930년 4월 23일호
115 〈신청년〉博文館 1930년 1월호
116 《어린이의 과학》誠文堂 1930년 1월호
117 〈과학지식〉科學知識普及會 1930년 10월호 위 2점 다, 〈과학지식〉科學知識普及會 1930년 4월 임시증간호 아래 2점 다, 〈중앙공론〉中央公論社 1931년 1월호 하
118 〈과학화보〉科學畵報社 1930년 5월호 상, 〈과학화보〉科學畵報社 1931년 4월 임시증간호 중, 하
119 〈도쿄일일신문〉東京日日新聞社 1930년 12월 1일자 우, 〈후지〉大日本雄弁会講談社 1931년 1월호 좌
120 〈도쿄아사히신문〉東京朝日新聞社 1930년 12월 7일자 상, 〈도쿄아사히신문〉東京朝日新聞社 1930년 12월 10일자 하우, 오사카아사히신문 大阪朝日新聞社 1930년 12월 4일자 하좌
121 《명해영일사전》三省堂 1930년
122 〈도쿄일일신문〉東京日日新聞社 1931년 1월 3일자 좌우
123 〈도쿄아사히신문〉東京朝日新聞社 1931년 1월 1일자
124 〈요미우리신문〉讀売新聞社 1931년 2월 2일자
125 〈요미우리신문〉讀売新聞社 1931년 2월 8일자
126 〈요미우리신문〉讀売新聞社 1931년 2월 15일자 상, 〈요미우리신문〉讀売新聞社 1931년 3월 1일자 중, Popular Mechanics Magazine' Popular Mechanics Jun-28 하우, 〈요미우리신문〉讀売新聞社 1931년 3월 2일자 하좌
127 〈소년구락부〉大日本雄弁会講談社 1931년 5월호 상하
128 〈소년세계〉博文館 1931년 5월호 상, 중우 4개, 〈소년세계〉博文館 1931년 12월호 중좌, 〈요미우리소년신문〉讀売新聞社 1934년 1월 1일자 하우, 〈아사히그래프〉東京朝日新聞社 1929년 2월 6일자 하좌
129 《망가 만 만화잡지박물관 10》 국서간행회 1987 상우, 〈현대〉大日本雄弁会講談社 1931년 2월호 상좌, 〈어린이의 텍스트〉 일본방송협회 1931년 10월 28일호 중좌, "La Scène futuriste" CNRs 1989 하우, 〈요미우리신문〉讀売新聞社 1931년 7월 15일자 하좌
130 〈모던일본〉文芸春秋社 1931년 11월호
131 〈웅변〉大日本雄弁会講談社 1931년 7월호
132 《인간과 기계》 모나스 1931
133 〈도쿄아사히신문〉東京朝日新聞社 1931년 3월 18일자
134 〈요미우리신문〉讀売新聞社 1931년 7월 25일자
135 〈도쿄아사히신문〉東京朝日新聞社 1931년 6월 13일자
136 〈요미우리신문〉讀売新聞社 1931년 3월 14일자 우, 〈도쿄일일신문〉東京日日新聞社 1931년 3월 13일자 좌
137 《황금박쥐》桃源社 1975

138 《종이연극 소화사》立風書房 1971
139 《도해 인조인간 만드는 법》資文堂書店 1931 3점 다
140 〈어린이나라〉東京社 1931년 9월호 3점 다
141 〈개조〉改造社 1931년 3월호
142 《고가 하루에(古賀春江)》石橋美術館, 브리지스톤미술관 1986 좌
143 《고가 하루에(古賀春江)》도쿄국립근대미술관 1991 우, 서일본신문사소장 좌
144 《고가 하루에(古賀春江) 화집》第一書房 1931
145 〈주간아사히 미술의 가을〉大阪朝日新聞社 1931년 10월 25일 임시증간호
146 〈도쿄일일신문〉東京日日新聞社 1932년 11월 15일자
147 〈요미우리신문〉読売新聞社 1931년 4월 20일자
148 〈도쿄아사히신문〉東京朝日新聞社 1931년 8월 9일자
149 〈요미우리신문〉読売新聞社 1931년 10월 20일자
150 〈과학지식〉科学知識普及会 1931년 2월호 좌우
151 〈과학지식〉科学知識普及会 1931년 9월호
152 〈과학지식〉科学知識普及会 1931년 3월호 상우, 〈과학화보〉科学画報社 1931년 5월호 4점 다
153 〈과학지식〉科学知識普及会 1931년 5월호
154 〈과학지식〉科学知識普及会 1931년 9월호
155 "The Robot Book" Push Pin Press 1978 상, 〈도쿄일일신문〉東京日日新聞社 1931년 4월
    12일자 하우 〈과학화보〉科学画報社 1931년 6월호 하좌
156 〈과학지식〉科学知識普及会 1931년 5월호
157 〈도쿄일일신문〉東京日日新聞社 1931년 4월 28일자
158 〈도쿄일일신문〉東京日日新聞社 1931년 5월 16일자
159 〈요미우리소년신문〉読売新聞社 1931년 9월 27일자
160 〈도쿄일일신문〉東京日日新聞社 1931년 11월 25일자
161 〈도쿄일일신문〉東京日日新聞社 1931년 11월 14일자
162 〈부인공론〉中央公論社 1932년 11월호
163 〈아사히그래프〉東京朝日新聞社 1932년 4월 13일호
164 〈현대〉大日本雄弁会講談社 1932년 4월호
165 〈신청년〉博文館 1932년 10월호
166 《인생만화첩》大日本雄弁会講談社 1932 3점 다
167 〈일출(日の出)〉新潮社 932년 8월호
168 〈과학화보〉新光社 1931년 10월호
169 〈유년구락부〉大日本雄弁会講談社 1932년 3월호
170 〈소년구락부〉大日本雄弁会講談社 1932년 4월호
171 《현대어대사전》일신사, 백성사 1932
172 〈도쿄일일신문〉東京日日新聞社 1932년 4월 17일자 상, 〈라디오의 일본〉일본라디오협회
    1932년 3월호 하우, 〈도쿄아사히신문〉東京朝日新聞社 19321년 5월15일자 중좌, 〈도쿄일일
    신문〉東京日日新聞社 1932년 6월 27일자 하좌
173 〈도쿄아사히신문〉東京朝日新聞社 1932년 8월1 6일자 상, 〈도쿄아사히신문〉東京朝日新聞
    社 1932년 8월 28일자
174 《세계우수 인조인간과 전기 사인 설계와 만드는 법》문교과학협회 1932 3점 다

로봇 창세기

175 〈과학화보〉新光社 1932년 8월호

176 〈도쿄아사히신문〉東京朝日新聞社 1932년 5월 12일자

177 〈과학지식〉科学知識普及会 1932년 12월호

178 〈과학화보〉新光社 1932년 7월호

179 〈라디오의 일본〉일본라디오협회 1932년 4월호 2점 다

180 〈과학지식〉科学知識普及会 1932년 9월호 상, 〈과학화보〉新光社 1932년 6월호 하

181 〈과학지식〉科学知識普及会 1932년 11월호 우, 〈요미우리신문〉読売新聞社 1932년 10월 23일자 상, 〈과학화보〉新光社 1932년 11월호 중좌, 〈과학화보〉新光社 1935년 2월호 하

182 〈과학지식〉科学知識普及会 1932년 12월호

183 미츠이 야스타로(三井安太郎) 유족협력 상, "A Pictorial History of Science Fiction" Hamlyn Publishing 1976 하우, "The Robot Book" Push Pin Press 1978 하좌

184 〈과학의 일본〉博文館 1933년 10월호

185 〈과학의 일본〉博文館 1933년 10월호

186 "The New York Times Magazine" The New York Times 8-Jan-33

187 〈도쿄일일신문〉東京日日新聞社 1933년 1월 24일자 상, 〈과학화보〉新光社 1933년 5월호 중, 하

188 〈요미우리신문〉読売新聞社 1933년 5월 27일자

189 〈도쿄아사히신문〉東京朝日新聞社 1933년 10월 18일자

190 〈요미우리신문〉読売新聞社 1933년 10월 30일자

191 〈도쿄아사히신문〉東京朝日新聞社 1933년 11월 12일자

192 〈신청년〉博文館 1933년 여름 임시증간호

193 〈과학화보〉新光社 1933년 11월호

194 〈과학화보〉新光社 1933년 3월호 상, 〈요미우리신문〉読売新聞社 1933년 5월 1일자 위에서 두 번째, 〈과학화보〉新光社 1933년 8월호 하

195 〈라디오의 일본〉일본라디오협회 1933년 4월호 상, 〈부인 어린이 호치〉호치신문사 1933년 3월22일자 위에서 두 번째, 〈라디오의 일본〉일본라디오협회 1933년 6월호 밑에서 두 번째, 〈사이언스〉국민과학보급회 1933년 11월호, 《발명가가 될 수 있는 과학독본》康業社 1934 하

196 《어린이의 과학》誠文堂 1933년 7월호 상, 〈과학의 일본〉博文館 1933년 7월호 중, 〈과학지식〉科学知識普及会 1933년 7월호 하

197 《어린이의 과학》誠文堂 1933년 8월호 좌우

198 《알기 쉬운 모형제작》高山堂書店 1936 좌우

199 〈요미우리신문〉読売新聞社 1933년 5월 29일자

200 〈과학화보〉新光社 1933년 7월호

201 〈과학화보〉新光社 1933년 7월호 상, 〈에레키테르〉도시바 홍보실 1989년 가을호 하

202 〈일출(日の出)〉新潮社 1934년 10월호

203 《도해 인조인간 만드는 법》資文堂書店 1931

204 〈과학화보〉新光社 1934년 6월호 상, 〈요미우리신문〉読売新聞社 1934년 6월 3일자 중, 〈유년구락부〉大日本雄弁会講談社 1934년 1월호 하

205 〈과학의 일본〉博文館 1934년 1월호

206 〈과학의 일본〉博文館 1934년 9월호

207 〈요미우리신문〉読売新聞社 1934년 10월 15일자 상, "Robots" Starlog Press 1979 좌항

208 〈과학의 일본〉博文館 1934년 3월호 상, 〈과학의 일본〉博文館 1934년 6월호 위에서 두 번째, 〈과학화보〉新光社 1934년 10월호 밑에서 두 번째, 〈과학화보〉新光社 1935년 1월호 하

209 "Trademarks of The 20's and 30's" Chronicle books 1985 상, 〈모던일본〉文芸春秋社 1934년 11월호 위에서 두 번째, 〈요미우리신문〉読売新聞社 1934년 11월 21일자 밑에서 두 번째, 〈계간 카메라리뷰〉아사히소노라마 1978년 11월 하

210 〈과학화보〉誠文堂新光社 1935년 12월호 우, 〈과학화보〉誠文堂新光社 1935년 11월호 좌

211 〈과학화보〉誠文堂新光社 1935년 9월호

212 〈과학화보〉新光社 1935년 3월호 상, 〈과학화보〉新光社 1935년 4월호 위에서 두 번째, 〈과학화보〉誠文堂新光社 1935년 10월호 밑에서 두 번째, 〈과학화보〉誠文堂新光社 1935년 10월호 하

213 〈과학지식〉科学知識普及会 1935년 5월호

214 〈요미우리신문〉読売新聞社 1935년 10월 8일자

215 《로봇 폭주》아동만화연구회 1935

216 《유선형 만화열차》昭文館서점 1935

217 《어린이의 과학》誠文堂 1935년 11월호

218 〈도쿄아사히신문〉東京朝日新聞社 1935년 3월 27일자 상, 〈도쿄아사히신문〉東京朝日新聞社 1935년 4월 1일자 하

219 〈도쿄일일신문〉東京日日新聞社 1935년 8월 11일자

220 〈체신협회잡지〉체신협회 1935년 제327호

221 〈요미우리신문〉読売新聞社 1936년 1월 1일자 우, 《미래파 1909~1944》도쿄신문사 1992 좌

222 "Robots" Thames and Hudson 1978 상, 〈도쿄일일신문〉東京日日新聞社 1936년 4월 8일자 하

223 〈문예춘추 읽을거리〉文芸春秋社 1936년 12월호

224 《알기 쉬운 모형제작》高山堂書店 1936 좌우

225 〈키네마순보〉키네마순보사 1936년 11월 1일호 우, 〈요미우리신문〉読売新聞社 1936년 11월 29일자

226 〈과학지식〉科学知識普及会 1936년 6월호

227 〈도쿄일일신문〉東京日日新聞社 1937년 1월 1일자

228 〈도쿄일일신문〉東京日日新聞社 1937년 1월 21일자

229 〈키네마순보〉키네마순보사 1937년 8월 1일호 좌우

230 〈도쿄일일신문〉東京日日新聞社 1937년 8월 10일자 우, "Robots" Thames and Hudson 1978 좌

231 〈유년구락부〉大日本雄弁会講談社 1937년 9월호

232 《만화 발명탐정단》中村書店 1937

233 〈과학지식〉科学知識普及会 1937년 6월호

234 〈과학화보〉誠文堂新光社 1937년 3월호

235 《홋카이도 대박람회화보》東京朝日新聞社 1937

236 〈도쿄일일신문〉東京日日新聞社 1938년 1월 15일자

237 〈유년구락부〉大日本雄弁会講談社 1938년 2월호

238 "The Collected works of Buck Rogers in The 25th Century" A&W Visual Library 1977

239 〈과학화보〉誠文堂新光社 1938년 10월호 우항 우, "Robots" Thames and Hudson 1978 좌

ㄱ

가네코 고텐(金子晃天) : 221

가바시마 가츠이치(樺島勝一, 1887~1965) : 267, 268

가와바타 야스나리(川端康成, 1899~1972) : 200~203

가츠라 다로(桂たろ, 1905~1991) : 268, 269

간바라 다이(神原泰) : 61, 81, 170, 172, 198, 199

고가 사부로(甲賀三郎) : 123, 124, 188, 197, 201

고가 하루에(古賀春江, 1895~1933) : 198, 296, 299, 305

고노 신조(甲野信三, 1903~1967) : 272

고바야시 다키지(小林多喜二, 1903~1933) : 263, 264

고바야시 히데오(小林秀雄, 1902~1983) : 236, 237

고바야시 히데츠네(小林秀恒) : 406

고사카이 후보쿠(小酒井不木, 1890~1929) : 74, 96, 129

고세키 시게루(小関茂) : 238

구니에다 시로(關枝史郎, 1887~1943) : 73~75

구리스 게이(栗栖継, 1910~2009) : 33, 56, 196, 403, 433

구마베 가즈오(隈部一雄, 1897~1971) : 416

구메 마사오(久米正雄, 1891~1952) : 178, 264

구와바라 라이세이(桑原雷生) : 239, 240, 329

기누가사 사무(衣笠サム) : 239, 240, 362(사무)

기무라 히데마사(木村秀政, 1904~1986) : 356

기타무라 기하치(北村喜八) : 72, 86, 184, 201, 206, 400

기타하라 하쿠슈(北原白秋, 1885~1942) : 265, 294

ㄴ

나가사와 사이스케(長澤才助, 1900~1953) : 280, 281

나가오 세츠로(永雄節郎) : 375

나카무라 마사츠네(中村正常, 1901~1982) : 255, 257, 258

노구치 우조(野口雨情, 1882~1945) : 75, 295

노무라 고도(野村胡堂, 본명은 오사카즈, 1882~1963) : 427, 428

니시무라 고(西村晃) : 137, 440

니시무라 마코토(西村真琴, 1883~1956) : 85, 131~134, 191, 231, 289, 441

니이 이타루(新居格, 1883~1951) : 194, 200, 203, 204, 221, 239, 284

니키 소노코(仁木園子) : 73

ㄷ

다가와 스이호(田河水泡, 1899~1989) : 190, 191, 195, 222, 270, 380, 393

다나카 기에몬 히사시게(田中儀右衛門久重, 1799~1881) : 303

다나카 히사라(田中比左良) : 192, 258, 259

다츠노 유타카(辰野隆, 1888~1964) : 80, 421

다치노 미치마사(立野道正) : 75

다카다 기이치로(高田義一郎, 1886~미상) : 91, 92, 123, 130, 284, 327

다카이 데이지(高井貞二) : 243, 331, 418

다카하시 구니타로(高橋邦太郎, 1898~ 1984) : 68

다키가와 유키토키(瀧川幸辰, 1891~1962) : 372

데라시마 데이시(寺島貞志) : 364~366

데이비드 H. 켈러(David H. Keller, 1880~ 1966) : 160

데이비드 브루스터(David Brewster, 1781~1868) : 236, 237

데즈카 오사무(手塚治虫, 본명 오사무 治, 1928~1989) : 156, 186, 436

듀이 M. 래드클리프(Dewey M. Radcliffe) : 106, 113, 120, 151, 245, 309

드 라메트리(Julien Offray de La Mettrie, 1709~1751) : 102

ㄹ

라이먼 F. 바움(Lyman Frank Baum, 1856~1919) : 198

로망 롤랑(Romain Rolland, 1866~1944) : 373

로버트. E. 마틴(Robert E. Martin) : 148, 154, 191, 284

로이 J. 웬슬리(Roy James Wensley) : 104~107, 109, 111, 113~115, 117~121, 191, 284

료 사키치(寮佐吉, 1891~1945) : 209, 327, 429

루께로 바자리(Ruggero Vasari, 1898~1968) : 170

루이스 캐럴(Lewis Carroll, 1832~1890) : 281

류탄지 유(龍膽寺雄, 1901~1992) : 238, 328, 329

르네 데카르트(René Descartes, 1596~1650) : 43, 99, 139

ㅁ

마루키 사도(丸木砂土) : 178, 194

마에카와 센판(前川千帆) : 192, 193, 216, 220, 259, 372

마츠모토 마타타로(1865~1943) : 246

마츠바시 히데오(松橋秀雄) : 169

마키오 도시마사(模尾年正) : 166~168, 284, 285

모리 히로시(森比呂志) : 239, 240, 374

무라야마 도모요시(村山知義) : 83, 84, 172, 194, 200, 206, 331, 444

미나미자와 주시치(南沢十七) : 377, 382

미야사토 료호(宮里良保) : 261, 276

미야타 마사오(宮田政雄) : 70

미요시 다케지(三好武二, 1898~1954) : 85, 86, 134

미츠이 야스타로(三井安太郎, 1901~1963) : 350~352

밀턴 테넨바움(Milton Tenenbaum) : 388, 390

버니바 부시(Vannevar Bush, 1830~1974) : 150, 151

베드리치 포이어슈타인(Bedřich Feuerstein, 1892~1936) : 174

벤자민 G. 하우저 : 223

볼프강 폰 켐펠렌(Wolfgang von Kempelen, 1734~1804) : 168, 213, 235

빌리에 드 릴라당(Auguste Villiers de l'Isle-Adam, 1838~1889) : 19, 31, 80, 124,
    420~422, 424, 425

ㅅ

사노 쇼이치(佐野昌一) : 79, 82, 327, 345, 382, 395, 405

사무엘 W. 스트래턴(Samuel W. Stratton, 1861~1931) : 280

사이다 다카시(齊田喬, 1895~1976) : 241, 244, 245

사이토 이소오(齊藤磯雄, 1912~1985) : 124, 422

샤를 보들레르(Charles Baudelaire, 1821~1867) : 236

세노오 다로(妹尾太郎)： 224, 225, 235, 244, 261, 326~328

센다 고레야(千田是也)： 69, 71

스기우라 히스이(杉浦非水, 1896~1965)： 347

스즈키 젠타로(鈴木善太郎)： 60~62, 64~68, 78, 126, 173, 226, 232, 381, 400, 444

스튜어트 체이스(Stuart Chase, 1888~1985)： 281, 282

시데하라 기쥬로(幣原喜重郎, 1872~1951)： 256, 257(시데하라 내각), 259

시라이 교지(白井喬二, 1889~1980)： 264

시미즈 다이가쿠보(清水封岳坊, 1883~1970)： 240, 241

시미즈 요시오(清水良對, 1891~1954)： 295, 296

시시모토 하치로(四至本八郎, 1891~1979)： 357~359

시오미 요(汐見洋: 1895~1964)： 69, 184

ㅇ

아리마 세이호(有馬成甫, 1884~1973)： 303

아리시마 다케오(有島武郎)： 87

아오야마 스기사쿠(青山杉作, 1889~1956)： 184

아이자와 지로(相澤次郎, 1904~1997)： 291~293, 319, 342, 343, 370~372, 379, 380, 388, 395, 407, 418, 426, 435

아이하라 다카코(相原高子)： 325, 326

아즈마 기요코마(東喜代駒, 1899~1977)： 364

아치볼드 M. 로우(Archibald Montgomery Low)： 275

안토닌 레이몬드(Antonin Raymond)： 174

앨번 J. 로버츠(Alban J. Roberts)： 149

앰브로즈 비어스(Ambrose Gwinnett Bierce, 1824~1914)： 235, 236

야마나카 미네타로(山中峰太郎, 1885~ 1966)： 166, 266, 268

야마모토 야스에(山本安英)： 69

야부타 요시오(薮田義雄, 1902~1984)： 265

얼 오브 버큰헤드(Earl of Birkenhead, 1872~1930)： 233, 234, 405

에드워드 J. 해링턴(Edward J. Harrington, 1890~1941)： 279

에른스트 T. A. 호프만(Ernst T. A. Hoffmann, 1776~1822)： 96, 205, 362

에이브러햄 메리트(Abraham Merritt, 1884~1943)： 160

엘머 A. 스페리(Elmer A. Sperry, 1860~1930)： 226, 231, 308, 354, 356

오가와 다이이치로(小川太一郎, 1899~1952)： 355

오브라이언(O'Brien)： 279~281, 377

오사나이 가오루(小山内薫)： 64, 67, 77, 182

오시카와 슌로(押川春浪, 1879~1914)： 291

오시타 우다루(大下宇陀兒)： 92, 412

오카모토 잇페이(岡本一平, 1886~1948)： 194, 195

오코우치 마사토시(大河内正敏)： 85, 332

오쿠다 다케마츠(奧田竹松)： 85

오타케 요조(大竹洋三)： 168

오타키 구라마(大瀧鞍馬)： 197

오토 움베어(Otto Umbehr, 1902~1980)： 340, 341

오티스 바튼(Otis Barton, 1899~1992)： 390

올리버 로지(Oliver Lodge, 1850~1940)： 93, 129

와타나베 가즈오(渡邊一夫, 1901~1975)： 80, 421, 422, 424, 425

요시노 사쿠조(吉野作造, 1878~1933)： 257, 316

요시다 겐키치(吉田謙吉)： 70

요시다 유이치(吉田由市)： 324

요코야마 미츠테루(橫山光輝)： 437

요한 N. 멜첼(Johann Nepomuk Mälzel, 1772~1838)： 235~237

운노 주자(海野十三)： 79, 166, 184, 241~244, 261, 262, 272~274, 276, 302, 304, 314,
    338, 345, 356, 362, 375, 382, 395, 396, 405~407, 416~418, 423, 433

워드 앤드 락(Ward, Lock and Co.)： 275

윌리 H. 포스트(Wiley Hardeman Post, 1898~1935)： 354, 355, 357, 390

윌리엄 B. 예이츠(William B. Yeats, 1865~1935)： 281

윌리엄 G. 월터(Willam Grey Walter, 1910~1977)： 392, 393

윌리엄 W. 덴슬로(William Wallace Denslow, 1856~1915)： 198

윌리엄 리처즈(Captain William H. Richards)： 140~146, 162, 163, 191, 247, 284, 285,
    298, 337

윌리엄 비비(William Beebe, 1877~1962)： 390

율리우스 푸치크(Julius Fučík, 1903~1943)： 433

이보 판나끼(Ivo Pannaggi, 1901~1981)： 170, 171, 337, 404

이즈미 교카(泉鏡花)： 58, 60

이케다 에이이치지(池田永一治, 1889~1950) : 240, 241, 271, 272, 372
이토 기사쿠(伊藤喜朔, 1889~1956) : 184
이토 세이(伊藤整, 1905~1969) : 238

ㅈ

조르조 모로더(Giovanni Giorgio Moroder, 1940~) : 186
조지 H. 데이비스(George H. Davis) : 146, 152
조지 워싱턴(1732~1799) : 115, 117, 118
존 W. 캠벨 주니어(John W. Campbell Jr., 1910~1971) : 330
쥘 베른(Jules Verne, 1828~1905) : 275, 291

ㅊ

찰리 채플린(Charlie Chaplin, 1889~1977) : 29, 407, 413
찰스 A. 린드버그(Charles Augustus Lindbergh, 1902~1974) : 164, 354
찰스 배비지(Charles Babbage, 1792~1871) : 236, 237
츠보우치 세츠타로(坪内節太郞, 1905~1979) : 275, 362
치노 에이이치(千野栄一) : 56, 375

ㅌ

테아 폰 하르부(Thea G. von Harbou, 1888~1954) : 175, 177
토머스 에디슨(Thomas Edison, 1847~1931) : 214
트루먼. S. 그레이(Truman S. Gray) : 311
페릭스 고티에(Felix Gauthier) : 377

ㅍ

포르투나토 데페로(Fortunato Depero, 1892~1960) : 171, 173, 192, 271
프랭크 호크스(Frank Hawks, 1897~1938) : 354
프리드리히 쉴러(Friedrich von Schiller, 1759~1805) : 249
프리드리히 크로너(Friedrich Kroner) : 362
프리츠 랑(Friedrich Christian Anton Fritz Lang, 1890~1976) : 97, 175, 383, 387
플랭크 P 스톡브리지(Frank P. Stockbridge) : 280
필리포 토마소 마리네티(Filippo Tommaso Marinetti, 1876~1944) : 81, 171, 172

ㅎ

하기와라 교지로(萩原恭次郎, 1899~1938) : 75~77, 97, 264

하마구치 오사치(濱口雄幸, 1870~1931) : 256, 257, 259

하야시 다카시(林髞, 1897~1969) : 416

하타 도요키치(秦豊吉, 1892~1956) : 177, 178

하토야마 이치로(鳩山一郞) : 255~258, 304, 315, 372, 373, 429

해리 도민(Harry Domin, 《R·U·R》의 등장인물) : 41, 44, 46~48, 56, 59, 69, 154, 415

해리 메이(Harry May) : 348

호무라 소로쿠(帆村莊六) : 406

호소키바라 세이키(細木原靑起) : 331

휴고 건스백(Hugo Gernsback, 1884~1967) : 159, 160

히라노 레이지(平野 零児) : 228, 230~232, 234, 268, 353, 407

히라바야시 하츠노스케(平林初之輔, 1892~1931) : 123, 130

히요시 사나에(日吉早苗) : 279, 281

히지카타 요시(土方与志) : 66, 67, 69, 71, 72, 182

C

C-3PO   186

ㄱ

가곡 3천 곡을 연주하는 로봇   384, 385
가라쿠리 인형   14, 189, 303, 420
가무제(가무)   191, 393
가쿠텐소쿠   19, 131~140, 149, 156, 191, 216, 217, 231, 273, 288, 289, 314, 440, 441
갑옷을 입은 인조문어   419
강하 인형   259
개 로봇   337
고급로봇   293
골렘(거인 골렘)   43, 403, 413, 414
골렘 인조인간   414
공기인형   200, 205
공룡   312, 313
공룡 로봇   313, 369
과학 로봇   402
광고지를 건네는 인형   245, 246
광전관식 계산기   311
괴물 기계인간   348
괴물탱크   290, 291
교통경찰 로봇   211, 235
굴뚝 겸용 로봇   384, 385

금속동물   173
기계고래   95
기계로봇   19, 130, 154, 375, 401, 402
기계말   95
기계병사   274
기계인간   18, 31, 96, 103, 104, 108, 109, 113~116, 121, 123, 124, 128, 146, 147, 168, 169, 179, 194, 219, 221, 224, 246, 258, 276 285, 347, 348, 395, 396, 402
기계인형   81, 134, 146, 229, 285, 327, 424
기계화 정원사   409
기술 로봇   402
꼭두각시   20, 353, 400, 417, 428

ㄴ

나카야마식 놀이와 함께하는 과자 자동판매기   209

ㄷ

다리가 셋 달린 로봇   381
담배를 피우는 인조인간   292
대공포   150
더미   259
도둑 파수꾼   307, 309
도쿄 노래와 벚꽃 노래에 맞춰 춤추는 인조

인간 371
독일인이 만든 인조인간 166, 170
'땡큐'라고 말하는 로봇 131, 208, 214

ㄹ

라디아나 224, 235
라디오 체조를 하는 로봇 407, 418
라보리 30, 31
레마르크 19, 250~253, 255, 257, 297,
    298, 302, 326, 344
로복스 114
로봇-Ⅰ, Ⅱ(카메라) 386, 387
로봇(차페크의 로봇) 20, 31, 41, 43, 72,
    108, 173, 233, 375, 424
로봇(테넨바움의 로봇) 388
로봇 경적 309, 310
로봇 공장 238
로봇 관현악단 370, 371
로봇 교통정리기 344
로봇 군악대 426
로봇 군함 보그스 383
로봇 기상학자(라디오 탐지장치) 429
로봇 내각 256~258, 373
로봇 댄서 346
로봇 발성 시계 344
로봇 방송 397
로봇 병사 49, 306, 377, 426
로봇 서브 385
로봇 세일즈맨 209
로봇 소년 345
로봇 승마 놀이 344, 345
로봇 시보기 410

로봇 아가씨 382
로봇 어비에이터 355
로봇 은행 366, 367, 410
로봇 의상 390
로봇 자동기록기 366, 367
로봇 쟁기 366
로봇 조종 356, 427
로봇 중대 379
로봇 채점기 366, 367
로봇 카메라 346, 385
로봇 타격기 385, 386
로봇 파일럿 355
로봇 패킹스 385, 386
로봇 흡연가 389
로숨의 유니버설 로봇 16~18, 28, 40, 62,
    284

ㅁ

마네킹 95, 96, 212, 214, 324, 332, 390
마리아(로봇 마리아) 98, 176, 177, 181,
    183, 185~188, 191, 197, 198, 210, 222,
    262, 337
마술사 81, 186, 236
만주인 로봇 367, 369
말하는 담배 자판기 208
말하는 인형 212, 214, 215
매직 도어 429
맥주 마시는 인형 94
머신 박스 342
메탈 로봇 152~155, 163, 168, 223, 235,
    302
면도하는 인형 224

명물 로봇　309

모모타로 로봇　367, 369

모조인간　424

목우유마　189

무선조종 항공기　230

무쇠인형　97

무인자동배전소　150, 199

미분해석기　150

미인 로봇　367, 369

미키 마우스를 지휘관으로 한 로봇 악단
　380

　ㅂ

바다 청소용 기계 물고기　245, 246

바비　149, 150, 155, 159, 166, 167, 191,
　196

바이오 로봇　43

발성 로봇　344, 414

발성 환전기　210

밥 먹는 기계　223, 246, 302

벚꽃 노래에 맞춰 춤추는 인조인간　371,
　380

병사 로봇　49, 59, 63, 265, 274, 306,
　377~379

보행 인형　214

복지기계　205, 237

봉지과자 판매기　209

부드러운 기계　43

　ㅅ

사이보그　75, 124, 205, 237, 340, 381

살아 있는 것처럼 반응하는 축구인형　409

살아 있는 인조 암탉　245, 246

삼인상　216

새 인간 로봇　354

서점용 인조인간　342

성층권 탐험 로봇　419

소형 로봇　389

손수건 자동판매기　208

수형자 4K　171, 404

수형자 H2G　170, 171, 337

스미다 다로　314

실용 로봇　309

싫증 내는 인조인간　292, 293, 343

　ㅇ

아달리　19, 31, 186, 412, 422~425

아이스크림 로봇　308, 309

안드로이드　11, 21, 31, 421, 424

알베　337

양철 나무꾼　198

어려운 수학 문제를 푸는 로봇　419

에릭　19, 140~149, 152, 155, 159,
　161~163, 166, 167, 169, 191, 196~198,
　212, 214, 216, 218, 219, 222, 231, 235,
　238, 245~247, 270, 272, 285, 298,
　300, 302, 316, 335, 337, 347, 350, 363,
　366, 406

엘마　392

오리　168, 169, 213, 223, 236

온도 센서　309

올림피아　19, 96, 205

외국인 기계인형　369

요제프(이야기하는 인형)　215

우는 소　345
우표 자동판매기　208, 209
우표 파는 기계　208
움직이는 국화 인형　409
움직이는 동물들　345, 410
움직이는 모형　395
움직이는 인형　94, 186, 189, 267
윌리 보카라이트　296, 310, 311, 318, 335, 407
유니버설　8, 16~18, 28, 40, 62, 174, 252, 284, 330, 381, 383
유해가스 센서　309
음성으로 움직이는 전차 모형　309
이야기하는 인형(요제프)　215
인간기계　83, 84, 102, 103, 152, 172
인간탱크　81, 290, 291, 384
인공세포　93
인공심장　74, 75, 129
인공아메바　129
인공인간(artificalman)　31, 233
인공생물 콜포이데스　128, 129
인조 개　314
인조 노동자　30
인조 대왕 거북이　369
인조 부인　192
인조 소　369
인조 인력거꾼　95
인조인간 로봇맨　146
인조인간 바텐더　384
인조인간 제조공　309
인조인간(로봇)의 군악대　343, 426
인체공장　152, 154

일렉트릭 마우스　392

ㅈ

자동경비장치　429
자동계산장치　429
자동교통신호　344
자동기계인형　189
자동발성 시보장치　344
자동승차권판매기　363
자동엘리베이터　309
자동우표 · 엽서판매기　209
자동인간　112, 115, 398
자동인형(automaton, automa ta)　14, 79, 80, 95, 96, 98, 168, 169, 189, 211, 213, 237, 303, 337, 385, 398~400
자동인형로봇　211
자동정지 전기장치　307, 308
자동조종장치(자이로 오토파일럿)　226~228, 310, 353~357, 372, 397
자동조타기　169
자동종업원　103
자동체중계　210
자동파수꾼　169
자동판매기　20, 131, 208~211, 214, 308, 398, 399, 429
자동문　309, 429
자동식 요람　389
자동으로 구두를 닦는 기계　208
전기거북이　392
전기로봇　427
전기비둘기　417, 418
전기소　369

전기인간 91, 103, 108, 112

전기인형 66, 81, 134, 172, 185, 424

전기장치가 된 글자 쓰는 여성 인조인간
245, 246

전기적 인간적 기계 424

전단지 배포용 인조인간 342

전동광고인형 195

전자계산기 392

전투용 로봇 374, 377

전파소녀 메리 80, 83

전화교환 자동제어 장치 311

전화인간 196

주류 자동판매기 429

ㅊ

철완 아톰 186(아톰), 436~440

체스 플레이어 235

ㅋ

카라멜대장 414

크리스탈린 200, 204, 221

큰 사나이 로봇 370

키타라를 연주하는 이시스의 자동인형
385

ㅌ

탱크 194, 195, 221, 290, 291, 380, 381,
427

텔레룩스 215

텔레복스(텔레보컬 시스템) 19, 20, 27,
78, 103~118, 120~124, 127~131, 143,
144, 148~151, 159, 161~167, 169, 191,

192, 196, 197, 215, 216, 219~221, 231,
235, 240, 245, 249, 258, 272, 273, 281,
283, 309~311, 316, 329, 337, 350, 375,
385, 399, 407, 441

ㅍ

포노그래픽 돌 214

포토일렉트릭 인티그래프 310, 311

폭발용 로봇 조종기 427

프랑켄슈타인 19, 42, 73

프로덕트 인터그래프 150, 151

피리 부는 인형 212

필사하는 자동인형 303

ㅎ

하프시코드를 연주하는 자동인형 213

화재 경고 로봇 382

활동인형 94, 101, 342, 344, 366, 371,
376, 414

황금으로 된 소녀 31

회전식 안정기(자이로 스태빌라이저) 226

후리소데를 입고 말하는 일본 아가씨 로봇
370

휴대품을 맡아주는 로봇 366, 367

로봇 창세기

지은이_ **이노우에 하루키**(井上晴樹, 1946~)

사이타마현 우라와시(현 사이타마시) 출생. 1971년에 와세다대학교 제1문학부 프랑스문학과를 졸업 후 평범사(平凡社), PHP연구소(PHP 研究所), 복무서점(福武書店) 등의 출판사에 근무하며 백과사전, 단행본, 시리즈, 잡지들의 다양한 편집업무에 종사했다. 현재는 작가이자 저널리스트, 로봇관찰가로 활동하고 있다. 일본로봇학회의 정회원.

저서는《日本ロボット創世記(일본 로봇 창세기) 1920~1938》(1993)와《日本ロボット戦争記(일본 로봇 전쟁기) 1939~1945》(2007) 외에《旅順虐殺事件(여순학살사건)》(1995),《杉浦茂 自伝と回想(스기우라 시게루 회상록)》등이 있다.

《일본 로봇 창세기》는 일본에서 제9회 기술·과학도서 문화상(1993)을 수상했고,《여순학살사건》으로는 제2회 평화·협동 저널리스트 기금상을 수상했다.

* 원제《日本ロボット創世記 1920~1938》

옮긴이_ **최경국**

한국외국어대학교 일본어과와 동 대학원 일본어과 석사과정을 마쳤으며, 도쿄대학
대학원 총합문화연구과 비교문학·비교문화 전공 연구생을 거쳐 동 대학원 표상문
화론 전공 석·박사 학위를 취득하였다. 전공은 〈도쿠가와 시대의 서민문화〉이고, 주
로 이미지 연구에 관심을 갖고 있다. 현재 명지대학교 일어일문학과 교수, 미래융합대
학 학장.
저서로는 《江戸時代における見立ての研究》(2005)가 있고, 역서로는 《일본문명의 77
가지 열쇠》(2007), 《가부키》(2006), 《일본문화론의 변형》(2000) 등 다수.

옮긴이_ **이재준**

고려대학교와 홍익대학교에서 심리학, 철학, 예술사, 과학기술학 전공. 현재 숙명여자
대학교 인문학연구소 연구교수.
논문으로는 〈이미지와 기계의 생성: 장욱진의 회화와 R. 브룩스의 로봇을 중심으
로〉(2017), "Esthetic interaction model of robot with human to develop social
affinity"(2017), 〈얼굴과 사물의 인상학: 근대 신경과학과 광학미디어에서 기계의 표
현을 중심으로〉(2016), 〈에도시대 카라쿠리와 기술의 유희성〉(2016) 등이 있고, 역서
로는 《진동_오실레이션 : 디지털 아트, 인터랙션 디자인 이야기》(2008) 등 다수.

로봇 창세기
1920~1938 일본에서의 로봇의 수용과 발전

지은이 | 이노우에 하루키
옮긴이 | 최경국·이재준

펴낸곳 | 도서출판 창해
펴낸이 | 전형배

출판등록 | 제9-281호(1993년 11월 17일)

초판 1쇄 인쇄 2019년 02월 20일
초판 1쇄 발행 2019년 02월 25일

주소 | 서울시 마포구 토정로 222(신수동 448-6) 한국출판콘텐츠센터 401호
전화 | 02-333-5678
팩스 | 070-7966-0973
E-mail changhae@changhae.biz

ISBN 978-89-7919-177-6   (03550)

이 도서의 국립중앙도서관 출판예정도서목록(CIP)은
서지정보유통지원시스템 홈페이지(http://seoji.nl.go.kr)와
국가자료공동목록시스템(http://www.nl.go.kr/kolisnet)에서
이용하실 수 있습니다.(CIP제어번호: CIP2019006379)

* 이 책은 일본국제교류기금의 지원을 받아 제작되었습니다.   JAPANFOUNDATION

* 값은 뒤표지(커버)에 있습니다.
* 잘못된 책은 구입하신 곳에서 바꿔드립니다.